职业教育汽车类专业教学改革创新示范教材

新能源汽车技术

第2版

主　编　董　光　尹力卉

参　编　左晨旭　王　蕾　修丽娜　郑瑞丽

　　　　黄萌萌　董　帅　张玉新　郭建文

机械工业出版社

《新能源汽车技术 第2版》分为8个模块，全面、系统地论述了新能源汽车的定义与分类，以及纯电动汽车、混合动力汽车和燃料电池汽车的结构与工作原理，重点介绍了动力蓄电池与驱动电机的工作原理、组成及控制系统，纯电动汽车和混合动力汽车的整车控制系统，新能源汽车充电装置的工作原理与应用，新能源汽车的维护保养作业要求、故障诊断流程与案例。

本书内容翔实、图文并茂，兼顾理论性与实用性，并且配有实训手册，方便开展实践教学。本书既可作为应用型本科院校车辆工程专业及高职高专新能源汽车相关专业的教材，也可作为新能源汽车企业的技术培训教程，还可作为从事新能源汽车相关领域工作的工程技术人员、管理人员和科研人员的参考书。

图书在版编目（CIP）数据

新能源汽车技术/董光，尹力卉主编. —2版. —北京：机械工业出版社，2024.3

职业教育汽车类专业教学改革创新示范教材

ISBN 978-7-111-75025-3

Ⅰ．①新… Ⅱ．①董… ②尹… Ⅲ．①新能源-汽车-职业教育-教材 Ⅳ．①U469.7

中国国家版本馆CIP数据核字（2024）第043522号

机械工业出版社（北京市百万庄大街22号 邮政编码100037）

策划编辑：孟　阳　　　责任编辑：孟　阳　赵海青
责任校对：甘慧彤　李小宝　封面设计：马精明
责任印制：郜　敏

中煤（北京）印务有限公司印刷

2024年4月第2版第1次印刷

184mm×260mm・20.5印张・505千字

标准书号：ISBN 978-7-111-75025-3

定价：59.90元（含实训手册）

电话服务　　　　　　网络服务
客服电话：010-88361066　机　工　官　网：www.cmpbook.com
　　　　　010-88379833　机　工　官　博：weibo.com/cmp1952
　　　　　010-68326294　金　书　　　网：www.golden-book.com
封底无防伪标均为盗版　机工教育服务网：www.cmpedu.com

前言

随着我国进入汽车社会，汽车与能源、汽车与交通、汽车与环保、汽车与城市化等问题越来越引人关注，开发低污染或零污染的绿色汽车（又称环保汽车或清洁汽车），已成为当今世界汽车工业发展的主题。

在我国，新能源汽车产业是重要的国家级战略性新兴产业。我国石油资源匮乏且环境压力大，大力发展新能源汽车有着非常重大的现实和战略意义。汽车专业的学生有必要掌握新能源汽车领域的知识。为此，我们以多年的新能源汽车课程教学及科研经验为基础，编写了本书。在本书编写过程中，我们广泛参考借鉴了国内外新能源汽车领域的研究成果，同时得到了河南机电职业学院新能源汽车分院和宁德时代新能源科技股份有限公司的大力支持。在此，向所有为本书编写提供帮助的朋友表示衷心的感谢。

本书分为 8 个模块，对纯电动汽车和混合动力汽车等新能源汽车的工作原理、结构组成及控制系统进行了详细介绍，阐述了新能源汽车维修保养要求及流程，剖析了典型车型故障诊断实例。本书内容翔实、图文并茂，模块设置源于企业的真实工作任务要求。

本书既可作为应用型本科车辆工程专业及高职高专新能源汽车相关专业的教材，也可作为新能源汽车企业的技术培训教程，还可作为从事新能源汽车相关领域工作的工程技术人员、管理人员和科研人员的参考书。

本书由董光、尹力卉担任主编，参加编写的还有左晨旭、王蕾、修丽娜、郑瑞丽、黄萌萌、董帅、张玉新、郭建文。

由于编者水平有限，本书难免有疏漏之处，欢迎使用本书的师生和广大读者批评指正，以便再版时修改补充。

编　者

Contents

目录

前言
模块1　认识新能源汽车 …………… 1
 一、新能源汽车定义及分类 ……………… 1
  （一）新能源汽车的定义 ………………… 1
  （二）新能源汽车的分类 ………………… 2
 二、新能源汽车的结构及工作原理 ……… 5
  （一）纯电动汽车 ………………………… 6
  （二）混合动力汽车 ……………………… 18
  （三）燃料电池电动汽车 ………………… 28
模块2　动力蓄电池 ………………… 31
 一、电动汽车动力蓄电池的作用和分类 … 31
  （一）动力蓄电池的作用 ………………… 31
  （二）动力蓄电池的分类 ………………… 32
  （三）动力蓄电池的发展过程 …………… 33
 二、动力蓄电池的工作原理 ……………… 35
  （一）铅酸蓄电池的工作原理 …………… 35
  （二）镍氢蓄电池的工作原理 …………… 37
  （三）超级电容器 ………………………… 39
  （四）磷酸亚铁锂蓄电池 ………………… 40
  （五）锂离子蓄电池 ……………………… 41
 三、电动汽车动力蓄电池系统的组成 …… 44
  （一）动力蓄电池系统的组成 …………… 44
  （二）常见电动汽车车型动力蓄电池 …… 46
  （三）混合动力汽车动力蓄电池 ………… 49
  （四）动力蓄电池的主要性能和指标 …… 53
模块3　驱动电机 …………………… 56
 一、电机的基础知识 ……………………… 56

  （一）电机的分类 ………………………… 56
  （二）电机的工作原理 …………………… 57
  （三）电动汽车驱动电机的选用策略 …… 61
 二、电机技术在新能源汽车上的应用 …… 62
  （一）永磁同步电机 ……………………… 62
  （二）开关磁阻电机 ……………………… 68
 三、电动汽车驱动电机装置 ……………… 73
  （一）电动汽车驱动电机装置构造 ……… 73
  （二）变速器 ……………………………… 75
  （三）增程器 ……………………………… 77
 四、混合动力汽车驱动电机装置 ………… 78
  （一）混合动力变速驱动桥构造 ………… 78
  （二）混合动力变速驱动桥工作原理 …… 81
 五、典型驱动电机装置 …………………… 86
  （一）北汽纯电动汽车驱动电机 ………… 86
  （二）特斯拉驱动电机 …………………… 87
  （三）奥迪 Q5 Hybrid quattro 驱动电机 … 87
模块4　动力蓄电池管理系统 ……… 89
 一、蓄电池管理系统 ……………………… 89
  （一）蓄电池管理系统的作用 …………… 90
  （二）蓄电池管理系统的构型 …………… 92
  （三）蓄电池管理系统模块 ……………… 93
 二、电动汽车动力蓄电池单元 …………… 98
  （一）动力蓄电池单元安装位置 ………… 98
  （二）高压接口 …………………………… 100
  （三）高压安全插头 ……………………… 100
  （四）动力蓄电池模块 …………………… 101

三、高压组件 ································· 105
　（一）高压组件的标记 ··················· 105
　（二）安全实施高压系统作业 ··········· 106
　（三）松开和插上高压插头 ············· 107
四、混合动力蓄电池控制系统 ············· 110
　（一）动力蓄电池的安装位置 ··········· 110
　（二）动力蓄电池控制系统的功能 ······ 112
　（三）蓄电池智能单元 ··················· 115

模块 5　驱动电机控制 ··················· 117
一、电机控制器工作原理 ··················· 117
　（一）永磁同步电机控制器 ············· 118
　（二）驱动电机监测 ····················· 121
二、典型车型电机控制装置 ················· 123
　（一）比亚迪 e5 ··························· 123
　（二）特斯拉 ······························ 124
　（三）比亚迪秦 ··························· 124
　（四）比亚迪 e6 ··························· 125

模块 6　整车控制系统 ····················· 134
一、新能源汽车控制策略及原理 ··········· 134
　（一）新能源汽车的基本架构 ··········· 134
　（二）整车控制系统的组成 ············· 137
　（三）整车控制器的结构 ··············· 138
　（四）整车控制器的功能 ··············· 139
　（五）新能源汽车控制器的工作原理 ··· 140
　（六）新能源汽车的控制策略 ··········· 142
二、混合动力汽车整车控制系统 ··········· 153
　（一）变频器控制 ······················· 155
　（二）辅助模式控制 ····················· 165
三、辅助系统控制 ··························· 167
　（一）驾驶人辅助系统 ··················· 168
　（二）前方道路预测辅助系统 ··········· 175
　（三）倒车摄像机 ······················· 175
　（四）驻车距离监控系统 ··············· 178
　（五）驻车操作辅助系统 ··············· 178
　（六）自适应巡航系统 ··················· 180
四、新能源汽车远程监控和远程控制 ······ 185
　（一）远程监控系统的构成 ············· 185
　（二）远程监控系统的作用与功能 ······ 187
　（三）远程监控系统的应用 ············· 188
　（四）车辆远程控制 ····················· 194

模块 7　新能源汽车充电装置 ············· 197
一、新能源汽车充电桩 ····················· 197
　（一）充电方式 ··························· 198
　（二）充电接口 ··························· 199
　（三）电动汽车供电设备 ··············· 200
二、新能源汽车充电方法 ··················· 204
　（一）车辆充电接口和插头 ············· 204
　（二）充电过程 ··························· 205
　（三）充电装置维护 ····················· 207
三、车载充电装置 ··························· 209
　（一）车载充电机工作原理 ············· 209
　（二）车载充电机应用实例 ············· 209

模块 8　新能源汽车故障诊断 ············· 213
一、新能源汽车维修安全作业要求 ········ 213
　（一）技术安全要求 ····················· 213
　（二）新能源汽车维修安全作业要求 ··· 219
　（三）安全事故处理方法 ··············· 224
二、工具和检测设备的使用 ··············· 230
　（一）绝缘工具的使用 ··················· 230
　（二）故障诊断仪器的使用方法 ········ 231
三、故障诊断流程 ··························· 234
　（一）新能源汽车基本故障诊断策略 ··· 234
　（二）新能源汽车主要指示灯/警告灯 ··· 236
　（三）新能源汽车故障诊断基本方法 ··· 237
　（四）故障诊断与数据分析 ············· 238
四、典型纯电动汽车故障诊断 ············· 242
　（一）整车控制 ··························· 243
　（二）故障诊断 ··························· 247
　（三）动力蓄电池故障诊断 ············· 249
五、混合动力汽车安全需求 ··············· 251
　（一）高压电路安全操作 ··············· 251
　（二）互锁开关 ··························· 253
　（三）触电伤害的类型 ··················· 254
六、混合动力汽车维修保养 ··············· 256

(一) 动力蓄电池保养 …………… 257
(二) 辅助蓄电池保养 …………… 261
(三) 拆动力蓄电池盖 …………… 263
(四) 断开 AMD 端子的注意事项 …… 263
(五) 检查模式 …………………… 263
七、发动机和底盘保养 ……………… 265
(一) 发动机保养 ………………… 265
(二) 底盘保养 …………………… 267

八、空调系统保养 …………………… 270
(一) 压缩机机油要求 …………… 270
(二) 遥控空调系统 ……………… 270
九、更换动力管理控制 ECU ………… 271
(一) 更换动力管理控制 ECU 或 ECM 的
　　　注意事项 …………………… 271
(二) 更换动力管理控制 ECU 或 ECM … 272
(三) 动力蓄电池电流传感器偏移学习 … 272

模块 1　认识新能源汽车

学习目标

技能目标
能正确地对新能源汽车进行分类。

知识目标
掌握典型的新能源汽车结构组成。

素养目标
树立安全第一的意识。

一、新能源汽车定义及分类

（一）新能源汽车的定义

1. 新能源

新能源又称非常规能源，指传统能源之外的各种能源形式，也指刚开始开发利用或正在积极研究、有待推广的能源，如太阳能、地热能、风能、潮汐能、生物质能和核聚变能等。

2. 汽车

GB/T 3730.1—2001《汽车和挂车类型的术语和定义》对汽车有如下定义：由动力驱动，具有 4 个或 4 个以上车轮的非轨道承载的车辆，主要用于载运人员和（或）货物，如图 1-1 所示；牵引载运人员和（或）货物的车辆；特殊用途的车辆。

3. 新能源汽车

新能源汽车（New Energy Vehicles）指采用非常规的车用燃料（即除汽油、柴油之外）作为动力来源（或使用常规的车用燃料、采用新型车载动力装置），综合车辆动力控制和驱动方面的先进技术，形成的技术原理先进、具有新技术和新结构的汽车，如图 1-2 和图 1-3 所示。

图 1-1　汽车

图 1-2 新能源汽车（一）

图 1-3 新能源汽车（二）

（二）新能源汽车的分类

1. 纯电动汽车

纯电动汽车指由车载可充电蓄电池或其他能量储存装置提供电能、由电机驱动的汽车，有一部分车辆把电机装在发动机舱内，也有一部分车辆直接以车轮作为电机的转子，其难点在于电能储存技术，如图1-4所示。

图 1-4 纯电动汽车

电能可以从多种一次能源中获得，如煤、核能、水力、风力、光、热等，有助于缓解石油资源日渐减少带来的能源短缺问题。纯电动汽车还可充分利用晚间用电低谷时的富余电能充电，使发电设备日夜都能充分利用，大幅提高经济效益。

2. 混合动力汽车

混合动力汽车指采用传统燃料内燃机，同时配以电机来改善低速动力输出和燃油消耗的车型。按照燃料种类的不同，混合动力汽车又可分为汽油混合动力汽车和柴油混合动力汽车两种。在国内市场上，混合动力汽车的主流是汽油混合动力车型，而在国际市场上，柴油混合动力车型发展很快。按动力系统结构类型不同，混合动力汽车可分为串联式混合动力汽车、并联式混合动力汽车和混联式混合动力汽车。按混合程度不同，混合动力汽车可分为微度混合动力汽车、轻度混合动力汽车、中度混合动力汽车和重度/全混合动力汽车。丰田普锐斯是一款非常典型的混合动力汽车，如图1-5所示。

车辆采用混合动力形式后，可按平均需用功率来确定内燃机的最大功率，使车辆在油耗低、污染少的最优工况下工作。当内燃机功率不足时，可由蓄电池驱动电机补充；当负荷小时，内燃机富余功率可用来发电给蓄电池充电。由于内燃机可持续工作，蓄电池又可不断充电，其续驶里程与传统燃油汽车处于同一水平。混合动力汽车的发动机和电机如图1-6所示。

模块 ① 认识新能源汽车

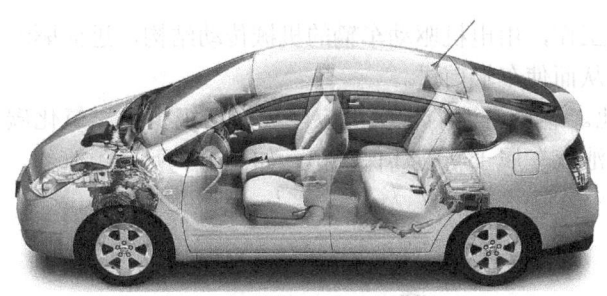
图 1-5　丰田普锐斯混合动力汽车

图 1-6　混合动力汽车的发动机和电机

混合动力汽车还可采用插电式，可以在正常使用情况下从非车载装置中获取电能，以使车辆具有一定的纯电动续驶里程。图 1-7 所示为丰田普锐斯混合动力汽车插电型。

新能源汽车可使用通用充电器（AC）充电，或用连接到公共充电站的充电电缆进行充电。车辆充电接口和充电桩供电接口如图 1-8 所示。

图 1-7　丰田普锐斯混合动力汽车插电型

图 1-8　车辆充电

新能源汽车所用的充电插头为标准化部件（IEC 62196-2），可根据车辆配置和国家规格要求使用不同的充电接口。表 1-1 所示为常见的插头形式。

表 1-1　常见的插头形式

	美国（型号1）	欧洲（型号2）	日本	中国
交流电充电	SAE J1772/IEC 62196-2	IEC 62196-2	IEC 62196-2	IEC 62196-2
Combo 充电插头（直流电充电）	SAE J1772/IEC 62196-3 Combo 1	IEC 62196-3 Combo 2	CHAdeMO/IEC 62196-3	IEC 62196-3

3. 燃料电池汽车

燃料电池汽车的工作原理：作为燃料的氢或碳氢在车载燃料电池中，与大气中的氧气发生氧化还原反应,产生电能来驱动电机工作,由电机驱动车辆的机械传动结构,进而驱动汽车的前桥(或后桥)等机械结构工作,从而使车辆前进。

燃料电池汽车的核心部件为燃料电池。燃料电池的化学反应产物包括极少的二氧化碳和氮氧化物,主要产物是水,因此燃料电池汽车属于新型环保汽车,如图1-9所示。

图1-9 燃料电池汽车

燃料电池汽车也是电动汽车的一种,燃料电池将氢气和氧气反应产生的化学能转化为电能,而不是通过燃烧转化电能。

燃料电池汽车的氢燃料能通过多种途径得到。有些车辆直接携带纯氢燃料,也有些车辆装有燃料重整器,能将烃类燃料转化为富氢气体。

4. 使用其他燃料的新能源汽车

目前,以天然气和甲醇为燃料的清洁节能汽车在我国也得到了广泛运用,天然气和甲醇也是理想的低污染车用燃料,可降低污染物和二氧化碳的排放。

(1) 天然气汽车

天然气汽车是以天然气为燃料的一种气体燃料汽车。天然气的甲烷含量一般在90%以上,是一种很好的汽车发动机燃料。

按照所使用天然气燃料状态的不同,天然气汽车可以分为以下三种:

1) 压缩天然气汽车,如图1-10所示。压缩天然气(CNG)指压缩到20.7～24.8MPa的天然气,储存在车载高压气瓶中。压缩天然气是一种无色透明、无味、高热量、比空气轻的气体,主要成分是甲烷。由于组分简单,易于完全燃烧,含碳少,抗爆性好,不稀释润滑油,能延长发动机使用寿命。

说明:GB 18047—2000《车用压缩天然气》在 SY/T 7546—1996《汽车用压缩天然气》的基础上,参考了 ISO/FDIS 15403:1998《天然气-作为车用压缩燃料的天然气的质量指标》及其技术报告草案《天然气的组成要求》,结合我国近年来压缩天然气加气站和压缩天然气汽车运行的经验,规定了车用压缩天然气甲烷含量一般在90%以上的技术要求。

2) 液化天然气汽车,如图1-11所示。液化天然气(LNG)指常压下、温度为-162℃的液态天然气,储存于车载绝热气瓶中。液化天然气燃点高、安全性强,适于长途运输和储存。

图 1-10　压缩天然气汽车

图 1-11　液化天然气汽车

3）液化石油气汽车，如图 1-12 所示。液化石油气（LPG）是一种在常温常压下为气态的烃类混合物，比空气重，有较高的辛烷值，具有混合均匀、燃烧充分、不积炭、不稀释润滑油等优点，能延长发动机使用寿命，而且一次载气量大、续驶里程长。

（2）甲醇汽车

甲醇汽车指以甲醇作为主要燃料的汽车，它能以甲醇或汽油-甲醇混合物为燃料，是一种甲醇-汽油燃料可灵活转换使用的，具有节能环保特点的新型汽车。甲醇汽车可以由传统汽油机汽车改装而成，如图 1-13 所示。

图 1-12　液化石油气汽车

图 1-13　甲醇汽车

按甲醇在混合燃料中的比例，甲醇燃料可分为以下三类：

① 低比例甲醇汽油，如 M3、M5，可像汽油一样使用，对发动机不做任何改动。

② 中比例甲醇汽油，如 M15，发动机只需做一定调整，必须添加助溶剂。

③ 高比例甲醇汽油，如 M85、M90 和 100%燃料甲醇，需为发动机加装甲醇、汽油双燃料控制器（简称甲醇控制器），其功率、排放和热效都优于原汽油机，车辆续驶里程也有一定提高。

二、新能源汽车的结构及工作原理

新能源汽车包括纯电动汽车、增程式电动汽车、混合动力汽车、燃料电池电动汽车及氢发动机汽车等类型。

（一）纯电动汽车

纯电动汽车（BEV）指以车载电源（如铅酸蓄电池、镍氢蓄电池或锂离子蓄电池）为动力，用电机驱动车轮行驶，符合道路交通安全法规各项要求的车辆，如图 1-14 所示。

电机作为纯电动汽车最重要的驱动系统，与传统燃油汽车的内燃机有很大不同，其结构特点是比较灵活。首先，能量由电缆传递，因此纯电动汽车的各部件可灵活布置；其次，电动汽车的布置不同会影响系统结构，选用不同类型的电机会影响电动汽车的质量、尺寸等。

图 1-14 纯电动汽车

最后，不同的补充能源装置具有不同的硬件和结构，其储能装置也不同。图 1-15 所示为纯电动汽车组成。

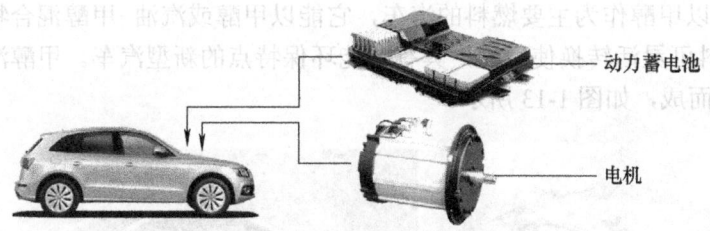

图 1-15 纯电动汽车组成

如图 1-16 所示，纯电动汽车可分为三个子系统，即电力驱动与传动子系统、能源子系统和辅助控制子系统。

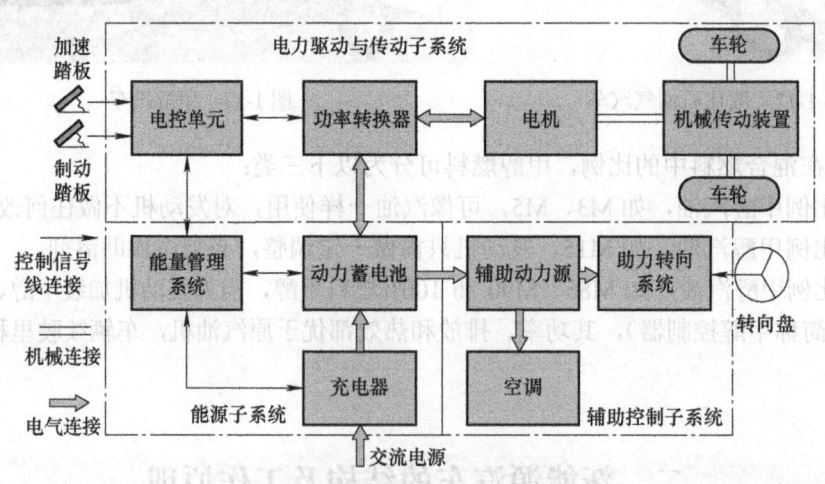

图 1-16 纯电动汽车的基本结构

① 电力驱动与传动子系统由电控单元、功率转换器、电机、机械传动装置和驱动车轮组成。

② 能源子系统由主电源（动力蓄电池）、能量管理系统和充电系统构成。
③ 辅助控制子系统具有动力转向、温度控制和辅助动力供给等功能。

1. 纯电动汽车工作原理

纯电动汽车整车电器框架原理如图 1-17 所示，整车控制器（VCU）根据整车各类信号以及 CAN 总线信息对动力系统和电附件进行综合能量管理，降低电耗。依据 CAN 总线上动力系统和电附件的故障信息进行故障诊断和安全处理，并在专用仪表系统上显示故障信息和处理措施，提高整车的主动安全性能。

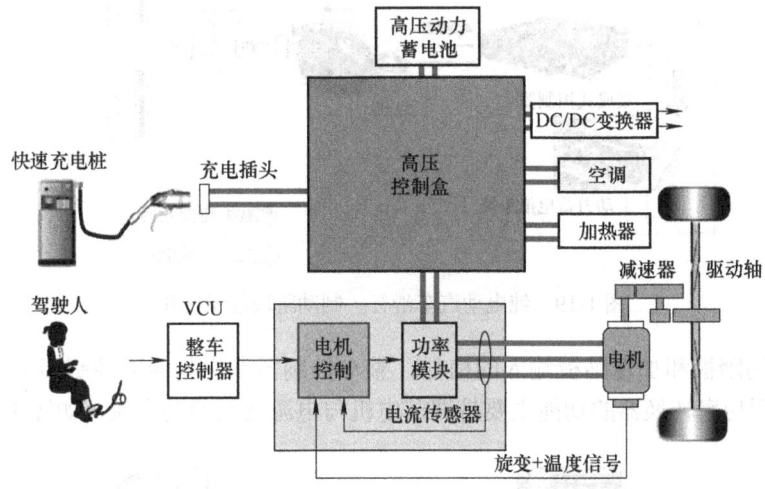

图 1-17 纯电动汽车整车电器框架原理

（1）驱动行驶阶段

动力蓄电池为驱动电机提供电能，驱动电机将电能转化为机械能，通过驱动桥驱动车辆行驶，如图 1-18 所示。

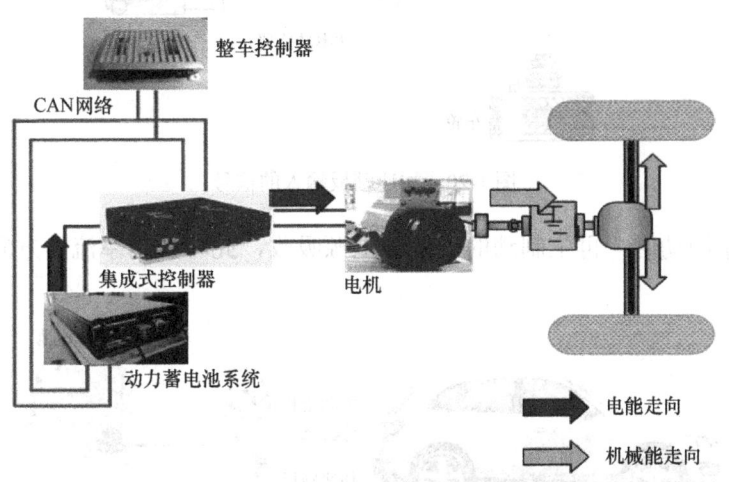

图 1-18 纯电动汽车行驶阶段能量变化

（2）滑行、制动阶段

在车辆滑行和制动时，在惯性作用下，车辆带动驱动电机转动，驱动电机作为发电机产生电能为动力蓄电池充电，完成制动能量回收，如图1-19所示。

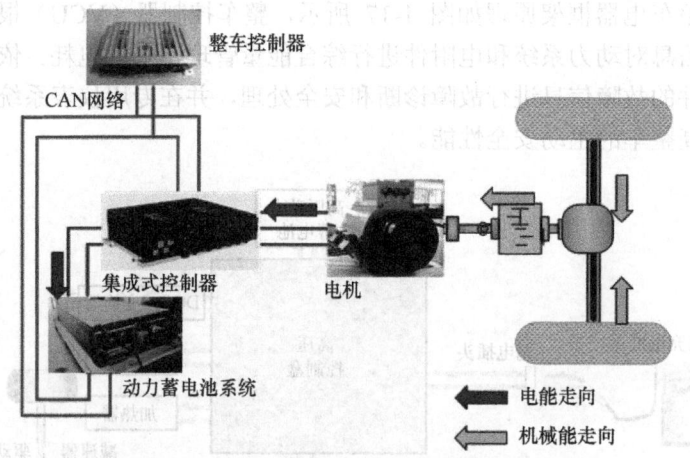

图1-19　纯电动汽车滑行、制动阶段能量变化

根据从制动踏板和加速踏板输入的信号，整车控制器发出相应的控制指令来控制功率转换器的通断，而功率转换器的功能主要是调节电机与电源之间的功率流，如图1-20所示。

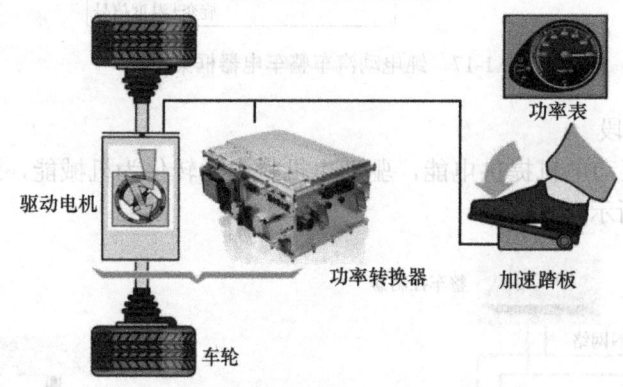

图1-20　加速踏板输入的信号

纯电动汽车制动时，再生制动的动能被电源吸收，此时，功率流的方向是反向的，如图1-21所示。

图1-21　再生制动的动能被电源吸收

8

能量管理系统和电控系统一起控制再生制动及其能量的回收，能量管理系统和充电器一起控制充电并监测电源的使用情况，如图1-22所示。

能量管理系统

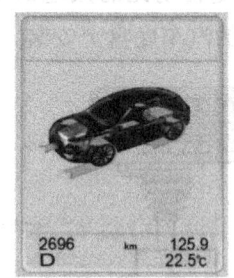
能量管理监测显示

图1-22 能量管理系统和充电器一起控制充电并监测电源的使用情况

辅助动力供给系统用于供给纯电动汽车辅助系统不同等级的电压，并提供必要的动力。它主要给动力转向、空调、制动及其他辅助装置提供动力。除了从制动踏板和加速踏板给纯电动汽车输入信号外，转向盘输入信号也很重要，动力转向系统根据转向盘的角位置来决定汽车的转向。

2．纯电动汽车电驱动系统的典型结构形式

纯电动汽车电驱动系统典型结构形式大体分为如下五种。

（1）前置前轮驱动

前置前轮驱动结构形式由发动机前置前轮驱动的燃油汽车发展而来，即由电机替代发动机，仍采用内燃机汽车的传动系统，它由电机、离合器、变速器和差速器组成。其中，离合器是用来切断或接通电机到车轮之间动力的机械装置；变速器是一套具有不同传动比的齿轮机构，驾驶人可选择不同的传动比，把转矩传给车轮；汽车在转弯时，内侧车轮的转弯半径小，外侧车轮的转弯半径大，差速器使内外车轮以不同转速转动。前置前轮驱动结构复杂、效率低，不能充分发挥电机驱动的优势，如图1-23所示。

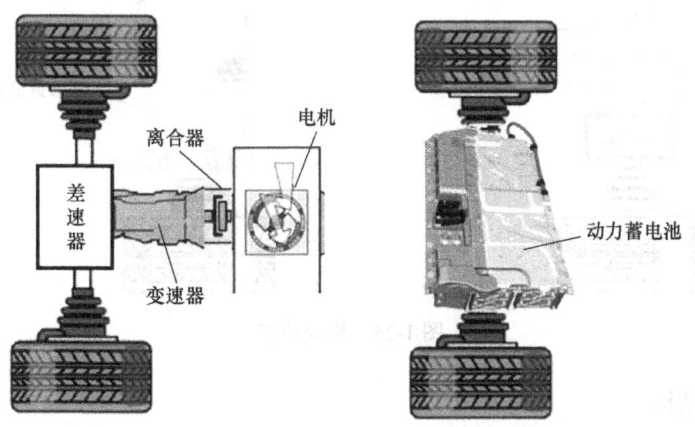

图1-23 前置前轮驱动

（2）固定传动比的减速器

如果用固定传动比的减速器，去掉离合器，则可减小机械传动装置的质量，缩小其体积。由电机、固定传动比的减速器和差速器组成的电驱动系统，具有良好的通用性和互换性，便于在现有的汽车底盘上安装，使用、维修也较方便，如图1-24所示。

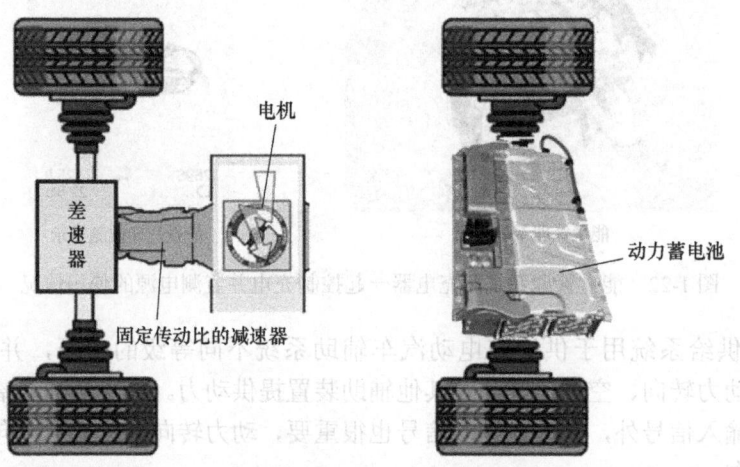

图1-24　固定传动比的减速器

（3）横向前置

这种结构与燃油汽车发动机横向前置、前轮驱动的布置方式类似，把电机、固定传动比减速器和差速器集成为一个整体，用两根半轴连接驱动轮。这种结构在小型电动汽车上应用比较普遍，如图1-25所示。

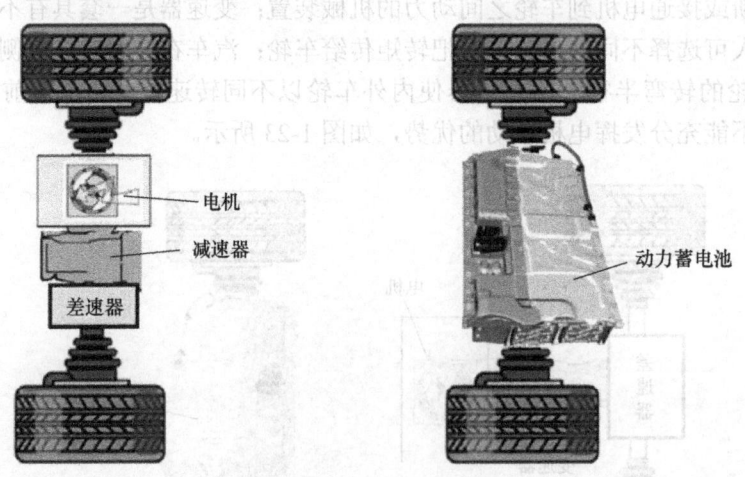

图1-25　横向前置

（4）双电机结构

双电机结构如图1-26所示，就是采用两个电机通过固定传动比的减速器，分别驱动两个车轮。两个电机的转速可以分别调节控制，便于实现电子差速，进而省去机械差速器。

10

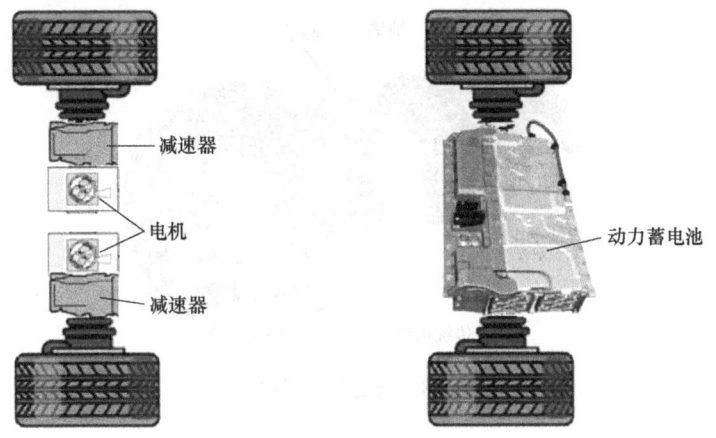

图 1-26 双电机结构

（5）轮毂电机

装在车轮里的电机称为轮毂电机，如图 1-27 所示。这种电机为内转子、外定子结构，它能提供较大的传动比来放大输出转矩。高速内转子电机具有体积小、质量小和成本低的优点。它可进一步缩短从电机到驱动轮的传递路径。为将电机转速降低到理想的车轮转速，可采用固定传动比的行星齿轮变速器，它能提供大传动比，而且输入和输出轴可布置在同一轴线上。

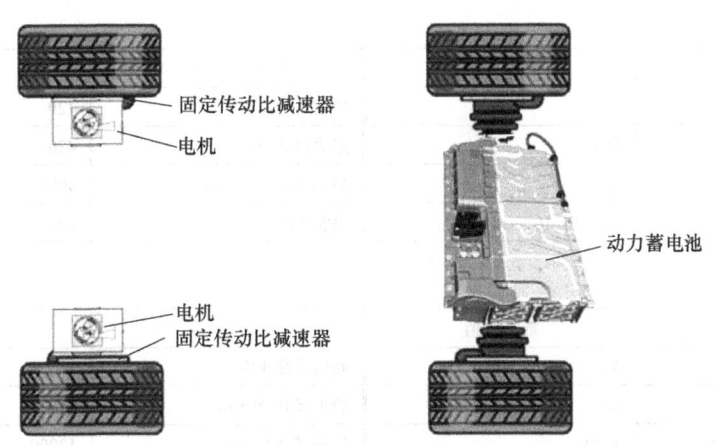

图 1-27 轮毂电机

另一种使用轮毂电机的纯电动汽车结构是采用低速外转子电机，如图 1-28 所示。彻底去掉了机械减速器，电机的外转子直接安装在车轮的轮缘上，车轮转速和纯电动汽车的车速控制完全取决于电机的转速控制。低速外转子电机结构简单，无需齿轮变速传动机构，但其体积大、质量大、成本高。

为了提高电机效率并减小电机体积，宁德时代生产的新型电机（盘式轮毂电机，简称盘毂电机）采用轴向磁场设计，相比传统径向磁场电机，在体积、重量、效率方面拥有天然优势，为新能源汽车轮边结构的布置提供了可能。结合盘毂的设计与调教，电机效率突破"双90"（盘毂电机+控制器效率实测达到 95.2%、盘毂电机最高效率点超过 96.3%），功率密度达到传统电机的 1 倍。

图 1-28 低速外转子电机

盘毂直驱电机相比目前客车应用效果最好的电机，体积减小 62%，质量减轻 185kg，可直接安装于车桥上，省去传动轴，系统效率更高。盘毂电机与传统客车电机对比如图 1-29 所示。

ICS120K

项目	数值	项目	数值
额定功率/kW	60	峰值功率/kW	120
额定转矩/N·m	164	最大转矩/N·m	420
额定转速/(r/min)	3200	最高转速/(r/min)	9000
尺寸/mm	Φ330×146	重量/kg	<41

A 电机

项目	数值	项目	数值
额定功率/kW	45	峰值功率/kW	105
额定转矩/N·m	100	最大转矩/N·m	250
额定转速/(r/min)	4300	最高转速/(r/min)	12000
尺寸/mm	Φ350×310	重量/kg	<72

图 1-29 盘毂电机与传统客车电机对比

盘毂电机可广泛应用于新能源乘用车、客车、货车、物流车及环卫车等，为车辆能耗降低、布置结构创新提供新的解决方案。

3．纯电动汽车关键技术

发展电动汽车必须解决好四个方面的关键技术：电池技术、电机驱动及控制技术、电动汽车整车技术以及能量管理技术。

（1）电池技术

电池是电动汽车的动力源，也是一直制约电动汽车发展的关键因素。电动汽车用电池的主要性能指标是比能量、能量密度、比功率、循环寿命和成本等。要使电动汽车能与燃油汽车相竞争，关键就是要开发出比能量高、比功率大、使用寿命长的高效电池，如图1-30所示。

到目前为止，电动汽车车用电池经过了4代的发展，已取得了突破性的进展。第4代燃料电池是当今理想的车用电池，但目前还处于实验阶段，一些关键技术还有待突破，如图1-31所示。

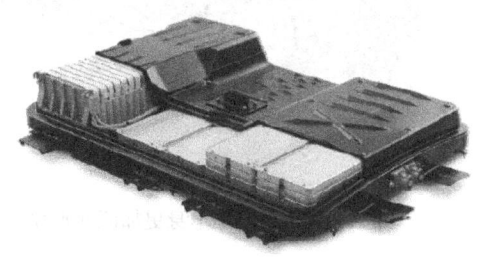 

图1-30 动力蓄电池　　　　　　　图1-31 第4代燃料电池

（2）电机驱动及控制技术

电机驱动系统是电动汽车的关键部件，要使电动汽车具有良好的使用性能，驱动电机就应具有调速范围宽、转速高、起动转矩大、体积小、质量小和效率高等特性，并有与动态制动强度相关的能量回馈系统。目前，电动汽车车用电机主要有直流电机（DCM）、感应电机（IM）、永磁无刷电机（PMBLM）和开关磁阻电机（SRM）四类，如图1-32所示。

随着电机及驱动系统的发展，控制系统趋于智能化和数字化。变结构控制、模糊控制、神经网络、自适应控制、专家控制、遗传算法等非线性智能控制技术，都将各自或结合应用于电动汽车的电机控制系统，如图1-33所示。

图1-32 开关磁阻电机（SRM）　　　图1-33 电机控制系统

（3）电动汽车整车技术

电动汽车是高科技综合性产品，除电池、电机外，车体本身也包含很多高新技术，有些节能措施比提高电池储能能力更易于实现。采用轻质材料（如镁、铝、优质钢材及塑料复合材料）优化结构，可使汽车自身质量减轻30%～50%。塑料部件可以吸收较小的撞击能量，而不会像普通钢板部件那样留下凹痕，车漆损伤也不会导致腐蚀，如图1-34所示。

电动汽车实现制动、下坡和怠速时的能量回收；采用高弹滞材料制成的高气压子午线轮胎，可使汽车的滚动阻力减小50%；汽车车身，特别是车身底部更加流线形化，可使汽车所受的空气阻力减小50%，如图1-35所示。

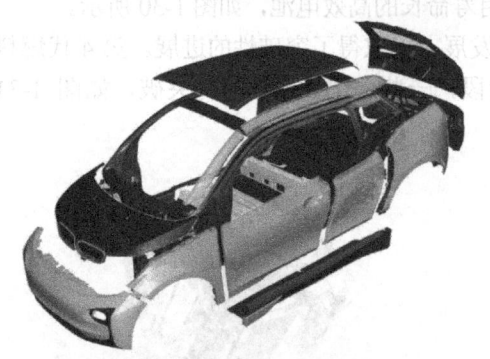

图1-34 外部面板采用塑料部件

图1-35 汽车车身更加流线形化

（4）能量管理技术

动力蓄电池是电动汽车的储能动力源。电动汽车要获得非常好的动力特性，就必须以比能量高、使用寿命长、比功率大的动力蓄电池作为动力源，如图1-36所示。

而要使电动汽车具有良好的工作性能，就必须对动力蓄电池进行系统管理，因此能量管理系统是电动汽车的智能核心，如图1-37所示。

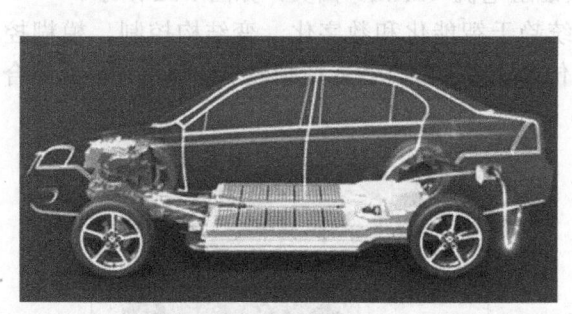

图1-36 动力蓄电池

图1-37 动力蓄电池管理系统

4．电动汽车结构组成

电动汽车的结构组成基本类似，本书以北汽纯电动汽车为例展示各部件，各部件在车身上的分布位置如图1-38所示。

（1）动力蓄电池

动力蓄电池是纯电动汽车的"心脏"，安装于车身底部，如图1-39所示。动力蓄电池要具有提供电能、电量计算、温度/电压/湿度检测、漏电检测、异常情况告警、充放电控制、预充电控制、电池一致性检测、系统自检等功能。在车辆行驶过程中，通过SOC检查动力蓄电池的荷电状态。SOC为State Of Charge的缩写，指动力蓄电池的荷电状态，SOC显示的数值是剩余电量与额定电量之比的百分数值。随着动力蓄电池电量的消耗，SOC表上指针指示的数值会逐渐减小。当SOC减小到30%以下时，SOC表上的电量不足指示灯会点亮，提示用户尽快对车辆进行充电。

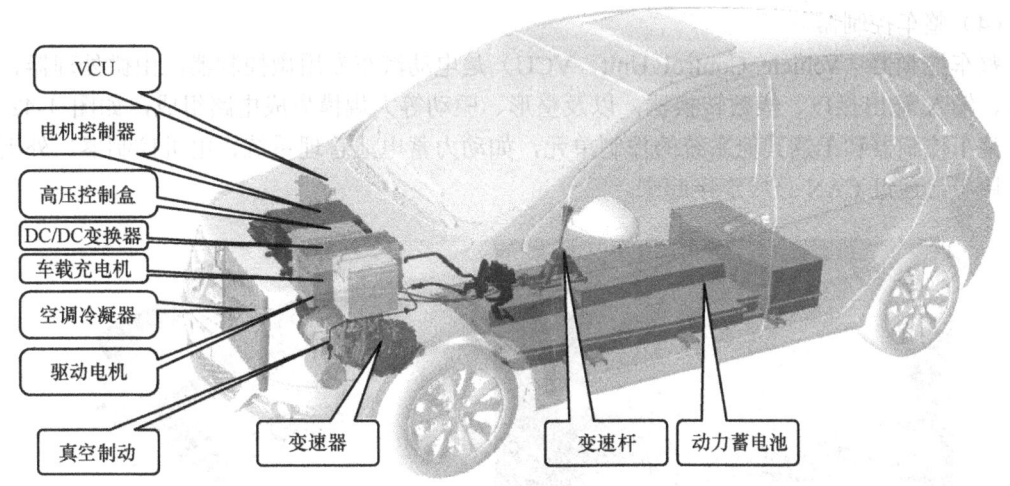

图 1-38 北汽纯电动汽车的基本结构

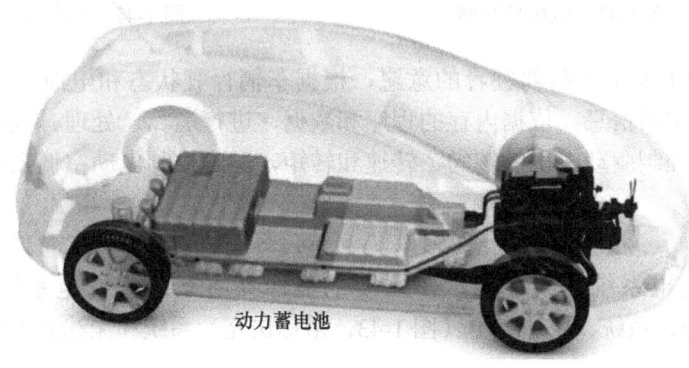

图 1-39 动力蓄电池

（2）驱动电机

驱动电机是将电能转换成机械能的一种设备。它利用通电线圈（即定子绕组）产生旋转磁场并作用于转子，形成转矩。驱动电机的外形结构如图 1-40 所示，其主要作用如下。

① 驱动电机控制器将动力蓄电池提供的直流电转化为交流电，然后输出给电机。

② 通过电机的正转来实现整车加速、减速；通过电机的反转来实现倒车。

③ 通过有效的控制策略，控制动力总成以最佳方式协调工作。

（3）电机控制器

电机控制器是应用变频技术与微电子技术，通过改变电机工作电源频率来控制交流电机的电力控制设备，是电机系统的控制中心，如图 1-41 所示。电机控制器内含功能诊断电路，当诊断出异常情况时，它会激活一个错误代码，发送给整车控制器。

图 1-40 驱动电机总成

（4）整车控制器

整车控制器（Vehicle Control Unit，VCU）是电动汽车专用微控制器，由微处理器、存储器、输入/输出接口、模数转换器，以及整形、驱动等大规模集成电路组成，如图 1-42 所示。整车控制器和车辆其他系统的控制单元，如动力蓄电池管理系统、电机控制器、外围驱动模块等，通过 CAN 总线连接起来。

图 1-41　电机控制器　　　　　　　　图 1-42　整车控制器

整车控制部分主要是判断驾驶者的意愿，根据车辆行驶状态和电池、电机系统的状态及各系统传感器传出的信息，依据内存的程序和数据，进行运算、处理、判断，然后输出指令到电机控制器，控制驱动电机的转向、转速和转矩，同时控制电动空调系统以及其他外围系统的工作。

（5）充电系统

新能源汽车充电系统是新能源汽车主要的能源补给系统，充电系统分为常规充电（图 1-43，俗称慢充）系统、快速充电（图 1-43，俗称快充）系统和无线充电系统（图 1-44）三种类型。

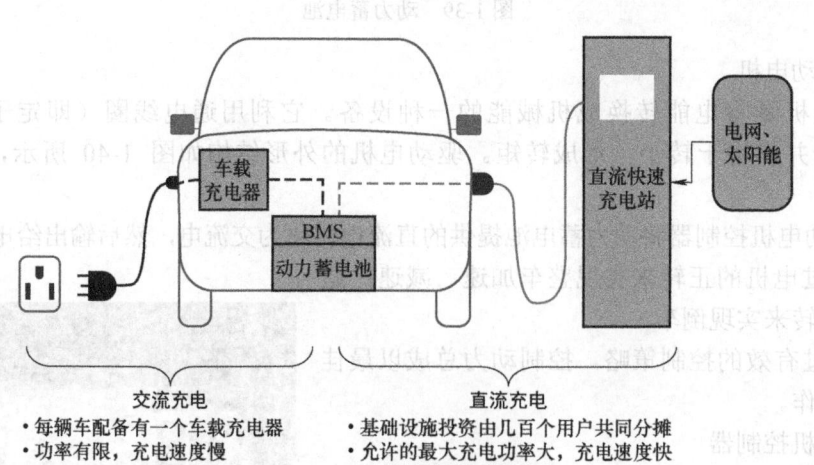

图 1-43　充电系统

1）车载慢充系统。 慢充系统使用 220V 单相民用交流电，通过整流变换，将交流电变换为高压直流电，给动力蓄电池供电。

慢充系统主要部件：供电设备（电缆保护盒、充电桩、充电线等）、慢充接口、车内高压线束、高压配电盒、车载充电机、动力蓄电池等。车载充电机（On-board Charger），相对于传统工业电源，具有效率高、体积小、耐受恶劣工作环境等特点。车载充电机工作过程中需要协调充电桩、电池管理系统等。

2）**快充系统**。快充系统一般使用工业 380V 三相直流电，通过功率变换后，直接用高压大电流通过母线给动力蓄电池充电。

快充系统主要部件：电源设备（快充桩）、快充接口、车内高压线束、高压配电盒、动力蓄电池等。

3）**无线充电**。无线充电技术指具有电池的装置不需要借助电导线，而是利用电磁波感应原理或者其他相关的交流感应技术，在发送端和接收端用相应的设备来发送和接收产生感应的交流信号来充电的一项技术，源于无线电力输送技术。

无线充电原理就是电磁感应原理。通过发射线圈的交流电根据安培定律产生振荡磁场，磁场通过接收线圈在法拉第感应定律下产生交流电，进而达到充电目的。

（6）DC/DC 变换器

DC/DC 变换器相当于传统汽车的发电机，将动力蓄电池的高压电转换为低压电，给蓄电池及低压系统供电，具有效率高、体积小、耐受恶劣工作环境等特点。DC/DC 变换器如图 1-45 所示，它将动力蓄电池输出的高压直流电转化为 12V 低压直流电，供给整车低压用电设备使用。

图 1-44　无线充电系统

图 1-45　DC/DC 变换器

汽车转向助力电机、制动系统真空助力泵电机以及车身电气（包括灯光、仪表、信号、风扇电机等）都需要 12V 直流电；高压系统的控制部分也要用到 12V 直流电电源。因此，汽车必须配备 12V 蓄电池，必须有为 12V 蓄电池充电的系统——DC/DC 变换器，以便将动力蓄电池提供的 320V 以上的直流电转换为 12V 直流电。

DC/DC 变换器安装于前机舱位置，其主要功能是在车辆起动后将动力蓄电池输入的高压电转换成 12V 电向蓄电池充电，以保证行车时低压用电设备正常工作。

（7）PDU 总成

电源分配单元（PDU）是将车载充电机模块、DC/DC 变换器模块、PTC 控制器及高压配电模块"三合一"集成的产品，将原本生产过程需要多次装配的部件进行集成化设计，提高装配效率和生产效率。目前，为了提高整车动力系统运行可靠性，北汽新能源将 PDU 和电机控制器进行了集成化设计，研发出"四合一"PEU 集成模块，如图 1-46 所示。此模块已经应用在北汽新能源 EU 系列乘用车上。

（8）T-BOX

T-BOX（图 1-47）继承老款车型数据采集终端功能，通过车辆总线网络实时采集车辆数据信息，并根据需要存储到产品内部的存储介质，传送到监控平台。支持发送远程控制命令，对充电及空调系统进行远程控制。

图 1-46　PEU 集成模块

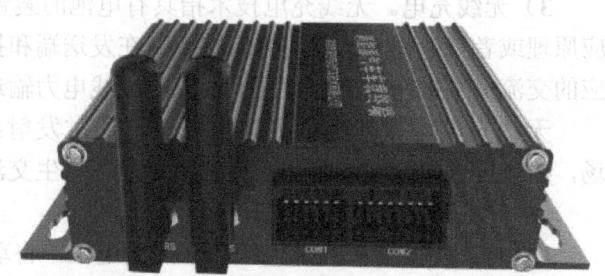

图 1-47　T-BOX

此外，T-BOX 还提供网络支持大屏的各项在线娱乐功能及车载 Wi-Fi。T-BOX 组成包括 T-BOX、T-BOX 通信天线、T-BOX GPS 天线。通过 T-BOX 的指示灯可初步判断其工作状态。

（9）电动汽车仪表

电动汽车仪表为驾驶人提供电动汽车运行的重要信息，同时也是维修人员发现和排除故障的重要工具。仪表均集中安装在驾驶室转向盘前方的仪表板上。在电动汽车仪表板上，装有各种检测仪表和信号装置，用来监视和测量电动汽车行驶过程中各系统和主要部件的工作情况。它显示了电动汽车的工作状况。不同款车型的仪表不尽相同，如图 1-48 所示。

图 1-48　电动汽车仪表

（二）混合动力汽车

混合动力汽车（Hybrid Electrical Vehicle，HEV）是指同时装备两种动力源——热动力源（传统的汽油机或者柴油机）与电动力源（电池与电机）的汽车。

目前，混合动力汽车大部分采用传统的内燃机和电机作为动力源，通过混合使用热能和电力两套系统驱动汽车，如图 1-49 和图 1-50 所示。使用的内燃机既有柴油机又有汽油机，因此可以使用传统汽油或者柴油，也有的发动机经过改造使用其他燃料，例如压缩天然气、丙烷和乙醇等。

混合动力汽车的燃油经济性高,而且行驶性能优异,在起步、加速时有电机辅助,可以降低油耗,辅助发动机的电机可以在起动瞬间产生强大转矩。

图1-49 混合动力汽车的内燃机

图1-50 混合动力汽车的电机

1. 混合动力汽车的构造

为了充分了解混合动力汽车的结构,下文将对其主要的动力总成元件进行详细的介绍,如图1-51所示。

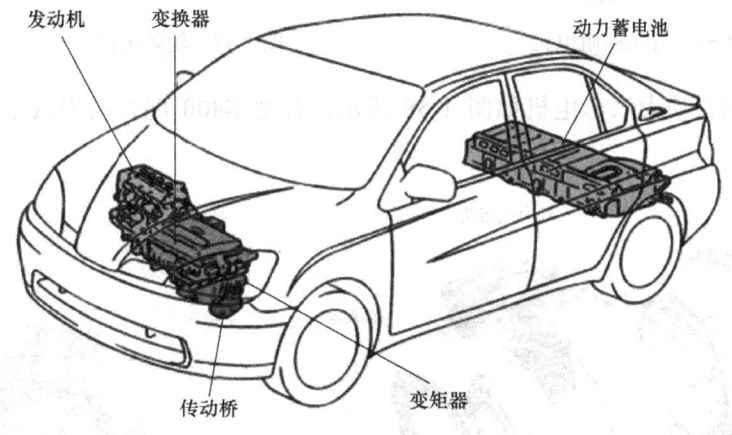
图1-51 混合动力汽车的构造

(1)发动机

混合动力汽车可以广泛地采用四冲程内燃机(包括汽油机和柴油机)、二冲程内燃机(包括汽油机和柴油机)、转子发动机、燃气轮机和斯特林发动机等,利用它们各自的优势,可以构成不同特点的混合动力系统。

丰田油电混合动力系统中安装的发动机与以往机型相比,具有低油耗、高输出的特性,如图1-52所示。

(2)电机

混合动力汽车的电机可以选择直流电机(图1-53)、交流异步电机(图1-54)、永磁同步电机(图1-55)和开关磁阻电机(图1-56)等。随着混合动力汽车的发展,直流电机已经很少采用,多数采用了交流异步电机和永磁同步电机,开关磁阻电机的应用也得到重视,还可以采用特种电机作为混合动力汽车的驱动电机,例如轮毂电机就很有前景,如图1-57所示。

图1-52 丰田2ZR-FXE发动机

图 1-53　直流电机　　　　图 1-54　交流异步电机　　　　图 1-55　永磁同步电机

图 1-56　开关磁阻电机　　　　图 1-57　轮毂电机

奥迪 Q5 混合动力汽车电机如图 1-58 所示，奔驰 S400 混合动力汽车电机如图 1-59 所示。

图 1-58　奥迪 Q5 混合动力汽车电机　　　　图 1-59　奔驰 S400 混合动力汽车电机

（3）动力蓄电池

混合动力汽车常用的动力蓄电池包括超级电容、电化学电池、燃料电池和锌空气电池等如图 1-60 所示。动力蓄电池一般作为混合动力汽车的辅助能源，只在汽车起动发动机或电机辅助驱动时才使用。

（4）动力分配装置

在并联和混联系统中，机械的动力分配装置是耦合发动机和电机功率的关键部件，如图 1-61 所示。它不仅具有较高的机械复杂性，还直接影响整车控制策略，因而成为混合动力系统开发的重点和难点。目前采用的动力复合方式有转矩复合、速度复合和双桥动力复合。

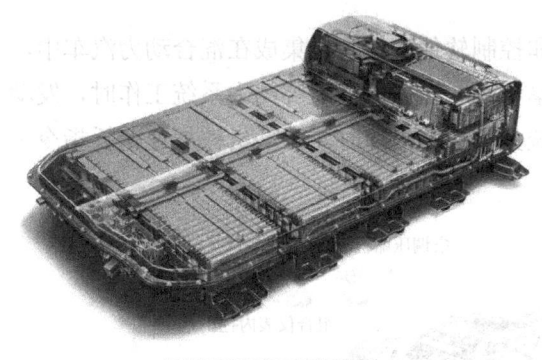
图 1-60 动力蓄电池

图 1-61 动力分配装置

2. 混合动力汽车工作原理

插电式混合动力汽车的动力蓄电池容量相对较小，外部充电，可以用纯电模式行驶，动力蓄电池电量耗尽后再以混合动力模式（以内燃机为主）行驶，并适时向动力蓄电池充电。

图 1-62 所示为插电式混合动力汽车电气原理。插电式混合动力汽车具备发动机智能自动起停功能，判定条件有 SOC、转速、气压、车速等。起停切换点不再是一个车速定值，而是一个通过优选算法，由程序计算出的速度区间（一般为 20~40km/h），同时二代系统行驶状态下松加速踏板，特定工况下发动机进入停机模式，此时会听到轻微撞击声，并非故障。

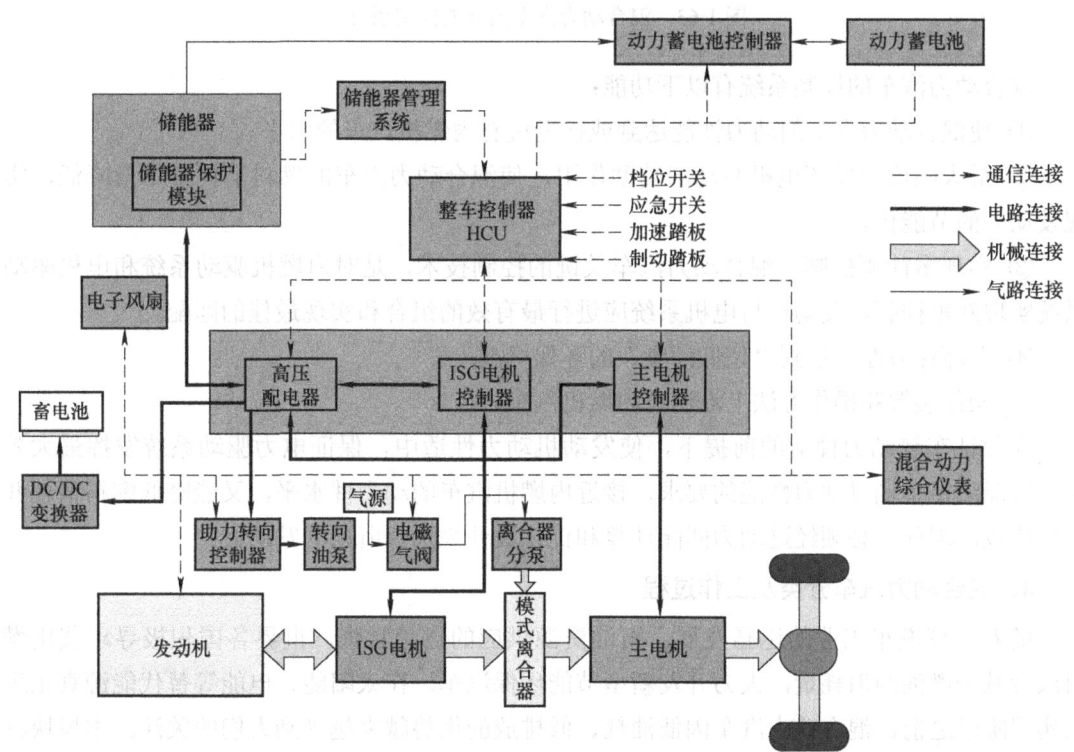
图 1-62 插电式混合动力汽车电气原理

3. 混合动力汽车的智能控制系统

发动机和混合动力系统都有各自的 ECU 和控制软件，将它们集成在混合动力汽车中，利用 CAN 总线将它们连接起来，实现信息共享和统一指挥，在混合动力系统工作时，发动机按混合动力系统的指令工作。当混合动力系统关闭或有故障时，发动机按加速踏板指令工作，如图 1-63 所示。

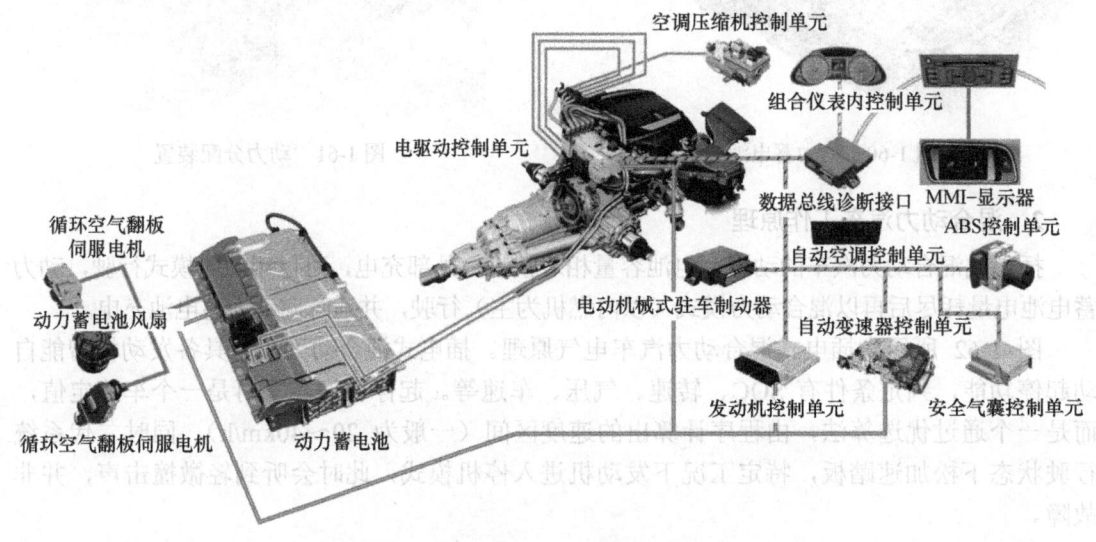

图 1-63 混合动力汽车的智能控制系统

混合动力汽车的控制系统有以下功能：

① 使混合动力汽车的动力性能达到或接近现有内燃机汽车的水平。

② 最大限度地发挥电机驱动的辅助作用，使混合动力汽车的燃料消耗量尽量降低，实现发动机的节能化。

③ 实现多能源控制。混合动力汽车关键的控制技术，是对内燃机驱动系统和电机驱动系统实现双重控制。发动机与电机系统应进行最有效的组合和实现最佳的匹配。

④ 在环保方面，达到"超低污染"的环保标准。

⑤ 操作装置和操作方法上沿用自内燃机汽车。

在保证车辆动力性能的前提下，使发动机动力性适中，保证电力驱动系统发挥最大效率，既能满足车辆对动力性能的要求，接近内燃机汽车的动力性水平，又能降低燃料消耗并减少排放。因此，必须经过动力匹配计算和优化设计来选择所需的发动机。

4. 混合动力汽车分类及工作过程

随着全球汽车工业的迅猛发展，石油资源供应的日趋紧张，世界各国积极寻求代用燃料或者减少燃油的消耗量，大力开发新型节能环保汽车。在太阳能、电能等替代能源真正进入实用阶段之前，混合动力汽车因低油耗、低排放的优势越来越受到人们的关注。本模块将混合动力汽车按照动力混合形式分为以下三类。

(1) 完全混合动力驱动

将一台大功率电机与内燃机组合在一起,以纯电动方式来驱动车辆行驶。一旦条件许可,该电机会辅助内燃机工作。

内燃机与电机之间有一个离合器,可以通过它断开这两个系统。内燃机只在需要时才接通工作,如图 1-64 所示。一部分动能在制动时又可作为电能使用(能量回收)。

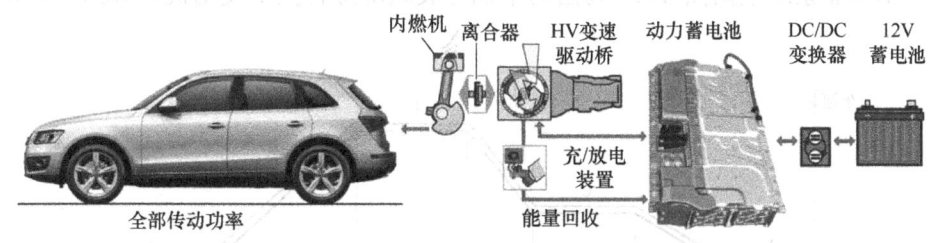

图 1-64 完全混合动力驱动

(2) 中混合动力驱动

中混合动力驱动在技术和部件方面都与完全混合动力驱动一致,只是不能以纯电动方式驱动车辆行驶,如图 1-65 所示。一部分动能在制动时又可作为电能使用(能量回收)。

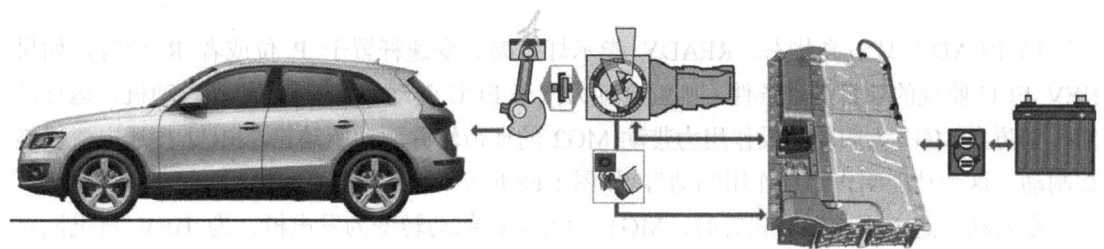

图 1-65 中混合动力驱动

(3) 微混合动力驱动

使用微混合动力驱动结构,电动部件(起动机/发电机)只用来执行起动-停止功能。一部分动能在制动时又可作为电能使用(能量回收)。这种结构不能以纯电动方式驱动车辆行驶,如图 1-66 所示。

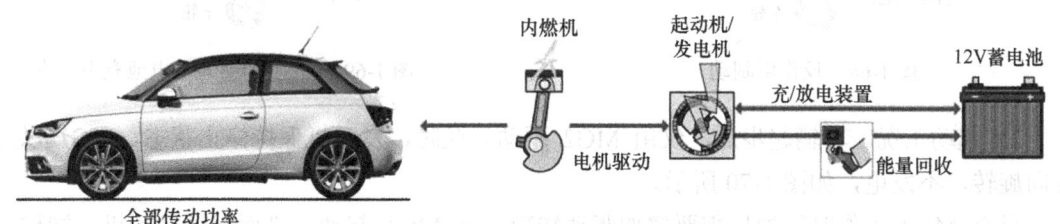

图 1-66 微混合动力驱动

5. 普锐斯混合动力系统工作原理

THS-Ⅱ使用发动机和MG2提供的两种动力,并以MG1作为发电机。系统根据各种车辆行驶状态优化组合这两种动力。HEV ECU始终监视SOC状态、蓄电池温度、动力蓄电池冷却液温度和电载荷状况。在READY指示灯点亮,变速器置于P位或车辆倒车时,如果监视项目不满足条件,则HEV ECU发出指令起动发动机驱动MG1,并为HEV蓄电池充电。THS-Ⅱ系统根据图1-67列出的车辆行驶状况综合控制发动机、MG1和MG2驱动车辆。

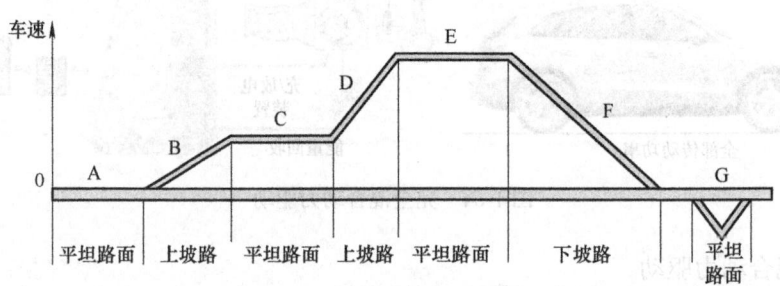

图1-67 车辆运行状况

A—READY指示灯点亮状态 B—起动工况 C—发动机微加速时 D—低载荷巡航时 E—节气门全开加速时
F—减速行驶时 G—倒车时

1) READY灯点亮状态。READY指示灯点亮、变速杆置于P位或者R位时,如果HEV ECU监视的项目满足条件,则混合动力汽车ECU起动MG1从而起动发动机。运行期间,为防止MG1太阳轮的反作用力带动MG2的环齿轮并驱动驱动轮,MG2接通电流以施加制动。这个功能叫作"反作用制动",如图1-68所示。

在发动机进入正常运转状态时,MG1由发动机起动转变为发电机,为HEV蓄电池充电,如图1-69所示。

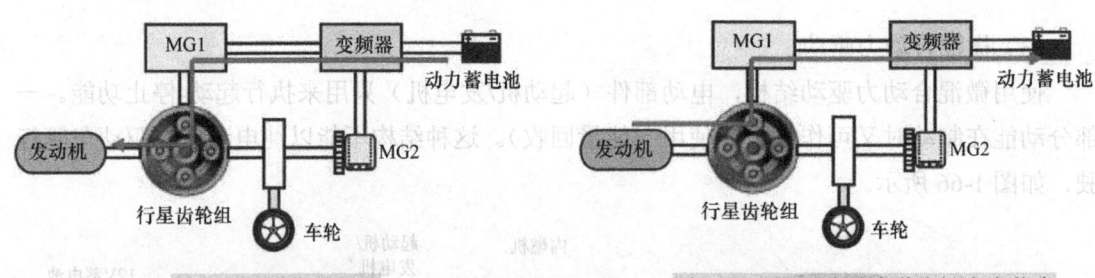

图1-68 反作用制动　　　　　　　　图1-69 MG1为动力蓄电池充电状态

2) 起动工况。车辆起步后,仅由MG2驱动。此时,发动机保持停止状态,MG1以反方向旋转,不发电,如图1-70所示。

只有MG2工作时,如果需要增加驱动转矩,则MG1起动,进而起动发动机。同样,如果混合动力汽车ECU监视的项目,如SOC状态、蓄电池温度、动力蓄电池冷却液温度和电载荷状态等,与规定值有偏差,则MG1起动,进而起动发动机,如图1-71所示。

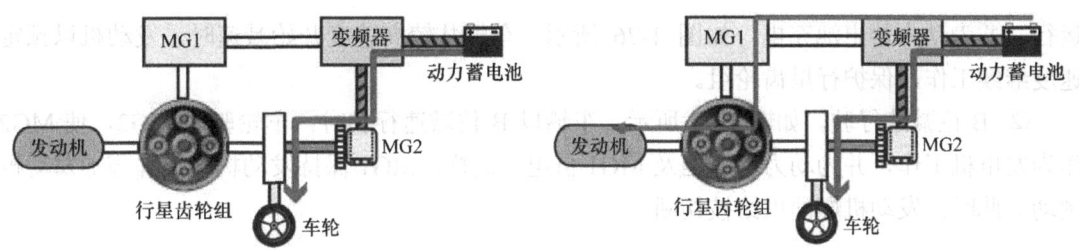

图 1-70 车辆起步后 MG2 驱动　　图 1-71 单独 MG2 不能满足需求时的工作状态

在发动机进入正常运转状态时,MG1 由发动机起动转变为发电机,为混合动力汽车蓄电池充电。如果需要增加驱动转矩,则发动机将起动作为发电机的 MG1,并转变为"发电机微加速"模式,如图 1-72 所示。

3)发动机微加速时/(C)。如图 1-73 所示,发动机微加速时,发动机的动力由行星齿轮组分配。其中一部分动力直接输出,剩余动力用于 MG1 发电。通过变频器,电力输送到 MG2,MG2 输出动力。

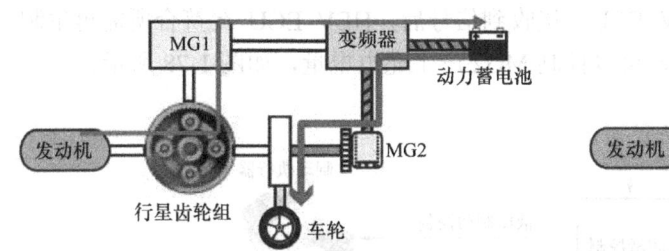 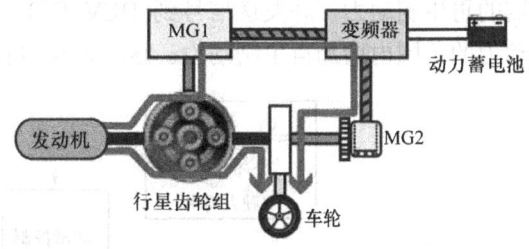

图 1-72 MG1 为蓄电池充电,MG2 驱动车辆　　图 1-73 发动机微加速工作状态

4)发动机低载荷巡航时/(D)。如图 1-74 所示,车辆以低载荷巡航时,发动机的动力由行星齿轮组分配。其中一部分动力直接输出,剩余动力用于 MG1 发电。通过变频器,电力输送到 MG2,MG2 输出动力。

5)节气门全开加速时/(E)。车辆从低载荷巡航转换为节气门全开加速模式时,系统将在保持 MG2 动力的基础上,增加动力蓄电池的动力,如图 1-75 所示。

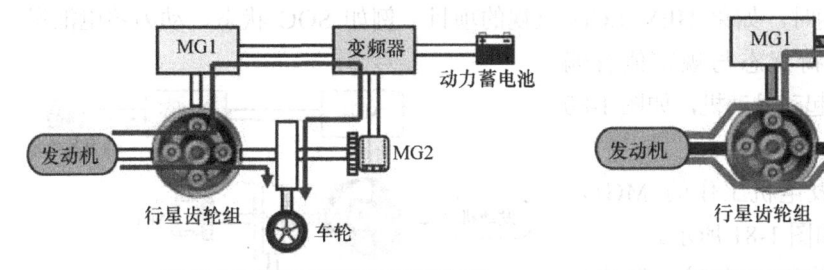

图 1-74 发动机低载荷巡航状态　　图 1-75 节气门全开加速状态

6)发动机减速:

① 以 D 位减速行驶。发动机停止工作,动力为零。这时,车轮驱动 MG2 作为发电机

运行，并为动力蓄电池充电，如图 1-76 所示。车辆从较高速度开始减速时，发动机以预定速度继续工作，保护行星齿轮组。

② B 位减速行驶。如图 1-77 所示，车辆以 B 位减速行驶时，车轮驱动 MG2，使 MG2 作为发电机工作，并为动力蓄电池及 MG1 供电。这样，MG1 保持发动机转速并施加发动机制动。此时，发动机燃油供给被切断。

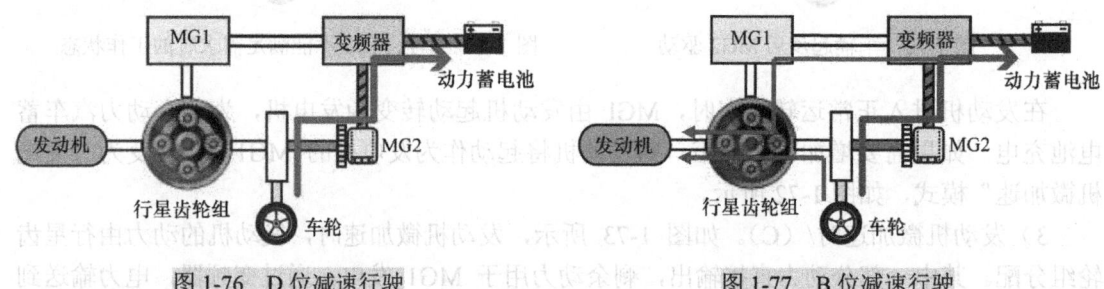

图 1-76 D 位减速行驶　　　　图 1-77 B 位减速行驶

③ 制动减速时。车辆减速时，如果驾驶人踩下制动踏板，制动防滑控制 ECU 计算所需的再生制动力，并发送信号到 HEV ECU。接收到信号后，HEV ECU 在符合所需再生制动力的范围内增加再生制动力。这样，可以控制 MG2 产生充电电量，如图 1-78 所示。

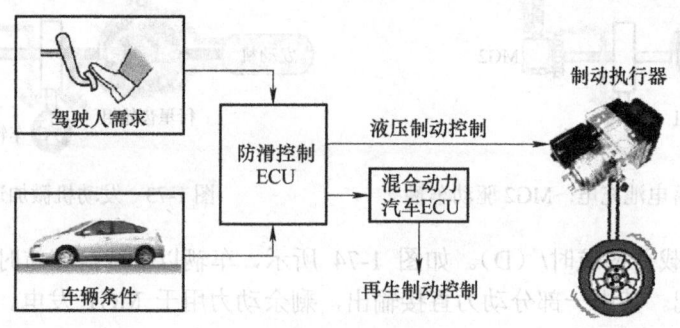

图 1-78 制动减速状态

7) 倒车时/（G）。车辆倒车时，仅由 MG2 为提供动力。这时，MG2 反向旋转，发动机不工作，MG1 正向旋转但并不发电，如图 1-79 所示。

只有 MG2 驱动车辆时，如果 HEV ECU 监视的项目，例如 SOC 状态、动力蓄电池温度、冷却液温度和电载荷状态与规定值有偏差，则 MG1 起动，进而起动发动机，如图 1-80 所示。

发动机将起动作为发电机工作的 MG1，并为动力蓄电池充电，如图 1-81 所示。

8）电机驱动模式控制。为减少深夜行车、停车时的噪声和在车库中短时间减少排放，可以手动按下仪表板上的 EV 模式开关，使车辆只受 MG2 的驱动，如图 1-82 所示。

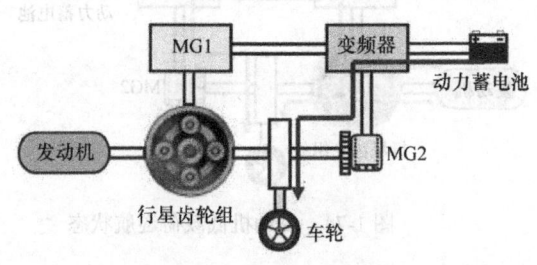

图 1-79 倒车仅 MG2 驱动

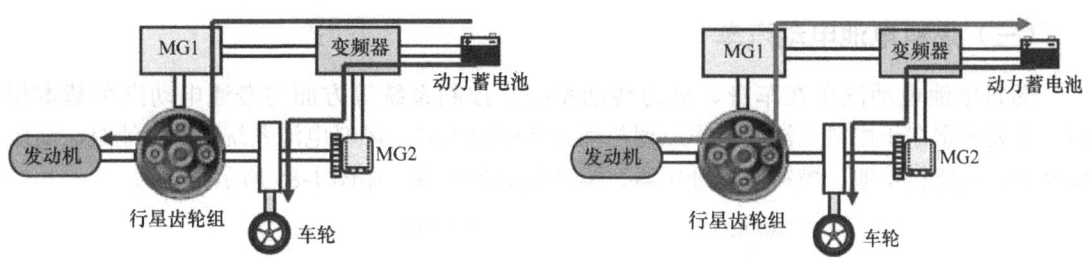

图 1-80　倒车时 MG1 起动　　　　　图 1-81　发动机起动，MG1 为动力蓄电池充电

按下 EV 模式开关后，组合仪表中的 EV 模式指示灯点亮，如图 1-83 所示。

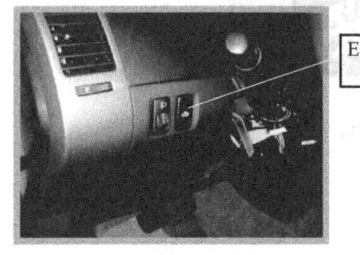  

图 1-82　EV 模式　　　　　　　图 1-83　EV 模式指示灯点亮

选择 EV 模式时，发动机停止工作，车辆继续在只有 MG2 工作的状态下行驶，除非车辆发生以下情形：

① EV 模式开关关闭。
② SOC 下降到规定值以下。
③ 车速超过规定值。
④ 加速踏板角度超过规定值。
⑤ 动力蓄电池温度偏离正常工作范围。

如果动力蓄电池在标准 SOC 下，车辆在平坦路面上连续行驶 1~2km 后，EV 模式将关闭，如图 1-84 所示。

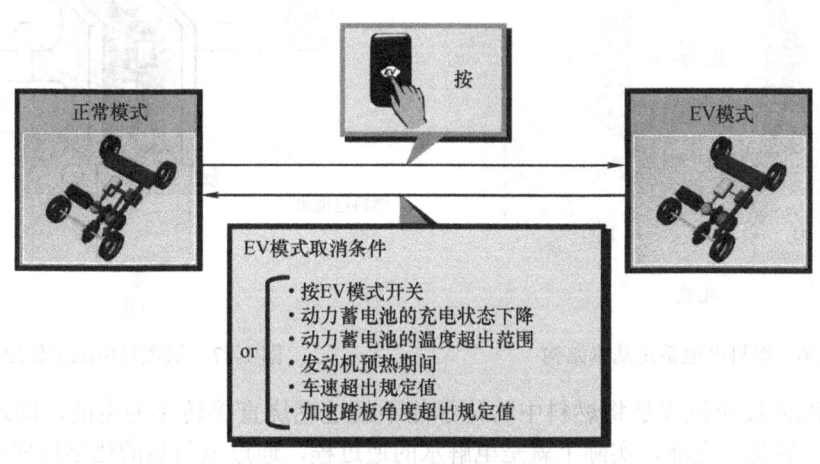

图 1-84　EV 模式关闭条件

（三）燃料电池电动汽车

燃料电池电动汽车在车身、动力传动系统、控制系统等方面与普通电动汽车基本相同，主要区别在于燃料电池的工作原理与动力蓄电池不同，燃料电池系统由蓄电池组、高压储氢瓶、氢燃料电池、燃料电池升压器、驱动电机等组成，如图1-85所示。

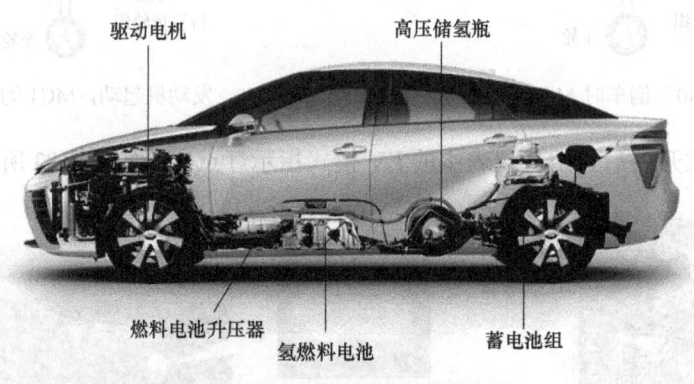

图1-85　燃料电池电动汽车组成

1. 燃料电池系统基本结构

燃料电池系统基本结构如图1-86所示。

2. 氢燃料电池系统工作原理

氢燃料电池是使用氢这种化学元素，制造成储存能量的电池。其基本原理是电解水的逆反应，把氢和氧分别供给阴极和阳极，氢通过阴极向外扩散，与电解质发生反应后放出电子，通过外部的负载到达阳极，如图1-87所示。

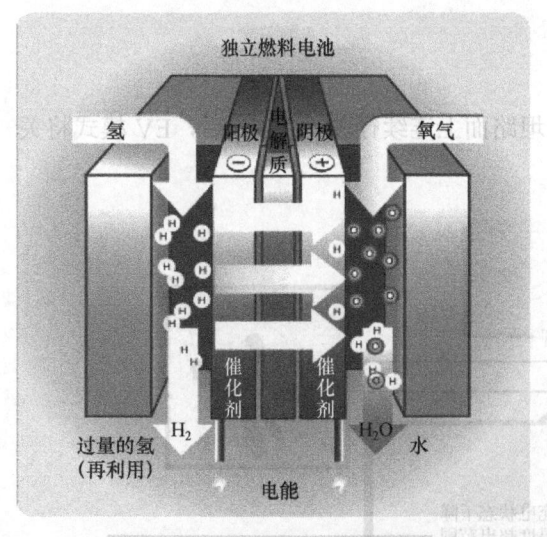

图1-86　燃料电池系统基本结构

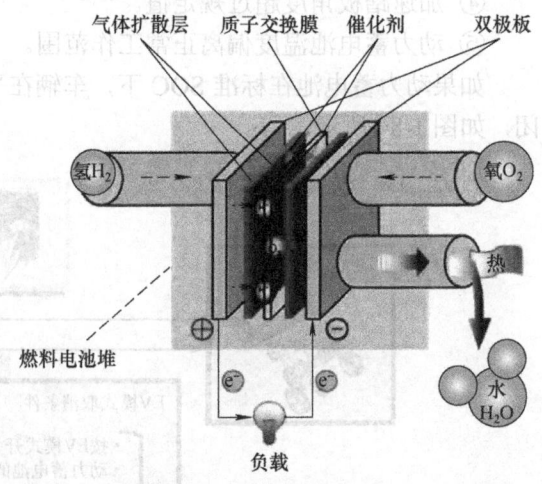

图1-87　氢燃料电池工作原理

燃料电池的反应机理是将燃料中的化学能不经过燃烧直接转化为电能，即通过电化学反应将化学能转化为电能，实际上就是电解水的逆过程，通过氢与氧的化学反应生成水并释放电能。电化学反应所需的还原剂一般采用氢气，氧化剂则采用氧气，因此最早开发的燃料电池电动汽车大多是直接采用氢燃料,氢气的储存可采用液化氢、压缩氢气或金属氢化物储氢等形式。

燃料电池的能量转换效率不受卡诺循环的限制,能量转化效率高。其排放物主要是水,非常清洁,不产生任何有害物质。因此,燃料电池技术的研究和开发备受各国政府和整车企业的重视,被认为是 21 世纪的洁净、高效发电技术之一。

3. 燃料电池电动汽车的类型与结构

燃料电池电动汽车(FCEV)利用氢气和空气中的氧,在催化剂的作用下,在燃料电池中经电化学反应产生电能,以此作为主要动力源,如图 1-88 所示。

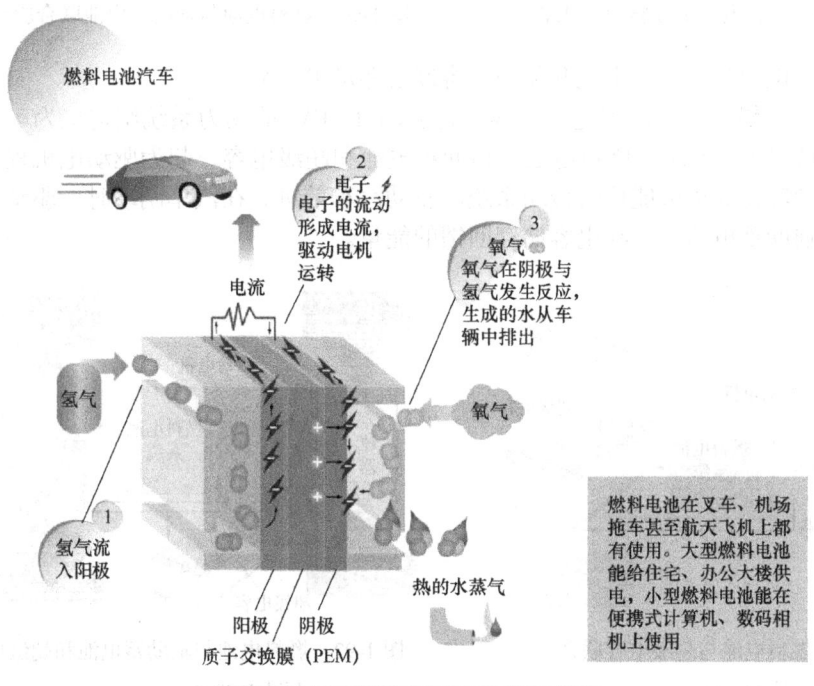

图 1-88 燃料电池电动汽车(FCEV)

(1)燃料电池单独驱动 FCEV

燃料电池单独驱动结构只有燃料电池一个动力源,汽车的所有功率负荷都由燃料电池承担,如图 1-89 所示。

(2)燃料电池与辅助蓄电池联合驱动 FCEV

燃料电池与辅助蓄电池联合驱动结构为一典型的串联式混合动力结构,如图 1-90 所示。在该动力系统结构中,燃料电池和辅助蓄电池一起为驱动电机提供能量,驱动电机将电能转化成机械能传给传动系统,从而驱动汽车前进。在汽车制动时,驱动电机变为发电机模式,蓄电池储存回馈的能量。

(3)燃料电池与超级电容联合驱动 FCEV

燃料电池与超级电容联合驱动结构与燃料电池+辅助蓄电池结构相似,如图 1-91 所示。它只是把辅助蓄电池换成了超级电容。相对于辅助蓄电池,超级电容充放电效率高,能量损失小,功率密度大,在回收制动能量方面比辅助蓄电池有优势,循环寿命长,但是超级电容的能量密度较小。

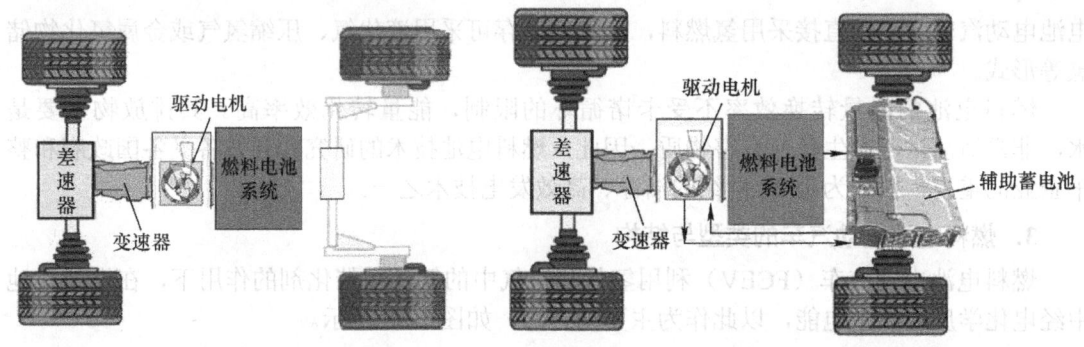

图 1-89　燃料电池单独驱动 FCEV　　　　图 1-90　燃料电池与辅助蓄电池联合驱动 FCEV

（4）燃料电池与辅助蓄电池和超级电容联合驱动 FCEV

燃料电池与辅助蓄电池和超级电容联合驱动 FCEV 的动力系统结构也为串联式混合动力结构，如图 1-92 所示。燃料电池、辅助蓄电池和超级电容一起为驱动电机提供能量，驱动电机将电能转化成机械能传给传动系统，驱动汽车前进。在汽车制动时，驱动电机变为发电机模式，辅助蓄电池和超级电容储存回馈的能量。

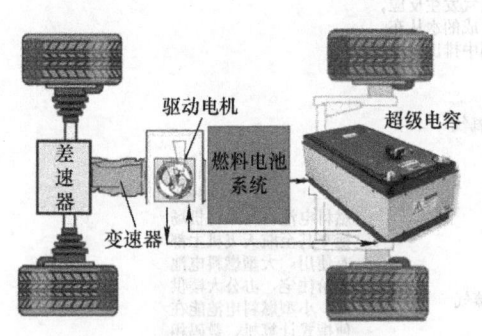 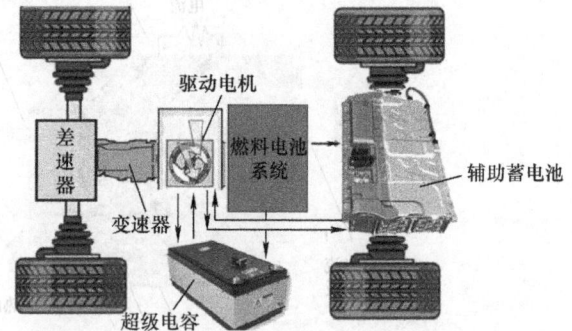

图 1-91　燃料电池与超级电容联合　　　　图 1-92　燃料电池与辅助蓄电池和超级电容联合
　　　　驱动 FCEV　　　　　　　　　　　　　　　　驱动 FCEV

这种结构相比燃料电池+辅助蓄电池的结构形式，优点更加明显，尤其是在部件效率、动态特性、制动能量回馈等方面，但其缺点也一样明显：

① 增加了超级电容，增大了系统质量。

② 系统更加复杂化，系统控制和整体布置的难度随之增大。

课后思考题

1. 简述新能源汽车的定义。
2. 简述新能源汽车可以分为哪些类别。
3. 简述电动汽车工作原理。
4. 简述世界上较知名的 10 款新能源汽车。
5. 简述混合动力汽车工作原理。
6. 尝试阐述我国自主品牌的新能源汽车车型。

模块 2　动力蓄电池

```
技能目标
  1. 了解纯电动汽车动力蓄电池构造及工作原理。
  2. 了解混合动力汽车动力蓄电池构造及工作原理。
知识目标
  1. 掌握不同新能源汽车动力蓄电池系统知识。
  2. 掌握动力蓄电池高压系统操作安全措施及人身安全要点。
素养目标
  树立安全第一的意识。
```

一、电动汽车动力蓄电池的作用和分类

电池（Battery）指装有电解质溶液和金属电极以产生电流的杯、槽或其他容器或复合容器的部分空间，它能将化学能转化成电能，具有正极和负极。随着科技的进步，电池泛指能产生电能的小型装置，如太阳能电池。电池的性能参数主要有电动势、容量、比能量和电阻。利用电池作为能量源，可以得到具有稳定电压、稳定电流、长时间稳定供电、受外界影响很小的电流，并且电池结构简单，携带方便，充放电操作简便易行，不受外界气候和温度的影响，性能稳定可靠，在现代社会生活中的各个方面发挥着很大作用。新能源汽车动力蓄电池如图 2-1 所示。

图 2-1　新能源汽车动力蓄电池

（一）动力蓄电池的作用

动力蓄电池是新能源汽车的动力源，多指为纯电动汽车、纯电动客车、混合动力汽车

提供动力的蓄电池。动力蓄电池组是电动汽车的关键装备，它的质量和体积，以及储存的电能，对电动汽车的性能起到决定性的影响，如图 2-2 所示。

图 2-2　动力蓄电池

在新能源汽车上，蓄电池的主要作用是向用电设备供电。蓄电池必须要有足够的电流和电压才能保证用电设备的正常运转和用电设备的稳定工作。

（二）动力蓄电池的分类

1. 按工作性质分类

动力蓄电池分为：一次电池，又称原电池，即不可再充电电池，如锌锰干电池、锂原电池等；二次电池，即可充电电池，如镍氢电池、锂离子电池、镉镍电池等；不可充电电池，只能将化学能一次性地转化为电能，不能将电能还原回化学能，或者还原性能极差，如图 2-3 所示。

a) 一次电池

b) 二次电池

图 2-3　动力蓄电池分类

2. 按储存方式划分

蓄电池习惯上指铅酸蓄电池，也称为可充电的二次电池。它能将电能转换成化学能储存起来，在使用时再将化学能转换成电能，这一过程是可逆的。燃料电池，即活性材料在电池工作时才连续不断地从外部加入电池，如氢氧燃料电池等；储备电池，即电池储存时不直接接触电解液,直到电池使用时,才加入电解液,如镁化银电池又称海水电池等。

3. 按电池所用正、负极材料划分

动力蓄电池按电池所用正、负极材料划分,包括:锌系列电池,如锌锰电池、锌银电池等;镍系列电池,如镉镍电池、氢镍电池等;铅系列电池,如铅酸蓄电池等;锂离子电池、锂锰电池;二氧化锰系列电池,如锌锰电池、碱锰电池等;空气(氧气)系列电池,如锌空电池等。

(三)动力蓄电池的发展过程

目前,新能源汽车使用的动力蓄电池可分为二次电池(图2-4)和超级电容器(图2-5)。

图2-4 二次电池

图2-5 超级电容器1

超级电容器又称电化学电容器,是新型双电层电容器,具有电容量大的特点,如图2-6所示。

目前,新能源汽车用动力蓄电池已经经过了三代的发展。

第一代电动汽车用动力蓄电池都是铅酸蓄电池,因为铅酸蓄电池的比能量和比功率不能满足电动汽车动力性能的要求,所以就进一步发展了阀控铅酸蓄电池(图2-7),使得铅酸蓄电池的比能量有所提高,仍能够满足电动汽车的使用要求。

图2-6 超级电容器2

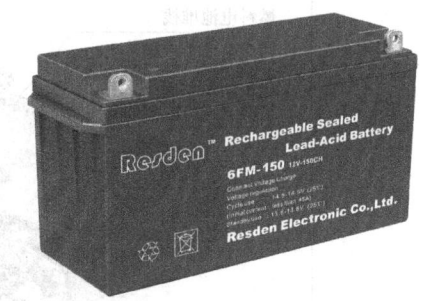

图2-7 阀控铅酸蓄电池

第二代高能电池有镍镉蓄电池、镍氢蓄电池、钠硫蓄电池、锂离子电池等,如图2-8所示。第二代电动汽车用动力蓄电池的比功率和比能量都要比铅酸蓄电池高出很多,大大提高了电动汽车的动力性和续驶里程。但是第二代动力蓄电池现在依然是在电能-化学能-电能的化学反应过程中储存和供给电能,有一些特殊使用条件和一定的局限性。其中,有些高能电池还需要复杂的电池管理系统和温度控制系统，各种电池对充电技术还有不同的要求。第二代电池在使用一定次数后会出现老化甚至报废的情况，几乎或者完全丧失充放电能力，并且会造成污染。这无疑又增加了电动汽车的使用成本。

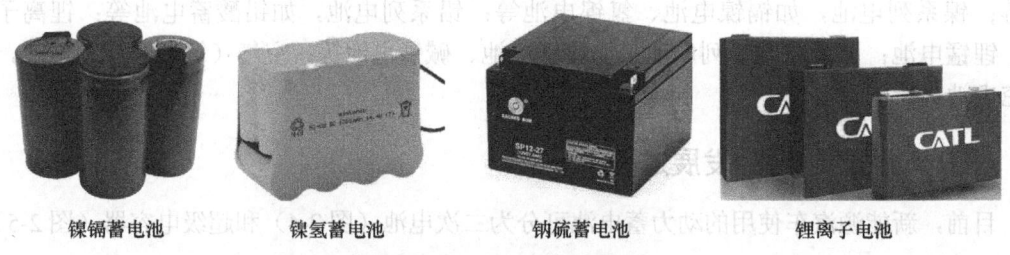

镍镉蓄电池　　　镍氢蓄电池　　　钠硫蓄电池　　　锂离子电池

图 2-8　第二代电动汽车用电池

第三代电动汽车用动力蓄电池是以燃料电池为主的电池，燃料电池直接将燃料的化学能转化成电能，能量转化的效率高，比能量和比功率高，如图 2-9 所示。燃料电池能量转化过程可以连续进行，反应过程能够有效控制，是比较理想的电动汽车用电池。但是燃料电池的燃料往往有毒有害且价格昂贵，需要对车辆进行额外的设计，增加了设计和制造成本。

图 2-9　第三代电动汽车用燃料电池

现在的动力蓄电池都是使用高能蓄电池，使电动汽车的动力性能不断提高，一次充电后的续驶里程也不断延长。

二、动力蓄电池的工作原理

目前,在电动汽车上使用的动力蓄电池主要是铅酸蓄电池、镍氢蓄电池(MH-Ni)和锂离子电池,如克莱斯勒 ESX2 采用铅酸蓄电池,丰田普锐斯和本田 Insight 用镍氢蓄电池,日产 Tino、北汽新能源汽车、吉利汽车、上海荣威都用锂离子电池,如图 2-10 所示。

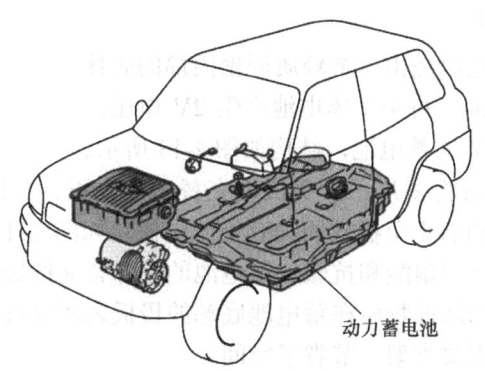

图 2-10 动力蓄电池

(一) 铅酸蓄电池的工作原理

铅酸蓄电池可分为两类:注水式铅酸蓄电池和阀控式铅酸蓄电池,如图 2-11 所示。前者廉价需要经常维护,后者可通过安全控制阀自动调节密封电池体内因充电或工作异常产生的多余气体,免维护。铅酸蓄电池作为纯电动汽车动力电源,在比能量、深放电循环寿命、快速充电等方面均比镍氢蓄电池、锂离子电池差,但由于其价格低廉,国内外将它的应用定位在速度不高、路线固定、充电站设立容易规划的车辆,或作为起动机和电子电器设备的电源。

图 2-11 阀控式铅酸蓄电池

车辆用蓄电池以"电"的汉语拼音 D 表示,阀控式铅酸蓄电池以 M 表示,免维护铅酸蓄电池以 W 表示。如 6DM55,表示单体电池为 6 只、额定容量为 55A·h 的电动车辆用阀控式铅酸蓄电池。

现代车载网络的能量消耗越来越大,因此对蓄电池容量的要求也越来越高。AGM 蓄电池是所谓的阀门调节式铅酸蓄电池,如图 2-12 所示。

铅酸蓄电池的不足:

① 比能量低,在电动汽车中所占的质量和体积较大,一次充电续驶里程短。

② 使用寿命短,使用成本高。

③ 铅是重金属,存在污染(铅毒、酸雾、锑和砷、镉)。

④ 充电时间长。

1. 铅酸蓄电池的结构

大多数汽车用铅酸蓄电池是由一个轻质硬聚丙烯的壳体里装着 6 个单体电池组成的。每个单体电池产生 2V 电压,串联起来后,就组成了 12V 的蓄电池,结构如图 2-13 所示。

图 2-12 AGM 蓄电池

为增大蓄电池容量,常将多片正、负极板交替安装。正、负极板应尽量靠近,但彼此又不能接触短路,因此在相邻正负极板间加有绝缘隔板,如图 2-14 所示。隔板应具有多孔性,以便电解液渗透,而且应耐酸和抗碱。蓄电池的底部有支撑极板的支架,可提供沉淀沉积物的空间,防止已消耗的活性物质在蓄电池底部的极板之间导致短路。免维护蓄电池将极板放入袋形的隔板中,不需要支架,节省了空间。

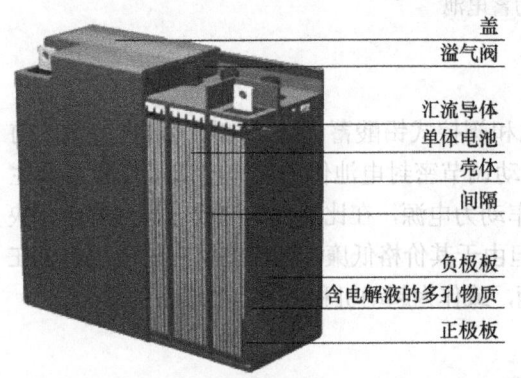

图 2-13 普通型铅酸蓄电池结构

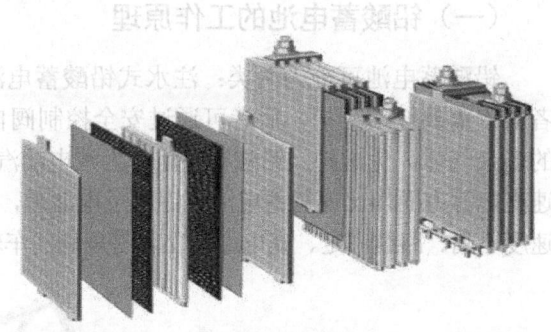

图 2-14 极板组

注意: 因为接收同样的电量所占用正极板的活性物质比负极板多些,所以正极板做得比负极板要厚些。为了充分利用正极板面积,负极板要比正极板多一片。两组极板插好后,最外面的两片都是负极板。

2. 蓄电池的工作原理

蓄电池的充电过程和放电过程是一种可逆的化学反应。

1) 放电过程:化学能转变为电能。

当正、负极板间电路形成后,蓄电池将开始放电产生电流,如图 2-15 所示。正极板上,二氧化铅(PbO_2)结合电解液中的硫酸(H_2SO_4)发生化学反应,生成硫酸铅($PbSO_4$)和水;负极板上,铅(Pb)和硫酸反应生成硫酸铅,放电,使正极板和负极板都变成硫酸铅。由于放电生成水的稀释作用以及硫酸被消耗而减少,造成酸的浓度降低。如果电解液大部分是水，则冬天有结冰危险。

2) 充电过程：电能变成化学能，正负极板和电解液恢复原来的形态。

充电后，硫酸会离开正、负极板，返回电解液，正极板上还原成二氧化铅，负极板上是海绵状的纯铅，硫酸增加，水减少，电解液相对密度可恢复到放电前比较理想的状态，如图 2-16 所示。

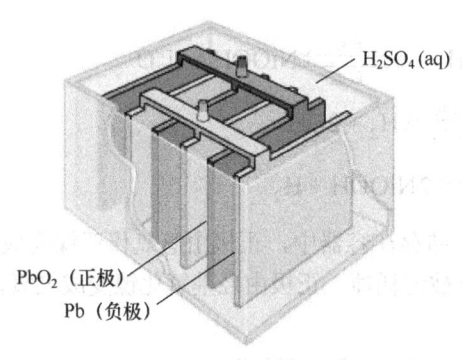

图 2-15　蓄电池的工作原理

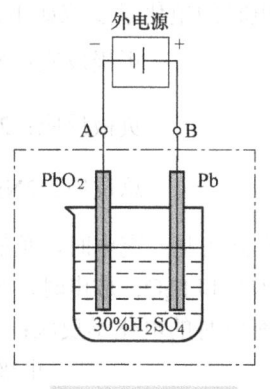

图 2-16　充电过程

放电时，正极反应为：$PbO_2 + 4H^+ + SO_4^{2-} + 2e^- = PbSO_4 + 2H_2O$

负极反应：$Pb + SO_4^{2-} - 2e^- = PbSO_4$

总反应：$PbO_2 + Pb + 2H_2SO_4 \underset{充电}{\overset{放电}{\rightleftharpoons}} 2PbSO_4 + 2H_2O$

汽车上用的是 6 个铅酸单体蓄电池串联成 12V 的电池组。铅酸蓄电池在使用一段时间后要补充蒸馏水，使电解质保持含有 22%~28% 的稀硫酸（蒸馏水中含硫酸的比例）。

铅酸蓄电池发明 100 多年来，广泛应用于人类生产和生活的各个方面。作为起动、点火、照明电源，它主要用于汽车、摩托车、内燃机车和电力机车。工业用铅酸蓄电池，主要用于邮电、通信、发电厂和变电所开关控制设备以及计算机备用电源等。阀控式铅酸蓄电池可用于应急灯、UPS、电信、广电、铁路和航标等，作为动力蓄电池，主要用于低速电动汽车、电动叉车等。

（二）镍氢蓄电池的工作原理

镍氢蓄电池是 20 世纪 90 年代发展起来的一种蓄电池。它的正极活性物质主要由镍制成，负极活性物质主要由储氢合金制成，是一种碱性蓄电池，如图 2-17 所示。

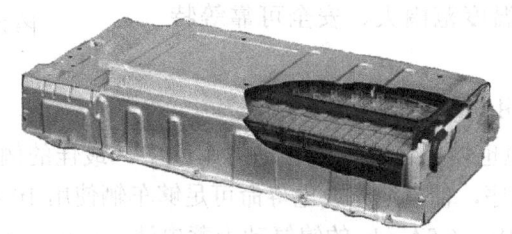

图 2-17　镍氢蓄电池

1. 镍氢蓄电池的工作原理

镍氢蓄电池主要应用于混合动力汽车，其"金属"部分实际上是金属氢化物。

镍氢蓄电池和同体积的镍镉蓄电池相比，容量增加一倍，充放电循环寿命更长，并且无记忆效应。镍氢蓄电池正极的活性物质为 NiOOH（放电时）和 $Ni(OH)_2$（充电时），负极板的活性物质为 H_2（放电时）和 H_2O（充电时），电解液采用 30%的氢氧化钾（KOH）溶液，充放电时的电化学反应如下：

$$正极反应：Ni(OH)_2 + OH^- - e \underset{放电}{\overset{充电}{\rightleftharpoons}} NiOOH + H_2O$$

$$负极反应：2H_2O + 2e \underset{放电}{\overset{充电}{\rightleftharpoons}} H_2 + 2OH^-$$

$$总反应：2Ni(OH)_2 \underset{放电}{\overset{充电}{\rightleftharpoons}} 2NiOOH + H_2$$

从方程式可见：充电时，负极析出氢气，储存在容器中，正极由氢氧化亚镍变成羟基氧化镍（NiOOH）和 H_2O；放电时，氢气在负极上被消耗掉，正极由羟基氧化镍变成氢氧化亚镍。

过量充电时的电化学反应：

$$正极反应：4OH^- - 4e \rightarrow O_2 + 2H_2O$$

$$负极反应：2H_2O + 2e \rightarrow H_2 + 2OH^-$$

$$总反应：2H_2O \rightarrow 2H_2 + O_2$$

$$再化合：2H_2 + O_2 \rightarrow 2H_2O$$

从方程式看出，蓄电池过量充电时，正极板析出氧气，负极板析出氢气。有催化剂的负极面积大，氢气能够随时扩散到负极表面，因此，氢气和氧气能够很容易地在蓄电池内部再化合生成水，使容器内的气体压力保持不变，这种再化合的速率很快，可以使蓄电池内部氧气的浓度不超过千分之几。

从以上各反应式可以看出，镍氢蓄电池的反应与镍镉蓄电池相似，只是负极充放电过程中生成物不同，从后两个反应式可以看出，镍氢酸电池也可以做成密封型结构。镍氢酸电池的电解液多采用 KOH 水溶液，并加入少量的 LiOH。隔膜采用多孔维尼纶无纺布或尼龙无纺布等。为了防止充电过程后期电池内压过高，电池中装有防爆装置。

镍氢蓄电池（图 2-18）具有高比能量、高功率、适合大电流放电、可循环充放电、无污染、耐过充过放、无记忆效应、使用温度范围大、安全可靠等特点，被誉为"绿色电源"。

图 2-18 镍氢蓄电池

2. 镍氢蓄电池的应用

大功率的镍氢蓄电池也使用在油电混合动力车辆中，最佳的例子就是丰田普锐斯，该车使用了特别的充放电程序，使电池充放电寿命可足够车辆使用 10 年，如图 2-19 所示。

普锐斯采用的是 288V、6.5A·h 的镍氢动力蓄电池。该电池组可以通过发电机和电动机实现充放电，且输出功率大、重量轻、寿命长、耐久性好。丰田凯美瑞混合动力型也采用了镍氢蓄电池组。

从目前车用电池的发展来看，镍氢蓄电池已经规模化生产，性能稳定，其质量比、体积比功率、使用寿命和重复充放电次数方面均已达到美国先进电池联合会（USABC）的性能指标。其容量大、体积质量小的优点正符合现代电动汽车的要求，如图2-20所示。

图 2-19　丰田普锐斯

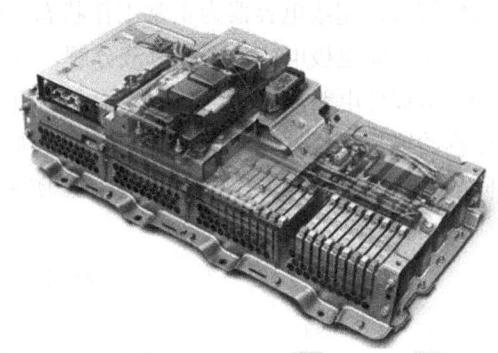
图 2-20　镍氢蓄电池

（三）超级电容器

超级电容器（图 2-21）按储能机理分为双层电容器和赝电容器（也称法拉第准电容器），它是一种新型储能装置，具有充电时间短、使用寿命长、温度特性好、节约能源和绿色环保等特点，用途广泛。

说明：赝电容器，也称法拉第准电容器，是在电极表面或体相中的二维或准二维空间上，电活性物质进行欠电位沉积，发生高度可逆的化学吸附、脱附或氧化、还原反应，产生与电极充电电位有关的电容。赝电容不仅在电极表面，还可在整个电极内部产生，因而可获得比双电层电容更高的电容量和能量密度。在相同电极面积的情况下，赝电容器可以是双电层电容器电量的10～100倍。

超级电容器是一种电化学元件，但其储能过程中并不发生化学反应，这种储能过程是可逆的，因此超级电容器可反复充放电数十万次。图2-22所示为超级电容器结构。

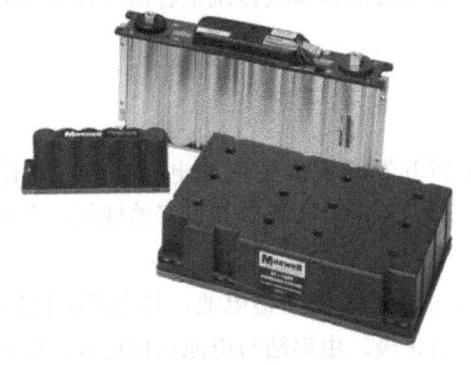
图 2-21　超级电容器

图 2-22　超级电容器结构

当外加电压到超级电容器的两个极板上时，与普通电容器一样，极板的正电极存储正电荷，负极板存储负电荷，在超级电容器的两极板上电荷产生的电场作用下，在电解液与电极间的界面上形成相反的电荷，以平衡电解液的内电场。正电荷与负电荷在两个不同相之间的接触面上，以正负电荷之间极短间隙排列在相反的位置上，该电荷分布层叫作双电层，电容量非常大。当两极板间电势低于电解液的氧化还原电极电位时，电解液界面上的电荷不会脱离电解液，超级电容器为正常工作状态（通常为3V以下）；若电容器两端电压超过电解液的氧化还原电极电位，则电解液分解，为非正常状态。随着超级电容器放电，正、负极板上的电荷被外电路泄放，电解液界面上的电荷相应减少。由此可以看出：超级电容器的充放电过程始终是物理过程，没有化学反应，因此其性能是稳定的，与利用化学反应的蓄电池是不同的。超级电容器工作原理如图2-23所示。

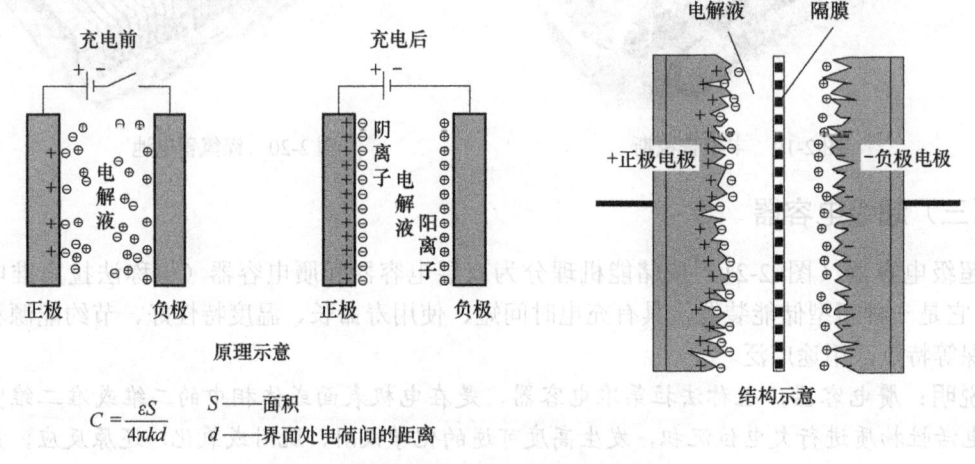

$$C = \frac{\varepsilon S}{4\pi kd}$$ S——面积 d——界面处电荷间的距离

图2-23 超级电容器工作原理

超级电容器的面积基于多孔碳材料，该材料的多孔结构允许其面积达到 2000m²/g，通过一些措施可实现更大的表面积。超级电容器电荷分离距离是由被吸引到带电电极的电解质离子尺寸决定的。该距离（<10Å）相比传统电容器薄膜材料所能实现的距离更小。这种庞大的表面积再加上非常小的电荷分离距离，使得超级电容器较传统电容器而言有很大的静电容量。

（四）磷酸亚铁锂蓄电池

磷酸亚铁锂（LiFePO$_4$，LFP）为近年来新开发的锂离子电池电极材料，又称磷酸铁锂，作为正极活性物质使用，主要用于锂离子动力蓄电池，凭借其良好的性能，在电动汽车上具有较好的发展前景，如图2-24所示。

磷酸铁锂蓄电池是用磷酸铁锂材料作电池正极的锂离子蓄电池，其内部结构如图2-25所示。左边是橄榄石结构的磷酸铁锂作为电池的正极，由铝箔与电池正极连接，中间是聚合物的隔膜，它把正极与负极隔开，锂离子Li$^+$可以通过，而电子e$^-$不能通过，右边是由碳（石墨）组成的电池负极，由铜箔与电池的负极连接。电池的上下端之间是电解质，电池由金属外壳、铝塑复合膜或塑料壳密闭封装。

模块② 动力蓄电池

图 2-24 磷酸铁锂蓄电池

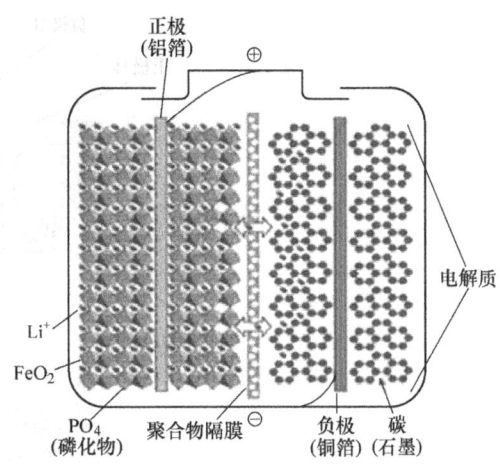

图 2-25 磷酸铁锂蓄电池的结构和工作原理

磷酸铁锂蓄电池在充电时，正极中的锂离子 Li^+ 通过聚合物隔膜向负极迁移；在放电过程中，负极中的锂离子 Li^+ 通过隔膜向正极迁移。锂离子蓄电池就是因锂离子在充放电时来回迁移而得名的。

（五）锂离子蓄电池

锂离子蓄电池是 1990 年由日本索尼公司首先推向市场的高能蓄电池。锂离子蓄电池是当今各国能量存储技术研究的热点，目前车用储能电池大部分是锂离子蓄电池，如图 2-26 所示。

锂离子蓄电池一般是使用锂合金金属氧化物为正极材料，石墨为负极材料，使用非水电解质。

1. 锂离子蓄电池特点

锂离子蓄电池能量密度大，平均输出电压高；自放电量小，优质的电池每月在 2%以下（可恢复）；没有记忆效应；工作温度范围为

图 2-26 锂离子蓄电池

$-20\sim60℃$，正常工作温度为 55℃；循环性能优越，可快速充放电，充电效率高达 100%；输出功率大；使用寿命长；不含有毒有害物质，被称为绿色电池。

2. 锂离子蓄电池的结构组成

锂离子蓄电池一般由正极、负极、电解质、隔膜、正极引线、负极引线、中心端子、绝缘材料、安全阀、密封圈、PTC 元件、电池壳等部件组成。常见锂离子蓄电池形状有方形和圆柱形，内部形态有聚合物（软包装）、液态锂离子（钢壳）两种。图 2-27 所示为锂离子蓄电池结构。

正极一般是采用锰酸锂或者钴酸锂，镍钴锰酸锂材料。

负极一般采用具有特殊结构的碳材，如软碳、硬碳石墨和石墨化碳纤维等。

电解质一般为有机溶剂和锂盐的溶液，例如 PC（聚碳酸酯）、EC（碳酸乙烯酯）、DMC（碳酸二甲酯）和 DEC（碳酸二乙酯）。

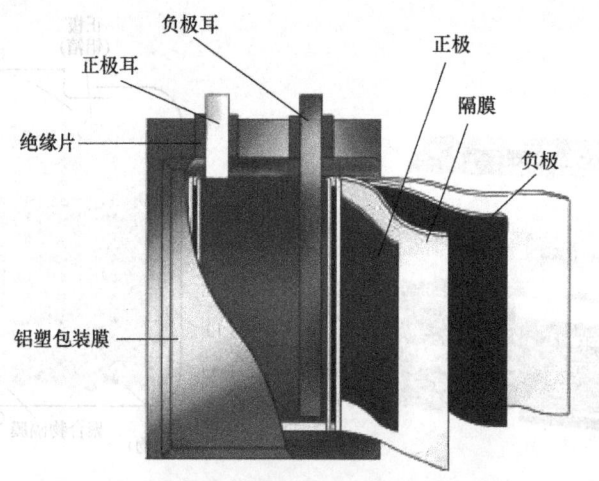

图 2-27 锂离子蓄电池的结构

根据采用的电解质材料不同，锂离子蓄电池可以分为液态锂离子蓄电池和聚合物锂离子蓄电池两种。

聚合物锂离子蓄电池使用了胶体电解质，因此不会出现液体电解液泄漏的问题。同时生产装配也更容易，单体蓄电池相对更轻、更薄，在便携式产品或产品内部空间受限时有很大应用前景。

隔膜的性能决定了蓄电池的界面结构、内阻等，直接影响蓄电池的容量、循环以及安全等特性，性能优异的隔膜对提高蓄电池的综合性能具有重要的作用。隔膜的主要作用是使电池的正、负极分隔开来，防止两极接触短路，此外还具有使电解质离子通过的功能。隔膜材质是不导电的，其物理化学性质对蓄电池的性能有很大影响。蓄电池的种类不同，采用的隔膜也不同。对于锂系列蓄电池，由于电解液为有机溶剂体系，因而需要耐有机溶剂的隔膜材料，一般采用高强度薄膜化的聚烯烃多孔膜，如多孔聚丙烯（PP）或聚乙烯（PE）膜。

外包装材料一般采用铝塑或钢塑复合膜。

锂离子蓄电池的结构主要分卷绕式和层叠式两大类。液态锂离子蓄电池多采用卷绕式，而聚合物锂离子蓄电池则两种都有。卷绕式是将正极、隔膜、负极依次放好，然后卷绕成圆柱形或扁柱形。卷绕式锂离子蓄电池主要以 SANYO、TOSHIBA、SONY、CATL 为代表。

层叠式锂离子蓄电池则是按正极、隔膜、负极、隔膜、正极这样的方式多层堆叠，再将所有正极焊接在一起引出，所有的负极也焊接在一起引出。层叠式锂离子蓄电池主要以 CATL 为代表。

3. 锂离子蓄电池工作原理

在元素周期表里，锂原子相对质量小，得失电子能力强，电子转移比例高。锂离子蓄电池是一种二次电池（充电电池），它主要依靠锂离子在正极和负极之间移动来传递能量，移动方向如图 2-28 所示。

当对蓄电池进行充电时，蓄电池的正极上有锂离子生成，生成的锂离子经过电解液运动到负极；而作为负极的碳呈层状结构，它有很多微孔，到达负极的锂离子就嵌入到碳层的微孔中，嵌入的锂离子越多，充电容量越高。同样，当对蓄电池进行放电时（即使用蓄电池的过程中），嵌在负极碳层中的锂离子脱出，又运动回正极。回正极的锂离子越多，放电容量越高。图2-29所示为锂离子蓄电池的工作原理。

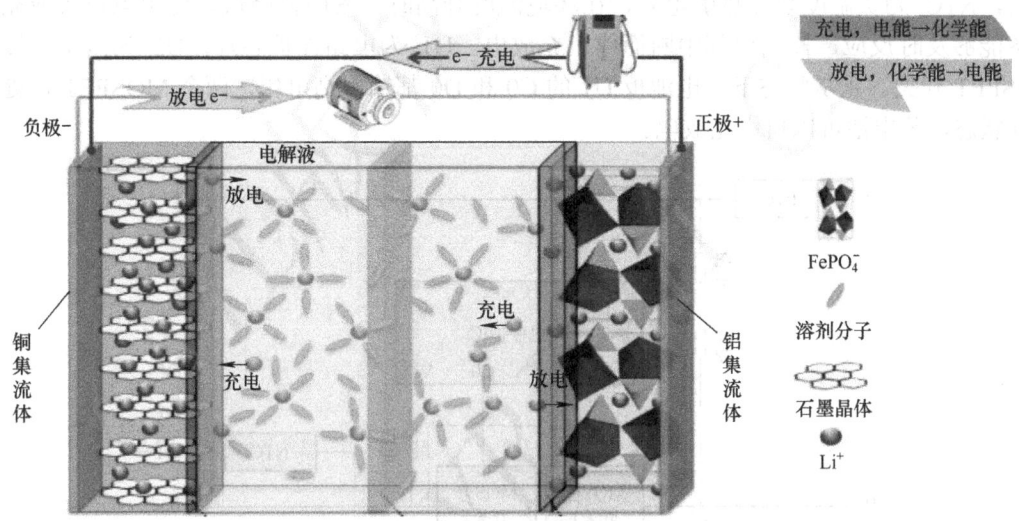

图2-28　锂离子移动方向

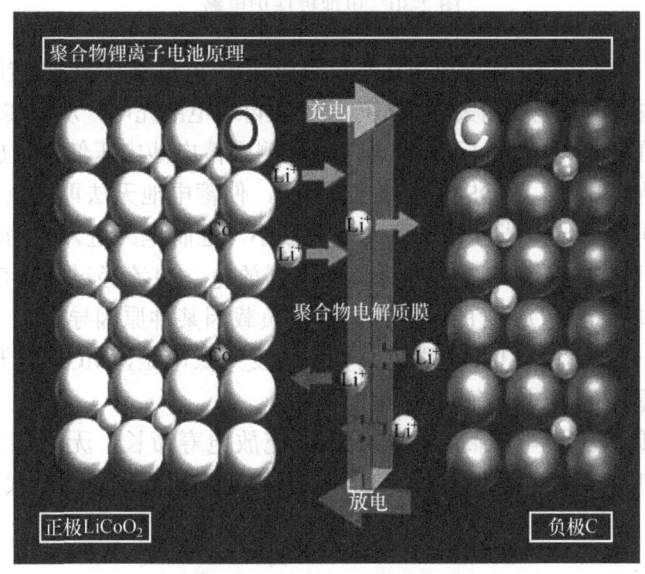

图2-29　锂离子蓄电池工作原理

一般锂离子蓄电池充电电流设定在0.2C～1C之间，C是指按几倍的标称电流放电，比如2000mA·h的电池，标称电流为2000mA，那么0.5C就是1000mA，2C就是4000mA。电流越大，充电越快，同时电池发热也越高。但使用过大的电流充电，容量不能充满，因为电池内部的电化学反应需要时间。

锂离子蓄电池工作时使用电池保护板进行保护。电池保护板主要是针对锂离子蓄电池起保护作用的集成电路板。锂离子蓄电池之所以需要保护，是因为锂离子蓄电池本身的材料决定了它不能被过充电、过放电、过电流、短路及超高温充放电，因此锂离子蓄电池组中会安装保护板和电流熔断器。图 2-30 所示为电池板保护电路，其中，PTC 为正温度系数热敏电阻，NTC 为负温度系数热敏电阻，在环境温度升高时，其阻值降低，使用电设备或充电设备能够及时反应，控制内部中断而停止充放电。U1 为电路保护芯片，U2 为两个反接的 MOSFET 开关。正常状态下，电池板 U1 的 C0 和 D0 都输出高电压，两个 MOSFET 都处于打开状态，蓄电池可以自由充放电。

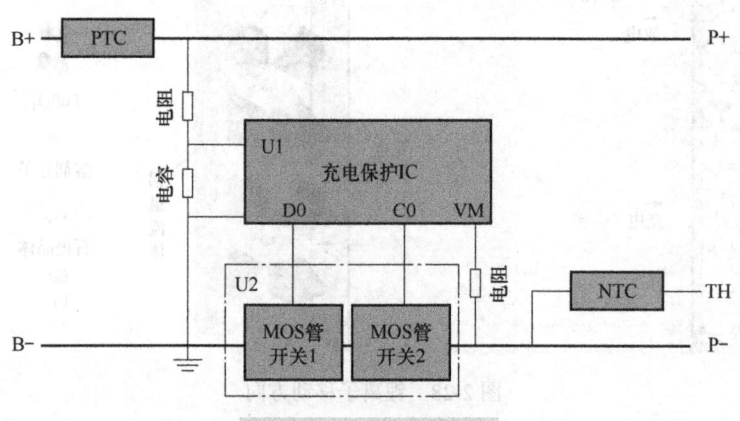

图 2-30　电池板保护电路

过充电保护：U1 检测到蓄电池电压达到过充电保护门限，C0 管脚输出低电平，MOS 管开关 2 由导通转为关闭，充电回路关断，充电器无法再对电池充电，从而实现过充电保护。

过放电保护：在蓄电池放电过程中，当 U1 检测到蓄电池电压低于过放保护门限时，D0 管脚由高电平转变为低电平，MOS 管开关 1 关闭，使蓄电池无法再放电；过放电保护状态下蓄电池电压不能再降低，要求保护电路的电流极小，控制电路进入低功耗状态。

过电流保护：正常情况下，蓄电池对负载进行放电，电流经过两个串联的 MOS 管开关，VM 管脚检测到两个 MOS 管的压降为 U。若负载因某种原因导致 U 异常，则使回路电流增大，当 U 大于一定值时，D0 管脚由高电压转变为低电压，MOS 管开关 1 关闭，从而使放电回路电流为零，达到过电流保护作用。

锂离子蓄电池具有工作电压高、比能量高、充放电寿命长、无记忆效应、无污染、快速充电、自放电率低、工作温度范围宽、安全可靠和能够制造成任意形状等优点。

三、电动汽车动力蓄电池系统的组成

（一）动力蓄电池系统的组成

单体蓄电池的能量和电压平台都满足不了汽车的动力需求，必须通过单体蓄电池的串并联组合组成蓄电池模组，热管理附件加若干个蓄电池模组串并联组成动力蓄电池包，如图 2-31 所示。

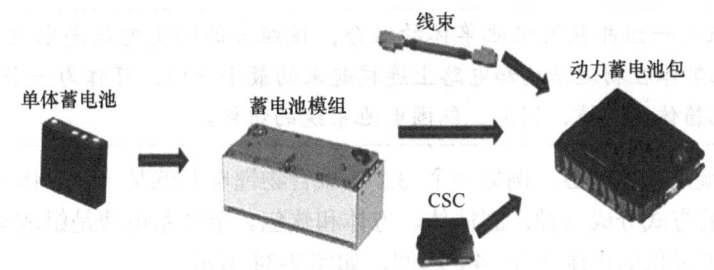

图 2-31 蓄电池模组串并联组成动力蓄电池包

根据平台电压需要由蓄电池模组的串并联组合加上电池管理系统组成完整的动力蓄电池包,如图 2-32 所示。动力蓄电池包通过接收整车控制器指令来驱动电机工作。

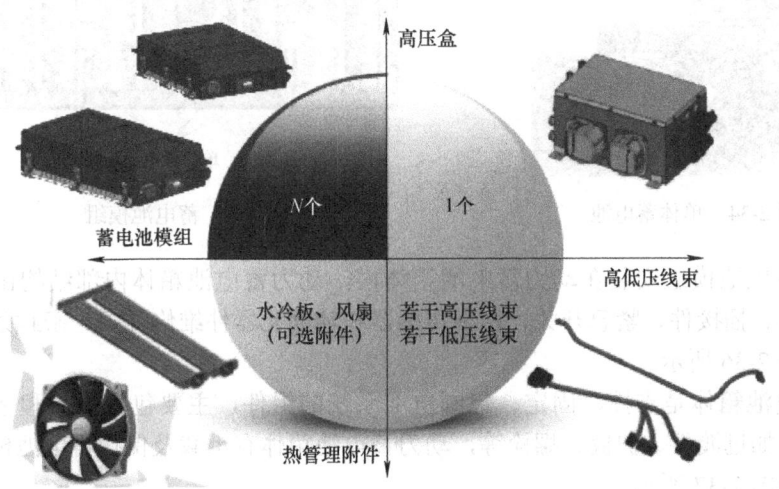

图 2-32 动力蓄电池包

图 2-33 所示为某轿车的动力蓄电池,由多个单体蓄电池串联或并联构成蓄电池模组,多个蓄电池模组串联或并联构成动力蓄电池包。

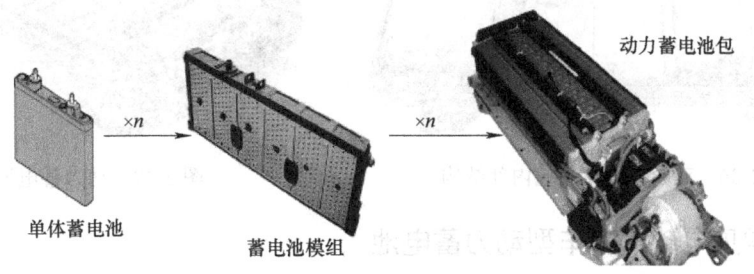

图 2-33 动力蓄电池包的组成

> 提示:
> 　　单体蓄电池是构成动力蓄电池模块的最小单元,一般由正极、负极、电解质及外壳等构成。可实现电能与化学能之间的直接转换。

> 蓄电池模组是一组并联的电池单体的组合，该组合的额定电压与电池单体的额定电压相等，是电池单体在物理结构和电路上连接起来的最小分组，可作为一个单元替换。
>
> 动力蓄电池箱体是支撑、固定、包围电池系统的组件。

单体蓄电池就是指锂电芯，例如一个 3.2V 聚合物锂电芯就是一个单体蓄电池。单体蓄电池一般按封装的方式分成三种：圆柱体、方体和软包。单体蓄电池是组成动力蓄电池最基本的元素，一般能提供的电压在 3~4V 之间，如图 2-34 所示。

蓄电池模组是由单体蓄电池串并联组成的，如图 2-35 所示。单体蓄电池通过串联增加蓄电池模组的总电压，通过并联增加蓄电池模组的容量。

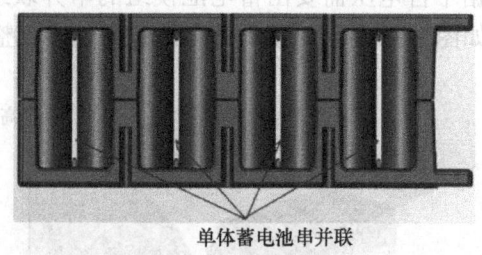

图 2-34　单体蓄电池　　　　　　　图 2-35　蓄电池模组

将多组蓄电池模组安装在动力蓄电池箱体内，动力蓄电池箱体内部结构由熔断器、继电器、分流器、插接件、紧急开关、烟雾传感器和辅助元器件维修开关、密封条、绝缘材料等组成，如图 2-36 所示。

动力蓄电池箱体是支撑、固定、包围电池系统的组件，主要包含上盖和下托盘，还有辅助元器件，如过渡件、护板、螺栓等，动力蓄电池箱体有承载及保护蓄电池模组及电气元件的作用，如图 2-37 所示。

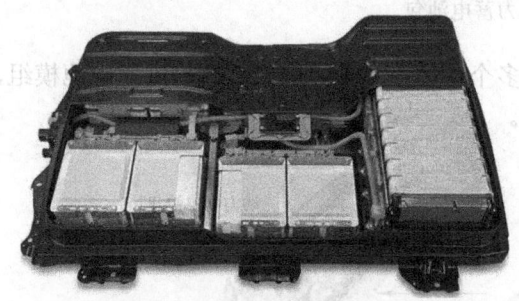

图 2-36　动力蓄电池系统内部结构　　　图 2-37　动力蓄电池箱

（二）常见电动汽车车型动力蓄电池

1. 比亚迪 E5 动力蓄电池

比亚迪 E5 采用磷酸铁锂蓄电池，其动力蓄电池由 12 个电池模组串联而成，分为上下两层，如图 2-38 所示。共 190 个蓄电池单体，每个单体电压 3.3V。动力蓄电池中有 2 个分压接触器、1 个正极接触器和 1 个负极接触器，各个模组间靠连接片连接，动力蓄电池安装在底盘上。

图 2-39 所示为比亚迪 E5 动力蓄电池结构图，它主要由盖板、托盘、电池、压条及密封条构成，其中，盖板及托盘起到了支撑、安装及防护电池的作用。压条主要用来稳固电池，防止电池在使用过程中晃动。密封条主要用来防水及防尘。

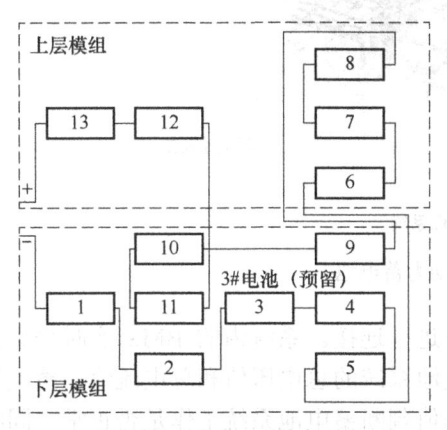

图 2-38 比亚迪 E5 动力蓄电池

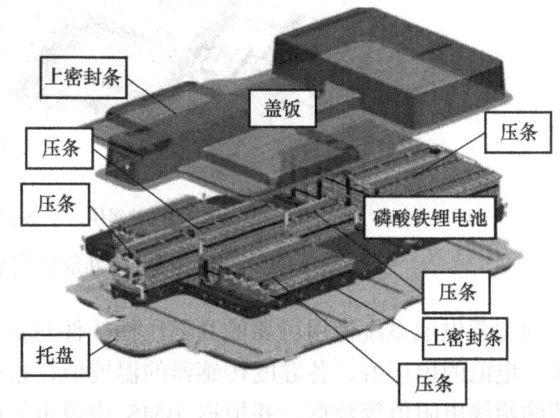

图 2-39 比亚迪 E5 动力蓄电池结构

2．比亚迪秦动力蓄电池

比亚迪秦采用磷酸铁锂蓄电池，有 152 个蓄电池单体，每个单体 3.3V，电池箱标称电压 501.6V，标称容量 26A·h，一次充电功率 13W。

秦的动力蓄电池箱结构组成，如图 2-40 所示，由上下两层共 10 个模组构成，模组间通过连接片连接，动力蓄电池箱安装在后排座椅与行李舱之间。

秦的动力蓄电池组成如图 2-41 所示，包括电池模组、采集线、模组连接片、电池护板、安装支架等。

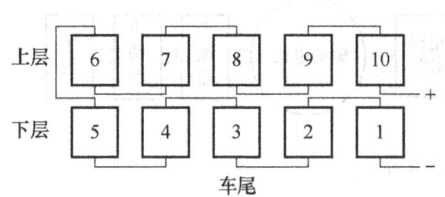

图 2-40 秦的动力蓄电池箱结构

图 2-41 秦的动力蓄电池组成

3．北汽新能源汽车动力蓄电池

北汽新能源汽车动力蓄电池主要由蓄电池模组、电池管理系统、动力蓄电池箱体及辅助元器件等部分组成，如图 2-42 所示。

北汽新能源汽车采用锂离子动力蓄电池系统。锂离子动力蓄电池是一种充电电池，它主要依靠锂离子在正极与负极之间移动来充电或放电。充电时，锂离子从正极脱嵌，经过电解质嵌入负极，负极处于富锂状态，放电时则相反。

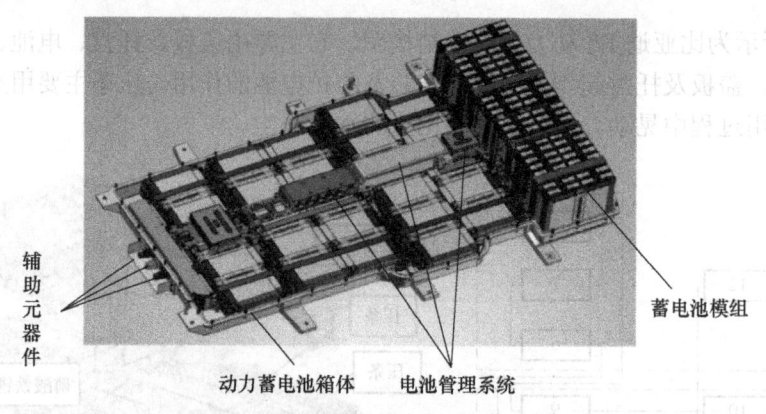

图 2-42 北汽新能源汽车动力蓄电池

动力蓄电池系统使用可靠的高低压插接件与整车进行连接。系统内的 BMS 实时采集各单体蓄电池的电压值、各温度传感器的温度值、蓄电池系统的总电压值和总电流值，蓄电池系统的绝缘电阻值等数据，并根据 BMS 中设定的阀值判断蓄电池系统工作是否正常，同时对故障实时监控。动力蓄电池系统通过 BMS 使用 CAN 与 VCU 或充电机之间进行通信，对动力蓄电池系统进行充放电等综合管理。

动力蓄电池系统的功能为接收和储存由车载充电机、驱动电机、制动能量回收装置和外置充电装置提供的高压直流电，并为驱动电机控制器、DC/DC 变换器、电动空调、PTC 等高压元件提供高压直流电，如图 2-43 所示。

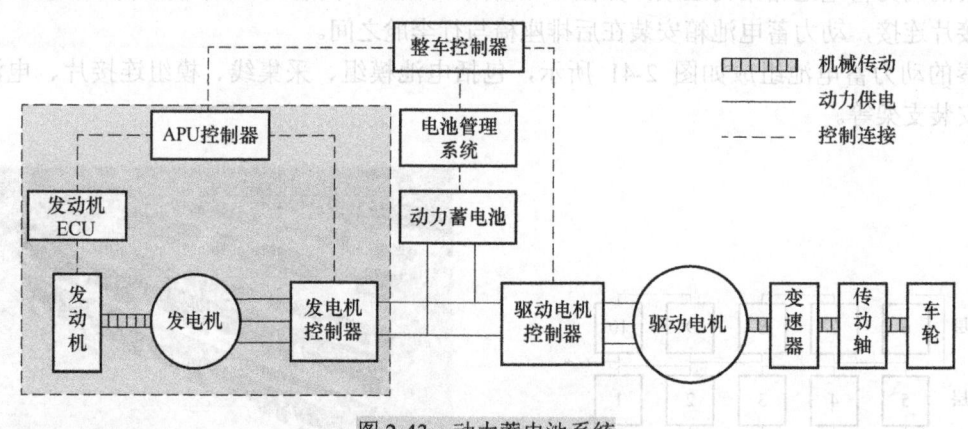

图 2-43 动力蓄电池系统

蓄电池管理系统的作用是提高蓄电池的利用率，防止蓄电池出现过充电和过放电，延长蓄电池的使用寿命，监控蓄电池的状态。

蓄电池管理系统的主要功能如下：
① 估算电池组荷电状态（SOC）。
② 动态监控电池组的工作状态。
③ 确保各单体蓄电池的均衡。
④ 动力蓄电池内部温度控制。
⑤ 与其他控制器通信。

动力蓄电池系统的单体蓄电池电压范围为 2.5～3.7V，动力蓄电池系统的总电压工作范围为 255～372V。

（三）混合动力汽车动力蓄电池

动力蓄电池是混合动力汽车发展的关键技术，也是提高整车性能和降低成本的重要发展方向。自 20 世纪 90 年代以来，蓄电池的比能量、比功率、循环寿命等方面的问题就一直是电动汽车发展的主要障碍。对于混合动力汽车来说，由于电动比例较高，同样面临着蓄电池技术改进的问题：第一，比能量相对不足，因而成本较高，比能量值越高，汽车经济性越好；第二，蓄电池的寿命相对较短，蓄电池寿命一般为充放电 1000 次左右，比整车寿命低得多，若在汽车十几年的生命周期里频繁更换蓄电池，则混合动力汽车的运营成本将大大提高。另外，蓄电池的应用还涉及充电时间较长、电池荷电状态（SOC）判别等问题，这些都不同程度影响整车性能。目前，在混合动力汽车上使用的蓄电池主要是铅酸蓄电池、镍氢蓄电池（MH-Ni）和锂离子蓄电池，如图 2-44 所示。

图 2-44 混合动力汽车的动力蓄电池

1. 镍氢蓄电池

镍氢蓄电池是 20 世纪 90 年代发展起来的一种绿色汽车动力蓄电池，具有高能量、长寿命、无污染等特点，因而成为世界各国竞相发展的高科技产品之一。

镍氢蓄电池主要应用于混合动力汽车。镍氢蓄电池可快速充放电，当汽车高速行驶时，发电机所发的电可储存在车载镍氢蓄电池中。当汽车低速行驶时，通常会比高速行驶状态消耗更多的燃油，为了节省燃油，此时可以利用车载的镍氢蓄电池驱动电机来代替内燃机工作，这样既保证了汽车正常行驶，又节省了大量燃油。因此，混合动力汽车相对传统意义上的汽车具有更大的市场潜力，世界各国都在加快这方面的研究，如图 2-45 所示。

图 2-45 镍氢蓄电池的应用

安装在油电混合动力系统中的镍氢蓄电池具有高输入、输出密度（每重量的输出），以及重量轻、寿命长等特点，无需利用外界电源进行充电，也无需定期交换。

丰田普锐斯的镍氢蓄电池如图 2-46 所示，采用了全新的电极材料及单体蓄电池之间的连接结构，减小了动力蓄电池的内部电阻，实现了约 540W/kg 的输入输出密度。该车使用了特别的充放电程序，使电池充放电寿命可满足车辆使用 10 年的需求。其镍氢蓄电池由 168 个单体电池（6 个单体电池 × 28 个电池模块）组成，额定电压 DC201.6V，安装在车辆行李舱内。在车辆起步、加速和上坡时，镍氢蓄电池将电能提供给驱动电机。

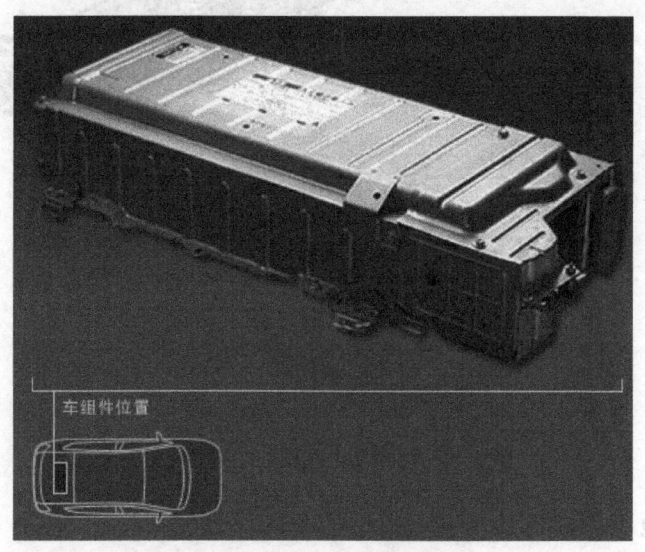

图 2-46 丰田普锐斯的镍氢电池

另外，还通过使用再生制动器，以及用发动机工作时产生的剩余能量来充电，从而累积充电和放电电能，使充电状态保持稳定，不会出现过放电或过充电等现象，使用寿命非常长。

2．锂离子蓄电池

2015 款普锐斯搭载了锂离子蓄电池，如图 2-47 所示。

插电版普锐斯与普通版普锐斯是基本一样的，发动机与电机的功率没有变化，主要区别在于插电版普锐斯的蓄电池由镍氢蓄电池变成了锂离子蓄电池，蓄电池容量也达到了最高

5.2kW·h/常规 3.7kW·h，相当于普通版普锐斯的四倍。另外，更显著的区别是增加了外接充电插座，可以通过外接电源来充电。插电版普锐斯在纯电动的模式下，理论续驶里程为 20km（工况与理论油耗测试的工况类似，实际使用时应该达不到），以 220V 的市电进行充电的话，1h 有余即可充满，如图 2-48 所示。

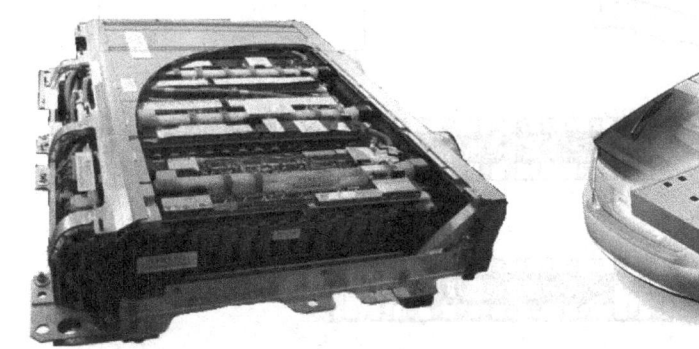
图 2-47 普锐斯搭载的锂离子蓄电池

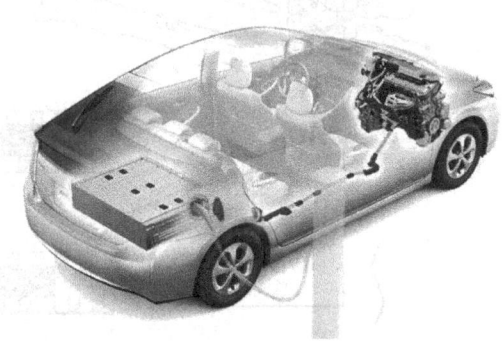
图 2-48 插电版普锐斯

插电版普锐斯并没有纯电动模式的切换按钮，所有的工作状态都是由系统自动完成的。而工作时发动机是否起动并接入，判断条件除了电池电量的变化外，还取决于驾驶人踩下加速踏板的程度，也正是基于这样的智能控制，插电版普锐斯的综合油耗才能达到惊人的 2.7L/100km。另外，这样设计可以更好地保护蓄电池，提升蓄电池的使用寿命。

动力蓄电池（镍氢蓄电池）总成由 6 个单体（每个电压为 1.2V）彼此串联的 28 个独立蓄电池模块（额定电压为 201.6V）组成，如图 2-49 所示。

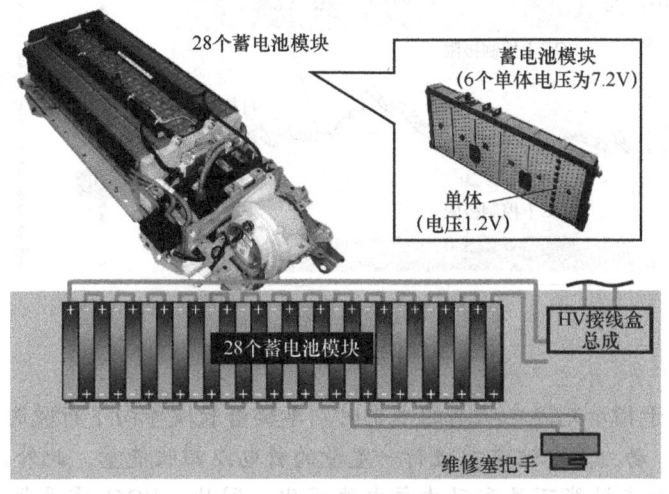
图 2-49 动力蓄电池（镍氢蓄电池）模块组成

备注：连接各单体的正负极可减小内部电阻，并提高动力蓄电池输出功率。

动力蓄电池（锂离子蓄电池）总成由 56 个单体（28 个单体×2 模块）组成，电压为 201.6V（3.6V×56 个单体），通过 4 个母线模块彼此串联，如图 2-50 所示。

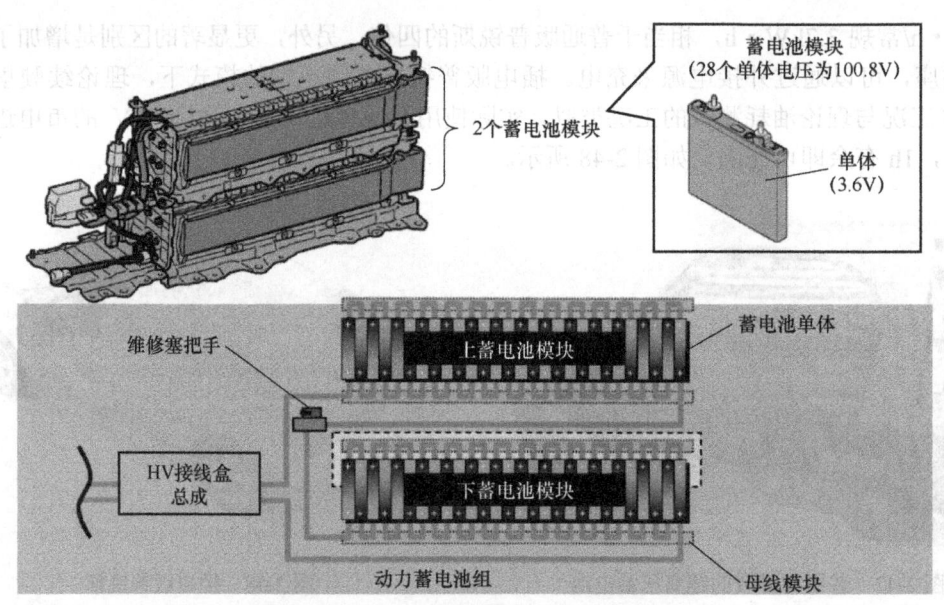

图 2-50 动力蓄电池（锂离子蓄电池）模块组成

提示：
SOC 为动力蓄电池的充电量与额定容量之比，以百分数形式表示。动力蓄电池完全充电至额定容量时 SOC 为 100%，电量完全耗尽时 SOC 为 0，如图 2-51 所示。

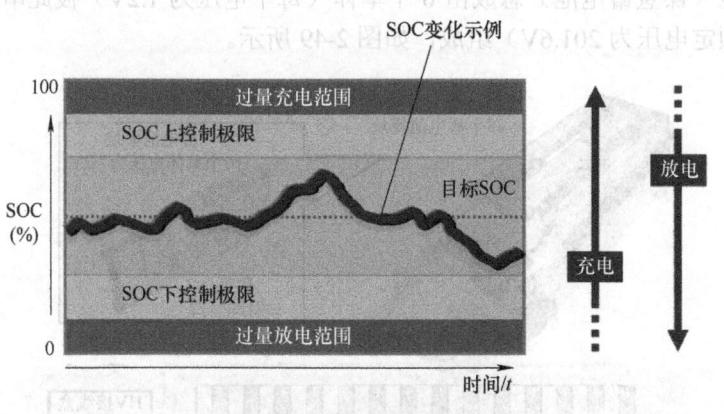

图 2-51 SOC（充电状态）

SOC 持续处于指示充满电状态的水平时，车辆沿长坡等向下行驶时能量无法回收，会导致能量浪费。动力蓄电池需要进行一定量的放电以回收能量。此外，SOC 过度下降时，可能会导致加速性能不足和动力蓄电池退化。因此，SOC 需要保持在一定的水平（60%左右）。

3. 辅助蓄电池

与常规车辆相同，前照灯和音响系统等电气部件使用 12V 电源。辅助蓄电池向这些设备供电，位于行李舱右下方，如图 2-52 所示。

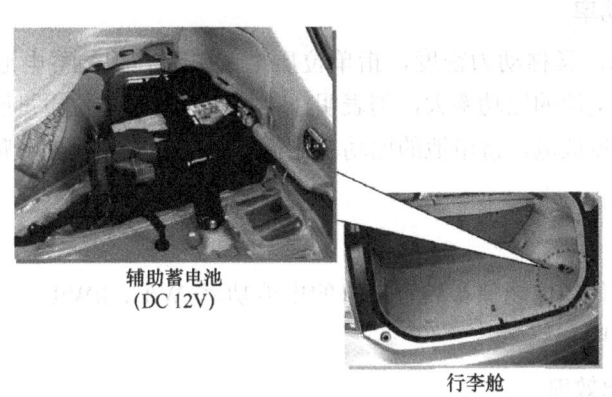

图 2-52 辅助蓄电池

（四）动力蓄电池的主要性能和指标

1. 蓄电池的容量

蓄电池的容量表征蓄电池的蓄电能力。通常以充足电后的蓄电池，放电至其端电压到达规定的终了电压时，蓄电池所放出的总电量来表示。当蓄电池以恒定电流放电时，其容量等于放电电流与放电时间的乘积。若放电电流不恒定，则蓄电池的容量等于不同的放电电流与相应放电时间的乘积之和。

2. 蓄电池的能量

蓄电池的能量指按一定标准所保证的放电条件下，蓄电池所能输出的电能，单位是（W·h）或（kW·h）。蓄电池的能量有实际能量和标称能量两种。实际能量为蓄电池在一定的放电条件下的实际容量与平均工作电压的乘积，标称能量为蓄电池的额定容量与额定电压的乘积。

3. 蓄电池的比能量

比能量，又称能量密度或能流密度，是评价电动汽车一次充电所能行驶里程的指标。它是指单位质量或单位体积电池所能输出的电能，故有质量比能量和体积比能量之分。质量比能量指蓄电池单位质量所能输出的电能，体积比能量指蓄电池单位体积所能输出的电能。

蓄电池的比能量较传统汽车车载能源比能量低得多。

4. 蓄电池的循环使用寿命

在蓄电池内进行的每一次充电和放电过程，称为蓄电池的循环。

蓄电池的循环使用寿命又称循环寿命，指在一定的放电条件下，容量降到某一规定值之前，蓄电池所能耐受的充、放电循环次数。

蓄电池的循环使用寿命与放电深度、温度、充放电形式等条件有关。放电深度是指蓄电池放出的容量占额定容量的百分比。减小放电深度，即浅放电，循环寿命可以相应延长。

5. 蓄电池的功率

蓄电池的功率是指在一定放电率下，单位时间内蓄电池输出的能量，单位是 kW。

6. 蓄电池的比功率

蓄电池的比功率，又称动力密度，指单位质量或单位容积的蓄电池输出的功率，单位是 W/kg 或 W/L。蓄电池的比功率大，则表明在单位时间内，单位质量所释放的能量多，即蓄电池能用较大的电流放电。蓄电池的比功率是评价电动汽车加速性、爬坡能力和最高车速的指标。

7. 功率密度

功率密度为单位体积电能储存装置具有的电能功率 W/L、kW/L。功率密度越大，汽车的载重量和车内空间越大。

8. 蓄电池的输出效率

蓄电池有内阻，只要有电流通过即产生热消耗。蓄电池存在自放电，即使没有负载，也会或多或少消耗一部分能量。在充电后期，电解液发生化学反应，也会消耗能量。为了对蓄电池的能量利用情况进行评价，引出蓄电池输出效率或蓄电池效率的概念。

蓄电池的输出效率等于放电过程输出的电能与充电过程输入的电能之比。蓄电池效率通常有容量效率（安时效率）和电能效率（瓦时效率）两种。蓄电池的安时效率一般为 84%~93%，瓦时效率为 71%~79%。

9. 蓄电池的自放电率

蓄电池的自放电率是指蓄电池在存放期间（无负荷）的容量下降率，用单位时间内容量下降的百分数表示。

按一定标准规律放电，在蓄电池的容量降到某一规定值以前，就要停止继续放电，然后需要充电才能继续使用。（锂离子蓄电池充放电量控制在 40%~70%之间）随着充放电次数的增加，蓄电池中的化学活性物质会发生老化变质，逐渐削弱其化学功能，使蓄电池的充电和放电效率逐渐降低，最后因丧失全部功能而报废。蓄电池充电和放电的循环次数与其充电和放电形式、温度以及放电深度有关。放电深度"浅"时，有利于延长蓄电池的循环寿命。

10. 蓄电池的充放电特性

蓄电池充电时充电电压或充电电流随充电时间而变化的特性称为蓄电池的充电特性。蓄电池的充电电压即充电时蓄电池的端电压。蓄电池放电时，端电压随放电时间而变化的特性称为蓄电池的放电特性。

蓄电池的放电电流强度常用当量时间来表示，即以一定的放电电流放完额定容量所需的小时数来衡量。

11. 蓄电池的一致性

动力蓄电池不一致性的危害巨大，在组装动力蓄电池模组时必须重视单体的一致性。

考虑引起动力蓄电池不一致性扩大的原因以及对动力蓄电池组性能造成影响的方式，通常可以把蓄电池的不一致性分为容量不一致、电阻不一致及电压不一致。

课后思考题

1. 简述动力蓄电池的定义。
2. 简述动力蓄电池的分类和构造。
3. 简述电动汽车常用的动力蓄电池类型。
4. 简述锂离子蓄电池的工作原理。
5. 阐述燃料电池的工作原理。
6. 简述新能源汽车动力蓄电池的主要优点。

模块 3　驱动电机

学习目标

技能目标
1. 能正确地对新能源汽车驱动电机进行分类。
2. 能按安全操作规范操作。

知识目标
掌握不同新能源汽车驱动电机的结构。

素养目标
树立安全第一的意识。

一、电机的基础知识

电动汽车在不同的历史时期采用了不同的驱动电机，最早是采用了控制性能好且成本较低的直流电机。随着电子技术、机械制造技术及自动控制技术的发展，直流电机在高负载下存在转速限制、体积大等缺点逐渐暴露，于是，交流异步电机、永磁同步电机、开关磁阻电机以及双凸极永磁电机纷至沓来，它们的性能各有特点。

（一）电机的分类

1. 按工作电源分类

根据工作电源的不同，电机可分为直流电机和交流电机两类，如图 3-1 所示。与直流电机相比，交流电机的体积小、重量轻、效率高，采用变频调速技术时，具有调速范围宽、可靠性高、效率高、维护保养费用低等特点。

2. 按结构及工作原理分类

电机按结构及工作原理可分为直流电机、异步电机和同步电机，如图 3-2 所示。

3. 按运转速度分类

电机按运转速度可分为高速电机、低速电机、恒速电机和调速电机四类，如图 3-3 所示。

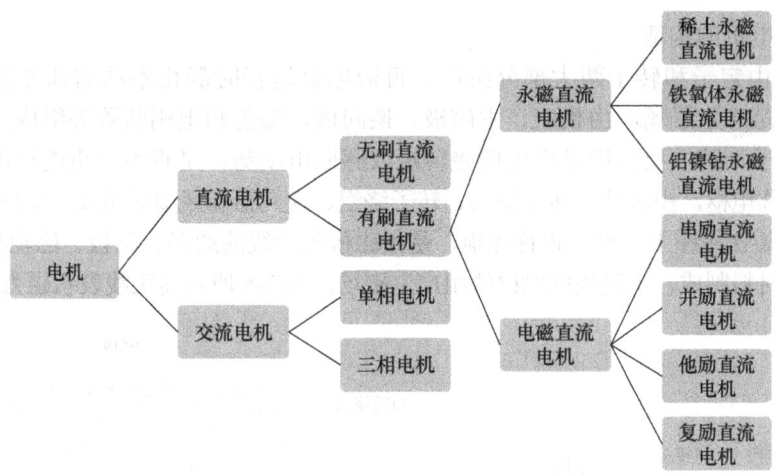

图 3-1 根据工作电源对电机进行分类

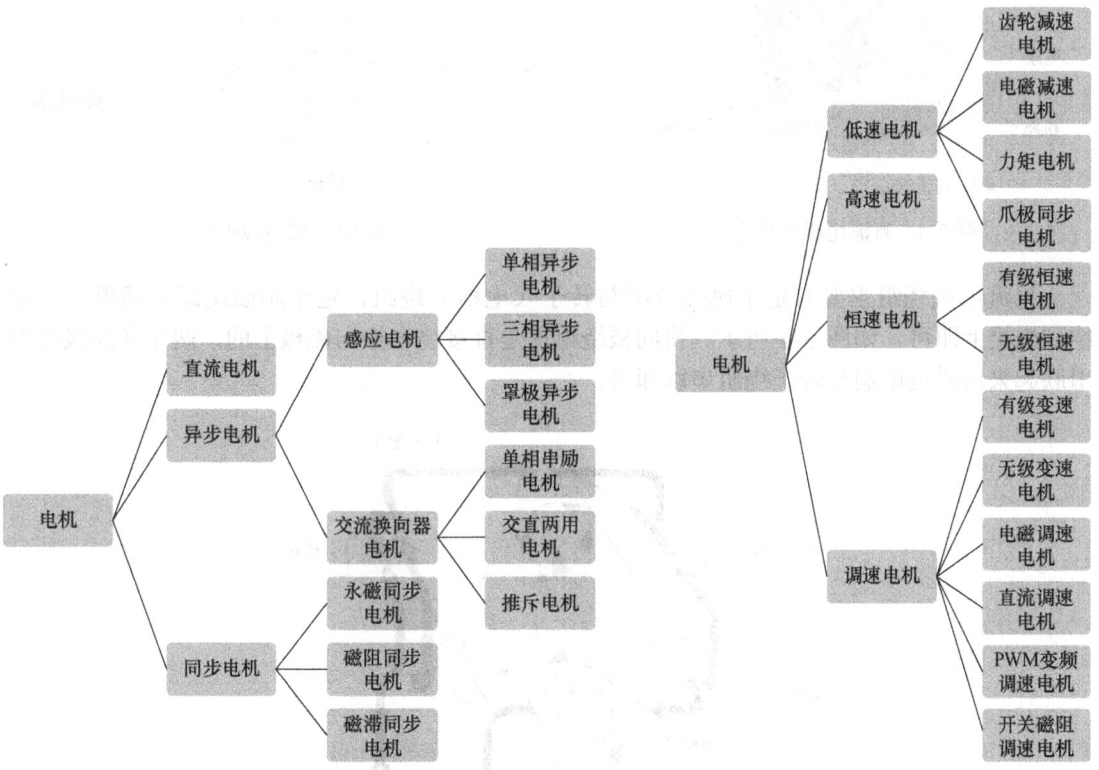

图 3-2 根据结构和工作原理对电机进行分类　　图 3-3 根据运转速度对电机进行分类

（二）电机的工作原理

1. 直流电机

直流电机是指能实现直流电能和机械能互相转换的电机。它作电动机运行时是直流电动机，将电能转换为机械能；作发电机运行时是直流发电机，将机械能转换为电能。

（1）直流电机的构造

直流电机由定子和转子两大部分组成。直流电机运行时静止不动的部分称为定子，定子的主要作用是产生磁场，由机座、主磁极、换向极、端盖和电刷装置等组成。运行时转动的部分称为转子，其主要作用是产生电磁转矩或感应电动势，是直流电机进行能量转换的枢纽，故通常又称电枢，由转轴、转子铁心、转子绕组、换向器和风扇等组成，如图3-4所示。

主磁极安装在机座上，机座也称磁轭，是主磁极磁力线的通路。磁极、磁轭与转子都由导磁性能良好的材料制成，主磁极的励磁绕组产生磁场，图3-5所示箭头线表示磁力线走向。

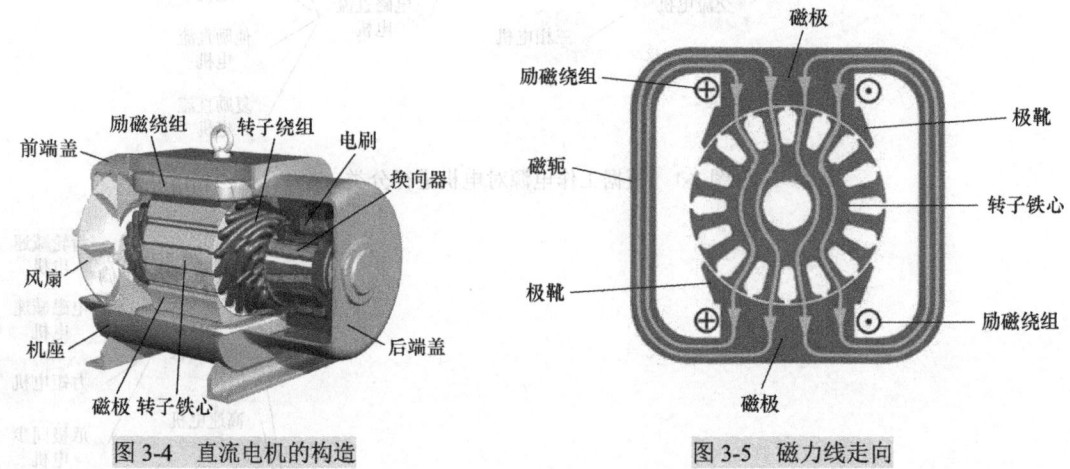

图3-4 直流电机的构造　　　　　图3-5 磁力线走向

直流电机绕组主要有定子励磁绕组与转子（电枢）绕组，定子励磁绕组很简单，直接绕到磁极上即可，如图3-6所示。换向极绕组也是直接绕在换向磁极上的，两个换向极绕组串联起来再通过电刷与转子绕组串联即可。

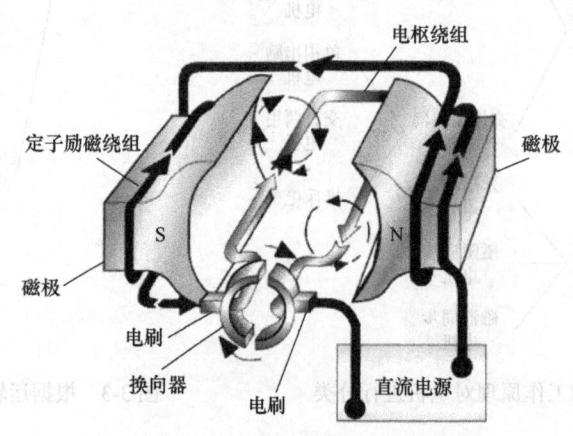

图3-6 定子励磁绕组与电枢绕组示意

直流电机的转子绕组由多个线圈组成，每个线圈称为一个元件。直流电机绕组有单叠绕组与单波绕组之分，图3-7所示为转子绕组展开图，电机转子有16个槽，整个绕组由16个元件组成。

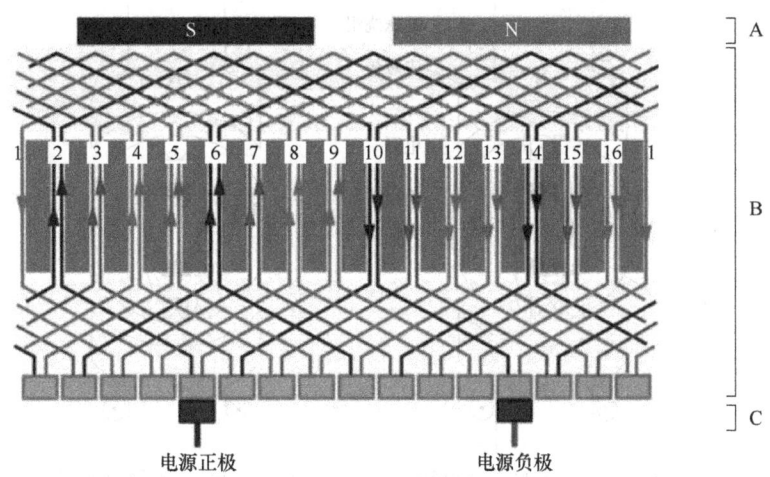

图 3-7 转子绕组展开图

图 3-7 中，B 部分是转子的 16 个槽，每个槽中嵌有 2 个元件的有效边；A 部分是两个主磁极，磁极宽度与 6 个电枢槽对应；C 部分是换向器与电刷。设定电刷正负极。在图中各个元件标有电流方向箭头，可见在同一磁极下对应的每一个元件有效边电流方向是相同的，保证所受电磁力的方向是相同的。

有的直流电机采用永久磁体来建立所需的磁场（永磁直流电机），无需另用电源进行励磁。过去由于永磁体磁性差，磁力弱又易退磁，只在一些出力小的电机中使用，多用在玩具与教学仪器中。近十多年永磁电机得到较快发展是得益于永磁体的飞速发展，永磁直流电机也从玩具、仪器仪表、家电走向新能源汽车。

永磁直流电机的工作原理、结构与普通直流电机相似，只是用永磁体磁极代替用电流励磁的磁极，如图 3-8 所示。电动汽车驱动电机采用多极永磁体磁极，排列在转子或定子圆周上。

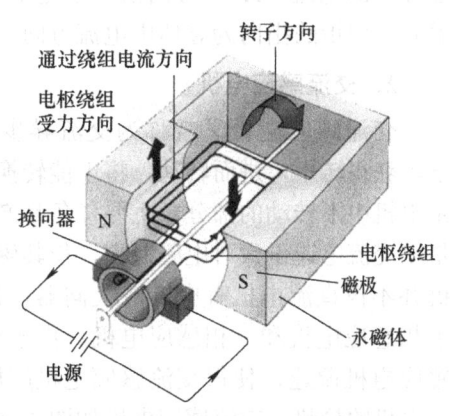

图 3-8 永磁直流电机原理示意

（2）直流电机的工作原理

直流电机的工作原理是建立在电磁感应定律基础上的。 在电机的两电刷端加上直流电压，在电刷和换向器的作用下将电能引入转子绕组中，并保证了同一个极下绕组边中的电流始终是一个方向，进而保证了该极下绕组边所受的电磁力方向不变，使电机转子能连续旋转，最终将电能转换成机械能以拖动生产机械。

如图 3-9 所示，给励磁绕组通入直流电，使在空中固定不动的主磁极呈现上为 N 极、下为 S 极的状态（主磁极也可以是永久磁铁）。在 N 极和 S 极之间有转子，转子铁心上安放着由 A 和 X 两根导体组成的转子绕组，绕组的首端（A）和末端（X）分别连在两个相互绝缘的半圆形铜质换相片上，换相片形成的整体称为换相器。换相器固定在转轴上，且与转轴绝缘。换相片上安放着一对固定不动的电刷 B1 和 B2，电刷能与外电路连接。

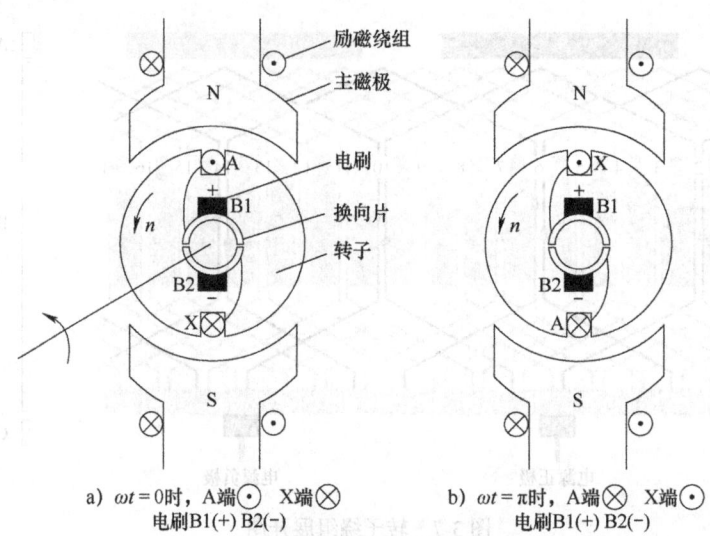

图 3-9 直流电机工作原理

将直流电加到电刷上（B1 为正，B2 为负），绕组 AX 上就有电流通过（A 端为⊗，X 端为⊙），根据电磁感应定律，载流导体在磁场中受力，大小为：$f = Bxli$（N），其中 i 为流过导体的电流（A），方向由左手定则确定，伸开左手使大拇指与四指呈 90°，磁力线指向手心，四指的指向为导体中电流方向，则大拇指指向导体受力方向。

2. 交流感应电机

交流感应电机又常称为交流异步电机，即转子置于旋转磁场中，在旋转磁场的作用下，获得转矩，进而转动，将电能转换为机械能。转子是可转动的导体，通常呈笼状。定子是电机中不转动的部分，主要任务是产生旋转磁场。旋转磁场并不是用机械方法来实现，而是以交流电通于数对电磁铁中，使其磁极性质循环改变，故相当于一个旋转的磁场。这种电机并不像直流电机有电刷或换向器，依据所用交流电的种类有单相感应电机和三相感应电机。由于变频器被广泛应用于交流感应电机调速，使得交流感应电机应用越来越广泛，有取代直流电机的趋势。交流感应电机如图 3-10 所示。

在新能源汽车中，笼型交流感应电机应用较为广泛，它具有结构简单且坚固、制造成本低、维护方便等优点。和所有电机的结构一样，交流感应电机由定子和转子组成，定子和转子之间为气隙。交流感应电机的气隙一般为 0.2~2mm，气隙的大小会影响感应电机性能。

图 3-10 交流感应电机

（1）交流感应电机的构造

交流三相感应电机是应用最广泛的交流电机，其定子和转子铁心采用硅钢片叠压而成，在转子和定子之间没有相互接触的集电环、换向器等部件，结构简单、运行可靠、经久耐用，如图 3-11 所示。交流感应电机的功率覆盖面很广，最高转速可达 12000~15000r/min。它可采用空气冷却或液体冷却方式，冷却自由度高，对环境的适应性好，能够实现再生反馈制动。与同样功率的直流电机相比较，它效率较高、质量小、价格便宜、维修方便。

交流感应电机的定子主要由定子铁心、定子绕组和机座组成。

（2）交流感应电机的工作原理

交流感应电机的定子上有三相对称的交流绕组，三相对称交流绕组通入三相对称交流电流时，将在电机气隙空间产生旋转磁场，转子绕组的导体处于旋转磁场中，导体切割磁力线，并产生感应电动势。转子导体通过端环自成闭路，并通过感应电流。载流导体在磁场中会受到力的作用，因此可以用左手定则确定转子导体所受电磁力的方向，这些电磁力对转轴形成电磁转矩，其作用方向与旋转磁场的旋转方向一致。这样转子便以一定的速度沿旋转磁场的旋转方向转动起来。交流感应电机的工作原理利用了电磁感应现象。

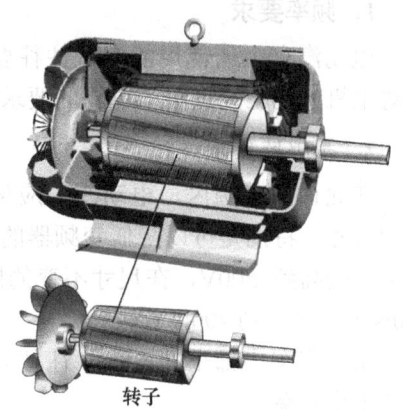

图 3-11 交流感应电机的结构

感应电机驱动系统是电动汽车用电机驱动系统的理想选择，尤其是驱动系统功率需求较大的大型电动客车。目前，国内外高性能的感应电机驱动系统也主要是采用矢量控制和直接转矩控制这两种控制方法。

3．新能源汽车驱动电机与工业驱动电机的区别

① 电动汽车驱动电机需要有 4~5 倍的过载能力，以满足短时加速行驶与最大爬坡度的要求；工业驱动电机只要求有 2 倍左右的过载就可以了。

② 电动汽车驱动电机的最高转速要求达到在公路上巡航时基速的 4~5 倍；工业驱动电机只要求达到恒功率时基速的 1.2 倍。

③ 电动汽车驱动电机应根据车型进行设计；工业驱动电机通常只根据典型的工作模式进行设计。

④ 电动汽车驱动电机要求有较高的功率密度和较好的效率图（在较宽的转速和转矩范围内都有较高的效率），从而能够降低车重，延长续驶里程；工业驱动电机通常对功率密度、效率及成本进行综合考虑，在额定工作点附近对效率进行优化。

⑤ 为使多电机协调运行，要求电动汽车驱动电机可控性高、稳态精度高、动态性能好；工业驱动电机只有某一种特定的性能要求。

⑥ 电动汽车驱动电机的工作空间小，在高温、恶劣天气及频繁振动等条件下工作；工业驱动电机通常在某个固定的位置工作。

（三）电动汽车驱动电机的选用策略

电力驱动系统是电动汽车的心脏。电动汽车的电力驱动系统包括电机驱动装置和机械传动装置。电机驱动装置中的电机是汽车驱动系统的核心。在确定电动汽车所采用的电机时，首先应采用技术成熟、性能可靠、控制方便且价格便宜的电机。一般情况下，电机性能必须充分满足单独用电力驱动模式行驶工况时的要求。电机在低速时应具有较大的转矩和超载能力。在高速运转时，应具有较大的功率和较宽的恒功率范围，有足够的动力性能来克服整车的各种阻力，保证有良好的起动、加速性能和行驶速度，并实现制动时的能量回收。因此，选择合适的电机对电动汽车的性能有着至关重要的影响。

1. 频率要求

电动汽车上所使用的电机往往要求频繁起动、频繁加减速以及工作模式的频繁切换，这对电机的响应性提出了更高的要求。

2. 高电压要求

在允许的范围内，电动汽车应尽可能采用高电压，这可以减小电机的尺寸和导线等装备的尺寸，特别是可以降低变频器的成本。丰田的 THS 系统电压是 201.6V，而 THSⅡ 系统的电压提高到 500V，在尺寸不变的情况下，最高功率由 33kW 提高到 50kW，最大转矩由 350N·m 提高到 400N·m。

由于汽车内部空间紧张，往往要求电机系统体积小，质量小，同时具有较高的功率密度和工作效率。

3. 工作环境

与传统电机相比，电动汽车所使用的电机系统的工作环境更加恶劣，干扰更大，这要求它具有更高的可靠性、抗震性和抗干扰性，需要有 4~5 倍的过载，以满足短时加速行驶与最大爬坡的要求。一般的工业电机只要 2 倍左右过载即可。

现在的混合动力电动汽车上，主要采用能够实现变频调速的高转速电机。高转速电机的转速可以达到 10000~12000r/min，在高转速运转时，有更大的功率和较宽的恒功率转速范围，体积较小且质量较小，但要求装置高精度的高速轴承，需要用高品质的材质来制作，并要保证高效率的冷却。

由于存在上述区别，车用驱动电机应满足如下要求：
① 体积小，质量小。
② 在整个运行范围内的高效率。
③ 低速大转矩特性及宽转速范围恒功率特性。
④ 良好的环境适应性和高可靠性。
⑤ 价格低。

二、电机技术在新能源汽车上的应用

（一）永磁同步电机

在电机内建立进行机电能量转换所必需的气隙磁场有两种方法。一种是在电机绕组内通电流产生磁场，这种方法既需要有专门的绕组和相应的装置，又需要不断供给能量以维持电流，例如普通的直流电机和同步电机。另一种是由永磁体来产生磁场，这种方法既可简化电机结构，又可节约能量。由永磁体产生磁场的电机就是永磁同步电机。所谓同步，指的是转子的转速与定子绕组的电流频率始终保持一致。这样一来，只要控制电机的定子绕组输入电流频率，即可控制车速，非常便捷。而且永磁同步电机的结构与直流电机相似，这使得它具备了无刷直流电机结构简单、运行可靠、调速性能好的特点。

永磁同步电机还具有以下优点：
① 功率因数高、效率高、功率密度大。
② 结构简单、便于维护、使用寿命较长、可靠性高。
③ 调速性能好、精度高；具有良好的瞬时特性，转动惯量低、响应速度快。
④ 输出转矩大，极限转速和制动性能优于其他类型的电机。

为了保证续驶能力，电动汽车需要携带大量的动力蓄电池组，负重很大，因此对于电动汽车来说，其他部件的轻量化至关重要，良好的重量控制可以有效降低能耗、延长续驶里程。更小的体积也意味着它可以将更多的空间贡献给车内，带来更加舒适的乘坐空间。

永磁电机包括反电动势为方波的无刷直流电机和反电动势为正弦波的永磁同步电机。

1. 永磁同步电机的应用

在乘用车领域，永磁同步电机凭借高转矩密度、高效率以及转速范围宽等优势，已经占据了国内新能源汽车驱动电机的大部分市场。比亚迪 e6、腾势 500、宝马 i3、雪佛兰 Volt 等车型都使用永磁同步电机，如图 3-12 所示。

比亚迪e6

腾势500

宝马i3

雪佛兰Volt

图 3-12　安装永磁同步电机的四种车型

上面 4 种车型安装的永磁同步电机参数见表 3-1。

表 3-1　4 种车型的永磁同步电机参数

参数	车型			
	比亚迪 e6	腾势 500	宝马 i3	雪佛兰 Volt
最大输出转矩 / N·m	450	290	250	370
最大输出功率 / kW	120	120	125	111

2. 永磁同步电机构造

两种新能源汽车永磁同步电机的外形示例如图 3-13 所示。

a）雪铁龙电动轿车用永磁同步电机

b）比亚迪 e6 轿车用永磁同步电机

图 3-13　电动汽车用永磁同步电机实物示例

永磁同步电机主要由转子、定子绕组、转速传感器,以及外壳、冷却液道等组成,其定子与转子间有一个较小的空气隙,转子上装有永磁体磁极。图 3-14 所示为 C33DB 永磁同步电机的基本结构。

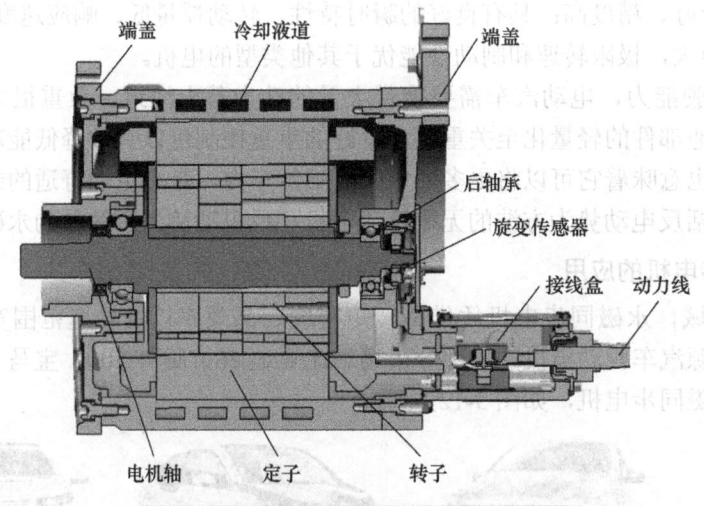

图 3-14　C33DB 永磁同步电机的基本结构

图 3-15 所示是通用轿车上使用的永磁同步电机结构。

图 3-16 所示是奥迪轿车上使用的永磁同步电机结构。

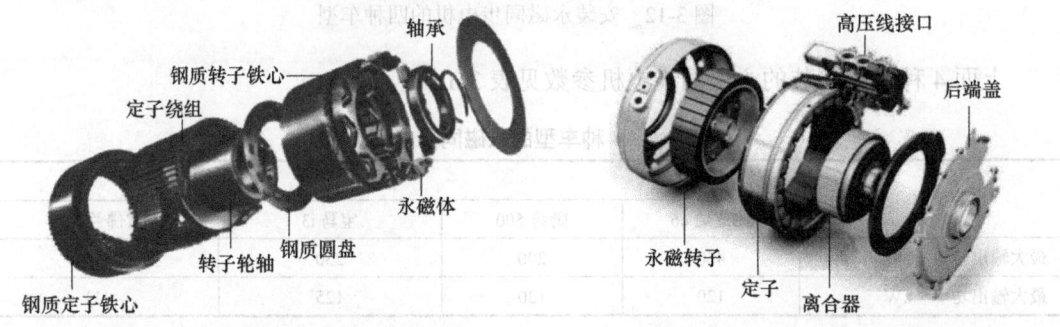

图 3-15　通用轿车永磁同步电机结构　　　　图 3-16　奥迪轿车永磁同步电机结构

永磁同步电机采用三相 8 极结构,电机的定子铁心与交流异步电机相似,铁心内圆周有 48 个嵌线槽,如图 3-17 所示。

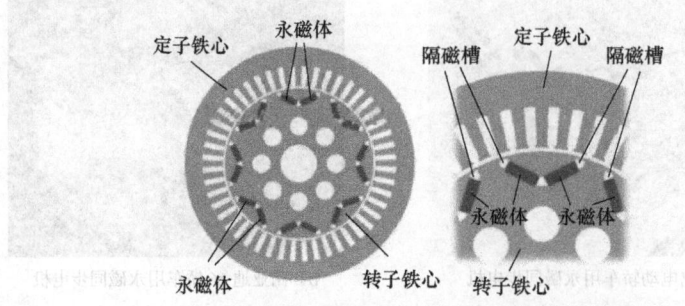

图 3-17　永磁同步电机定子铁心与转子铁心横截面图

（1）转子

转子采用内置永磁体结构，在铁心内开有插装永磁体的槽，在永磁体两侧有隔磁的隔磁槽，以减小漏磁。转子实物如图 3-18 所示。

图 3-18 转子实物

转子铁心插入永磁体后用挡板压紧，压入转轴与轴承，如图 3-19 所示。电动汽车驱动电机功率一般在 100kW 以下，转子发热量很小，定子通过液冷可良好散热，无需用风扇散热。

按照永磁体在转子上安装位置的不同，可分为表面式和内置式两种永磁同步电机。

1）表面式转子磁路结构又分为凸出式和嵌入式两种，如图 3-20 所示。由于永磁材料的相对恢复磁导率十分接近于 1，表面凸出式转子结构属于隐极式转子结构，其纵、横轴电感相同，且与转子位置无关。能使电机气隙磁密度波形趋近于正弦波，表面式结构简单、易于优化设计、制造方便，但易退磁、弱磁能力弱，且不宜高速运行。

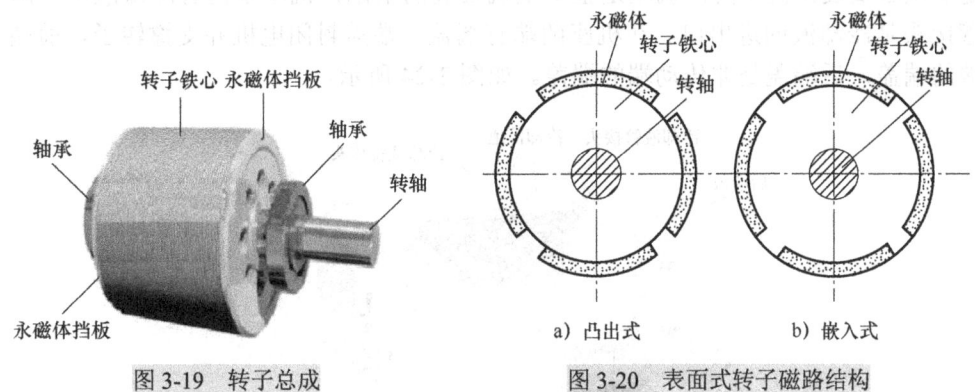

图 3-19 转子总成　　图 3-20 表面式转子磁路结构

2）内置式转子磁路结构按永磁体磁化方向与转子旋转方向的相互关系又可分为径向式、切向式和混合式 3 种，如图 3-21 所示。

图 3-21 内置式转子磁路结构

内置式永磁体位于转子铁心内部,凸极率大于 1,能有效利用磁阻转矩提高电机过载能力和转矩密度,转子结构牢固,易于高速运行,恒功率范围宽,抗不可逆退磁能力强,弱磁扩速倍数大,电机动、静态性能好,在动态性能要求高的交流调速传动系统中应用较多。缺点是转子漏磁系数较前两者大且制造工艺复杂。

（2）定子

定子由铁心和绕组构成,定子铁心嵌有三相绕组,按照 8 极 48 槽双层叠式绕制,如图 3-22 所示。图 3-23 所示为定子铁心和绕组实物。

图 3-22　定子铁心和绕组　　　　　图 3-23　永磁同步电机定子实物

（3）机座与端盖

定子铁心安装在机座内,机座是整个电机安装的基础,机座壁内有冷却液道。两个冷却液管接头是冷却液的进出口。在机座两端有端盖,端盖封闭电机并支撑转子,前端盖是传动端的端盖,后端盖是非传动端的端盖。如图 3-24 所示。

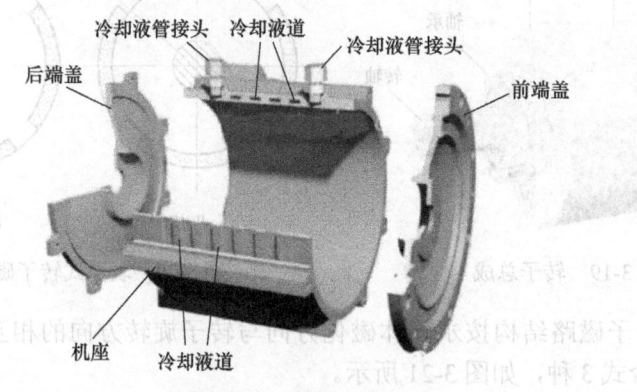

图 3-24　机座与端盖

比亚迪 e6 车型的冷却系统采用闭式强制液冷循环系统,冷却介质为乙二醇型冷却液。冷却系统由电动液泵提供动力,低温冷却液通过冷却管路由散热器流向待散热元件（电机控制器、DC/DC 变换器、电机）,冷却液在待散热元件处吸收热量后,再通过冷却液道流经散热器进行散热,之后进行下一个循环。

3. 永磁同步电机工作原理

在交流异步电机中,转子磁场的形成要分两步:第一步是定子旋转磁场在转子绕组中感应出电流；第二步是感应电流产生转子磁场。根据楞次定律，转子跟随定子旋转磁场转动，但又"永远追不上"，因此称其为异步电机。如果转子绕组中的电流不是由定子旋转磁场感应的，而是自己产生的，则转子磁场与定子旋转磁场无关，而且其磁极方向是固定的。根据同性相斥、异性相吸的原理，定子的旋转磁场会拉动转子旋转，并使转子磁场及转子与定子旋转磁场"同步"旋转。这就是永磁同步电机的工作原理。

整个工作过程：定子绕组输入三相正弦交流电→产生旋转磁场→与永磁转子磁场作用→转子产生转矩→转子随定子的旋转磁场转动（即转子的转动与定子旋转磁场同步）。

当三相交流电通入永磁同步电机的三相对称绕组中时，电流产生的磁动势合成一个幅值大小不变的旋转磁动势。由于幅值大小不变，这个旋转的磁动势的轨迹便形成一个圆，称为圆形旋转被磁动势，其大小正好为单相磁动势最大幅值的1.5倍，即

$$F = 1.5F_{\Phi 1} = 1.5 \times 0.9k \frac{NI}{p}$$

式中　　F——圆形旋转被磁动势（T·m）；

$F_{\Phi 1}$——单相磁动势最大幅值（T·m）；

k——基波绕组系数；

p——电机的极对数；

N——每一线圈的串联匝数；

I——线圈中流过的电流的有效值（A）。

由于永磁同步电机的转速恒为同步转速，转子主磁场和定子圆形旋转磁动势产生的旋转磁场也保持相对静止。两个磁场相互作用，在定子与转子之间的气隙中形成一个合成磁场，它与转子主磁场发生相互作用，便产生了一个推动或者阻碍电机旋转的电磁转矩 T_e。由于气隙合成磁场与转子主磁场位置关系不同，永磁同步电机既可运行于电动机状态，也可运行于发电机状态，永磁同步电机的运行原理如图3-25所示。

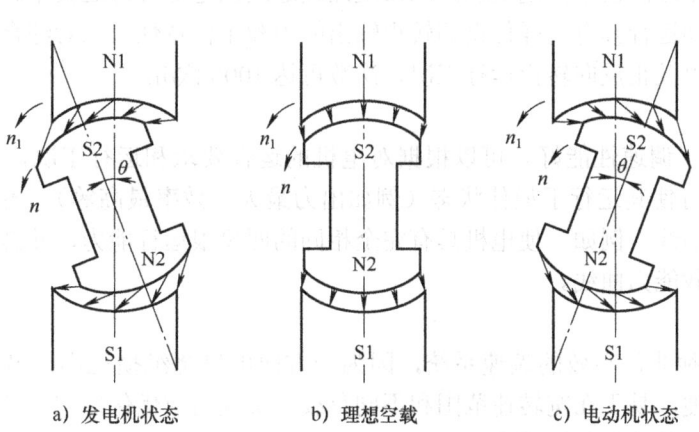

a) 发电机状态　　b) 理想空载　　c) 电动机状态

图3-25　永磁同步电机的三种不同运行状态

当气隙合成磁场滞后于转子主磁场时，产生的电磁转矩与转子旋转方向相反，这时电机处于发电机状态；当气隙合成磁场超前于转子主磁场时，产生的电磁转矩与转子旋转方向相同，这时电机处于电动机状态。转子主磁场与气隙合成磁场之间的夹角 θ 称为功率角。

在电动汽车工作时,传感器将加速踏板、制动踏板机械位移的行程量转换为电信号,输入整车控制系统,经整车控制器处理后发出驱动信号,达到对电动汽车工况进行控制的目的。当汽车行驶时,动力蓄电池输出的直流电经电机控制系统变换为交流电后供入电机,电机输出的转矩经传动系统驱动车轮。

(二)开关磁阻电机

开关磁阻电机是继直流电机、无刷直流电机之后发展起来的一种调速电机。应用于家用电器、航空、航天、电子、机械及新能源汽车等领域。它的调速系统兼具直流、交流两类调速系统的优点。

1. 开关磁阻电机特点

开关磁阻电机调速系统之所以能在现代调速系统中异军突起,主要是因为它卓越的系统性能,具体表现如下:

(1)结构简单

电机结构简单、成本低、可高速运转。其突出的优点是转子机械强度极高,可超高速运转(例如每分钟上万转)。在定子方面,它只有几个集中绕组,因此制造简便、绝缘结构简单。

(2)起动优点

起动转矩大,起动电流小。控制器从电源侧吸收较小的电流,得到较大的起动转矩是该系统的一大特点。起动电流小而转矩大的优点还可以延伸到低速运行段,因此该系统十分适合那些需要重载起动和较长时间低速重载运行的机械。

(3)频繁起停

适用于频繁起停及正反向转换运行。该系统具有的高起动转矩、小起动电流特点,使其在起动过程中电流冲击小,电机和控制器发热较连续额定运行时还要小。可控参数多使其制动运行能与电动运行具有同样优良的转矩输出能力和工作特性。二者综合作用的结果是使其适用于频繁起停及正反向转换运行工况,次数可达 1000 次/h。

(4)性能好

可控参数多,调速性能好。可以根据对电机的运行要求和运行工况,采取不同控制方法和参数值,既可使其运行于最佳状态(例如出力最大、效率最高等),还可使其实现各种不同功能的特定曲线。例如,使电机具有完全相同的四象限运行能力,并具有最高起动转矩和串励电机的负载能力曲线。

(5)效率高

该系统是一种非常高效的调速系统,因为一方面电机绕组损耗小,另一方面电机可控参数多,灵活方便,易于在宽转速范围和不同负载下实现高效优化控制,可通过机和电的统一协调设计满足各种特殊使用要求。

该系统的缺点是转矩脉冲大、噪声和振动大,相对永磁电机而言,功率密度和效率偏低。

2. 开关磁阻电机原理

(1)单相开关磁阻电机

图 3-26 所示是一种典型的单相开关磁阻电机,定子有两个极,转子也只有两个极。

单相开关磁阻电机的成本低，控制器只需要一个开关管和一个快恢复二极管，绕组数和引出线都是最少的。但是，如果起动问题不能解决，或者没有足够的系统转动惯量使电机克服转矩"死区"，则单相开关磁阻电机也难以变为现实。

（2）两相开关磁阻电机

图 3-27 所示是一种两相开关磁阻电机的模型。可见，定子有 2 对极，转子有 1 对极。两相电机具有很多优势，结构简单、成本低、连接线少、槽空间大。为减少绕组铜耗提供了便利。较大的铁心截面使定子具有良好的机械强度，这对降低电机噪声十分重要。相对较低的换流频率也降低了电感损耗，此外，不对齐位置的大气隙也提高了电感比值。

图 3-26　单相开关磁阻电机

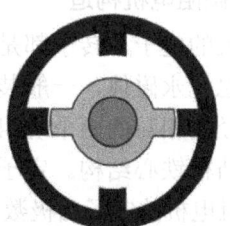
图 3-27　两相开关磁阻电机

（3）三相开关磁阻电机

图 3-28 和图 3-29 所示是四个典型的三相开关磁阻电机，定转子极数比分别为 6/2、6/4、12/8、12/10，新能源汽车驱动电机大部分采用的是 **6/4 极三相开关磁阻电机**。三相电机是最常见的开关磁阻电机。三相开关磁阻电机是具备正反方向自起动能力、最少相数的常规结构开关磁阻电机。

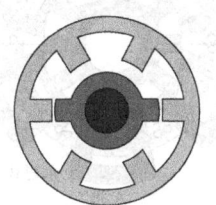 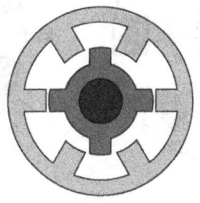 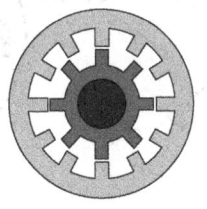 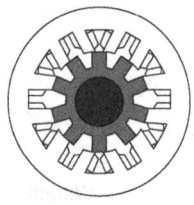

图 3-28　三相 6/2、6/4 极开关磁阻电机　　　　图 3-29　三相 12/8、12/10 极开关磁阻电机

三相 6/2 极电机为了减少转矩"死区"，在结构上常采用阶梯气隙。

三相 6/8 极电机转子步进角比三相 6/4 极电机小，有利于减小转矩波动，但是降低了对齐位置与不对齐位置的电感比率，导致控制器伏安容量增加，由于开关频率上升，也使铁心损耗增大。

三相 12/8 极电机，实际上为两重 6/4 电机，每转 24 个步距，步进角为 15°，该电机有四相同时通电，属于一种短磁路结构。

三相 12/10 极电机，也是一种短磁路结构，相邻的两个定子极与对面的两个相邻的定子极通电，磁路遵循"最小磁路路径"原则，通过另外一个定子极闭合。定子槽形是非常不规则的，这样可以减少定子和转子之间的电势。此外，在短磁通路径中，磁通的短距离流动意味着核心损耗大大减少。其缺点源自非对称结构的定子两极结构，该结构限制可用于绕组的空间。

(4) 四相开关磁阻电机

与三相电机相比,四相电机的起动性能要好得多,转矩波动也小,但电机和控制器的成本都有所增加。常见的四相 8/6 极开关磁阻电机,每转 24 个步距,步进角为 15°。此外,还有四相 8/10 极结构,每转 40 个步距,步进角为 9°。显然,8/10 极结构的电机电感比率要比 8/6 极低,能量转换 ψ-i 所包围的面积也有所下降。通常 8/10 极或更多极数的四相电机较少采用。四相 8/6 极开关磁阻电机如图 3-30 所示。

3. 开关磁阻电机构造

磁阻电机的定子与转子都是由硅钢片叠压而成的,转子上既无绕组也无永磁体,一般装有位置传感器;定子上绕有集中绕组,径向相对的两个绕组串联构成一相绕组。定子与转子均采用凸极铁心结构。定子和转子的凸极有很多组合方式,开关磁阻电机的定子凸极数量为偶数,转子凸极数量也为偶数,一般转子凸极比定子少两个,共同组成不同极数的开关磁阻电机。最常见的如图 3-31 所示:三相 6/4 极开关磁阻电机定子上有 6 个凸极,转子上有 4 个凸极;四相 8/6 极开关磁阻电机定子上有 8 个凸极,转子上有 6 个凸极。定子、转子凸极组合方案见表 3-2。

图 3-30 四相 8/6 极开关磁阻电机

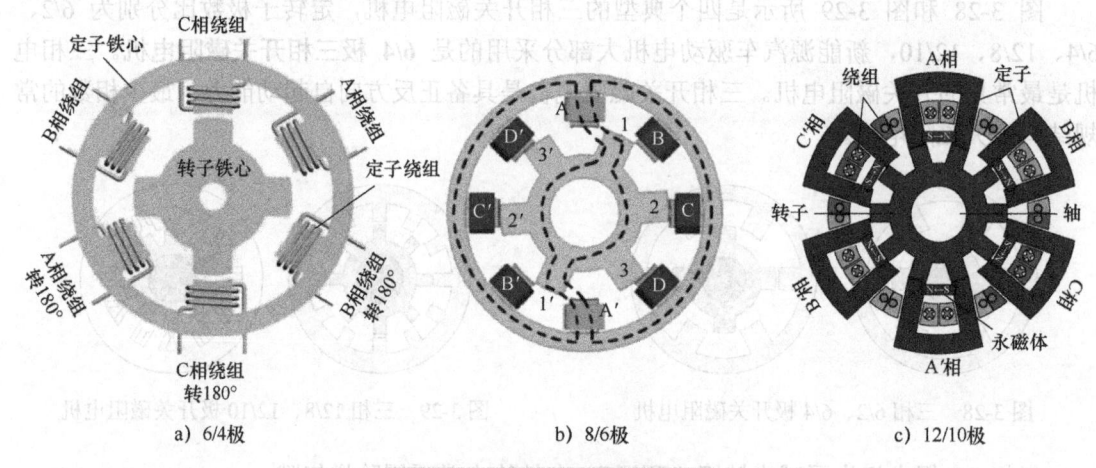

a) 6/4 极   b) 8/6 极   c) 12/10 极

图 3-31 最常见的开关磁阻电机

表 3-2 定子、转子凸极组合方案

相数	3	4	5	6	7	8	9
定子极数 N_s	6	8	10	12	14	16	18
转子极数 N_r	4	6	8	10	12	14	16
步进角	30°	15°	9°	6°	4.28°	3.21°	2.5°

4. 开关磁阻电机的工作原理

三相 6/4 极开关磁阻电机的截面结构如图 3-32 所示,每相对的两定子凸极上为相互串联的一相绕组(A 相绕组、B 相绕组、C 相绕组),转子沿圆周均匀分布 4 个凸极,凸极上没有绕组，定子与转子凸极之间有很小的间隙。定子和转子铁心均由导磁性良好的硅钢片冲制后叠成。

由于定子与转子都有凸起的齿极，这种形式也称双凸极结构。在定子齿极上绕有定子绕组，它是电机提供工作磁场的励磁绕组。在转子上没有绕组，这是磁阻电机的主要特点。

设绕组未通电时转子凸极 2-4 与 C 相凸极对齐，转子凸极 1-3 与 A 相凸极之间相差一个角度 θ（$\theta=30°$）。此时若 A 相绕组通电，B 相和 C 相不通电，则在 A 相定子中建立了一个以 A-A 为轴线的对称磁场，磁通经定子轭、定子凸极、转子凸极和转子轭闭合，A-A 对称磁场产生的弯曲磁力线沿逆时针方向的切向磁拉力作用于转子上产生转矩，将转子凸极 1-3 逐渐向定子 A 相轴线方向拖动，使转子逆时针方向旋转。转子凸极轴线 1-3 逐渐向定子凸极的磁极轴线 A-A 靠拢，如图 3-33 所示。当转子转过角度 θ，转子凸极 1-3 与定子凸极 A-A 对齐时，磁场的切向磁拉力消失，转子不再旋转。

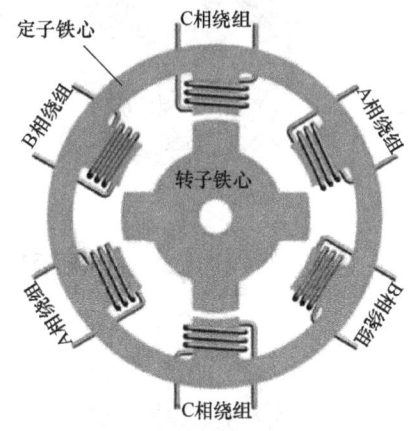

图 3-32　三相 6/4 极电机结构

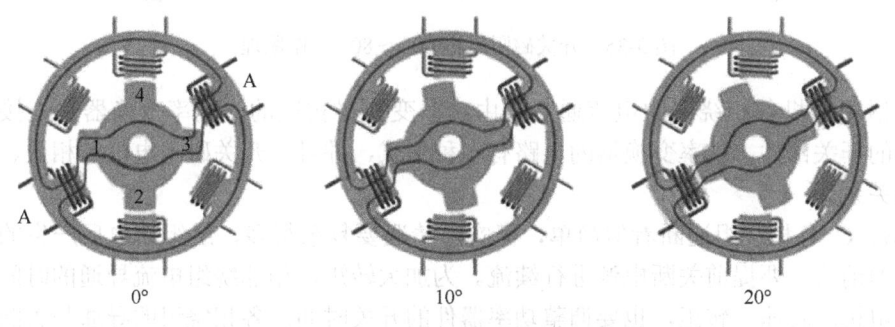

图 3-33　开关磁阻电机 0°～20° 工作原理

当转子转过角度 θ，转子凸极 1-3 与定子凸极 A-A 对齐时，转子凸极 2-4 与 B 相凸极之间相差角度 θ。当 B 相绕组通电，A、C 相不通电时，在 B 相定子中建立了一个以 B-B 为轴线的对称磁场，磁通经定子轭、定子凸极、转子凸极和转子轭闭合，B-B 对称磁场产生的弯曲磁力线沿逆时针方向的切向磁拉力作用于转子上产生转矩，将转子凸极 2-4 逐渐向定子 B 相轴线方向拖动，使转子逆时针方向旋转。转子凸极轴线 2-4 逐渐向定子凸极的磁极轴线 B-B 靠拢，如图 3-34 所示。当转子转过角度 θ，转子凸极 2-4 与定子凸极 B-B 对齐时，磁场的切向磁拉力消失，转子不再旋转。

同理，可以根据图 3-35 对 C 进行分析，若按顺序导通和关断 A-A、B-B、C-C 绕组电流，则电机转子将逆时针方向持续旋转，若反顺序导通 C-C、B-B、A-A 绕组电流，则电机转子将顺时针方向旋转。因此，改变定子凸极绕组电流的通电顺序，就可以改变开关磁阻电机的旋转方向；改变电流的大小则可以改变电机的转矩和转子速度；若控制定子凸极绕组的通电时间，则可以产生与转子旋转方向相反的制动转矩。

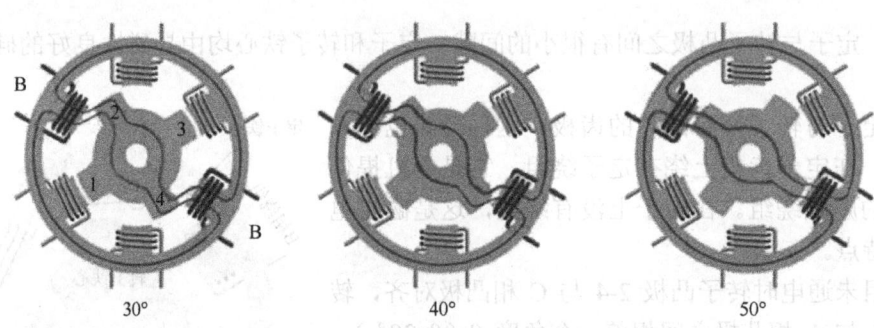

图3-34 开关磁阻电机30°～50°工作原理

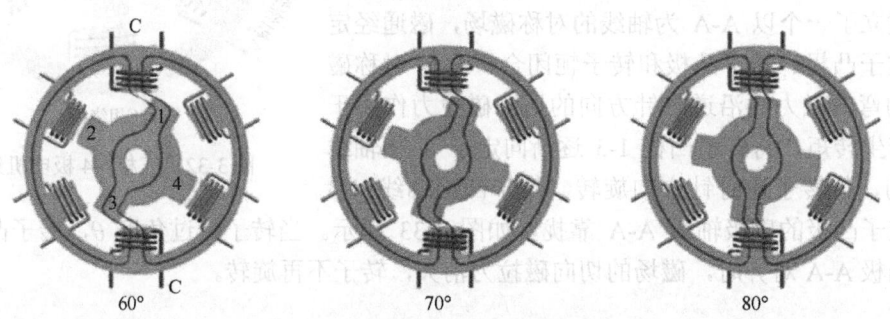

图3-35 开关磁阻电机60°～80°工作原理

开关磁阻电机各相绕组的电流通断是由功率变换器实现的，功率变换器是连接电源与电机绕组的开关部件。功率变换器的电路有多种形式，并且与开关磁阻电机的相数、绕组形式有密切关系。

A、B、C各相绕组通断看似简单，但实际情况要复杂得多，绕组断电后产生的自感电流不会立即消失，要提前关断电源进行续流。为加大转矩，相邻绕组电流导通的时间会有重叠。控制电机的转速、转矩，也要调整功率器件的开关时间。各相绕组的导通与关断时间与定子和转子之间的相对位置有直接关系，因此开关磁阻电机安装有转子位置传感器。为准确开关各相绕组电流，各相绕组的通、断电必须根据转子位置信号与控制参数决定，这些都需要控制器对功率变换器进行控制。

5. 开关磁阻电机调速系统的特点

相比直流调速系统和交流调速系统，开关磁阻电机调速系统有以下特点：

1）调速性能好。系统有4个可控参数：开通角、关断角、绕组相电流幅值和直流电源电压。控制开通角可以实现对绕组电流大小、波形的控制，从而有效调节电机的转矩、转速和转向；控制关断角会影响绕组电流波形，从而在一定范围内调节转矩；控制绕组相电流幅值可以实现对电机转矩和转速的控制；通过可控整流装置或直流斩波器调节直流电源电压输出，可以实现对开关磁阻电机转矩和转速的调节。

2）调速系统结构简单、可靠，能够在恶劣环境下运行。开关磁阻电机转子无绕组、永磁体和集电环，只有硅钢片叠压而成的转子铁心。定子绕组为集中式绕组，端部接线短，是一种结构最简单的新能源汽车驱动电机。因为开关磁阻电机转矩方向与绕组电流方向无关，功率变换器只需要提供单向电流，所以其开关器件数量较少，并且开关器件与绕组串联，不会出现传统逆变器的直通短路故障。

3)在宽广的转速与功率表范围内均具有较高的效率。

4)电机的转矩脉动较大,目前减小电机转矩脉动的控制方法是该领域的研发热点之一。

6. 开关磁阻电机应用

东风混合动力城市公交车(EQ6110HEV)由东风电动车辆股份有限公司自主研发,拥有完全自主知识产权,如图3-36所示。采用自主开发的11m东风混合动力电动城市客车专用底盘,其驱动系统装载康明斯电控柴油发动机,风冷式开关磁阻电机和高性能镍氢动力蓄电池作为辅助动力,以并联方式参与驱动。整车水平国内领先,与国际先进水平相当,某些关键技术处于国际领先水平。

图3-36 东风混合动力城市公交车(EQ6110HEV)

该车具备停车断油和制动能量回收功能。用户在使用过程中不需外接电源对车辆进行充电,与燃油客车相比,整车动力性能相当。

三、电动汽车驱动电机装置

由动力蓄电池为电动汽车的驱动电机提供电能,驱动电机将动力蓄电池的电能转化为机械能,通过传动装置或直接驱动车轮和工作装置。

(一)电动汽车驱动电机装置构造

宝马i01采用的电机是永磁同步电机,如图3-37所示。

为避免温度过高造成组件损坏,电机内有两个温度传感器。两个温度传感器位于定子绕组内,转子温度由定子内的温度传感器间接测量确定。两个温度传感器都是NTC型电阻(负温度系数热敏电阻),其信号以模拟方式由电机上的电子装置读取和分析。

图3-37 宝马i01永磁同步电机

为确保电机电子装置正确计算和产生定子内绕组电压的振幅和相位,必须知道准确的转子位置。因此在离开变速器的驱动轴端部有一个转子位置传感器,如图3-38所示。

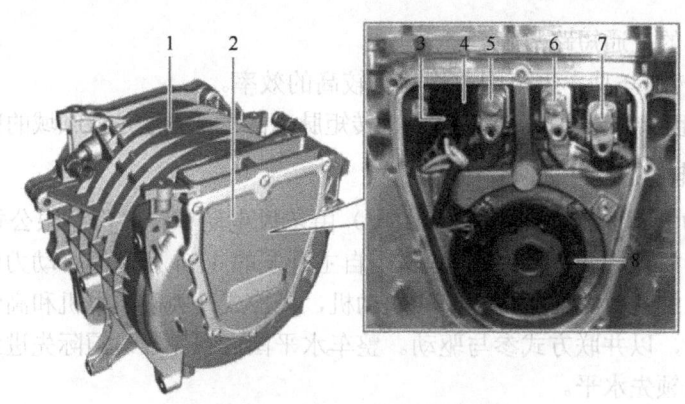

图 3-38 驱动电机的电气接口

1—外部壳体 2—壳体盖 3—转子位置传感器接口 4—定子内的温度传感器 5—高电压接口 U
6—高电压接口 V 7—高电压接口 W 8—转子位置传感器

电机可提供较大有效转速范围，因此变速器可以只有一个档位，即固定传动比。转速为零时内燃机不提供转矩，而电机则完全不同，它从零转速起便开始提供较高转矩，因此驱动电机变速器不需要离合器来辅助起步或更换档位。

宝马 i01 变速器通过一个单稳态转动式选档开关进行操作。选档开关可选择常见档位 P、N、R、D。

通过结构连接方式将转矩从电机驱动轴传输至变速器输入轴，两个轴都带有花键，但没有设计规定的定心部位，如图 3-39 所示。

图 3-39 变速器的机械接口

1—后桥模块 2—右侧半轴 3—变速器壳体 4—X 形密封圈 5—左侧半轴 6—带花键的变速器输入轴 7—O 形密封圈
8—用于与电机机械连接的法兰盘

电机壳体与变速器之间的连接部位有一个横截面为 X 形的密封圈。连接前必须更换该 X 形密封圈。

由于电机安装位置较低，要求电机壳体采用气密和防水设计，确保涉水行驶时不会造成损坏。运行期间可能存在较大温差，因此通过电机电子装置电气连接插槽实现压力补偿。

固定和支撑不仅包括电机本身,还涉及由电机、变速器和电机电子装置组成的整个驱动单元,如图 3-40 所示。

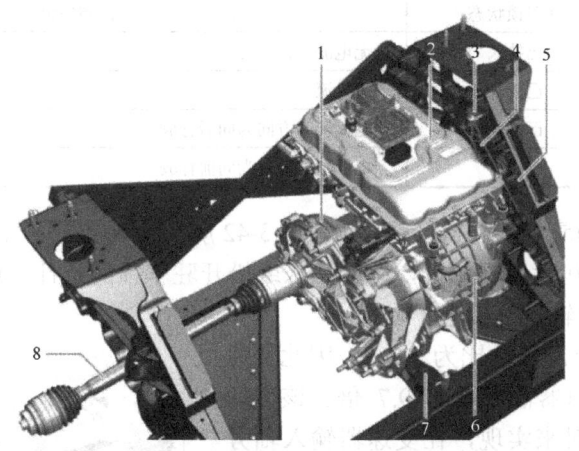

图 3-40 驱动单元及电机电子装置的固定和支撑

1—变速器 2—电机电子装置 3—支撑臂轴承 4—支撑臂 5—后桥模块 6—电机 7—稳定杆连杆 8—半轴

在行驶方向左侧,有一个支撑臂将电机壳体与后桥模块连接在一起。该支撑臂用于承受驱动单元的重力,驱动转矩也通过该支撑臂传输至后桥模块并最终传递到车身上。整个驱动单元(电机、电机电子装置和变速器)还通过稳定杆连杆与后桥模块连接在一起。

(二)变速器

由于电机可提供较大有效转速范围,变速器通常采用一个固定传动比,例如宝马 i01 的变速器就只有一个档位,而且不需要离合器来辅助起步或更换档位。

如图 3-41 所示,通过一个单稳态转子式选档开关操作宝马 i01 的变速器。选档开关可选择档位有 P、N、R、D。通过带辅助线的换档示意图显示行驶档位,当前行驶档位突出显示。

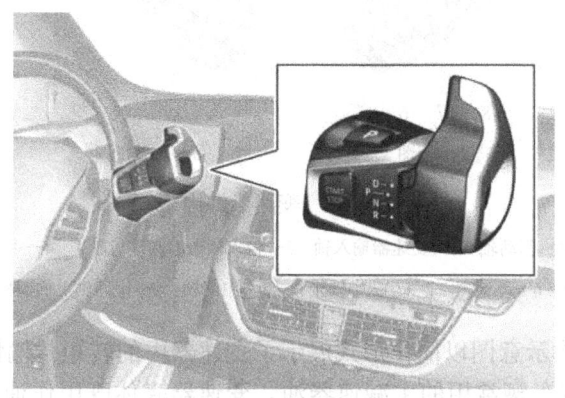

图 3-41 选档开关

表 3-3 说明了如何实现各行驶档位。

表 3-3　实现各行驶档位

行驶档位	驻车锁状态	控制电机
驻车档：P	已挂入	无电流
空档：N	已脱开	无电流
倒车档：R	已脱开	电机转动方向为向后行驶
前进档：D	已脱开	电机转动方向为向前行驶

由两个控制单元负责挂入和松开驻车锁，图 3-42 所示为数字式电气电子系统（EDME）。

EDME 控制单元包含逻辑部分，即应挂入或松开驻车锁的条件。EDME 控制单元通过 PT-CAN 将相应指令传输至电机电子装置。

宝马 i01 的变速器总传动比为 9.7:1。因此变速器输入端的转速是变速器输出端的 9.7 倍。该传动比通过两个圆柱齿轮对来实现，在变速器输入轴旁还有一个中间轴。如图 3-43 所示，变速器输出端的圆柱齿轮与差速器壳体固定连接并驱动差速器。差速器将转矩分配给两个输出端，并在两个输出端之间进行转速补偿。从设计角度而言，该差速器与宝马四轮驱动车辆所用前桥主减速器几乎完全一样。为在 i01 上使用，仅采取了表面加固措施并使用了较高强度的材料。

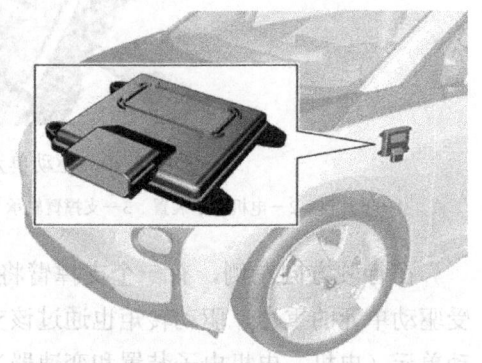

图 3-42　数字式电气电子系统（EDME）

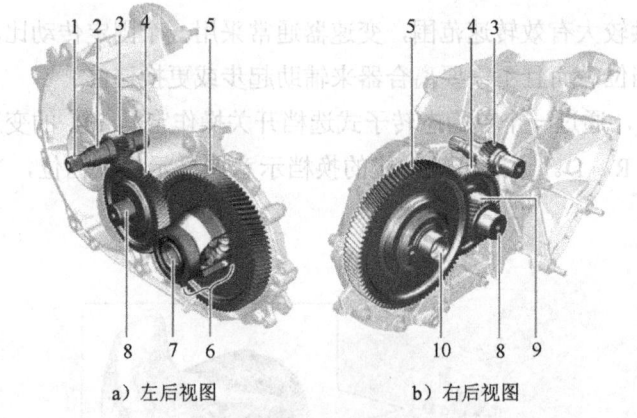

a）左后视图　　　　　b）右后视图

图 3-43　变速器结构

1—啮合轴用于连接电机驱动轴　2—变速器输入轴　3—输入轴上的圆柱齿轮 1　4—中间轴上的圆柱齿轮 2
5—变速器输出端的圆柱齿轮 4　6—差速器　7—左侧半轴接口　8—中间轴　9—中间轴上的圆柱齿轮 3　10—右侧半轴接口

图 3-44 所示的结构示意图以简化形式展示了变速器内的转矩传输情况。

变速器油采用传统车辆常用的主减速器油。变速器壳体既用作油底壳又承载全部 0.5L 变速器油加注量。圆柱齿轮和差速器浸没在变速器油内，从而对整个变速器进行润滑（油底壳润滑）。变速器油采用相同使用寿命的设计，因此在使用期间无需更换变速器油。仍设计有一个放油螺塞和一个注油螺塞，可检查油位。

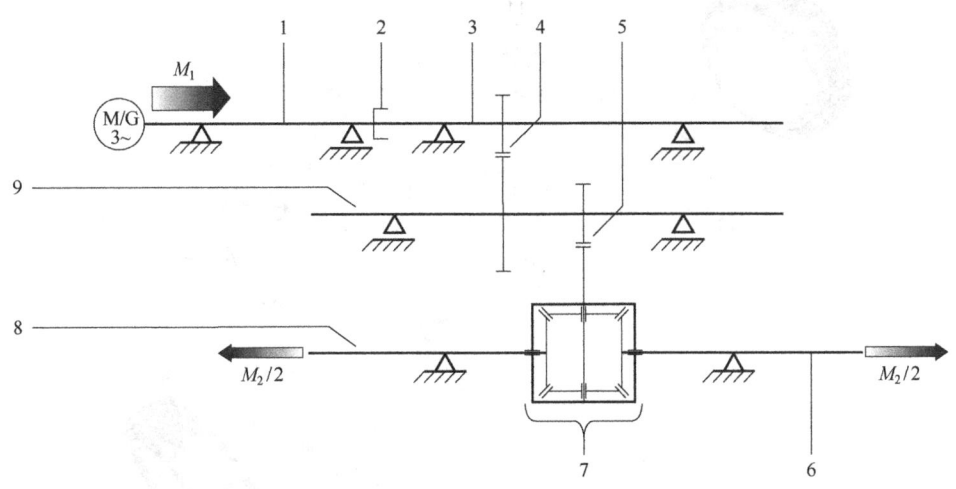

图 3-44　变速器结构

M_1—电机转矩=变速器输入端转矩　M_2—变速器输出端转矩　$M_2/2$—半轴上的驱动转矩　1—电机驱动轴
2—电机与变速器之间的结构连接　3—变速器输入轴　4—圆柱齿轮 1 和 2 配对　5—圆柱齿轮 3 和 4 配对
6—右侧半轴　7—差速器　8—左侧半轴　9—中间轴

（三）增程器

驱动电机所需能量存储在动力蓄电池内，因动力蓄电池容量有限，致使续驶里程受到限制。一旦动力蓄电池充电状态达到临界水平，增程器就会负责提供到达目的地所需的能量。因此只在需要的情况下由车辆电子系统起动增程器。

宝马 i01 采用的双缸发动机是一款小型的、运行非常平稳且噪声非常低的汽油发动机，通过驱动增程电机可为继续行驶提供所需能量。这样可使动力蓄电池充电状态保持恒定，从而继续通过电机驱动车辆。这样可延长车辆的续驶里程。为达到尽可能低的耗油量进而降低 CO_2 排放量，汽油发动机还带有节能起停等功能，并采用其他智能型运行策略，如图 3-45 所示。

图 3-45　增程器组件的安装位置

1—增程器（内燃机）　2—增程电机　3—增程电机电子装置（REME）　4—增程器数字式发动机电子系统（RDME）

驱动组件间的能量流/动力传递路线如图3-46所示。

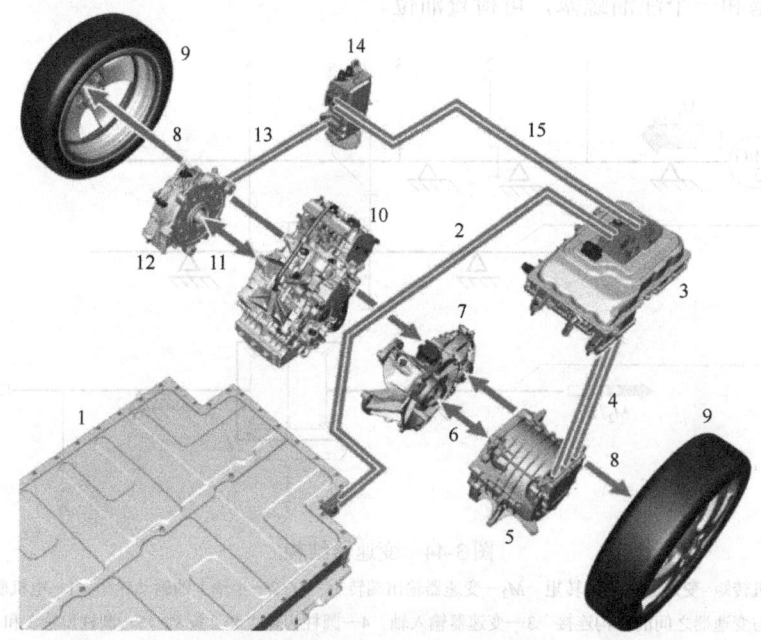

图3-46 能量流/动力传递路线

1—动力蓄电池 2、15—通过2芯高电压导线实现双方向能量流（电能） 3—电机电子装置 4、13—通过三相高电压导线实现双方向能量流（电能） 5—电机 6—从电机到变速器以及从变速器到电机的动力传递路线（机械能） 7—变速器 8—通过半轴从变速器到后车轮以及从后轮到变速器的动力传递路线（机械能） 9—后车轮 10—W20内燃机 11—从内燃机到增程电机的双方向动力传递路线（机械能） 12—增程电机 14—增程电机电子装置

四、混合动力汽车驱动电机装置

混合动力汽车的驱动电机装置可以选择直流电机、交流异步电机、永磁同步电机和开关磁阻电机等。目前，直流电机已经很少采用，多数采用了交流异步电机和永磁同步电机，开关磁阻电机的应用也得到重视，还可以采用特种电机，例如处于试制阶段的轮毂电机。

（一）混合动力变速驱动桥构造

混合动力变速驱动桥的安装位置如图3-47所示。

混合动力变速驱动桥由MG2、MG1、复合齿轮装置、传动桥阻尼器、中间轴从动齿轮、减速主动/从动齿轮、差速器齿轮机构和油泵组成，如图3-48所示。

图3-47 混合动力变速驱动桥的安装位置

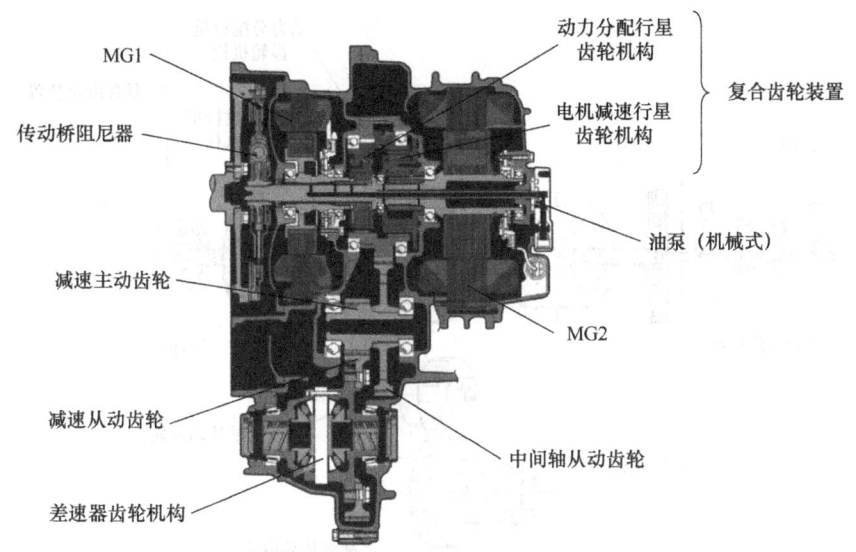

图 3-48　混合动力变速驱动桥的组成

该驱动桥具有三轴结构。复合齿轮装置、传动桥阻尼器、油泵、MG1 和 MG2 连接至输入轴。中间轴从动齿轮和减速主动齿轮连接至第二轴。减速从动齿轮和差速器齿轮机构连接至第三轴。

发动机、MG1 和 MG2 通过复合齿轮装置机械连接，混合动力传动桥使用两个行星齿轮机构，动力分配行星齿轮机构和减速行星齿轮机构如图 3-49 所示。

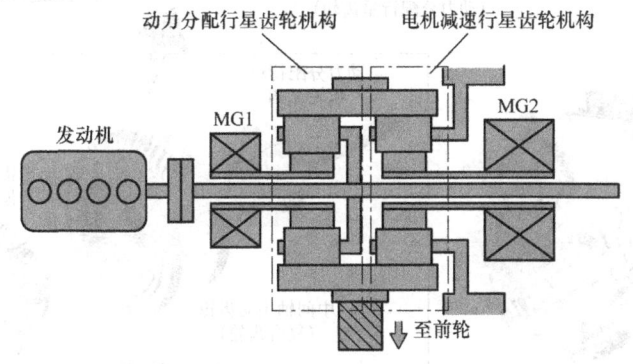

图 3-49　驱动桥传动系统

复合齿轮装置由动力分配行星齿轮机构和电机减速行星齿轮机构组成，如图 3-50 所示。通过采用与两个行星齿轮机构的齿圈集成一体的复合齿轮、中间轴主动齿轮和驻车锁止齿轮，复合齿轮装置更为紧凑和轻量化。

动力分配行星齿轮机构的太阳轮连接至 MG1、行星轮架连接至发动机、齿圈连接至复合齿轮（车轮）。电机减速行星齿轮机构的太阳轮连接至 MG2、齿圈连接至复合齿轮（车轮）。行星轮架固定至传动桥外壳，两个行星齿轮机构的齿圈组合在一起，如图 3-51 所示。

1）动力分配行星齿轮机构的组成：太阳轮、MG1、行星轮架、发动机、齿圈、复合齿轮。

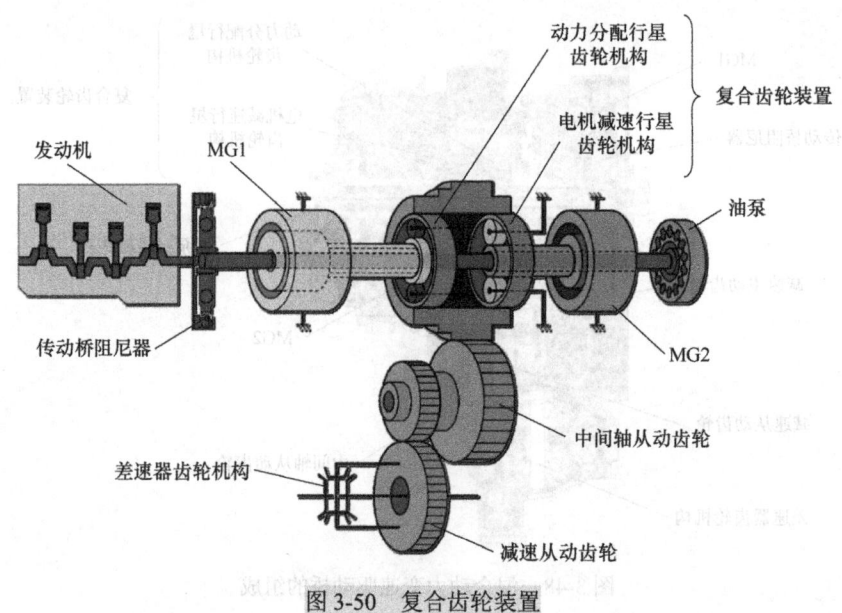

图 3-50 复合齿轮装置

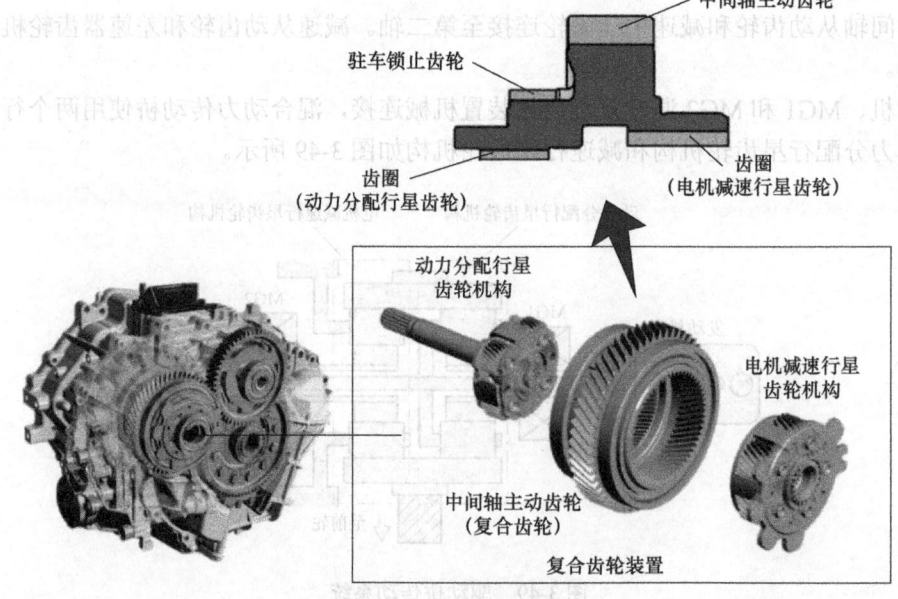

图 3-51 行星齿轮机构

2）电机减速行星齿轮机构的组成：太阳轮、MG2、行星轮架、固定、齿圈、复合齿轮。

在车辆行驶时，动力分配行星齿轮机构在 MG1（用于发电）与车轮之间分配发动机动力，如图 3-52 所示。车辆在起动发动机时，将 MG1 的电能转化为机械能传输至发动机，这时 MG1 发挥起动机功能，如图 3-53 所示。

车辆在低速行驶时需要较大驱动转矩。使用电机减速行星齿轮机构降低 MG2 的转速，从而可利用紧凑、轻量的电机产生较大转矩。

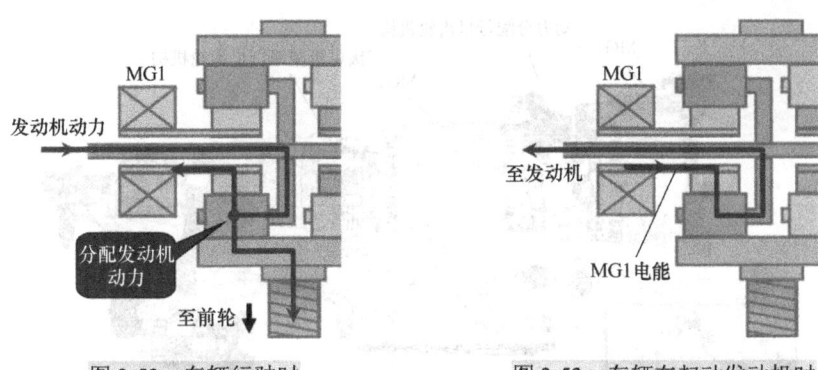

图 3-52　车辆行驶时　　　　　图 3-53　车辆在起动发动机时

MG2 连接至电机减速行星齿轮机构的太阳轮。行星轮架固定到位时，可降低 MG2 的转速并将转矩传输至齿圈，如图 3-54 所示。

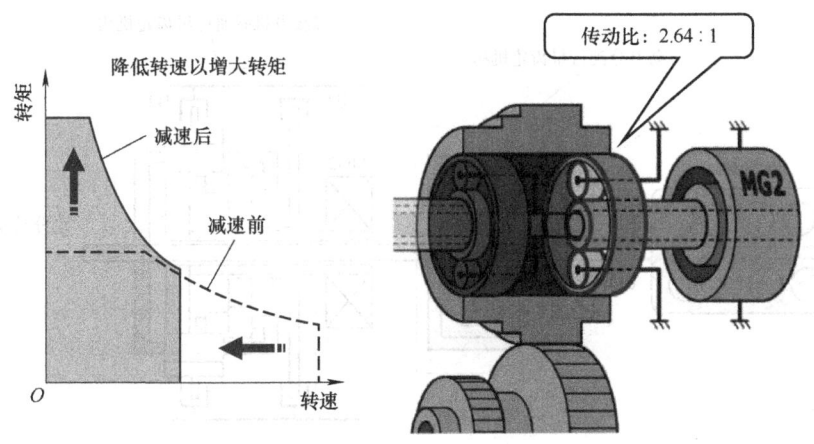

图 3-54　使用电机减速行星齿轮机构

电机减速行星齿轮机构的传动比为 2.64∶1。通过降低 MG2 的转速，使其转矩增至原来的 2.64 倍，并传输至齿圈。

使用与常规车辆相同的自动变速器油（丰田原厂 ATF WS）润滑传动桥。

（二）混合动力变速驱动桥工作原理

雷克萨斯 LS600h 和 GS450h 的 L110（F）混合动力变速器采用 2 级电机减速行星齿轮机构，该机构可根据行驶状态以两个级别控制 MG2 传动比，该减速行星齿轮机构采用液压控制装置（用于操作 2 级电机减速行星齿轮机构）和电动油泵（用于向液压控制装置持续提供油压），如图 3-55 所示。

动力分配行星齿轮机构具有与 P410 传动桥相同的结构，太阳轮连接至 MG1、行星轮架连接至发动机、齿圈连接至车轮。2 级电机减速行星齿轮机构的前太阳轮连接至 B1 制动器、后太阳轮连接至 MG2、行星轮架连接至车轮、齿圈连接至 B2 制动器。

2 级电机减速行星齿轮机构位于 MG2 与车轮之间。MG2 的电能通过 2 级电机减速行星齿轮机构传输至车轮，如图 3-56 所示。

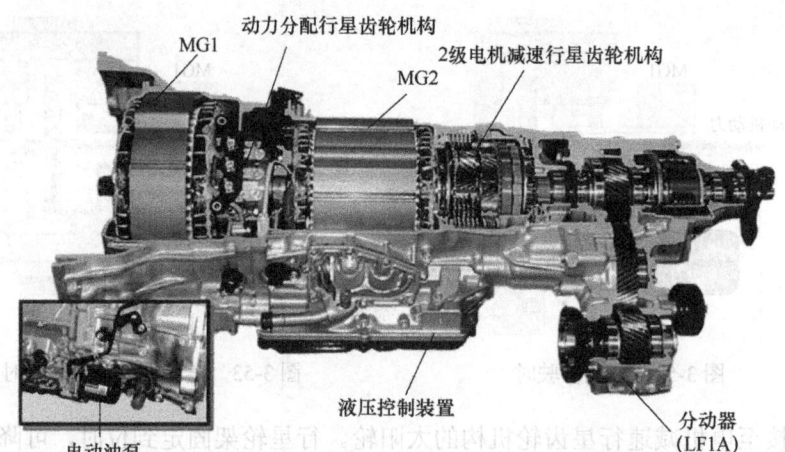

图3-55 L110（F）混合动力变速器

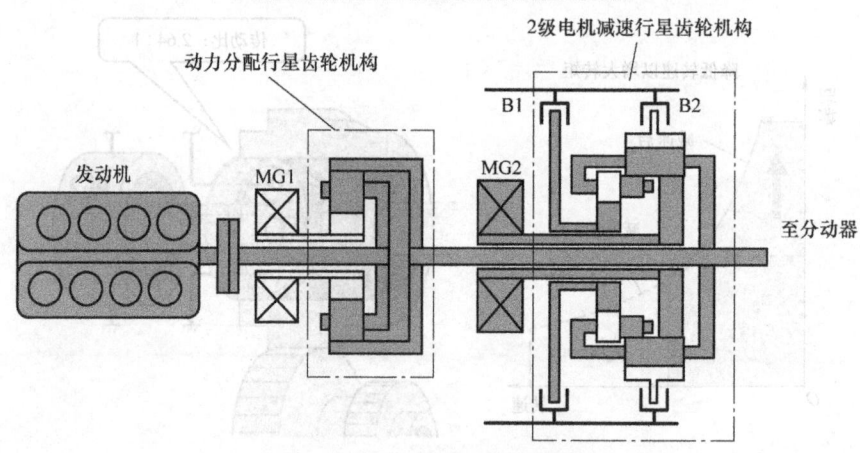

图3-56 动力分配行星齿轮机构

2级电机减速行星齿轮机构采用拉维娜式行星轮，由前太阳轮、后太阳轮、长行星轮、短行星轮和齿圈组成，如图3-57所示。

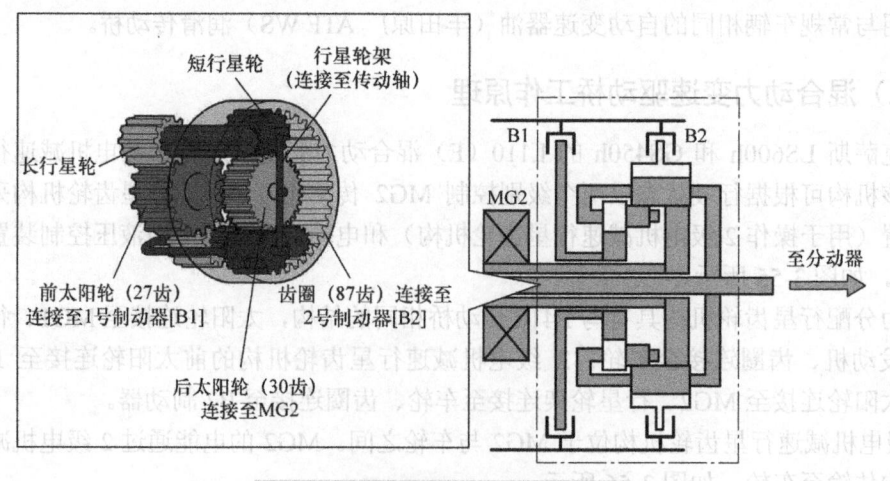

图3-57 2级电机减速行星齿轮机构

利用油压操作 B1 和 B2 制动器，系统可在低速档和高速档之间切换。

1. 低速档时

长行星轮沿齿圈旋转，并将行星轮架的转矩传输至输出轴，如图 3-58 所示。
B1 制动器：不工作。
B2 制动器：工作（齿圈固定到位）。
传动比：3.9:1。

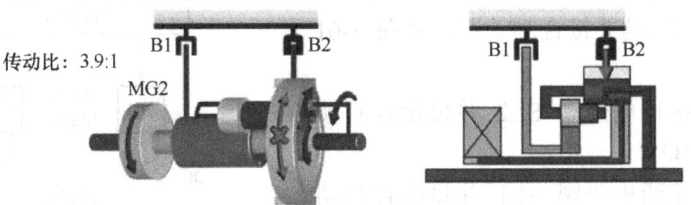

图 3-58 低速档时

2. 高速档时

短行星轮和长行星轮绕前太阳轮旋转，并将行星轮架的转矩传输至输出轴，如图 3-59 所示。
B1 制动器：工作（前太阳轮固定到位）。
B2 制动器：不工作。
传动比：1.9:1。

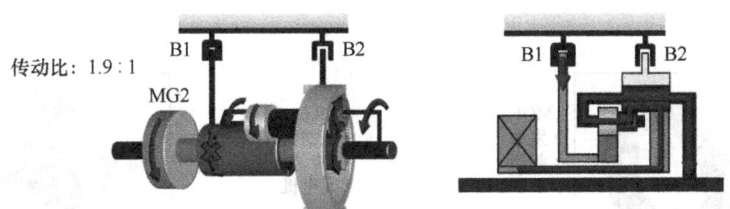

图 3-59 高速档时

采用与常规自动变速器（AT）相同工作方式的液压控制装置，以在高速档和低速档之间切换。2 级电机减速行星齿轮机构采用 3 个电磁阀，如图 3-60 所示。

图 3-60 液压控制装置

电磁阀 SL1（线性型）：控制 B1 制动器压力。

电磁阀 SL2（线性型）：控制 B2 制动器压力。

电磁阀 SP（三通、ON-OFF 型）：分两个级别（高速和低速）控制管路压力。

在高速档和低速档之间切换且在高负载情况下行驶时，管路压力保持为高压，在低负载情况下行驶时管路压力保持为低压。通过减小油泵的负荷，改善了油耗。

线性电磁阀 SL1 和 SL2 利用来自混合动力电控单元（HV ECU）的电流工作。通过控制阀调节输出压力并以油压的形式供给，该油压在 B1 与 B2 之间联动并接合制动器，如图 3-61 所示。

低速档时，接通电磁阀 SL2 并将接合制动器的油压供给至 B2。

高速档时，接通电磁阀 SL1 并将接合制动器的油压供给至 B1。

利用线性电磁阀进行精确控制，可在低速档和高速档之间进行平稳切换。

内置于混合动力传动桥的 MG1 和 MG2 为紧凑、轻量且高效的交流永磁电机。

MG1 和 MG2 均由定子、定子绕组、转子、永久磁铁和解析器（转速传感器）组成，如图 3-62 所示。

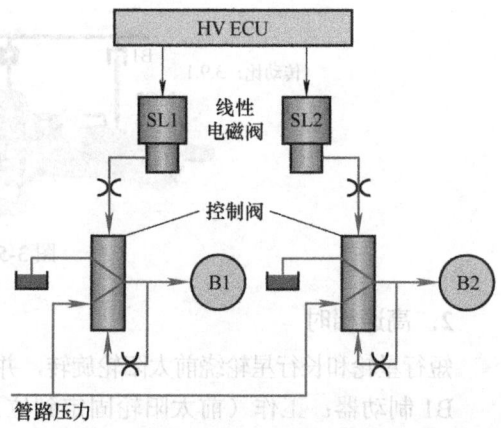

图 3-61 线性电磁阀控制阀调节输出压力

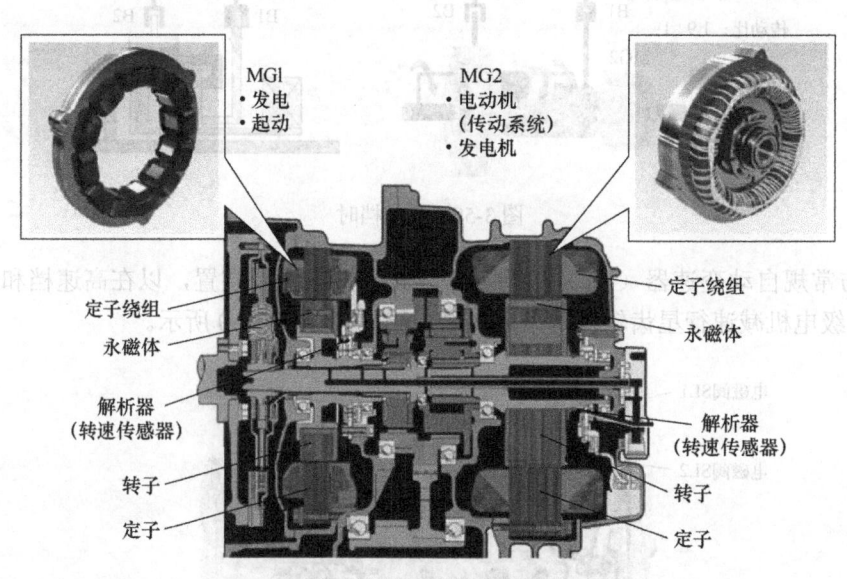

图 3-62 MG1 和 MG2 组成

驱动桥通过将 V 形永久磁铁置于转子内，可利用磁阻转矩增加转子的转矩，从而提高整车输出转矩。转子中嵌入的永久磁铁可形成磁通量难以穿透的区域。磁阻转矩是转子尝试沿磁铁磁阻路径变小的方向旋转产生的转矩。磁阻转矩的方向与磁极无关。

(1) MG1

MG1 主要用作发电机，提供电能以驱动 MG2 并对动力蓄电池充电。起动发动机时，MG1 用作起动机。采用密集型绕组使 MG1 更为紧凑。

(2) MG2

MG2 主要用作电动机以驱动车辆，并利用 MG1 和动力蓄电池提供的电能工作。在减速过程中对动力蓄电池充电时，MG2 用作发电机。采用分散型绕组以确保平稳旋转。

MG1/MG2（电动机/发电机）的定子采用三相绕组结构（U 相、V 相和 W 相）。

驱动桥采用了两种类型的油泵：一种是由发动机操作的机械油泵，另一种是可在发动机未运转的情况下提供油压的电动油泵，如图 3-63 所示。

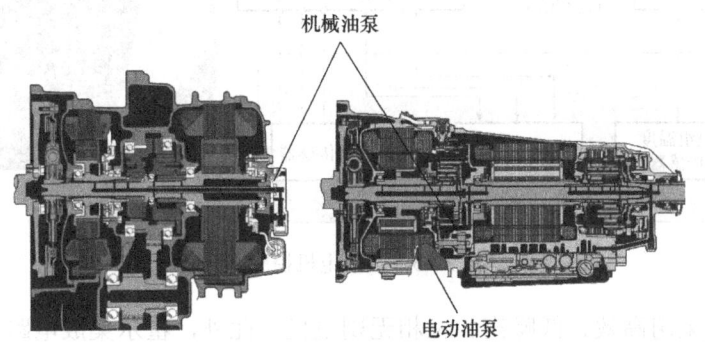

图 3-63 驱动桥油泵

对于 LS600h 和 GS450h，需要产生恒定的液压以操作 2 级电机减速行星齿轮机构，因此采用电动油泵。

机械油泵由发动机驱动并润滑齿轮，内置于混合动力传动桥中，由油泵驱动轴、油泵主动转子、油泵从动转子和油泵盖组成，采用余摆线型油泵，如图 3-64 所示。

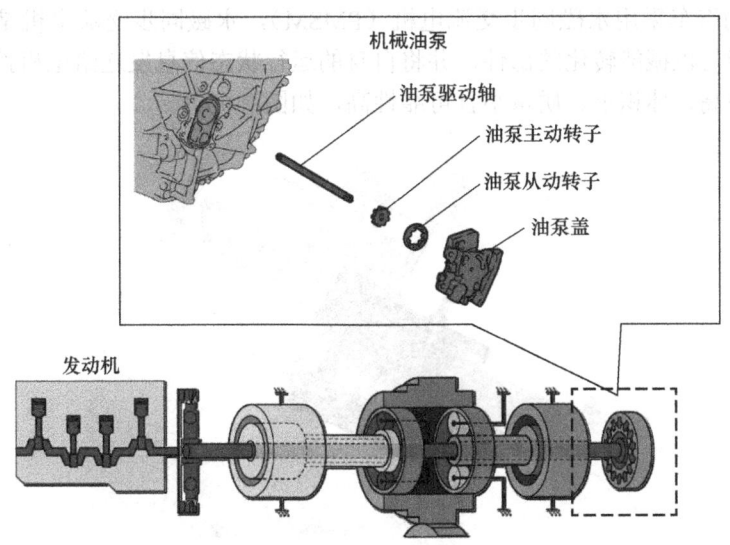

图 3-64 机械油泵的组成

电动油泵在发动机未运转时产生油压，安装在混合动力变速器一侧。

HV ECU 通过油泵电机控制器控制油泵电机转速。油泵电机控制器将指示油泵电机状态的信号输出至 HV ECU，如图 3-65 所示。

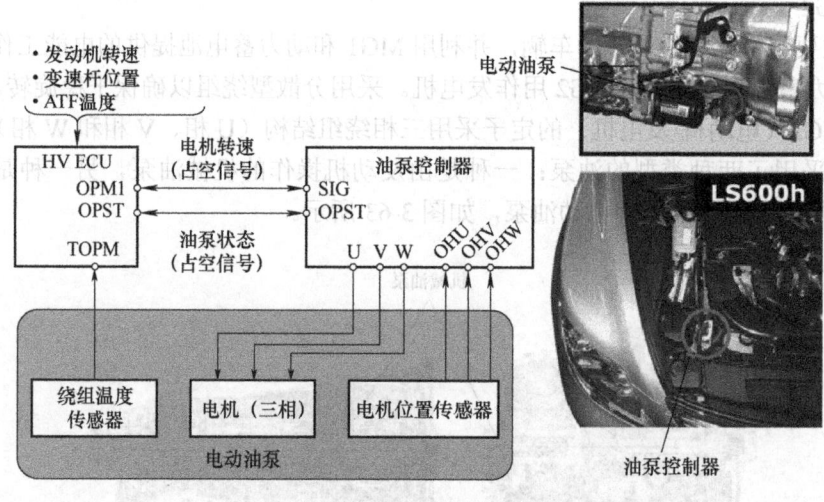

图 3-65 油泵电机控制器

油泵电动机采用高效、低噪声、三相无刷电机。此外，霍尔集成电路型电机位置传感器和绕组温度传感器置于电动油泵内。

五、典型驱动电机装置

（一）北汽纯电动汽车驱动电机

北汽纯电动汽车采用永磁同步交流电机（PMSM），永磁同步交流电机是系统的重要执行机构，是电能与机械能转化的部件，并将自身的运行状态信息发送给电机控制器。永磁同步交流电机效率高、体积小、质量小且可靠性高，如图 3-66 所示。

图 3-66 永磁同步交流电机

提供电机工作信息的传感器如下。
- 旋转变压器：用以检测电机转子位置。
- 温度传感器：用以检测电机绕组温度。

永磁同步交流电机还具有以下优点：
① 功率因数大，效率高，功率密度大。
② 结构简单，便于维护，使用寿命较长，可靠性高。
③ 调速性能好，精度高，具有良好的瞬时特性，转动惯量低，响应速度快。
④ 频率高，输出转矩大，极限转速和制动性能优于其他类型电机。

（二）特斯拉驱动电机

特斯拉 Roadster 搭载的是一台 375V 交流异步电机，其最大功率为 225kW，最大转矩为 370N·m，最大转矩输出转速范围是 0~5400r/min。特斯拉 Roadster Sport 所用电机的性能进一步加强，虽然最大功率降低到 223kW，但最大转矩提高到 400N·m（0~5100r/min）。电机的最高转速为 14000r/min。

特斯拉使用的交流异步电机在技术上取得了突破。过去，交流异步电机的最大缺陷是很难控制转子的旋转速度，但随着现代半导体控制技术的发展，这一问题已经被解决。

交流异步电机优势之一：能承受大幅度的工作温度变化。

交流异步电机优势之二：输出转矩可以在大范围内调整，因此无需安装第二套传动机构。特斯拉设计的电机转速能达到 6000r/min，并且能产生最高为 400N·m 的转矩，能在加速或爬坡时强制提高输出转矩（虽然时间很短）。

交流异步电机优势之三：体积小、质量小。一方面，由于对温度承受范围大，特斯拉的电机不需要安装散热器、冷却风扇、水泵及相关的管路等。另一方面，无需安装多余的传动机构，因此其体积和质量大幅缩小。

特斯拉 Model S 采用特斯拉与台湾富田公司共同研制的三相交流异步电机，并将电机控制器、电机以及变速器集成一体。变速器采用了固定传动比（9.73:1）方案。85kW·h 版电机最大功率 270kW，最大转矩 440N·m。

蓄电池、电机、电机控制器以及固定传动比的变速器，构成了 Model S 的动力总成。电机控制器将动力蓄电池组的直流电变换为交流电，输入到电机中，而电机的动力则通过一个固定传动比变速器，传递至轮端。

（三）奥迪 Q5 Hybrid quattro 驱动电机

Q5 Hybrid quattro（Q5 混合动力四驱）是奥迪公司的第一款混合动力 SUV（图 3-67）。

使用 155kW 2.0L 涡轮增压发动机，发动机以智能而灵活的方式与 40kW 液冷式电机配合工作。电机由锂离子动力蓄电池来供电。

自动变速器内有一个带有分离器的电机，用以代替液力变矩器，如图 3-68 所示。

电驱动装置的电机安装在发动机与自动变速器之间的空隙处，如图 3-69 所示。电机是永磁同步电机，由三相电来驱动，转子上有永磁体。

图 3-67 奥迪 Q5 Hybrid quattro

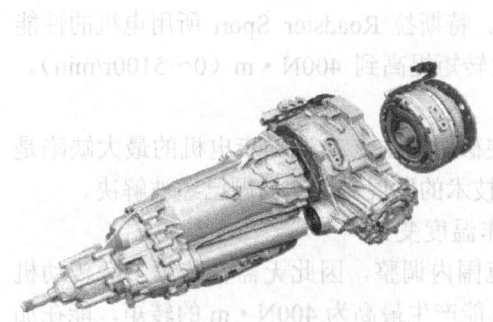

图 3-68 自动变速器

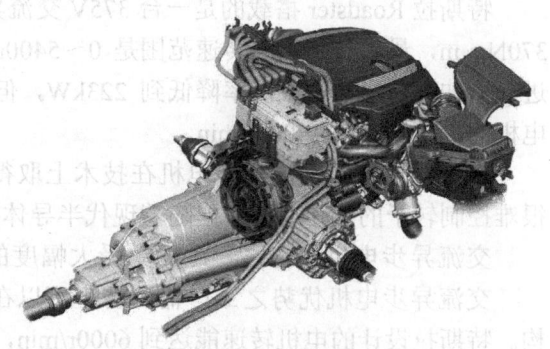

图 3-69 电驱动装置

电驱动装置的电机用于起动内燃机,在发电机模式时借助电驱动功率和控制电子装置 JX1 内的 DC/DC 变换器来给动力蓄电池和 12V 蓄电池充电。电驱动装置的电机可使 Q5 Hybrid quattro 以纯电动方式行驶(但是车速和续驶里程是受限的),并在加速(Boost)时给发动机提供助力。

课后思考题

1. 简述电机的定义和分类。
2. 简述电动汽车常用的电机类型。
3. 简述开关磁阻电机工作原理。
4. 简述永磁同步电机工作原理。

模块 4　动力蓄电池管理系统

学习目标

技能目标
1. 了解纯电动汽车动力蓄电池管理系统构造及工作原理。
2. 了解混合动力汽车动力蓄电池管理系统构造及工作原理。

知识目标
1. 掌握不同新能源汽车动力蓄电池管理系统。
2. 掌握蓄电池高压系统安全措施及人身安全要点。

素养目标

树立安全第一的意识。

一、蓄电池管理系统

蓄电池管理系统（Battery Management System，BMS）俗称电池保姆或电池管家，如图 4-1 所示。蓄电池的性能很复杂，不同类型的蓄电池特性亦相差很大。需要建立蓄电池管理系统来提高蓄电池的利用率，防止蓄电池出现过充电和过放电，延长蓄电池的使用寿命，并监控蓄电池的状态。

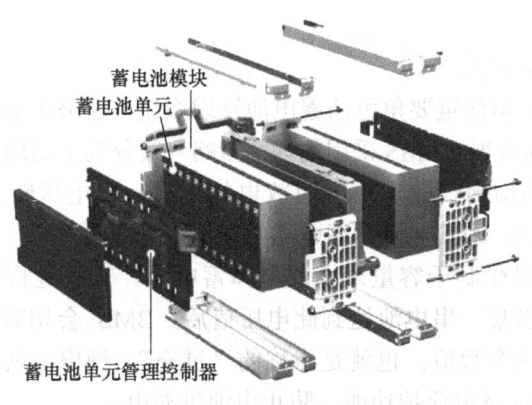

图 4-1　蓄电池管理系统（BMS）

（一）蓄电池管理系统的作用

1. 准确估测动力蓄电池组的荷电状态

准确估测动力蓄电池组的荷电状态（State of Charge，SOC），即动力蓄电池剩余电量，保证 SOC 维持在合理的范围内，防止由于过充电或过放电对动力蓄电池的损伤，从而随时预报动力蓄电池组还剩余多少能量或者蓄电池的荷电状态。

2. 动态监测动力蓄电池组的工作状态

在动力蓄电池充放电过程中，实时采集电动汽车动力蓄电池组中的每个单体蓄电池的端电压和温度、充放电电流及蓄电池包总电压，防止动力蓄电池发生过充电或过放电现象。

3. 单体蓄电池间的均衡

动力蓄电池是电动汽车最重要的组成部分之一，长久以来，如何延长其使用寿命是一直困扰着整车厂和电池厂的一个难题，而这一难题的根本原因是多串联下的单体蓄电池不均衡。

（1）单体蓄电池为什么需要均衡？

单体蓄电池本身还有可用容量，却因为单体蓄电池之间不均衡以及为保护动力蓄电池设置的安全电压的限制导致电池系统无法继续发挥应有的性能。另外，动力蓄电池在车辆上的使用寿命比车辆本身的寿命短，即使车辆还没有到达报废年限，却要为满足动力性能而更换动力蓄电池。但是，更换动力蓄电池的成本又相当高，因此这在很大程度上制约了电动汽车的发展。

造成单体蓄电池不均衡最主要的原因是温度。一般情况下，锂离子电池的使用环境温度高于其最佳温度 10℃时，锂离子电池的寿命会降低一半。由于车载电池系统的串联数量非常多，一般在 88~100 串联之间，其容量一般为 20~60kW·h，每串蓄电池装载的位置不同而会产生温度差。即使在同一个蓄电池箱内，也会因为位置和蓄电池受热不同而出现温度差，而这个温度差会对蓄电池寿命产生重大负面影响，使蓄电池出现不均衡，使得续驶里程下降、循环寿命缩短。

因此，做好均衡工作可以将系统损失降到最低，有效降低容量不均衡导致的系统损失，延长动力蓄电池系统的使用寿命，延长动力蓄电池系统的更换周期，同时增加续驶里程。

（2）单体蓄电池均衡方式

在动力蓄电池系统中担任重要角色的蓄电池管理系统（BMS）作为延长蓄电池寿命的有效手段，逐渐得到业内的重视。BMS 采用的均衡策略一般分为主动均衡、被动均衡两种。

1）被动均衡。被动均衡一般通过电阻放电的方式，对电压较高的单体蓄电池进行放电，以热量形式释放电量，为其他单体蓄电池争取更多充电时间。

这样整个系统的电量受制于容量最少的单体蓄电池。充电过程中，锂离子电池一般有充电上限保护电压值，当某一串电池达到此电压值后，BMS 会切断充电回路，停止充电。如果充电时的电压超过这个数值，也就是俗称的"过充"，锂电池就有可能燃烧或者爆炸。因此，BMS 一般都具备过充电保护功能，防止电池过充电。

如图 4-2 所示，充电过程中，2 号单体蓄电池先被充电至保护电压值，触发 BMS 的保护机制，停止动力蓄电池系统的充电，这样直接导致 1 号、3 号单体蓄电池无法充满。整个系统的满充电量受限于 2 号单体蓄电池，这就是系统损失。为了增加动力蓄电池系统的电量，BMS 会在充电时均衡单体蓄电池。

如图 4-3 所示，均衡启动后，BMS 会对 2 号单体蓄电池进行放电，延迟其达到保护电压值的时间，这样 1 号、3 号单体蓄电池的充电时间也相应延长，进而提升整个动力蓄电池系统的电量。但是，2 号单体蓄电池放电电量 100%被转换成热量释放，造成了很大的浪费（2 号单体蓄电池的散热是系统的损失，也是电量的浪费）。

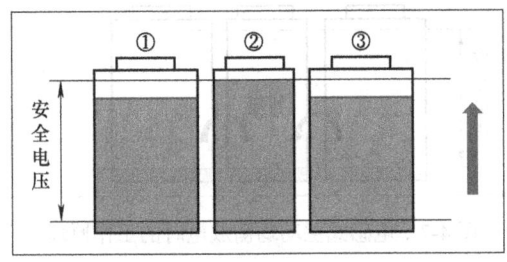

图 4-2　动力蓄电池保护造成系统损失的原因

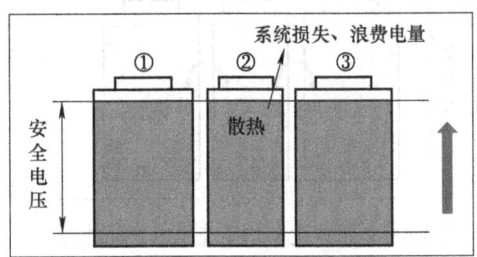

图 4-3　被动均衡充电工作原理

如图 4-4 所示，过放电也会造成动力蓄电池严重损坏。同样，BMS 具备过放电保护功能。放电时，2 号单体蓄电池的电压到达放电保护值时，触发 BMS 的保护机制，停止系统放电，直接导致 1 号、3 号单体蓄电池的剩余电量无法被完全使用，均衡启动后会改善系统过放电。

被动均衡的优点是成本低和电路设计简单；而缺点是以最低剩余电量为基准进行均衡，无法增加剩余电量少的单体蓄电池的容量，及均衡电量 100%以热量形式被浪费。

2）主动均衡。主动均衡是以电量转移的方式进行均衡，效率高，损失小。不同厂家的方法不同，均衡电流为 1～10A 不等。主动均衡大多采用电感原理，依托于芯片厂家昂贵的芯片。此方式除了均衡芯片外，还需要昂贵的变压器等周边零部件，体积较大，成本较高。

图 4-5 所示每 6 串蓄电池为一组，取 6 串蓄电池的总电量转移给容量小的单体蓄电池。电感式主动均衡以物理转换为基础，集成了电源开关和微型电感，采用双向均衡方式，通过相近或相邻单体蓄电池间的电荷转移均衡单体蓄电池，并且不论单体蓄电池处于放电、充电还是静置状态，都可以进行均衡，均衡效率高达 92%。

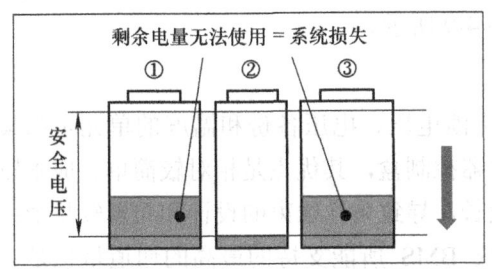

图 4-4　被动均衡放电时无法均衡

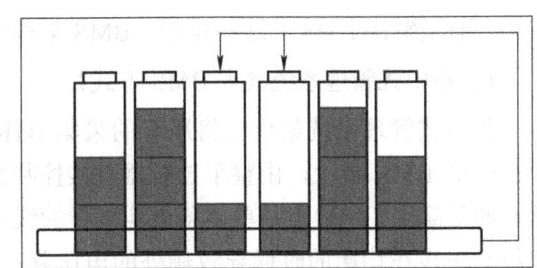

图 4-5　变压方式主动均衡原理

其放电和充电工作原理，图 4-6 所示 2 号单体蓄电池将电量转移给 1 号、3 号单体蓄电池。高效的电荷转移，使得充电时 3 个单体蓄电池的电压一直保持在均衡状态下，这样所有单体蓄电池都能充满。

BMS 在放电时，也可均衡单体蓄电池。图 4-7 所示 1 号、3 号单体蓄电池将电量转移给 2 号单体蓄电池，3 个单体蓄电池的电压一直在均衡状态下放电，这样所有单体蓄电池电量都能用完。

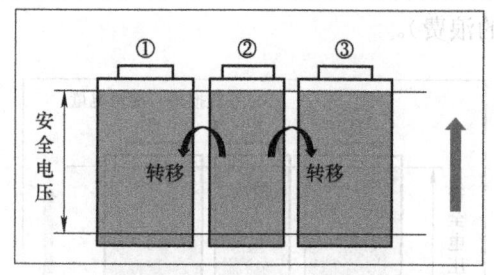
图 4-6 电感式主动均衡充电时的工作原理

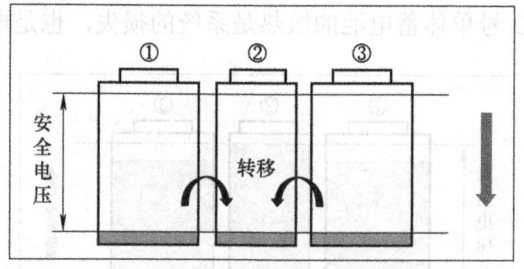
图 4-7 电感式主动均衡放电时的工作原理

近年来，越来越多的产品采用锂离子电池作为主要电源，主要是由于锂离子电池具有体积小、能量密度高、无记忆效应、循环寿命高、自放电率低等优点。但同时，锂离子电池对充放电要求很高，当过充、过放、过电流及短路等情况发生时，锂离子电池压力与热量大量增加，容易产生火花、燃烧甚至爆炸，因此，锂离子电池无一例外地都加有过充放电保护电路。另外，当对一组锂离子电池充放电时，考虑到各个单体蓄电池的不一致性，可采取均衡措施来确保安全性和稳定性，如图 4-8 所示。

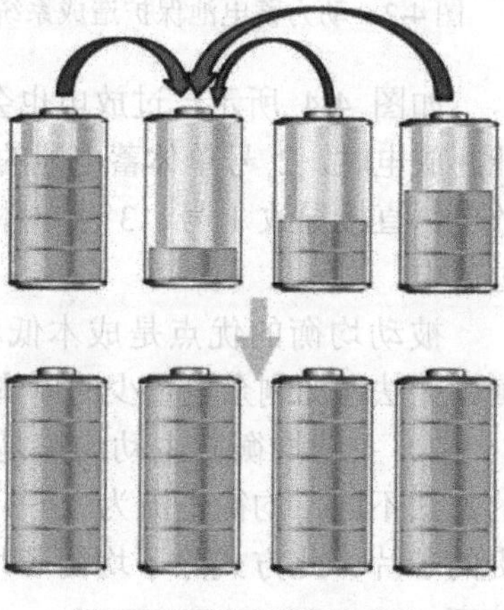

（二）蓄电池管理系统的构型

图 4-8 单体蓄电池均衡

蓄电池管理系统有 3 种不同的构型，分为集中式管理系统、半分布式管理系统和分布式管理系统。从技术的角度，BMS 的所有功能都可以实现，但实际上 BMS 产品的难点在于复杂的线束、一一对应的关系和大电流主动均衡的低成本实现。集中式管理系统和分布式管理系统都没能很好地解决这些问题。最新提出的积木式架构，有望解决 BMS 的这些难题。BMS 架构如图 4-9 所示。

1. 集中式管理系统（大 BMS 方式）

集中式管理系统架构是将所有的采集单体蓄电池电压、电压备份和温度的单元全部集中在一块 BMS 板上，由整车控制器直接控制继电器控制盒，其优点是相对较简单、成本较低和通信简化。但缺点是单体蓄电池采样的线束较长，导致采样线束的设计和布置较复杂；长线和短线在均衡的时候导致额外的电压降；整块 BMS 所能支持的最高的通道量也是有限，只能适用于较小的蓄电池包。

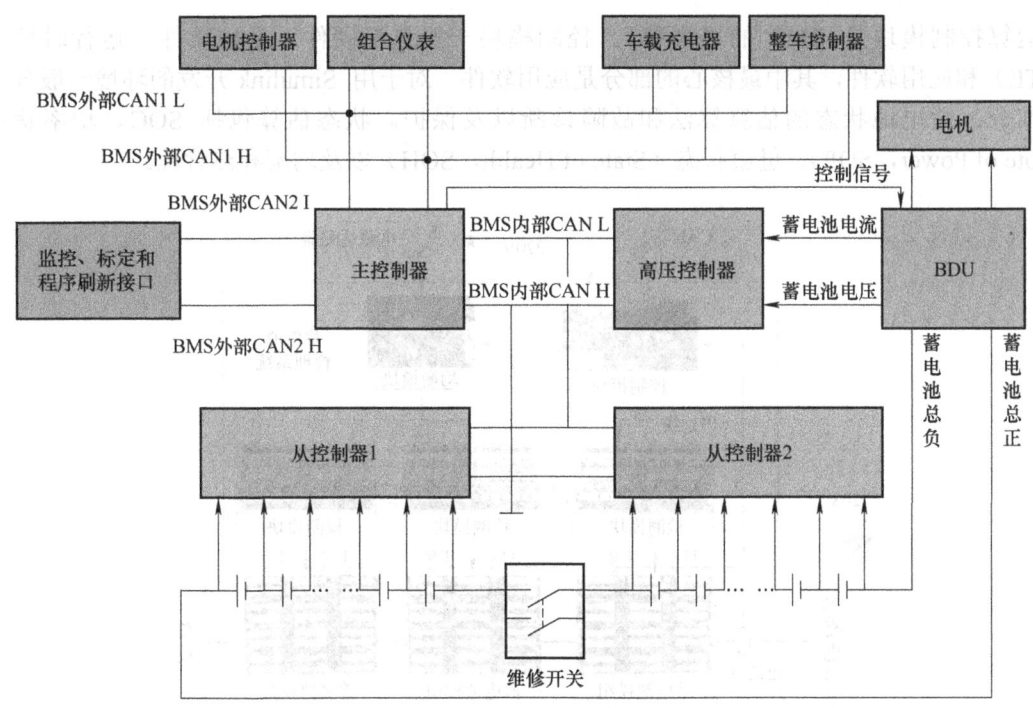

图 4-9　BMS 架构

2. 分布式管理系统（BMU+多个 CSC 方式）

分布式管理系统架构是将蓄电池模组（模组与 CSC 一配一的方式）的功能独立分离，整个系统形成了 CSC（单体蓄电池管理单元）、BMU（蓄电池管理控制器）、S-Box 继电器控制器和整车控制器，三层两个网络的形式，其优点是可以将模组装配过程简化，采样线束固定相对容易，线束距离均匀，不存在压降不一的问题；缺点是成本较高，蓄电池包可大可小。

3. 半分布式管理系统（BMU+少量大 CSC 方式）

半分布式管理系统架构是以上两种模式的妥协，是将 BMS 的子单元做大一些，采集较多的单体通道，主要用于模组排布比较奇特的蓄电池包，是三种方案里成本较高的方案。

（三）蓄电池管理系统模块

蓄电池管理系统（BMS）主要由中央处理单元（也称主控模块或 ECU）、数据采集单元（采集模块 BMU）、均衡单元、显示单元、控制部件（继电器、熔断装置）及检测部件（漏电检测，电流传感器、温度传感器等）等组成。

中央处理单元由主控板、高压控制回路等组成。数据采集单元由温度采集模块、电压采集模块等组成，大部分应用将均衡模块与检测模块设计在一起。显示单元由显示板、液晶屏、键盘及上位机等组成。一般采用 CAN 总线技术实现相互间的信息通信以及与整车多能源系统的信息通信。

1. BMS 的作用

BMS 通常包括检测模块与运算控制模块，如图 4-10 所示。检测指测量单体蓄电池的电压、电流和温度以及蓄电池组的电压，然后将这些信号传给运算模块进行处理发出指令，因此运算控制模块是 BMS 的"大脑"。控制模块一般包括硬件、基础软件、运行时环境（RTE）和应用软件，其中最核心的部分是应用软件。对于用 Simulink 开发的环境一般分为两部分：蓄电池状态的估算算法和故障诊断以及保护。状态估算包括 SOC、功率状态（State of Power，SOP）、健康状态（State of Health，SOH）以及均衡和热管理。

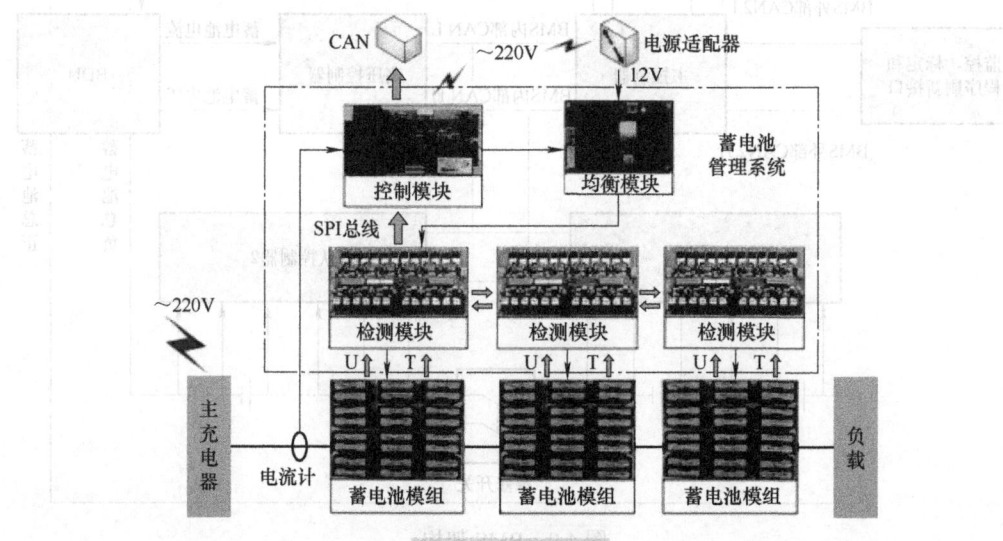

图 4-10　BMS 模块

SOC 简单地说就是蓄电池还剩下多少电量；SOC 是 BMS 中最重要的参数，因为其他一切都是以 SOC 为基础的，它的精度和鲁棒性（也叫纠错能力）极其重要。如果没有精确的 SOC，加再多的保护功能都无法使 BMS 正常工作，因为蓄电池会经常处于被保护状态，更无法延长蓄电池的寿命。

2. 蓄电池管理系统的工作原理

BMS 的主要工作原理可简单归纳如下：对动力蓄电池进行数据采集，对动力蓄电池状态计算、能量管理、安全管理、热管理、均衡控制等进行数据采集。采集动力蓄电池状态信息数据后，由电子控制单元进行数据处理和分析，然后根据分析结果对系统内的相关功能模块发出控制指令，并向外界传递信息，对动力蓄电池的整体功能进行控制，使动力蓄电池维持最佳状态，如图 4-11 所示。

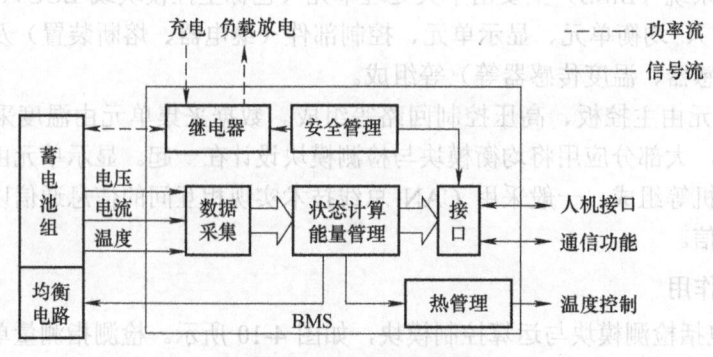

图 4-11　BMS 工作原理

3. 典型车型动力蓄电池管理系统

(1) 比亚迪秦蓄电池管理系统

比亚迪秦蓄电池管理系统如图 4-12 所示，系统通过检测漏电、碰撞、蓄电池电压、电流、温度、互锁及从车载传感器传输过来的信号，通过控制模组内部的接触器及高压配电箱内的接触器的通断，实现对动力蓄电池的管理控制。

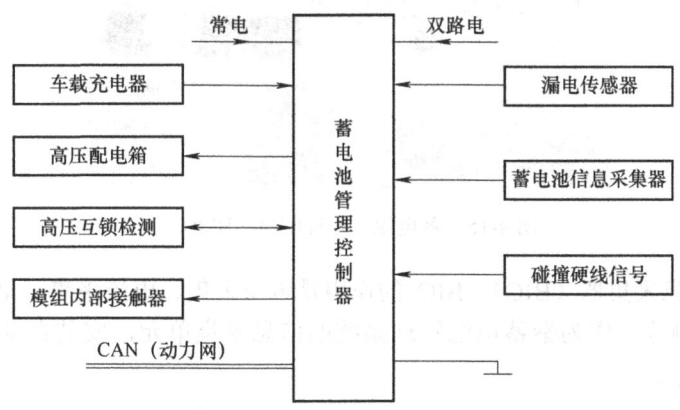

图 4-12 比亚迪秦动力蓄电池管理系统

1) 蓄电池管理控制器安装位置。秦蓄电池管理系统为分布式蓄电池管理系统，由一个蓄电池管理控制器（BMC）和 10 个蓄电池信息采集器（BIC）及 1 套动力蓄电池采样线束组成，如图 4-13 所示。10 个 BIC 分别位于 10 个动力蓄电池模组前端，如图 4-14 所示。

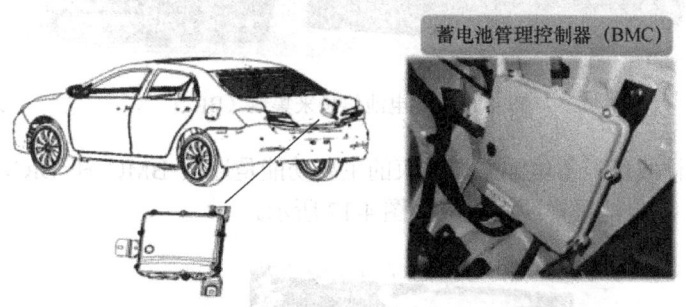

图 4-13 秦蓄电池管理控制器安装位置

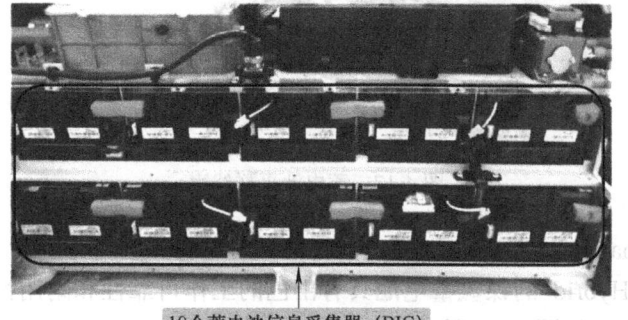

图 4-14 蓄电池信息采集器（BIC）

2）蓄电池管理控制器（BMC）。BMC 的主要作用是电压电流检测、充放电管理、接触器控制、蓄电池异常状态警告和保护、SOC 计算、自检及通信等，是秦蓄电池管理系统中的中央控制单元。BMC 位于行李舱车身右 C 柱内板后段，如图 4-15 所示。

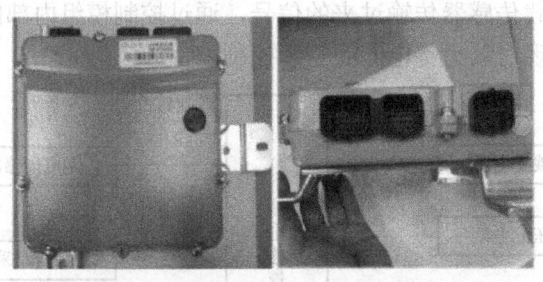

图 4-15　蓄电池管理控制器（BMC）

3）蓄电池信息采集器（BIC）。BIC 的作用是电压采集、电流采集、单体蓄电池均衡和采样线束异常检测等，作为秦蓄电池管理系统的信息采集单元，安装在动力蓄电池模组前端，如图 4-16 所示。

图 4-16　蓄电池信息采集器（BIC）

4）蓄电池采样线束。蓄电池采样线束的主要功能是连接 BMC 和 BIC，实现二者之间的通信及信息交换。蓄电池采样线束组成如图 4-17 所示。

图 4-17　蓄电池采样线束

（2）保时捷 Panamera S E-Hybrid 蓄电池管理系统

Panamera S E-Hybrid 的镍氢蓄电池具有出色的工作可靠性和耐用性。镍氢蓄电池位于后桥上方的备胎坑中，如图 4-18 所示。

图 4-18 镍氢蓄电池位于后桥上方的备胎坑中

蓄电池总成包括以下部件：动力蓄电池（位于防护壳体中）；带伺服断路器（可使其他混合动力部件与电源断开）的电控箱；蓄电池管理器（位于电控箱一侧）；通风装置（用于冷却蓄电池）；高压电缆连接；高压蓄电池中的传感器（温度、模块电压）。

为安全起见，蓄电池分为两个单元，其中每个单元包含 140 个单体蓄电池。每个模块中包含的 10 个单体蓄电池可产生 2×144V 电压，通过伺服断路器串联，总共可产生 288V 电压，如图 4-19 所示。

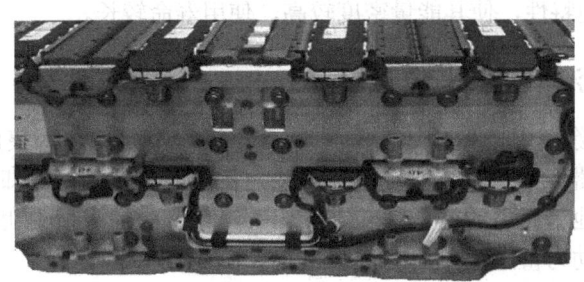

图 4-19 动力蓄电池

1）蓄电池管理器。兼容 OBD 的独立控制单元位于伺服断路器一侧，该控制单元可监控所有重要的蓄电池特性、处理数据以及与混合动力管理器进行通信。蓄电池管理器通过混合动力 CAN 总线和传动系统 CAN 总线与 DME 控制单元中的中央混合动力管理器连接。输入变量包括来自以下传感器的数据：监控模块电压及模块和蓄电池温度的传感器，监控 SOC 和蓄电池负荷的电流传感器。蓄电池管理器可控制两个用于冷却动力蓄电池的风扇电机。蓄电池管理器的其他重要功能包括监控高压混合动力部件与车辆其他部件之间的电隔离，以及计算动力蓄电池的充电状态，如图 4-20 所示。

2）电控箱。电控箱将单体蓄电池与电源电子设备线路连接在一起。电控箱从蓄电池管理器处接收指令，后者是电控箱中一个独立的控制单元。电控箱具有下列连接（图 4-21）：

① 位于动力蓄电池和伺服断路器之间的过渡区域的 2 个直流连接（2×±144V）；

② 1 个用于电源电子装置的直流连接（1×±288V）；

③ 用于控制的低压连接（混合动力 CAN/传动系统 CAN 和风扇等）。

图 4-20 多功能显示器显示动力蓄电池状态

图 4-21 电控箱

二、电动汽车动力蓄电池单元

动力蓄电池单元是电动驱动装置的蓄能器。因此它相当于传统内燃机车辆的燃油箱。车辆电机作为发电机为动力蓄电池充电,在制动能量回收利用时或通过提高内燃机负荷点来实现为动力蓄电池充电,但主要还是通过外部电网来为其供应能量,提高续驶里程。

动力蓄电池内使用的蓄电池组大部分采用锂离子蓄电池。锂离子蓄电池的阴极材料基本上是锂金属氧化物。一方面是镍、锰和钴的混合物,另一方面是锂锰氧化物。通过选择阴极材料优化了动力蓄电池特性,使其能量密度较高,使用寿命较长。

(一)动力蓄电池单元安装位置

动力蓄电池单元除高压接口外还带有一个低压接口。此外还为集成式控制单元提供电压、总线信号、传感器信号和监控信号。为对动力蓄电池单元进行冷却,将其接入制冷剂循环回路内。动力蓄电池单元上的提示牌向进行相关组件作业的人员说明所用技术及可能存在的电气和化学危险。动力蓄电池单元的安装位置如图 4-22 所示。

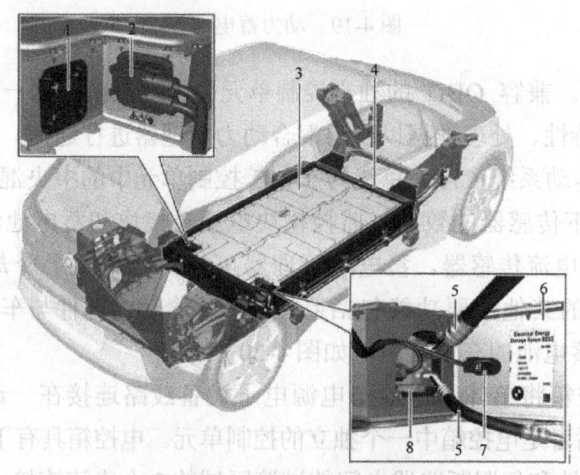

图 4-22 动力蓄电池单元安装位置

1—排气口 2—高压接口 3—动力蓄电池单元 4—框架(Drive 模块) 5—制冷剂管路 6—提示牌
7—低电压接口 8—膨胀和截止组合阀

提示：

动力蓄电池单元的电压远远高于 60V，因此进行任何动力蓄电池单元作业都必须遵守电气安全规定：

① 切换为无电压。
② 固定住以防重新接通。
③ 确定系统无电压。

如果无法通过组合仪表准确确定系统无电压，不允许在车辆上继续作业，会有生命危险！之后必须由电气专业人员使用相应测量仪器确定系统无电压。在此情况下必须联系技术支持部门！此外必须隔离车辆并用隔离带隔开车辆！

动力蓄电池单元的壳体通过总共 26 个螺栓以机械方式与 Drive 模块连接在一起，如图 4-23 所示。通过这种方式使重力以及行驶期间产生的力作用在车身上。固定螺栓可直接从下方接触到，不必事先拆卸底部饰板。拆卸动力蓄电池单元时必须首先进行维修说明中规定的所有准备工作（诊断、切换为无电压等）。松开固定螺栓前必须将下降高度专用工具（可移动总成升降台）固定在动力蓄电池单元下方。

在动力蓄电池单元上装有三个提示牌，即一个型号铭牌和两个警告提示牌。型号铭牌提供逻辑信息（例如零件编号）和最重要的技术数据（例如额定电压）。两个警告提示牌提醒注意动力蓄电池单元采用锂离子技术，且电压较高以及可能存在的相关危险。图 4-24 展示了动力蓄电池单元上三个提示牌的安装位置。

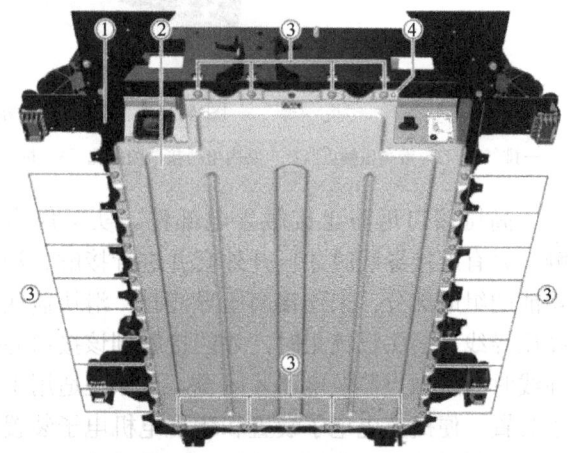

图 4-23 动力蓄电池单元固定在 Drive 模块上
1—框架（Drive 模块） 2—动力蓄电池单元 3—固定螺栓
4—电位补偿螺栓

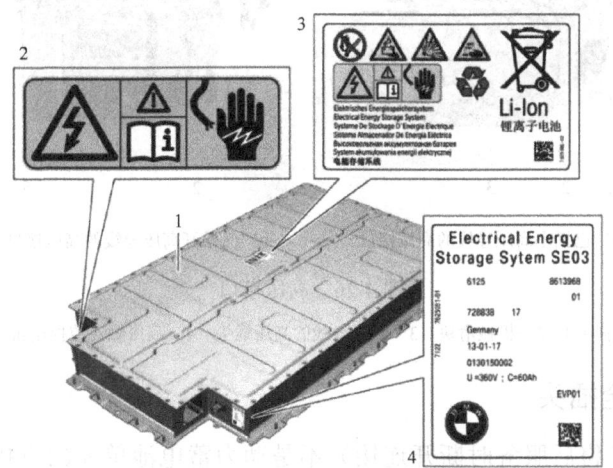

图 4-24 提示牌的安装位置
1—动力蓄电池单元壳体端盖 2—高电压组件警告提示牌 3—动力蓄电池单元警告提示牌 4—标注技术数据的铭牌

（二）高压接口

动力蓄电池单元上带有一个 2 芯高电压接口，动力蓄电池单元通过该接口与高电压车载网络连接，如图 4-25 所示。

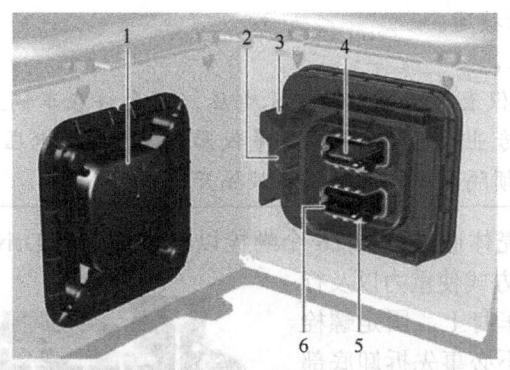

图 4-25　高电压动力蓄电池单元侧接口

1—排气口　2—带高压触点监控电路内电桥接口的插孔　3—机械滑块　4—高压导线自身触点　5—屏蔽触点　6—接触保护

高压接口可防止接触导电部件。实际触点带有塑料外套，因此操作人员无法直接接触。只有连接导线时才压开外套并进行接触。塑料滑块用于机械锁止插头。此外它还是安全功能的组成部分：未连接高压导线时，滑块盖住高压触点监控电桥的接口。只有按规定连接高压导线且插头已锁止时，才能接触到该接口并插上电桥。这样可以确保，只有连接了高压导线时高压触点监控电路才闭合。该原理适用于所有高压接口，即动力蓄电池单元、电机电子装置、便捷充电电子装置和增程电机电子装置上的高压接口。因此只有连接所有高压导线后，高压系统才会启用。这样可以额外防止接触可能带电的接触面，如图 4-26 所示。

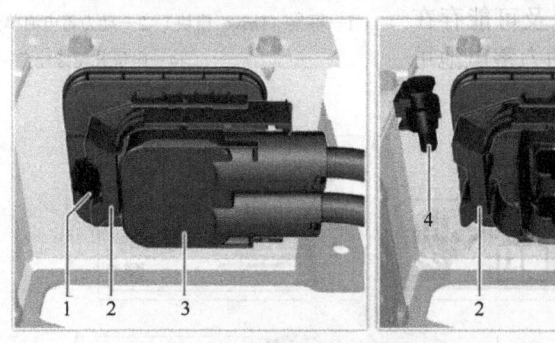

a) 已插上高压导线的高压接口　　b) 已松开高压导线的高压接口

图 4-26　高压接口

1—高压触点监控电桥（已插上）　2—机械滑块　3—高压导线的高压插头　4—高压触点监控电桥（已松开）　5—高压接口

（三）高压安全插头

高压安全插头（售后服务时断开连接）不是动力蓄电池单元的直接组成部分，而是作为动力部件安装在发动机舱盖下方，如图 4-27 所示。

图 4-27　高压安全插头位置

1—加热循环回路冷却液补液罐　2—高压安全插头（售后服务时断开连接）　3—盖板

高压安全插头执行两项任务：关闭高压系统供电并固定以防重新接通。

高压安全插头或插接的电桥是高压触点监控电路的一部分。如果将高压安全插头和插孔彼此拉开，高压触点监控电路就会断路。这样可使高压系统自动关闭，并切换到无电压。

（四）动力蓄电池模块

动力蓄电池单元由 8 个串联的动力蓄电池模块构成。每个动力蓄电池模块都分配有一个蓄电池监控电子装置。动力蓄电池模块自身由 12 个串联的单体蓄电池构成。每个单体蓄电池的额定电压为 3.75V，额定容量为 60A·h。动力蓄电池模块的顺序如图 4-28 所示。

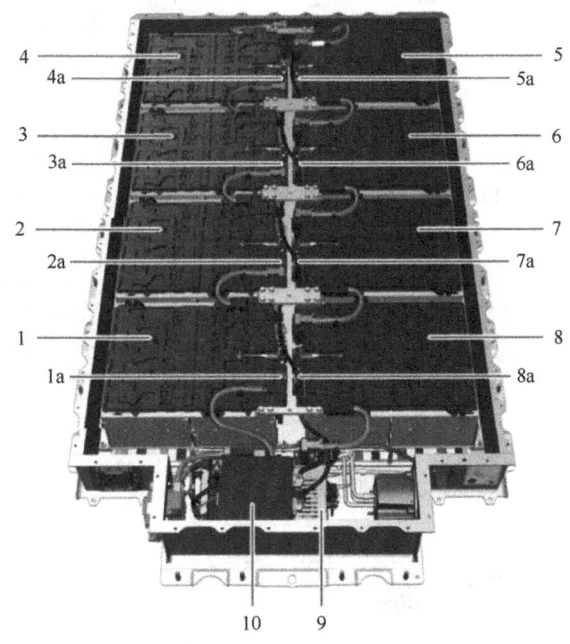

图 4-28　动力蓄电池模块

1～8—电池模块　1a～8a—电池监控电子装置　9—安全盒　10—蓄电池管理电子装置

> **提示：**
> 更换动力蓄电池模块时必须按顺序进行，因为该顺序存储在诊断系统内用于后期进行分析。

为确保所用动力蓄电池正常运行，必须遵守特定边界条件：动力蓄电池电压和温度不允许低于或高于特定数值，否则可能导致动力蓄电池持续损坏。因此，动力蓄电池单元内带有 8 个蓄电池监控电路（CSC）的动力蓄电池监控电子装置。在 i01 动力蓄电池单元内，每个动力蓄电池模块都有一个动力蓄电池监控电子装置，如图 4-29 所示。

动力蓄电池监控电子装置执行以下任务：
- 测量和监控每个单体蓄电池的电压。
- 测量和监控动力蓄电池模块多处的温度。
- 将测量参数传输至 SME 控制单元。
- 执行蓄电池电压补偿过程。

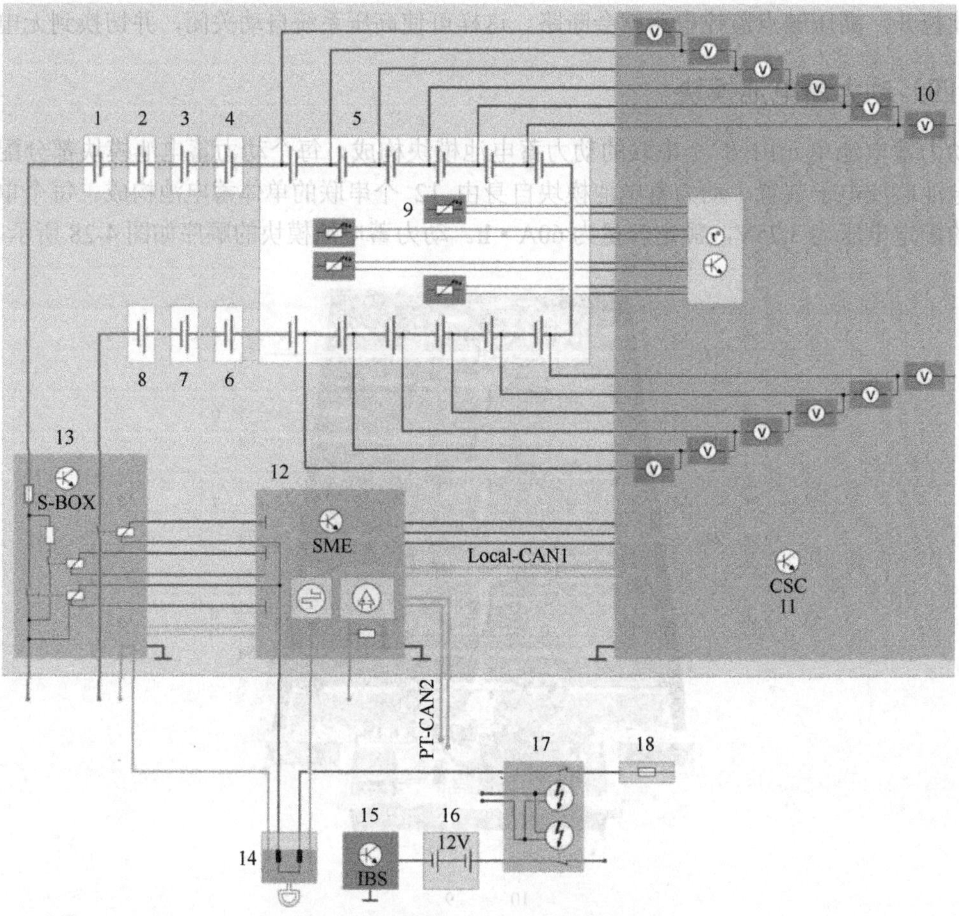

图 4-29 动力蓄电池监控电子装置

1～8—动力蓄电池模块 9—动力蓄电池模块上的温度传感器 10—动力蓄电池电压测量 11—动力蓄电池监控电子装置 12—动力蓄电池管理电子装置 13—安全盒 14—售后服务时断开连接 15—智能型动力蓄电池传感器 16—12V 蓄电池 17—安全型动力蓄电池接线柱 18—前部配电盒

动力蓄电池监控电子装置以较高扫描率（每20ms测量一次）测量动力蓄电池电压。通过测量电压可以识别充电过程或放电过程是否结束。温度传感器安装在动力蓄电池模块上，根据其测量值可确定各模块的温度。借助动力蓄电池温度可以识别是否过载或有电气故障。若过载或有电气故障，则必须立即降低电流强度或完全关闭高压系统，以免动力蓄电池进一步损坏。此外，测量温度还用于控制冷却系统，从而确保动力蓄电池始终在最有利于自身功率和使用寿命的温度范围内运行。动力蓄电池温度是一个重要参数，因此每个动力蓄电池模块装有4个负温度系数温度传感器（NTC），其中两个是冗余装置。

动力蓄电池监控电子装置通过局域CAN1传输其测量值。该局域CAN1使所有动力蓄电池监控电子装置相互连接并与SME控制单元相连。在SME控制单元内对测量值进行分析并根据需要做出相应反应（例如控制冷却系统）。

两个局域CAN1和CAN2的传输速度为500kbit/s。与采用相同传输速度的CAN总线一样，总线导线采用绞线形式。此外，两个局域CAN端部采用终端形式。用于局域CAN1两端的120Ω终端电阻位于SME控制单元内，用于局域CAN2两端的120Ω终端电阻位于SME控制单元内和S盒控制单元内，如图4-30所示。

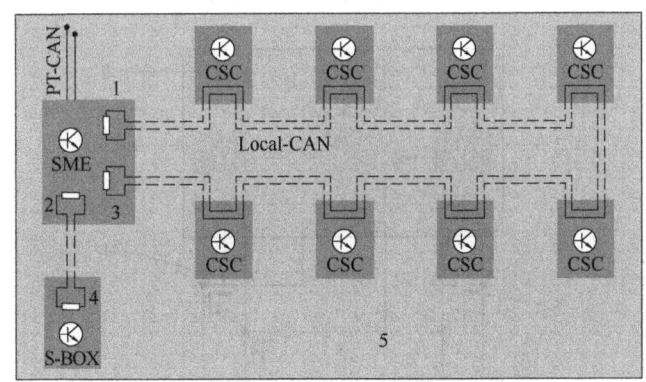

图4-30　动力蓄电池单元局域CAN电路原理

1—SME控制单元内的局域CAN1终端电阻　2—CSC控制单元内的局域CAN2终端电阻　3—动力蓄电池单元
4—安全盒内的局域CAN2终端电阻　5—SME控制单元内的局域CAN2终端电阻

在故障查询期间测量局域CAN上的电阻时，在所有总线设备已连接且终端正常的情况下，会得到大约60Ω的数值。

如果一个或多个动力蓄电池模块的电压明显低于其他动力蓄电池模块，动力蓄电池的可用能量就会受限。因此放电时由"最弱"动力蓄电池模块决定何时停止释放能量。最弱动力蓄电池模块的电压降至放电限值时，即使其他动力蓄电池模块还存有充足能量也必须结束放电。如果仍继续放电，则会造成最弱动力蓄电池模块损坏。因此需要通过一项功能将动力蓄电池模块电压调节至几乎相同的水平。该过程也称为"蓄电池均衡技术"。

为此，SME控制单元将所有动力蓄电池模块电压进行比较。在此过程中对电压明显高于其余动力蓄电池模块的动力蓄电池模块进行有针对性的放电。SME控制单元通过局域CAN1将相关请求发送至这些动力蓄电池模块的动力蓄电池监控电子装置，从而启动放电过程。为此，每个动力蓄电池监控电子装置都针对各动力蓄电池模块带有一个电阻，相应电子触点闭合后放电电流就会流过该电阻。启动放电过程后，由动力蓄电池监控电子装置负责执行该过程，或在期间主控制单元切换为休眠模式的情况下继续执行该过程，通过与总线端 30F 直接相连的动力蓄电池管理电子装置为 CSC 控制单元供电来实现这一点。所有动力蓄电池模块的电压处于规定的较小范围内时，放电过程就会自动结束。否则动力蓄电池对称继续进行，直至所有动力蓄电池模块达到相同电压水平。

平衡动力蓄电池模块电压的过程会造成损失，但损失的电能非常小（小于 0.1% SOC），优势在于可使续驶里程和动力蓄电池使用寿命最大化，因此总体而言平衡动力蓄电池模块电压非常有利而且十分必要。当然，只有车辆静止时才会执行该过程，动力蓄电池电压平衡原理如图 4-31 所示。平衡动力蓄电池模块电压应同时满足以下具体条件：

① 总线端 15 关闭且车辆或车载网络处于休眠状态。
② 高压系统已关闭。
③ 动力蓄电池模块电压或 SOC 的偏差大于相应限值。
④ 动力蓄电池的总 SOC 大于相应限值。

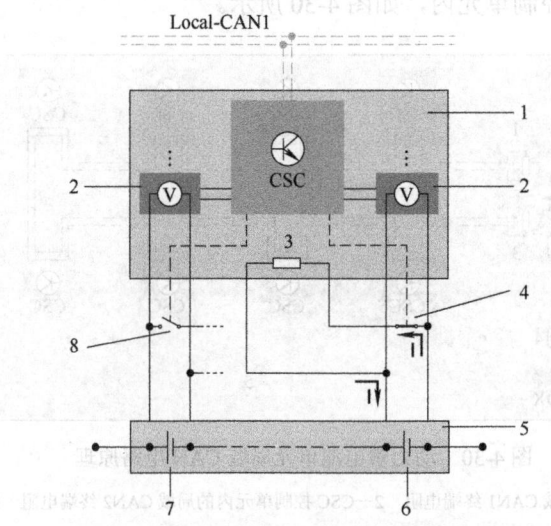

图 4-31 动力蓄电池模块电压平衡原理

1—动力蓄电池监控电子装置 2—用于测量动力蓄电池模块电压的传感器 3—放电电阻 4—用于某个动力蓄电池模块放电的闭合（启用）触点 5—动力蓄电池模块 6—通过放电使电压下降的动力蓄电池模块 7—未放电的动力蓄电池模块 8—用于某个动力蓄电池模块放电的断开（未启用）触点

满足上述条件时，就会完全自动进行动力蓄电池电压平衡。此过程客户既看不到检查控制信息，也无需为此进行特殊操作。即使更换动力蓄电池模块后，SME 控制单元也会自动识别出动力蓄电池模块电压平衡需求。

如果动力蓄电池模块电压的偏差过大或动力蓄电池模块电压平衡未顺利进行，就会在 SME 控制单元内生成一个故障码存储器记录。通过一条检查控制信息提醒客户注意这种车辆状态。此后必须通过诊断系统分析故障码存储器并采取排除措施。

三、高压组件

车上的大量高压组件一方面用于驱动车辆，另一方面用于执行一些舒适功能，如图 4-32 所示。

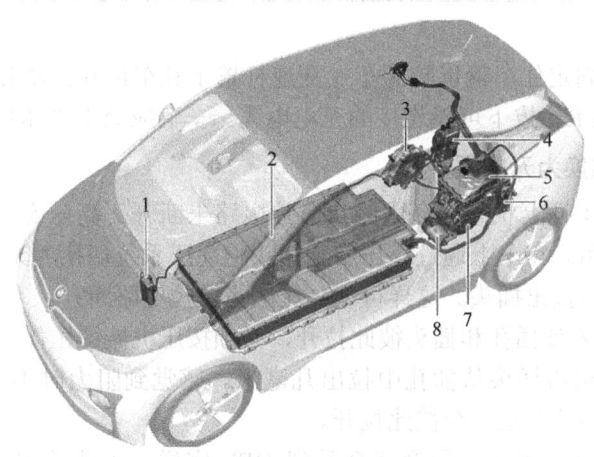

图 4-32　高电压组件

1—电气加热装置　2—动力蓄电池　3—增程电机　4—增程电机电子装置　5—电机电子装置　6—便捷充电电子装置　7—电机　8—电动制冷剂压缩机

（一）高压组件的标记

每个高压组件的壳体上都带有一个标记，维修人员或车主均可通过标记直观看出高压可能带来的危险，如图 4-33 所示。

有关标记的特殊情况是高压导线。导线可能有几米长，在一处或两处通过警告提示牌标记意义不大。维修人员可能会忽视这些标牌。因此用橙色警告色标记出所有高压导线。高压导线的插头以及高压安全插头也采用橙色设计，如图 4-34 所示。

图 4-33　高压组件警告提示牌

图 4-34　高压导线的橙色标记

（二）安全实施高压系统作业

> 提示：
> 对高压组件进行作业前，必须遵守并执行电气安全规定：
> ① 必须将高压系统切换为无电压。
> ② 必须固定住高压系统以防重新接通。
> ③ 必须确定高压系统无电压。

1. 准备工作

开始工作前必须固定住车辆以防溜车（变速杆置于驻车位并拉紧驻车制动器）。必须关闭总线端 15 和总线端 R。拔下可能连接的充电电缆。车辆应处于"休眠模式"。

2. 将高压系统切换为无电压

高压安全插头处于插上状态。高压触点监控电路未断开。高压安全插头上的"ON"字样表明高压系统已启用。在车上通过高压安全插头将高压系统切换为无电压。切换为无电压时，必须从相应插孔中拔出插头。这样可使高压触点监控电路断开。

如图 4-35 所示，若使插孔和插头彼此拉开，必须按压机械锁止件。

松开锁止件后便可将插头从插孔中拉出几毫米。感觉到阻力时不要继续或用力拉。高压安全插头的插头和插孔无法完全彼此拉开。

将高压安全插头拉出到一定程度就会看到 OFF 字样。由此关闭高压系统的供电，如图 4-36 所示。

图 4-35 插孔和插头机械锁止件

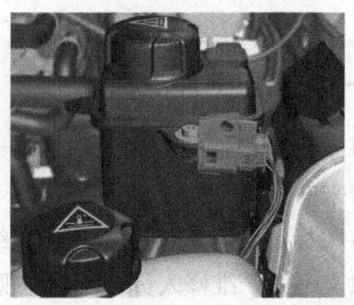

图 4-36 将高压安全插头拉出

3. 固定住高压系统以防重新接通

固定住以防重新接通也在高压安全插头上进行，为此需要一个普通挂锁。

通过将高压安全插头的插孔和插头彼此拉开露出经过两个部件的通孔。必须将普通挂锁的卡箍穿入该孔，如图 4-37 所示。

锁住挂锁如图 4-38 所示，进行高压系统作业期间必须将钥匙保存在安全的地方，以防有人未经授权打开该锁。通过在高压安全插头上使用和锁止挂锁可确保插头无

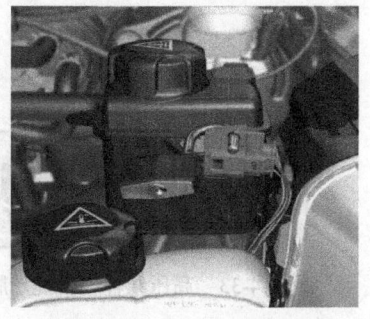

图 4-37 将普通挂锁的卡箍穿入孔中

法再插在一起。这样可以有效防止无意间或在没有经过维修人员允许的情况下重新接通高压系统。

4. 确定系统无电压

在维修站点通过测试仪或诊断系统确定系统无电压。只有组合仪表从所有相关高压组件处同时接收到系统无电压信号时，才会生成表示系统无电压的检查控制信息。该红色检查控制符号为带斜线的闪电符号。此外还会在组合仪表上出现"高压系统已关闭"文本信息，如图 4-39 所示。

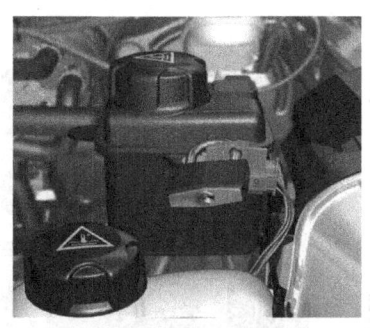

图 4-38　锁住挂锁

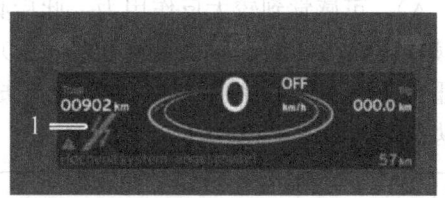

图 4-39　检查控制符号"高压系统已关闭"

需要确定系统无电压时，维修人员必须接通总线端 15，并等到组合仪表内出现检查控制信息及图 4-39 所示符号和文本，然后才能确保高电压系统无电压。确定系统无电压后，必须重新关闭总线端 15 和总线端 R，再开始进行实际工作。

> 提示：
> 　　未显示检查控制信息时不允许对高压组件进行作业！
> 　　增程式电动汽车在插有充电电缆时不要加油，要与易燃物品保持充足安全距离，否则未按规定插入或拔出充电电缆时存在因燃油燃烧等导致人员受伤或物品受损的危险。
> 　　连接交流电压网络进行充电时，不允许进行高压系统方面的任何工作。

（三）松开和插上高压插头

无论扁平还是圆形高压插头，松开或固定时都必须严格遵守规定顺序。

1. 松开扁平高压插头

（1）高压触点监控电桥

松开高压插头前，必须首先松开高压触点监控电桥。电桥处于插入状态时使高压触点监控电路闭合。高压控制单元持续监控高压触点监控电路，只有电路闭合时高压系统才会启用。如果通过松开电桥使高压触点监控电路断开，则高压系统会自动关闭。这是一项附加安全措施，因为开始工作前维修人员已将高压系统切换为无电压，如图 4-40 所示。

（2）松开机械锁止件

只有松开高压触点监控电桥后，才能向箭头所示方向推移机械锁止件。机械锁止件是高压组件（例如电机电子装置）高压插头的组成部分。向箭头方向推移锁止件可实现高压导线上高压插头的机械导向，从而进行拉拔，如图 4-41 所示。

图 4-40 松开高压触点监控电桥

图 4-41 向箭头方向推移机械锁止件

（3）拔出高压导线的插头

按箭头方向拔出高压导线的插头。将插头拔出几毫米后（A），可感觉到较大反作用力。此后必须向相同方向继续拔出插头（B）。插头到达位置（A）后，切勿将插头重新压回高压组件上。这样可能会造成高压组件上的插头损坏，如图 4-42 所示。

提示：

必须分两步朝同一方向垂直拔出高压导线的高压插头。在拔出过程中不允许反向移动。

重新连接高压导线时按相反顺序进行。图 4-43 展示了高压组件上高压插头的复杂结构，由此可以看出为何松开和安装高压导线时必须小心进行。

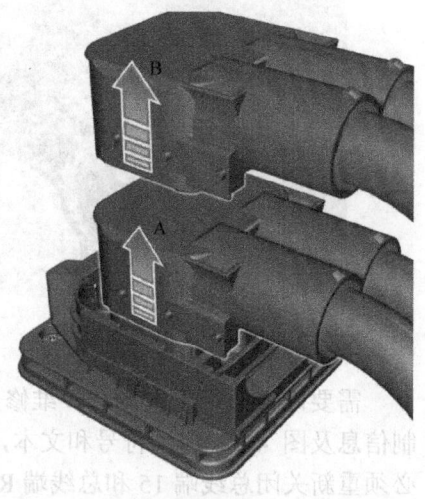
图 4-42 向箭头方向拔出高压导线插头

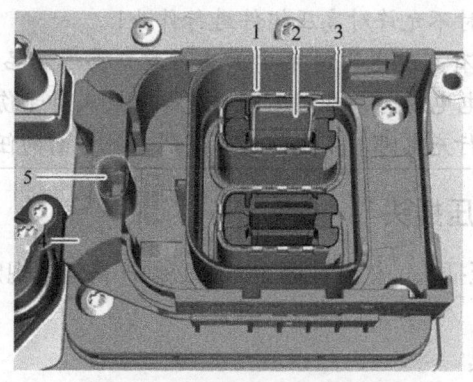

图 4-43 高压组件上的高压插头
1—用于屏蔽的电气触点　2—用于高压导线的电气触点　3—接触保护　4—机械锁止件
5—带高压触点监控电路内电桥接口的插孔

2. 松开圆形高压插头

以下工作步骤适用于松开圆形高压插头。以电机电子装置上的高压接口为例展示了高压导线与电气加热装置的连接方式。

高压导线的插头 1 位于高压组件接口 2 上，且已锁止，如图 4-44 所示。

必须向箭头方向 1 将两个锁止元件 2 压到一起。这样可以松开高压组件接口上的插头机械锁止件，如图 4-45 所示。

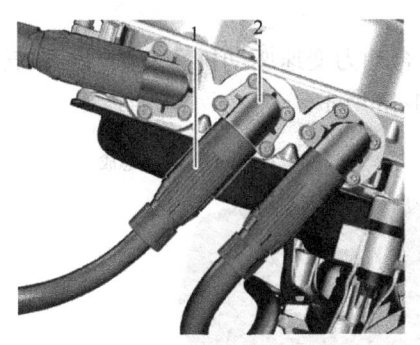

图 4-44　高压导线的插头已锁止

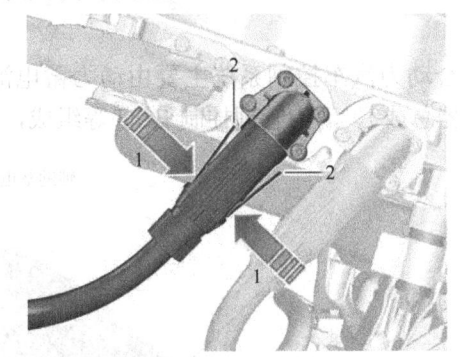

图 4-45　松开高压组件接口上的插头机械锁止件

在将锁止件继续压到一起时，必须沿纵向箭头方向 1 拔出插头，如图 4-46 所示。

重新连接高压导线时无需将锁止件压到一起。只需将插头纵向推到高压组件接口上即可。此时必须确保锁止件卡入（听到"咔嗒"声）。此外随后还应通过拉动插头检查锁止件是否卡入。

图 4-47 展示了高压导线上圆形高压插头的结构。

高压插头内的电桥用于确保电气安全。高压导线连接到高压组件上时，高压触点监控信号经过该电桥。高压导线连接到电动制冷剂压缩机和电气加热装置上时，EKK 或 EH 控制单元供电经过该电桥。上述某一电路断路时，会使相关高压导线内的电流也自动归零。由于电桥两个触点相对高压触点来说布置在前面，因此该措施可防止松开高压插头时产生电弧。

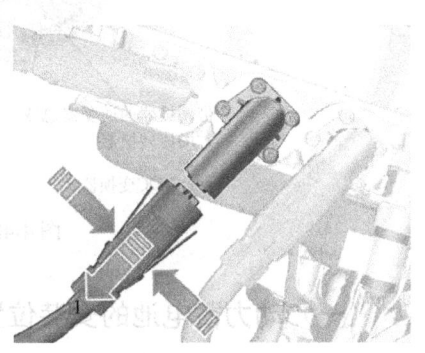

图 4-46　拔出插头

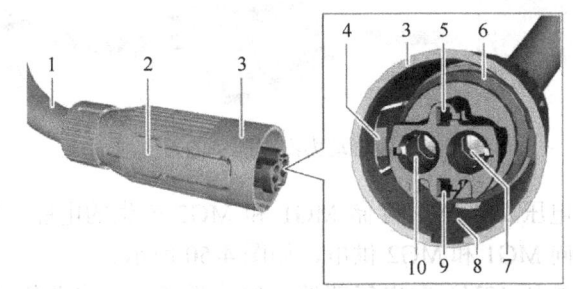

图 4-47　圆形高压插头的结构

1—高压导线　2—锁止件操作部位　3—壳体　4—锁止件　5—插头内电桥接口 1　6—用于屏蔽的接口
7—线脚 2 高压接口（DC，负极）　8—机械设备编码　9—插头内电桥接口 2　10—线脚 1 高压接口（DC，正极）

四、混合动力蓄电池控制系统

混合动力汽车控制系统主要由动力蓄电池、混合动力变速驱动桥、变频器（带转换器的逆变器总成）、动力管理控制ECU等组成，如图4-48所示。

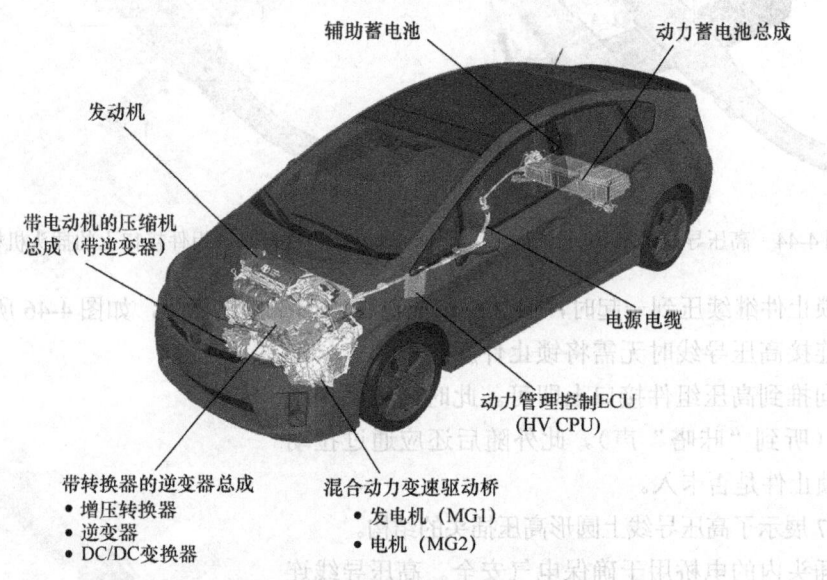

图4-48 混合动力汽车控制系统组成

（一）动力蓄电池的安装位置

混合动力汽车配备两个蓄电池，即动力蓄电池和辅助蓄电池，如图4-49所示。

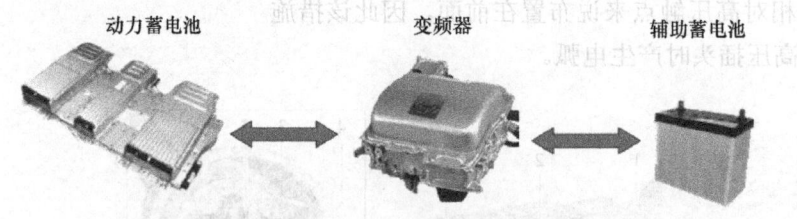

图4-49 混合动力汽车配备的蓄电池

动力蓄电池（直流电压201.6V）存储MG1和MG2产生的电能。同时，当使用电机驱动车辆时，动力蓄电池向MG1和MG2供电，如图4-50所示。

辅助蓄电池（直流电压12V）向电气部件（如前照灯、音响设备以及各ECU）供电，如图4-51所示。

为控制车辆，动力蓄电池和辅助蓄电池都需要正常工作。丰田普锐斯动力蓄电池和辅助蓄电池安装位置，如图4-52所示。

模块 ④ 动力蓄电池管理系统

图 4-50 动力蓄电池

图 4-51 辅助蓄电池

普锐斯动力蓄电池安装在后排座椅后方,类型为密封镍氢(NiMH)蓄电池,如图 4-53 所示。

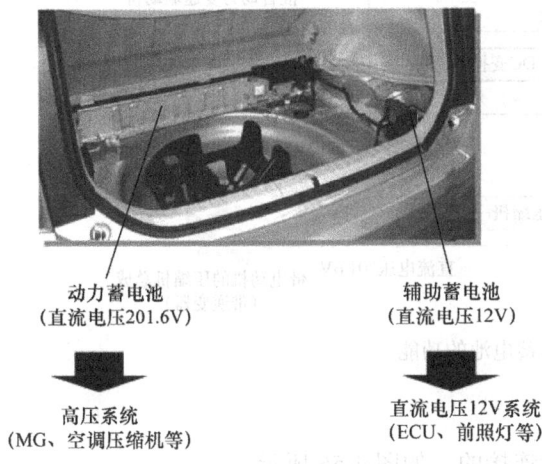

动力蓄电池
(直流电压201.6V)

辅助蓄电池
(直流电压12V)

高压系统
(MG、空调压缩机等)

直流电压12V系统
(ECU、前照灯等)

图 4-52 动力蓄电池和辅助蓄电池安装位置

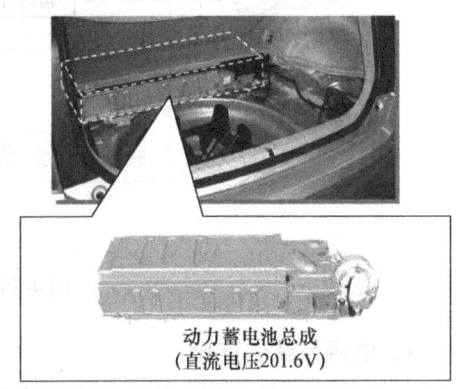

动力蓄电池总成
(直流电压201.6V)

图 4-53 普锐斯动力蓄电池

雷克萨斯动力蓄电池安装在中央地板控制台下方,采用锂离子蓄电池,如图 4-54 所示。锂离子蓄电池结构更加紧凑,且具有更高的能量密度和输出功率,由于极小的存储效应,锂离子蓄电池可重复进行小电量再充电。

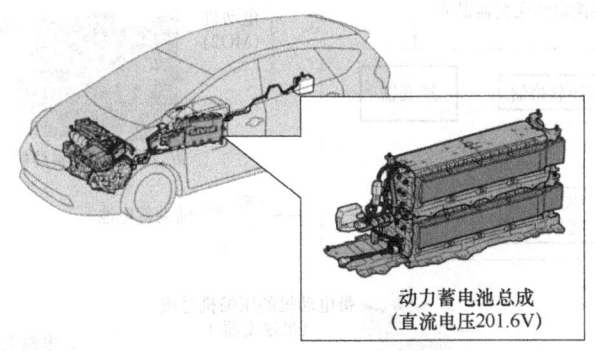

动力蓄电池总成
(直流电压201.6V)

图 4-54 雷克萨斯动力蓄电池

（二）动力蓄电池控制系统的功能

动力蓄电池具有下列三种功能，如图 4-55 所示。
① 混合动力系统的电源（MG1 和 MG2）。
② 直流电压 12V 系统的电源。
③ 空调压缩机的电源。

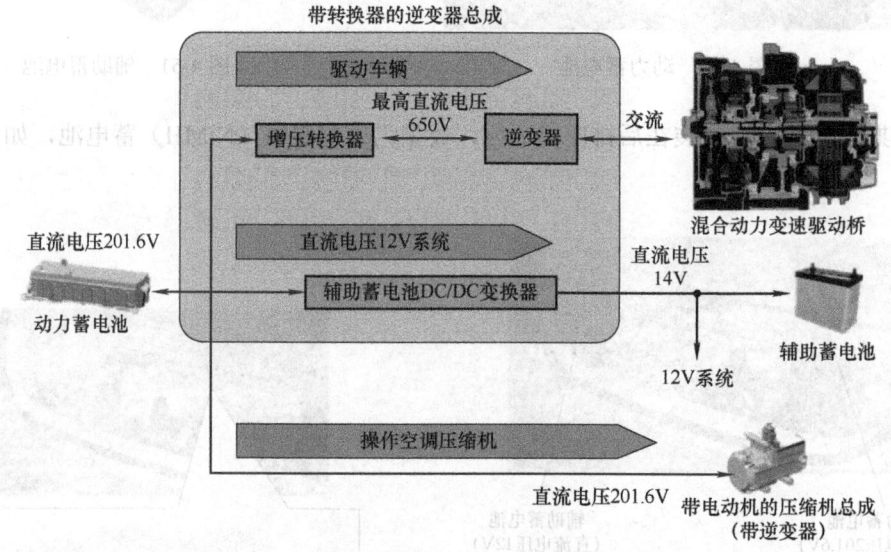

图 4-55　动力蓄电池的功能

1. 电源系统的连接

动力系统主要零部件是通过电源电缆进行连接的，如图 4-56 所示。

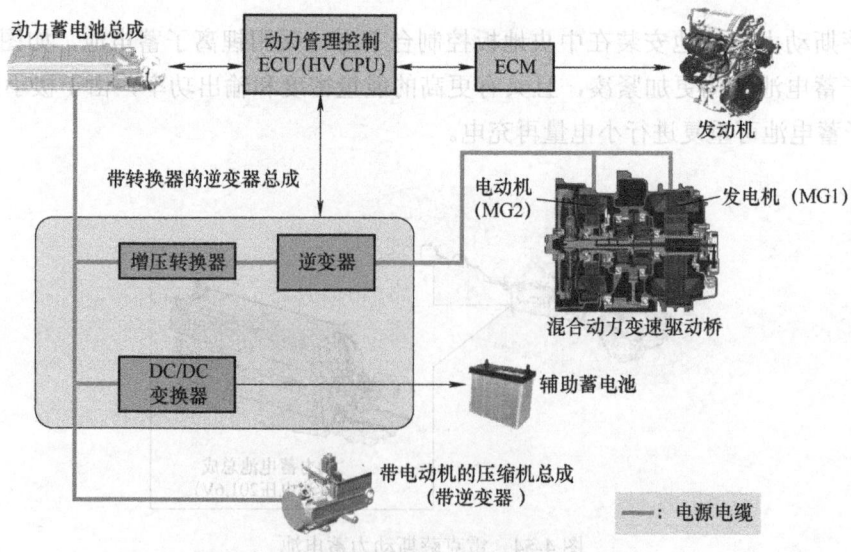

图 4-56　主要零部件通过电源电缆进行连接

整车通过电源电缆连接高压系统部件。因为高压系统部件有高电压、大电流,所以电源电缆和高压部件要与车身绝缘,以确保人身及车辆的安全要求。另外,利用内置于线束绝缘体的网状导体对电源电缆进行屏蔽,以防止电磁干扰。为便于辨认,高压线束和插接器采用橙色标记,将其与普通低压系统区分开,如图4-57所示。

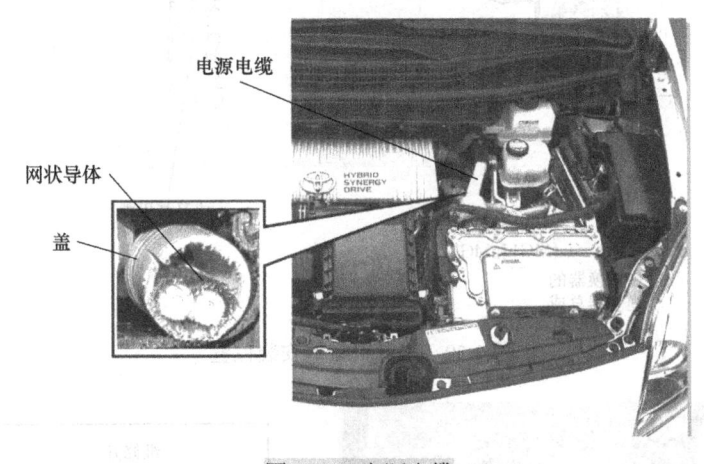

图4-57 电源电缆

2. 空调系统电源的连接

电源电缆连接动力蓄电池和带转换器的逆变器总成、带转换器的逆变器总成和混合动力变速驱动桥(MG1和MG2),以及带转换器的逆变器总成和带电动机的空调压缩机总成,如图4-58所示。

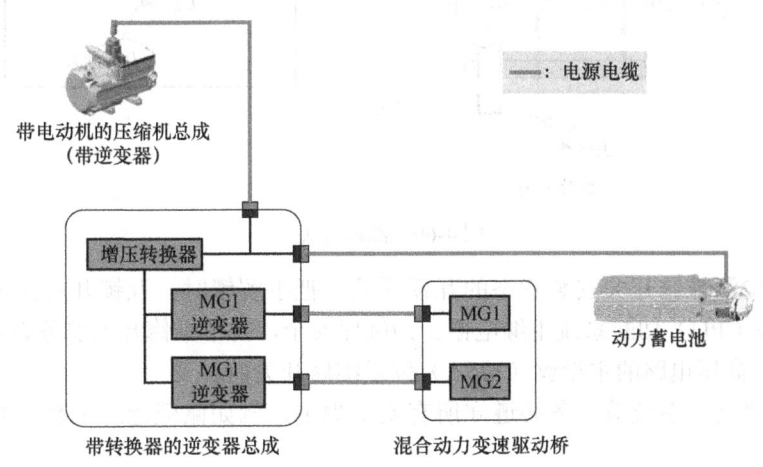

图4-58 电源电缆连接动力蓄电池和带转换器的逆变器总成

电源电缆的安装位置如图4-59所示。

3. 安全装置

高压系统部件有维修开关安全装置,维修开关连接至蓄电池模块电路的中部,用于手动切断高压电路。这确保了维修期间的安全,如图4-60所示。

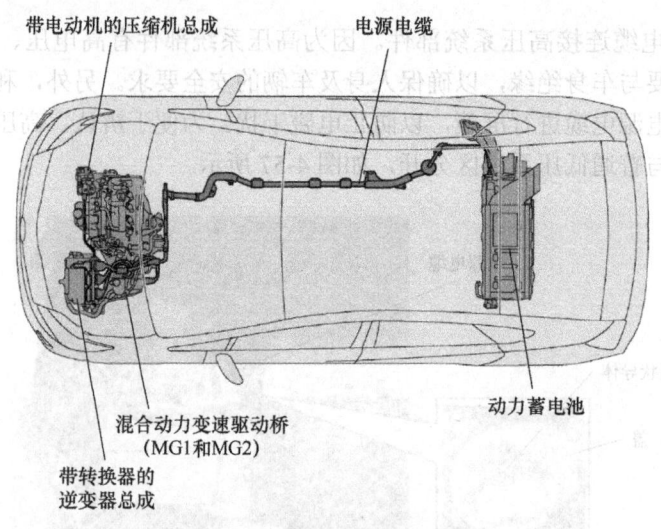

图 4-59 电源电缆的安装位置

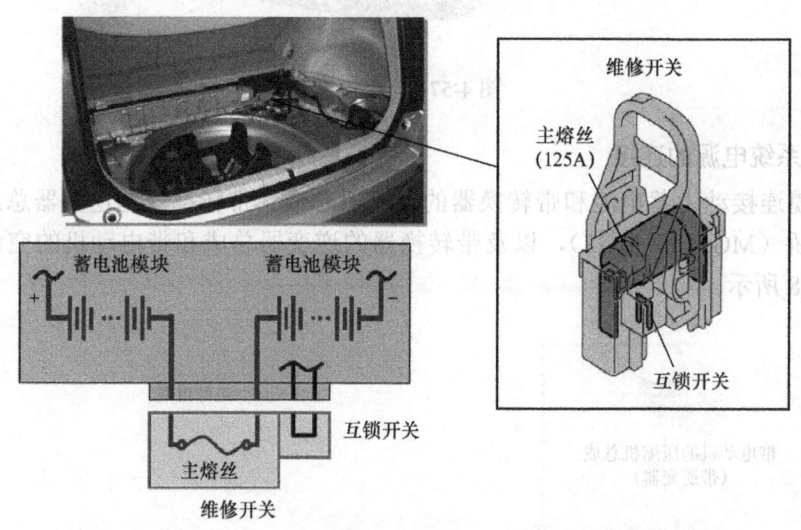

图 4-60 维修开关

安装了可检测维修开关安装状态的互锁开关。把手解锁时,互锁开关关闭且动力管理控制 ECU(HV CPU)切断系统主继电器。为确保安全,拆下维修开关前务必将电源开关置于 OFF 位置。高压电路的主熔丝(125A)位于维修开关内。

检查或维修高压系统前,务必遵守所有安全规定,例如佩戴绝缘手套,并拆下维修开关以防电击。

警告:拆下维修开关前,务必将电源开关置于 OFF 位置(断开 SMR),以确保安全。

① 滑动维修开关杆。
② 按图 4-61 所示提起维修开关杆。
③ 拆下维修开关。

警告:将拆下的维修开关放到衣袋中,以防止其他技师在不知情的情况下将其重新连接。

① 将维修开关插入维修开关连接器内。

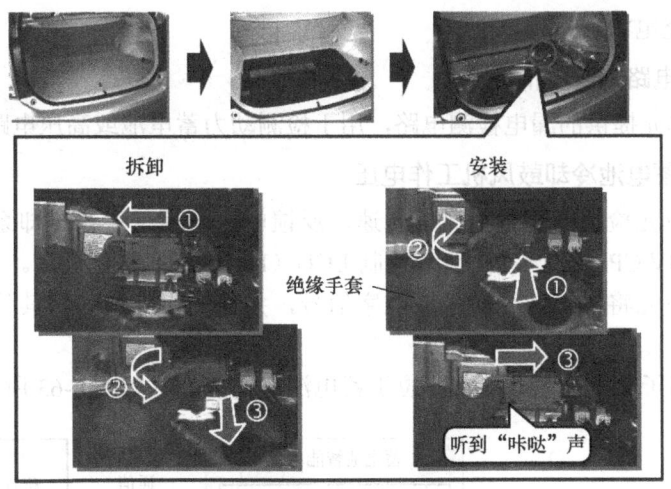

图 4-61 维修开关的拆卸和安装

② 将维修开关杆朝蓄电池方向旋转 90°。
③ 按箭头所示方向滑动维修开关的控制杆，直至听到"咔哒"声。

（三）蓄电池智能单元

蓄电池（镍氢蓄电池）智能单元安装在蓄电池模块和动力管理接线盒总成之间，如图 4-62 所示。

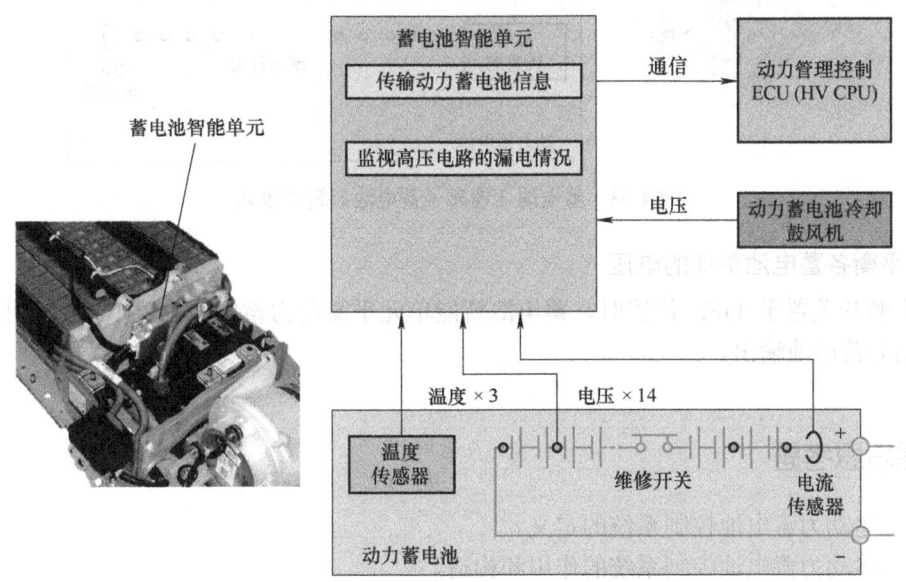

图 4-62 蓄电池（镍氢蓄电池）智能单元

蓄电池智能单元的功能如下：

1. 检测动力蓄电池的状态

接收所需的动力蓄电池信号（电压、电流和温度）以控制混合动力系统，并计算动力蓄电池的 SOC（充电状态）。

2. 检测高压电路的漏电情况

蓄电池智能单元提供的漏电检测电路，用于检测动力蓄电池或高压电路的漏电情况。

3. 检测动力蓄电池冷却鼓风机工作电压

蓄电池智能单元检测并传输鼓风机转速，反馈电压（用于进行冷却系统控制）至动力管理控制 ECU（HV CPU），与动力管理控制 ECU（HV CPU）进行通信。

蓄电池智能单元将以上信号转换成数字信号，并通过串行通信将其传输至动力管理控制 ECU（HV CPU）。

蓄电池（锂离子蓄电池）智能单元位于蓄电池组的前部，如图 4-63 所示。

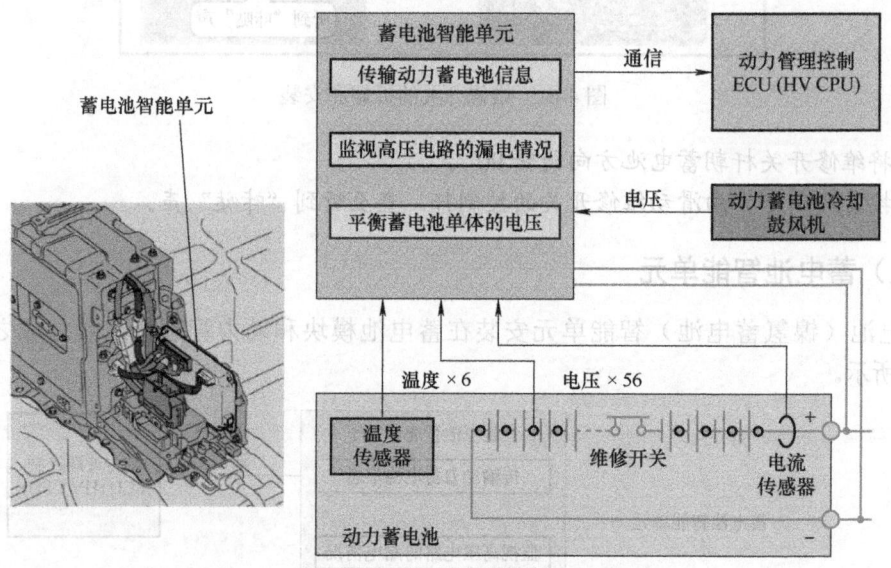

图 4-63 蓄电池（锂离子蓄电池）智能单元

4. 平衡各蓄电池单体的电压

将电源开关置于 OFF 位置时，蓄电池智能单元平衡动力蓄电池内各单体的电压，以有效利用动力蓄电池输出。

课后思考题

1. 简述动力蓄电池控制系统的定义。
2. 简述动力蓄电池控制系统的作用和构造。
3. 简述新能源汽车动力蓄电池控制系统高压互锁连接器作用。
4. 简述新能源汽车高压系统有哪些风险点。
5. 尝试阐述蓄电池管理系统（BMS）的作用和功能。
6. 尝试简述新能源汽车为什么需要建立蓄电池管理系统？

模块 5　驱动电机控制

学习目标

> **技能目标**
> 1. 了解纯电动汽车驱动电机控制装置构造及工作原理。
> 2. 了解混合动力汽车驱动电机控制装置构造及工作原理。
>
> **知识目标**
> 1. 掌握不同新能源汽车驱动电机控制装置。
> 2. 掌握驱动电机高压控制装置安全措施及人身安全要点。
>
> **素养目标**
> 树立安全第一的意识。

一、电机控制器工作原理

电机控制器日趋集成化，集成形式包括单主驱动控制装置、三合一控制装置（EHPS 控制器+ACM 控制器+DC/DC 变换器）、五合一控制装置（EHPS 控制器+ACM 控制器+DC/DC 变换器+PDU+双源 EPS 控制器）、乘用车控制装置（主驱+DC/DC 变换器），如图 5-1 所示。

图 5-1　电机控制器的外观

由于电机控制器不断集成,其结构功能也日趋复杂,目前多合一集成后的电机控制器包括:

① 配电回路:为集成控制器各个支路提供配电,如熔断器、TM 接触器、电除霜回路供电、电动转向回路供电、电动空调回路供电等。

② 辅助电源:为控制电路提供电源(如 VCU),为驱动电路提供隔离电源。

③ IGBT 驱动回路:接收控制信号,驱动 IGBT 并反馈状态,提供隔离及保护。

④ DSP 电路:接收 VCU 控制指令并做出反馈,检测电机系统的转速、温度等传感器信息,通过指令传输电机控制信号。

⑤ 结构与散热系统:为电机控制器提供散热,保障控制器安全。

(一)永磁同步电机控制器

北汽 EV 汽车电机控制器采用的是三相两电平电压源型逆变器,是电驱系统的控制核心,主要由模块面板组件、控制板组件、高压电容、带温度检测功能的高压互锁开关、电流传感器、电压传感器、控制器箱体和控制器箱体盖等组成,如图 5-2 所示。

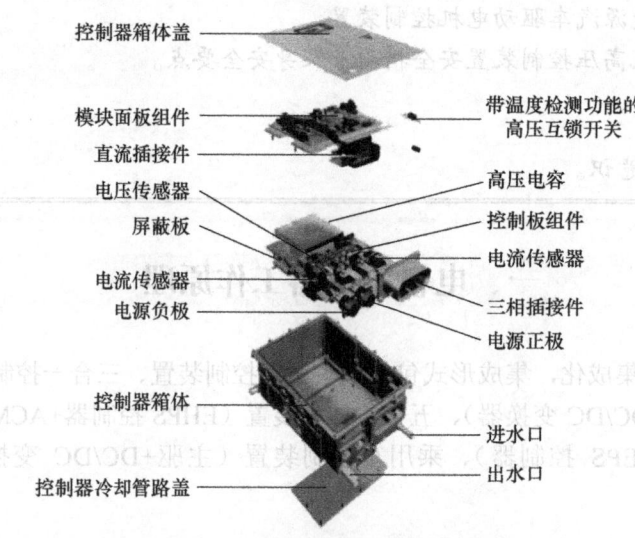

图 5-2 北汽 EV 汽车电机控制器结构组成

模块面板组件中的主要部件是绝缘栅双极型晶体管(IGBT,起开关作用),它是电机控制器的核心部件。控制板组件相当于模块面板组件的控制模块,可控制 IGBT 的通断,其控制信息源于整车控制单元 VCU。带温度检测功能的高压互锁开关与电机组件的功能和结构类似,包含温度传感器和触点式高压互锁开关两部分。

电机控制器与驱动电机配套使用,由于北汽 EV 汽车的动力蓄电池以直流方式供电,而驱动电机是永磁同步交流电机,当驱动电机驱动车辆行驶时,电机控制器需将动力蓄电池的直流电转换为交流电(DC/AC,逆变)供给驱动电机。而当驱动电机作为发电机回收能量时,电机控制器则需将交流电转换为直流电(AC/DC,整流),为动力蓄电池充电。与此同时，电机控制器通过电流传感器、电压传感器及温度传感器，实时监测驱动电机的工作状态，确保电驱系统处于稳定的工作状态。

（1）驱动过程电机控制器工作原理

动力蓄电池通过高压控制盒将高压直流电输入电机控制器，电机控制器将动力蓄电池的高压直流电逆变为三相交流电，供给驱动电机，驱动车辆前行或倒退，如图5-3所示。

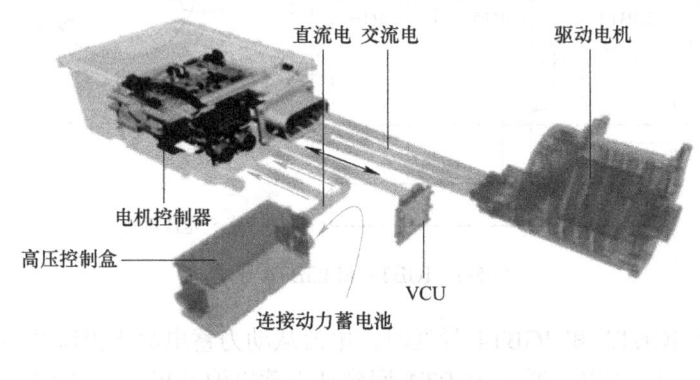

图 5-3　电机控制器驱动过程

在驱动车辆过程中，电机控制器主要起逆变作用，其逆变电路主要由动力蓄电池、绝缘栅双极型晶体管 IGBT1～IGBT6、驱动电机、整车控制器（VCU）等组成。其中，VCU 控制 IGBT 的导通和截止。

当 VCU 控制 IGBT3 和 IGBT5 导通时，电流从动力蓄电池正极流经 IGBT3 到驱动电机，从 W 相进、从 V 相出，通 IGBT5 回到动力蓄电池负极，形成回路，在驱动电机 W 相、V 相产生磁场，如图 5-4 所示。

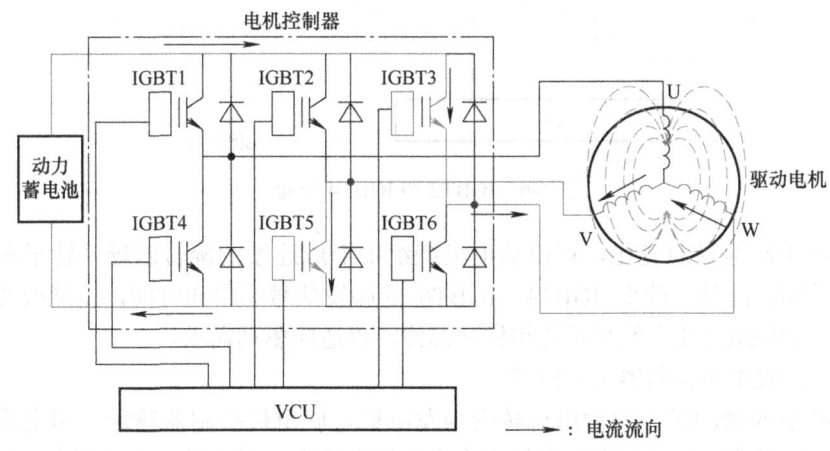

图 5-4　IGBT3 和 IGBT5 导通

当 VCU 控制 IGBT1 和 IGBT6 导通时，电流从动力蓄电池正极流经 IGBT1 到驱动电机，从 U 相进、从 W 相出，通过 IGBT6 回到动力蓄电池负极，形成回路，在驱动电机 U 相、W 相产生磁场，如图 5-5 所示。

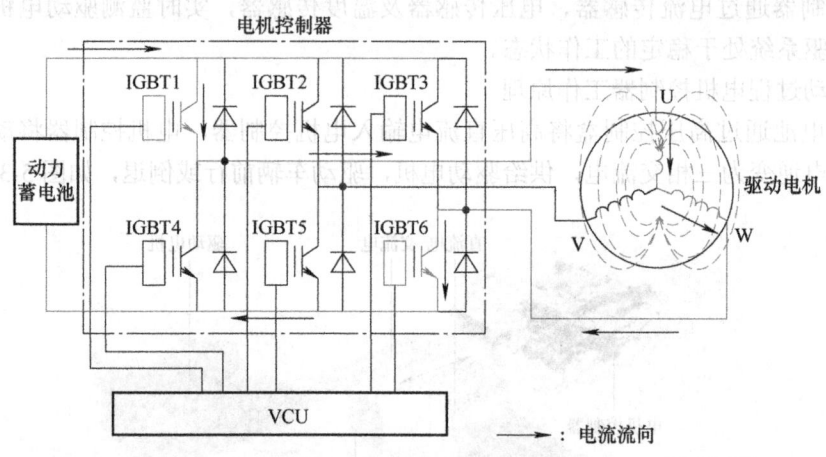

图 5-5 IGBT1 和 IGBT6 导通

当 VCU 控制 IGBT2 和 IGBT4 导通时,电流从动力蓄电池正极流经 IGBT2 到驱动电机,从 V 相进、从 U 相出,通过 IGBT4 回到动力蓄电池负极,形成回路,在驱动电机 V 相、U 相产生磁场,如图 5-6 所示。

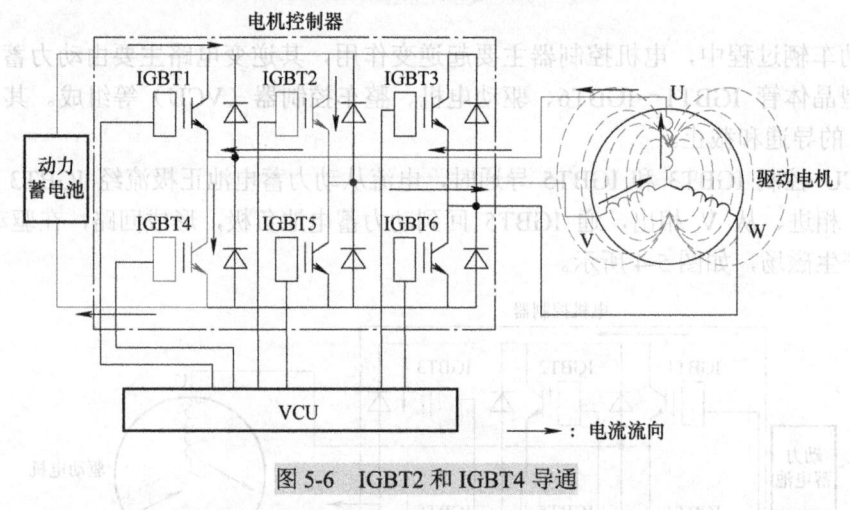

图 5-6 IGBT2 和 IGBT4 导通

如此连续不断地导通变化,在驱动电机绕组中形成连续的旋转磁场,转子在旋转磁场作用下形成转矩。此外,改变 IGBT1~IGBT6 的触发信号频率和时间,就能改变逆变器输入驱动电机定子绕组电流空间相量的相位和幅值,以适应驱动需求。

(2) 能量回收电机控制器工作原理

当车辆减速或制动时,驱动电机转变为发电机,向电机控制器输送三相交流电。电机控制器将驱动电机输送的三相交流电整流成稳定的直流电,再通过高压控制盒,输送到动力蓄电池,为动力蓄电池充电,如图 5-7 所示。

在车辆能量回收过程中,电机控制器主要起整流作用,其整流电路主要由动力蓄电池、二极管(VD1~VD6)、驱动电机、整车控制器(VCU)等组成。电机控制器主要是利用二极管的单向导通功能,将驱动电机输出的三相交流电整流为直流电,如图 5-8 所示。

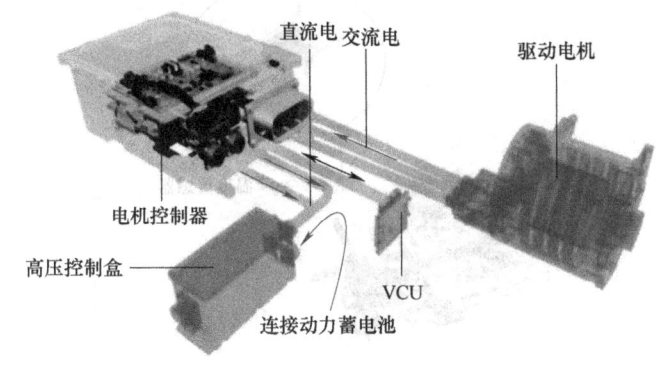

图 5-7 电机控制器的能量回收过程

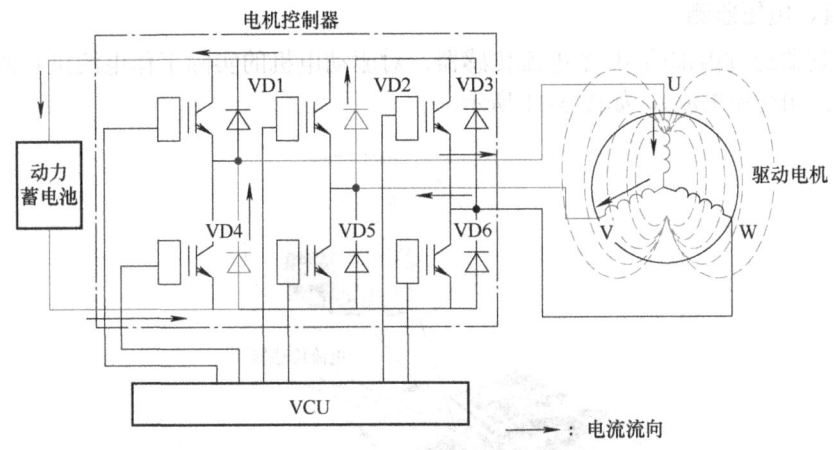

图 5-8 电机控制器的整流电路原理

(二) 驱动电机监测

1. 温度监测

温度监测分为对驱动电机的温度监测和对驱动电机控制器的温度监测,并通过 CAN 总线与整车控制器通信。

驱动电机温度接线盒中的温度传感器监测电机的绕组温度,并将温度信息传送给电机控制器。当控制器监测到:120℃≤驱动电机温度<140℃时,降功率运行;驱动电机温度≥140℃时,功率降至 0,即停机。驱动电机温度传感器如图 5-9 所示。

电机控制器内部的温度传感器用于检测电机控制器的工作温度,如图 5-10 所示。当传感器监测到:控制器温度≥85℃时,进行超温保护,即停机;75℃≤控制温度<85℃时,降功率运行。

图 5-9 驱动电机温度传感器

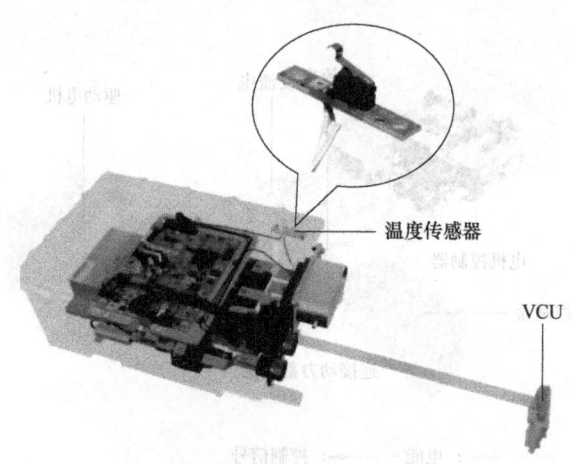

图 5-10　电机控制器的温度传感器

2. 电流、电压监测

电机控制器通过内部的 4 个电流传感器，对驱动电机的实际工作电流进行监测（包括母线电流、三相交流电流），如图 5-11 所示。

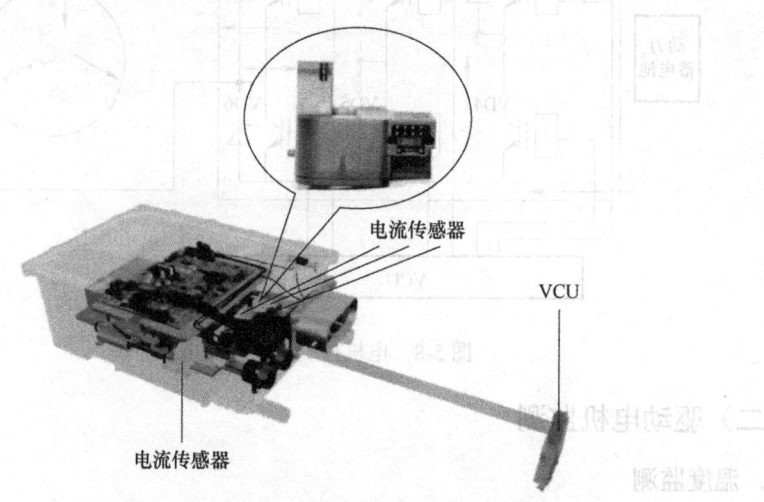

图 5-11　电机控制器的电流传感器

电机控制器内部的电压传感器，对电机控制器的实际工作电压进行监测（包括动力蓄电池电压、辅助蓄电池电压），如图 5-12 所示。

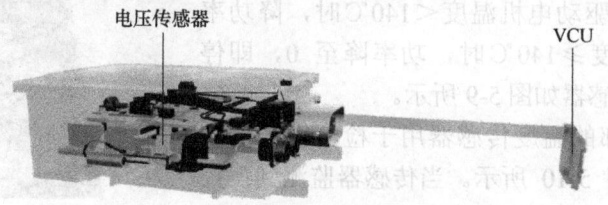

图 5-12　电机控制器的电压传感器

二、典型车型电机控制装置

（一）比亚迪 e5

在比亚迪 e5 前舱内，中间部分的铝合金盒子内是高压电控总成，集成了电机控制器、高压配电箱、DC/DC 变换器和车载充电机。

其中，DC/DC 变换器在上电时、充电时（包括交流充电、直流充电）、智能充电时都会工作，以辅助低压蓄电池为整车提供低压电源。

DC/DC 变换器的外部高压输入也是高压电控总成直流母线输入，如图 5-13 所示。

图 5-13　动力蓄电池组高压直流输入接口

DC/DC 变换器的输出正极通过正极熔丝盒直接与低压蓄电池正极相连，如图 5-14 所示，而 DC/DC 变换器的输出负极则是通过高压电控总成壳体搭铁，如图 5-15 所示。

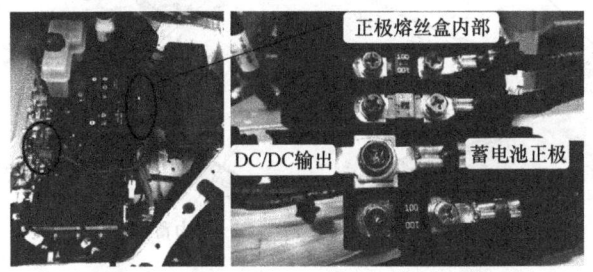

图 5-14　DC/DC 变换器与蓄电池正极相连

图 5-15　DC/DC 变换器与高压电控总成壳体相连

（二）特斯拉

特斯拉汽车的动力系统主要由四部分组成：储能系统（Energy Storage System，ESS）、功率电子模块（Power Electronics Module，PEM）、电机（Electric Motor，EM）、顺序手动变速器（Sequential Manual Transmission，SMT）。ESS 输出直流电，经过 PEM 逆变成交流电，为交流电机供电，如图 5-16 所示。

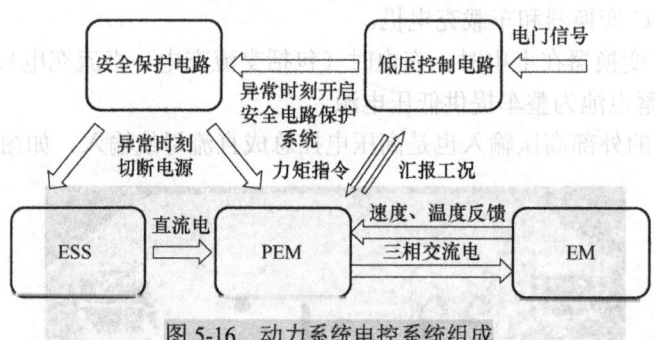

图 5-16　动力系统电控系统组成

与常规的全轮驱动车辆用发动机和变速器分配能量、以牺牲效率来换取驱动力不同，特斯拉的工程师们在后轮驱动的 Model S 的前轴上加装了一台电机，使其成为双电机全轮驱动车型，其高压系统如图 5-17 所示。

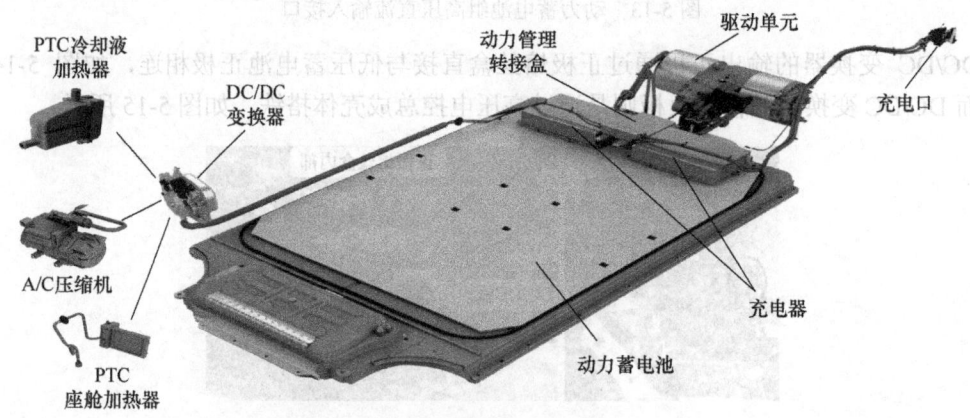

图 5-17　特斯拉高压系统

动力蓄电池、电机、逆变器及固定齿比变速器，构成了 Model S 的动力总成。逆变器将动力蓄电池组的直流电转换为交流电，输入到感应电机中，而感应电机则通过一个 9.73:1 的固定传动比变速器，将动力传送至轮端。

（三）比亚迪秦

打开发动机舱盖，识别比亚迪秦的驱动电机控制装置安装位置，如图 5-18 所示。

比亚迪秦车型永磁同步电机外部零件如图 5-19 所示。

图 5-18　比亚迪秦驱动电机控制装置安装位置

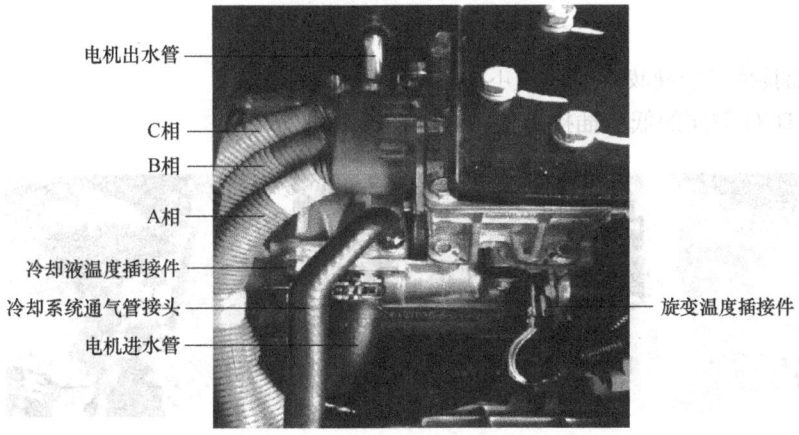

图 5-19　比亚迪秦永磁同步电机外部零件

（四）比亚迪 e6

打开发动机舱盖后，无法看到比亚迪 e6 的驱动电机，只能看到驱动电机控制器，如图 5-20 所示，驱动电机安装在驱动电机控制器下方。

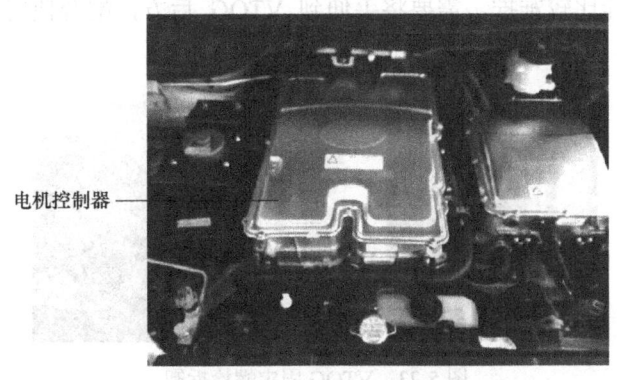

图 5-20　比亚迪 e6 驱动电机控制器位置

1. 驱动电机控制器拆卸

1）先拆卸电机控制器（VTOG）后面的 5 个高压插接件。

① 将二次锁死机构（绿色塑料卡扣）向外推取下。

② 按住插接件上的卡扣，将插接件用力向外拔出，如图 5-21 所示。

图 5-21　高压插接件拆卸

注意：插接件不能硬拔，空间较小，注意手部防护。

2）将 VTOG 侧面的低压插接件拔下，如图 5-22 所示。

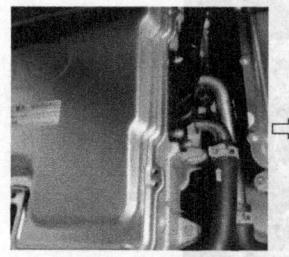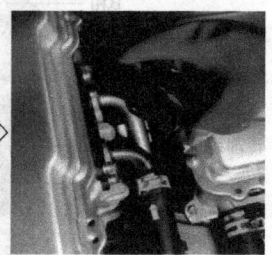

图 5-22　低压插接件拆卸

注意：拔下低压插接件时，需要先松开锁紧保险，注意不要损坏锁紧装置。

3）拆卸 VTOG 固定螺栓，如图 5-23 所示。

① 拧开 VTOG 固定螺栓（共 5 颗）。

② 需要用到的工具包括大棘轮、加长杆和 10mm 套筒。

③ 后面两个螺栓比较难拧，需要将手伸到 VTOG 后方，配合使用大棘轮和 10mm 套筒，无需加长杆。

图 5-23　VTOG 固定螺栓拆卸

4)拆卸搭铁线螺栓。搭铁线在 VTOG 的右侧,需要使用棘轮和 10mm 套筒,如图 5-24 所示。

图 5-24　搭铁线拆卸

注意:力矩不能过大,以防拧坏搭铁线。

5)拆卸固定水管螺栓。水管的两个固定螺栓在 VTOG 前方,需要使用小棘轮和 8mm 套筒拆下,如图 5-25 所示。

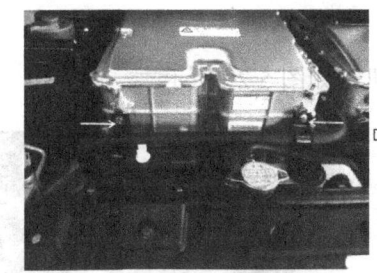

图 5-25　水管螺栓拆卸

注意:力矩不能过大,以防拧断螺栓。

6)拆卸水管软管。

① VTOG 有两个水管软管,上为进水管,下为出水管,需用卡箍钳将卡箍取下。

② 将水管软管拔出。先拆上面的卡箍,拔出进水管,后拆下面的卡箍,拔出出水管,如图 5-26 所示。

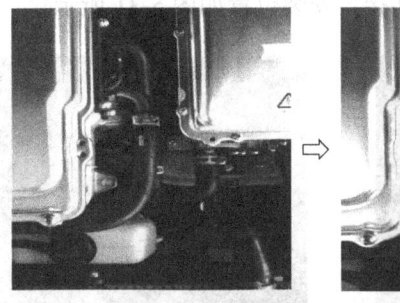

图 5-26　水管软管拆卸

注意:需要用冷却液盆接住冷却液,防止飞溅流失,防止高压件进水。

7）拆卸三相线螺栓，如图 5-27 所示。

① 与 VTOG 相连的三相线须最后拆卸，用大棘轮、加长杆、10mm 套筒，将三相线的固定螺栓拆下。

② 将三相线插接件拔下。

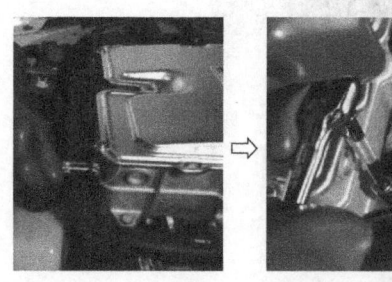

图 5-27 三相线螺栓拆卸

注意：拔下三相线时要注意防止冷却液进入三相线的插接件。

8）取出 VTOG，如图 5-28 所示。

2. 查找驱动电机

电机控制器由前舱取出后，可看到驱动电机，如图 5-29 所示。

图 5-28 将 VTOG 由前舱取出　　图 5-29 比亚迪 e6 驱动电机（永磁同步）安装位置

3. 识别比亚迪 e6 驱动电机外部零件

① 电机冷却水管安装在电机上方，分进水管和出水管，如图 5-30 所示。

② 电机三相高压线与电机控制器连接，安装位置如图 5-31 所示。

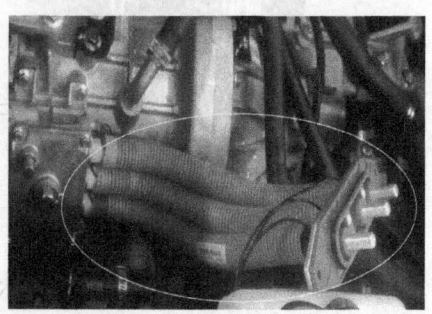

图 5-30 比亚迪 e6 冷却水管安装位置　　图 5-31 比亚迪 e6 三相高压线安装位置

4. 安装电机控制器

对比亚迪 e6 驱动电机安装位置及外部连线识别完毕后,需要装复电机控制器,过程如图 5-32 所示。

① 安装 VTOG 固定螺栓。
② 安装 VTOG 后方的 5 个高压插接件。
③ 安装三相线,将三相线对准 VTOG 的三相线对接口,向上将三相线顶入插接件,随后用螺栓将三相线拧紧。
④ 安装低压插接件,将低压插接件线束端与板端对接好,然后把卡扣掰至卡死位置,听到"咔哒"声后,将插接件轻轻向外拉一下,检查是否接好。
⑤ 安装 VTOG 搭铁。
⑥ 安装 VTOG 固定水管。

图 5-32 VTOG 的装复过程

5. 匹配电机控制器

电机控制器(VTOG)安装好后,需要进行匹配,步骤如下:
① 连接诊断仪。
② 进入 e6 车型。
③ 进入防盗匹配选项。
④ 进入 ECU 防盗匹配。
⑤ 按照匹配步骤将钥匙放在启动开关处。
⑥ 匹配完成后,等待 10s 后再退电,保证匹配完成。

6. 5S 管理

① 工具的清洁及复位。
② 车辆的清洁。
③ 场地的清洁。

7. 控制电路检测

1)关闭启动按钮。把启动按钮置于 OFF 档等待 5min,然后把钥匙取出,如图 5-33 所示。

2)穿戴好绝缘手套、绝缘胶鞋、防护眼镜。

3)断开蓄电池负极。打开左前车门,找到前舱盖开启按钮(位于驾驶室驻车踏板旁边),向外拉起,接着打开前舱盖锁,即可打开前舱。

4)拆卸辅助蓄电池负极。

使用梅花扳手,拧下 12V 辅助蓄电池负极的固定螺栓,拔下 12V 辅助蓄电池负极线,如图 5-34 所示。

图 5-33 启动按钮置于 OFF 档并取出钥匙

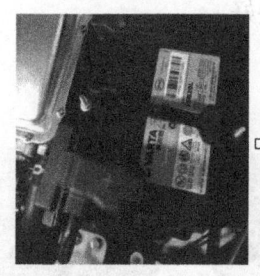  

图 5-34 拆卸 12V 辅助蓄电池负极线

5)拔下维修开关。

① 打开驾驶室储物盒,并取出内部物品。

② 取出储物盒底部隔板。

③ 使用十字螺钉旋具将安装盖板螺钉拧下,并掀开盖板。

④ 取出维修开关上盖板。

⑤ 拉动维修开关手柄,使其呈竖直状态,向上提拉,取出维修开关。

⑥ 使用电工绝缘胶布封住维修开关插接件母端。

6)拆卸低压插接件。

找到低压插接件 B32(先解除二次锁死机构),取下电机控制器上的低压线束插接件,如图 5-35 所示。

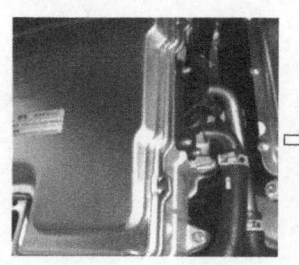 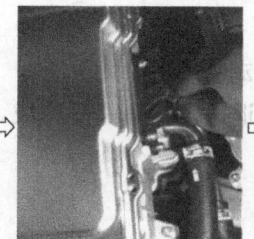 

图 5-35 拆卸低压插接件

7)测量温控开关。

① 插入测量测针。先把插接件专用测针插入电机控制器低压插接件 B32-3 端口与 B32-19 端口,如图 5-36 所示。

② 测量。测量时，万用表置于电阻档的 200Ω 档位，先校表，然后红表笔与 B32-3 端口测针连接，黑表笔与 B32-19 端口测针连接，如图 5-37 所示。

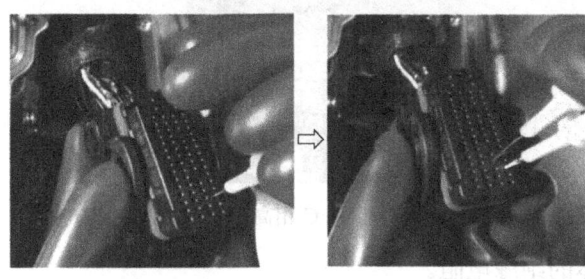

图 5-36 测针插入 B32-3 和 B32-19 端口

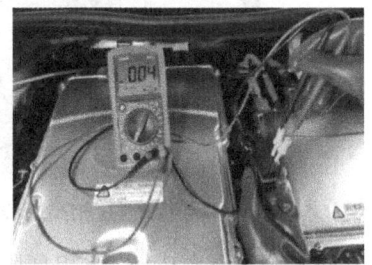

图 5-37 测量温控开关

8）测量励磁绕组。

① 插入测量测针。先把插接件专用测针插入电机控制器低压插接件 B32-1 和 B32-2 端口，如图 5-38 所示。

② 测量。测量时，万用表置于电阻档的 200Ω 档位，先校表，然后红表笔与 B32-1 端口测针连接，黑表笔与 B32-2 端口测针连接，如图 5-39 所示。

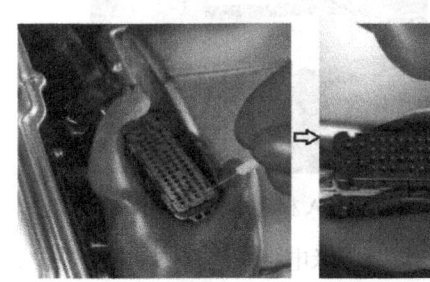

图 5-38 测针插入 B32-1 和 B32-2 端口

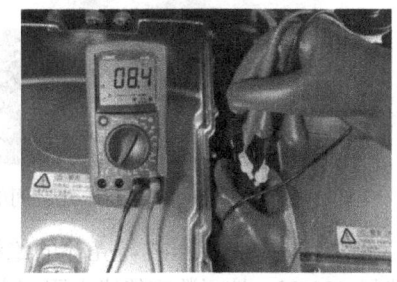

图 5-39 测量励磁绕组

9）拆卸电机 A、B、C 三相高压线。

① 拆卸固定在电机控制器上的冷却水管的两颗螺栓。

② 拆卸固定三相高压线的两颗螺栓，向下拉即可取下三相高压线。

10）测量 A、B、C 三相高压线之间的电阻

① 测量 A、B 相高压线之间的电阻。

测量时，万用表置于电阻档的 200Ω 档位，先校表，然后红表笔连接到 A 相高压线，黑表笔连接到 B 相高压线，如图 5-40 所示。

② 测量 A、C 相高压线之间的电阻。

测量时，万用表置于电阻档的 200Ω 档位，先校表，然后红表笔连接到 A 相高压线，黑表笔连接到 C 相高压线，如图 5-41 所示。

③ 测量 B、C 相高压线之间的电阻。

测量时，万用表置于电阻档的 200Ω 档位，先校表，然后红表笔连接到 B 相高压线，黑表笔连接到 C 相高压线，如图 5-42 所示。

图 5-40 测量 A、B 相高压线之间的电阻

图 5-41 测量 A、C 相高压线之间的电阻

11) 测量 A、B、C 三相高压线与壳体的绝缘电阻。

① 测量 A 相高压线与壳体的绝缘电阻。测量时,数字绝缘电阻表选择 200MΩ 档位、电压选择 1000V,按下数字绝缘电阻表电源键(POWER),红表笔连接到 A 相高压线,黑表笔连接到电机壳体,然后按下数字绝缘电阻表测试键(PRESS TO TEST),数字绝缘电阻表显示的数字就是 A 相高压线绝缘电阻值,如图 5-43 所示。

图 5-42 测量 B、C 相高压线之间的电阻

图 5-43 测量 A 相高压线与壳体的绝缘电阻

② 测量 B 相高压线与壳体的绝缘电阻。测量时,数字绝缘电阻表选择 200MΩ 档位、电压选择 1000V,按下数字绝缘电阻表电源键(POWER),红表笔连接到 B 相高压线,黑表笔连接到电机壳体,然后按下数字绝缘电阻表测试键(PRESS TO TEST),数字绝缘电阻表显示的数字就是 B 相高压线绝缘电阻值,如图 5-44 所示。

③ 测量 C 相高压线与壳体的绝缘电阻。测量时,数字绝缘电阻表选择 200MΩ 档位、电压选择 1000V,按下数字绝缘电阻表电源键(POWER),红表笔连接到 C 相高压线,黑表笔连接到电机壳体,然后按下数字绝缘电阻表测试键(PRESS TO TEST),数字绝缘电阻表显示的数字就是 C 相高压线绝缘电阻值,如图 5-45 所示。

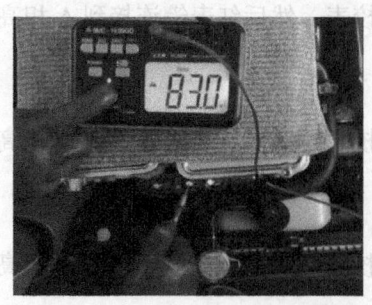
图 5-44 测量 B 相高压线与壳体的绝缘电阻

图 5-45 测量 C 相高压线与壳体的绝缘电阻

课后思考题

1. 简述驱动电机控制系统的定义。
2. 简述驱动电机控制系统的作用和构造。
3. 简述新能源汽车动力蓄电池控制系统高压互锁连接器作用。
4. 简述新能源汽车高压系统的风险点。
5. 简述新能源汽车为什么要进行电压转换？

模块 6　整车控制系统

技能目标
1. 了解纯电动汽车整车控制装置构造及工作原理。
2. 了解混合动力汽车整车控制装置构造及工作原理。

知识目标
1. 掌握不同新能源汽车整车控制装置。
2. 掌握驱动电机高压控制装置安全措施及人身安全要点。

素养目标
树立安全第一的意识。

一、新能源汽车控制策略及原理

整车控制器（Vehicle Control Unit，VCU）是整车控制系统的核心，承担车辆各系统的数据交换与管理、故障诊断、安全监控、驾驶人意图解析等作用。

（一）新能源汽车的基本架构

1. 新能源汽车架构

① 蓄电池及蓄电池管理系统（BMS）：储能单元，为整车提供持续稳定的能量。对动力蓄电池组充电、放电时的电流、电压、放电深度、温度等进行监控，保持单体电池间的一致性。

② 电机驱动单元（MCU）：将电能转化成机械能，驱动车辆行驶。接收来自整车控制器的指令，对动力蓄电池输出的直流电进行逆变控制，形成三相交流电进行驱动电机转矩转速控制，并检测驱动电机及控制器状态，进行故障诊断。

③ 整车控制器（VCU）：控制所有部件，使车辆各个组成部分协调工作。将驾驶人意图通过加速踏板信号转换为动力系统的需求信号，对整车能量进行管理，对各系统进行监控，并及时反馈信息和警告等。

④ 驱动电机：纯电动汽车行驶的唯一动力装置。

⑤ 车身和底盘。

⑥ 安全保护系统。新能源汽车的基本架构如图6-1所示。

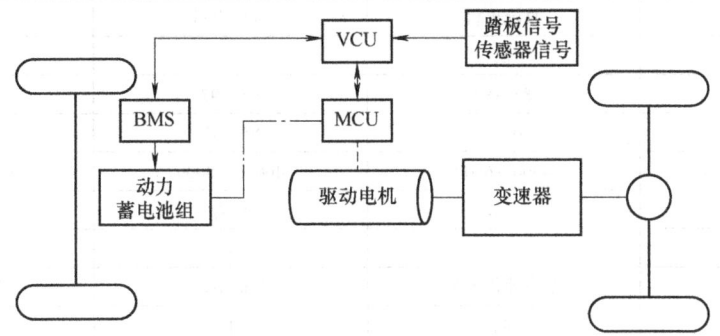

图6-1 新能源汽车的基本架构

2. 新能源汽车"三电"

新能源汽车区别于传统车,最核心的技术是"三电",包括驱动电机、动力蓄电池、电控系统,如图6-2所示。

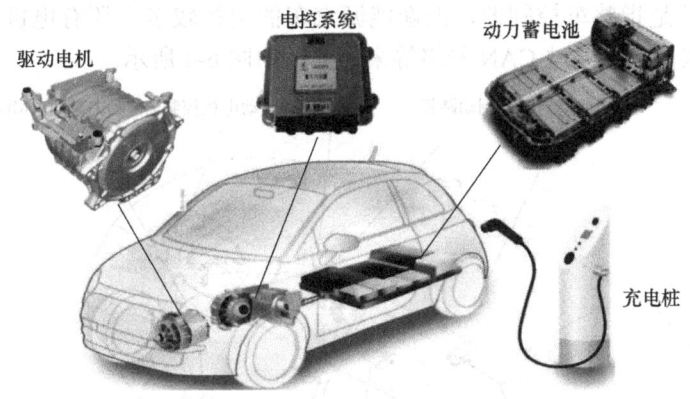

图6-2 纯电动汽车"三电"

① 动力蓄电池的关键部件是正负极、隔膜、电解液。正极材料常用的有磷酸铁锂、钴酸锂、锰酸锂、三元锂、高镍三元锂。

② 驱动电机由三部分构成:传动机构、电机、电机控制器,如图6-3所示。目前国内外电动汽车的传动机构都是单级减速,即没有离合器、变速器。未来各电动汽车企业将会在传动机构上增加复杂性,同时降低对电机、电机变阻器的需求,提高性能,降低成本,见表6-1。

电机由定子、转子、壳体三部分组成,电机技术的关键点在定子和转子。转子即电动汽车的主驱动装置,它承担了与电动汽车运动相关的所

图6-3 电动汽车驱动电机

有功能。电动汽车的电机有正转和反转两种运转状态,正转为向前行驶,反转为倒车。

表 6-1 驱动电机参数

参 数	直流电机	永磁电机	感应电机
比功率	低	高	中
峰值效率(%)	85~89	95~97	94~95
负荷效率(%)	80~87	85~97	90~92
转速范围/(r/min)	4000~6000	4000~10000	12000~15000
可靠性	一般	优秀	好
尺寸	大	小	中
代表车型	蓄电池代步车	比亚迪秦、唐	特斯拉 Model S
成本	低	中	低
控制难度	低	一般	高

③ 电控系统性能直接决定了电动汽车的爬坡、加速、最高速度等主要性能指标。电控系统面临的工况相对复杂:需要能够频繁起停、加减速,低速/爬坡时要求高转矩,高速行驶时要求低转矩,变速范围大。混合动力汽车还需要处理电机启动、电机发电、制动能量回收等特殊功能。

狭义上的电控是指整车控制器,但新能源汽车的电控较多,还有电机控制器与蓄电池管理系统等,这些控制器通过 CAN 网络等来通信,如图 6-4 所示。

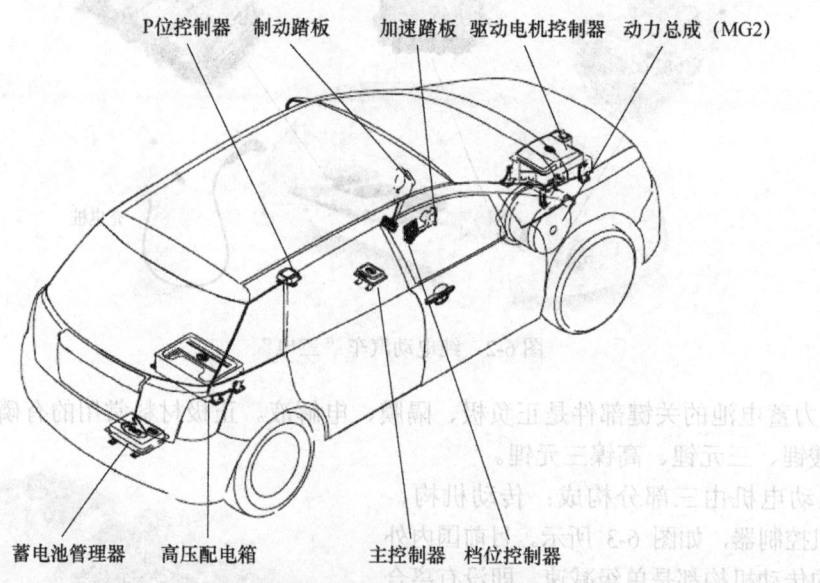

图 6-4 新能源汽车电控系统

整车控制器主要是采集加速踏板、制动踏板等的信号,做出相应判断并给出指令,在新能源汽车上,还要协调各个控制器的通信。

电机控制器的作用主要是接收整车控制器的转矩需求指令,进而控制驱动电机的转速与转动方向。另外,在能量回收过程中,电机控制器还要负责对驱动电机产生的交流电进行整流,给动力蓄电池充电,如图 6-5 所示。

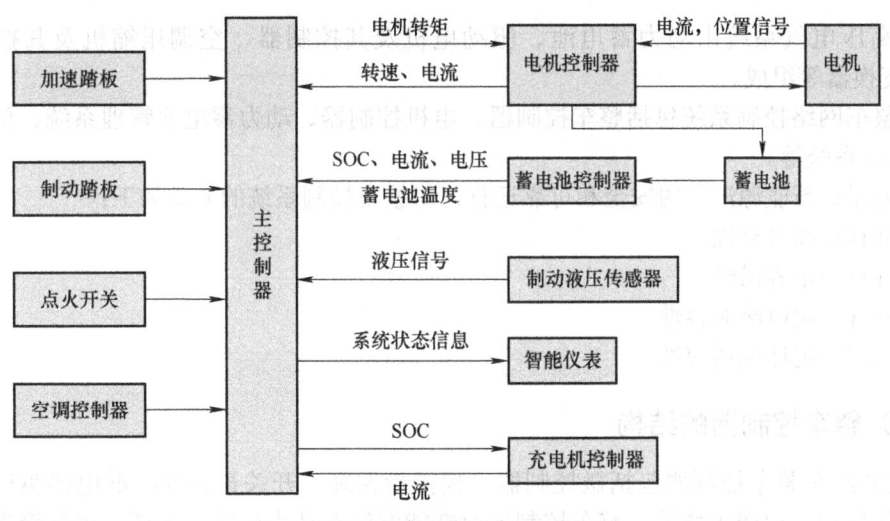

图 6-5 电机控制器的作用

蓄电池管理系统主要功能包括蓄电池物理参数实时监测、在线诊断与预警、充放电与预充控制、均衡管理和热管理等。

（二）整车控制系统的组成

新能源汽车作为一种绿色的运输工具，在环保、节能以及驾驶性能等方面具有诸多内燃机汽车无法比拟的优点。它是由多个子系统构成的一个复杂系统，如图 6-6 所示。整车控制系统（VMS），是新能源汽车的神经中枢，承担各系统的数据交换、信息传递、故障诊断、安全监控、驾驶人意图解析、动力蓄电池能量管理等功用，对新能源汽车的动力性、经济性、安全性和舒适性等有很大的影响。

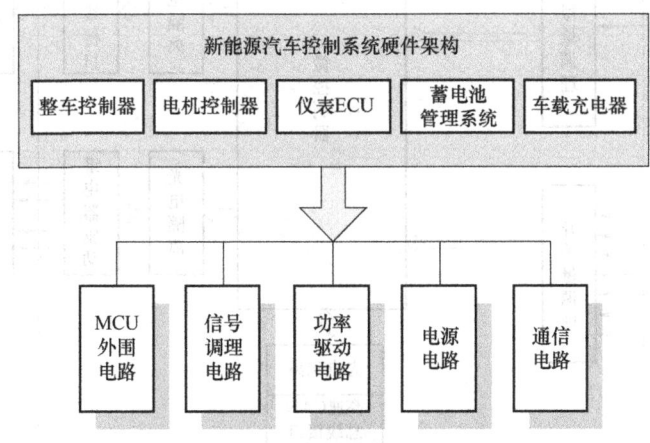

图 6-6 新能源汽车控制系统硬件架构

1）低压电气系统由 12V 辅助蓄电池和低压电气设备组成，其作用有两个：
① 为灯光、仪表等常规低压电气设备供电。
② 为整车控制器、电机控制器和部分辅助部件供电。

2）高压电气系统由动力蓄电池、驱动电机及其控制器、空调压缩机及其控制器、DC/DC 变换器等组成。

3）整车网络控制系统包括整车控制器、电机控制器、动力蓄电池管理系统、信息显示系统和通信系统等。

4）为保证新能源汽车的安全和可靠运行，对整车控制系统的要求如下：
① 具有较高可靠性。
② 具有一定容错性。
③ 具有一定电磁兼容性。
④ 具有一定环境适应性。

（三）整车控制器的结构

新能源汽车整车控制器包括微控制器、模拟量调理、开关量调理、继电器驱动、高速CAN 总线接口、电源模块等。整车控制器对新能源汽车动力链的各个环节进行管理、协调和监控，以提高整车能量利用效率，确保安全性和可靠性。该整车控制器采集驾驶人操作信号，通过 CAN 总线获得电机和蓄电池系统的相关信息，进行分析和运算。通过 CAN 总线给出电机控制和蓄电池管理指令，实现整车驱动控制、能量优化控制和制动回馈控制。该整车控制器还具有综合仪表接口功能，可显示整车状态信息；具备完善的故障诊断和处理功能；具有整车网关及网络管理功能。整车控制器结构原理如图 6-7 所示。

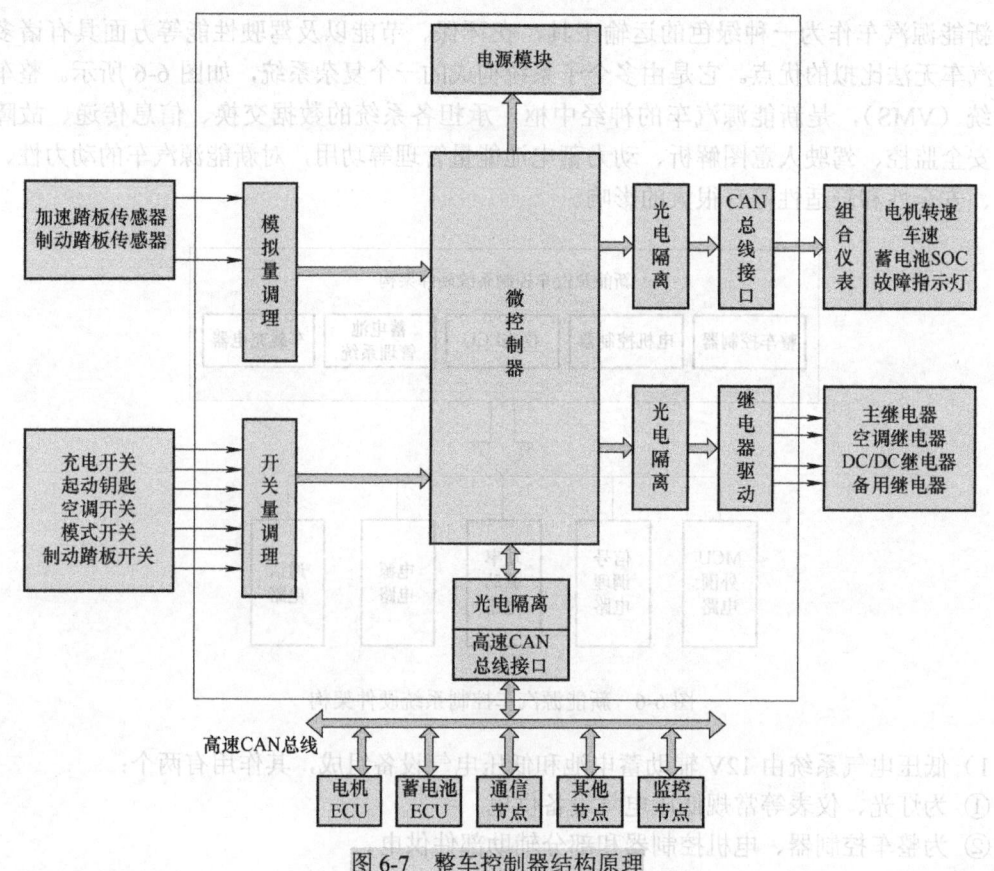

图 6-7　整车控制器结构原理

(四)整车控制器的功能

1. 对汽车行驶控制的功能

新能源汽车的驱动电机必须按照驾驶人意图输出驱动或制动转矩。当驾驶人踩下加速踏板或制动踏板时,驱动电机要输出一定的驱动功率或再生制动功率。加速踏板开度越大,驱动电机的输出功率越大。因此,整车控制器要合理解释驾驶人操作;接收整车各子系统的反馈信息,为驾驶人提供决策反馈;向整车各子系统发送控制指令,以实现车辆的正常行驶。

2. 整车的网络化管理

在现代汽车中,有众多电子控制单元和测量仪器,它们之间存在着数据交换,如何让这种数据交换快捷、有效、无故障成为一个难题,为了解决这个难题,德国博世公司于 20 世纪 80 年代研制出了控制器局域网(CAN)。在电动汽车中,电子控制单元比传统燃油汽车更多更复杂,因此,CAN 总线的应用势在必行。整车控制器是电动汽车众多控制器中的一个,是 CAN 总线中的一个节点。在整车网络管理中,整车控制器是信息控制的中心,负责信息的组织与传输、网络状态的监控、网络节点的管理以及网络故障的诊断与处理。

3. 制动能量回馈控制

新能源汽车以电机作为驱动转矩的输出机构。电机具有回馈制动的功能,此时电机作为发电机,利用新能源汽车的制动能量发电,同时将此能量存储在储能装置中。当满足充电条件时,将能量反充给动力蓄电池。在这一过程中,整车控制器根据加速踏板和制动踏板的开度,以及动力蓄电池的 SOC 值来判断某一时刻能否进行制动能量回馈。如果可以进行,则整车控制器向电机控制器发出制动指令,回收部分能量。

4. 整车能量管理和优化

在纯电动汽车中,蓄电池除了给驱动电机供电以外,还要给电动附件供电。因此,为了获得最大的续驶里程,整车控制器将负责整车的能量管理,以提高能量的利用率。在蓄电池 SOC 值较低时,整车控制器将对某些电动附件发出指令,限制其输出功率,以增加续驶里程。

5. 车辆状态的监测和显示

整车控制器应该对车辆的状态进行实时检测,并且将各个子系统的信息发送给车载信息显示系统。其过程是通过传感器和 CAN 总线,检测车辆状态及其各子系统状态信息,驱动显示仪表,将状态信息和故障诊断信息经过显示仪表显示,显示内容包括电机转速、车速、蓄电池电量、故障信息等。

6. 故障诊断与处理

整车控制器持续监视整车电控系统,进行故障诊断。故障指示灯指示出故障类别和部分故障码。根据故障内容,及时进行相应安全保护处理。对于不太严重的故障,能做到低速行驶到附近维修站进行检修。

7. 外接充电管理

实现充电连接，监控充电过程，报告充电状态。

8. 诊断设备的在线诊断和下线检测

整车控制器负责与外部诊断设备的连接和诊断通信，实现 UDS 诊断服务，包括数据流读取、故障码读取和清除、控制端口调试。

（五）新能源汽车控制器的工作原理

新能源汽车控制器按高低压系统可分为低压控制器和高压控制器两种，低压控制器主要有整车控制器（VCU）和蓄电池管理系统（BMS），高压控制器有驱动电机控制器（MCU）、转向电机控制器、气泵电机控制器和 DC/DC 变换器等。车载控制器的布置如图 6-8 所示。

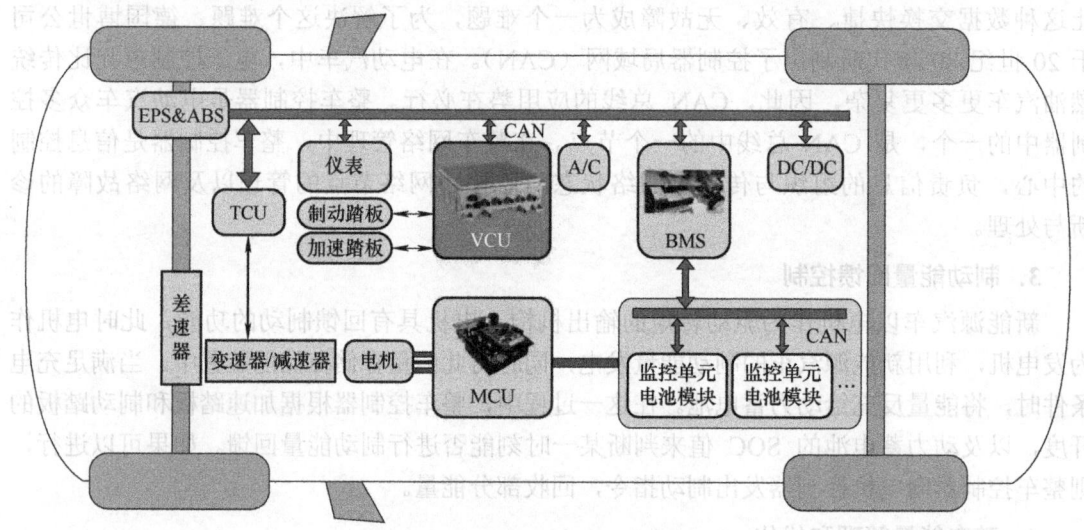

图 6-8　新能源汽车控制器布置

新能源汽车整车控制器（VCU）可以比作汽车的大脑，它可以采集电机控制系统信号、蓄电池管理系统信号、加速踏板信号和其他部件信号，可以综合分析驾驶人的驾驶意图并做出响应判断，还可以监控其他控制器的控制信号，对汽车正常行驶、蓄电池能量管理、故障诊断与处理、车辆状态监控等功能起着关键作用。

1. 整车控制器概念

整车控制器，即动力总成控制器，是实现整车驱动控制、能量优化控制、制动回馈控制和网络管理等功能的智能部件，是整个汽车的核心控制部件。

2. 整车控制器作用

（1）数据交互

整车控制器可以实时采集驾驶人的操作信息，以及其他各个控制器的工作状态信息，这是实现整车控制器其他功能的基础和前提。

（2）识别驾驶人意图

整车控制器会直接采集驾驶人的驾驶操作信号，对采集的驾驶人操作意图进行综合分析处理，以便计算出车辆的需求功率和动力系统的需求转矩，实现驾驶人意图。

（3）能量管理

整车控制器可以实现发动机、电动机、发电机等之间的功率和转矩分配，从而有效提高整车动力性与经济性。

（4）安全故障管理

汽车在实际运行过程中，每一个部件都有可能出现故障，整车控制器可以检测出部件的故障，经过分析判断之后，做出相应的处理，保证车辆的安全行驶。

3．整车控制器功能

整车控制器，如图 6-9 所示，通过采集加速踏板、制动踏板及其他部件信号做出判断，控制底层部件动作，实现整车驱动控制。通过 CAN 总线对网络信息进行管理、调度、分析和运算。针对车型的不同配置，进行相应的能量管理，实现整车驱动能量优化控制、制动回馈控制和网络管理等功能。

图 6-9　整车控制器

4．整车控制器工作模式

整车控制器有九个工作模式：停车状态、充电状态、起动状态（也可以称为自检状态）、运行状态、车辆前进/后退状态、回馈制动状态、机械制动状态、一般故障状态、重大故障状态。主要状态的具体作用如下。

（1）停车状态

电动汽车处于停车状态，此时系统的主继电器断电，系统中各个节点停止运行。

（2）充电状态

当电动汽车在停车状态下，插上充电插头或者按下充电按钮时，整车控制器控制组合仪表显示蓄电池充电状态，并对蓄电池工作状态进行实时监测；蓄电池管理系统进入充电程序，并强制切断驱动电机继电器的回路。

（3）起动状态

在整车控制器确认拔掉充电插头时，转动汽车钥匙位置，这时系统中各个节点进入自检状态。

（4）运行状态

转动汽车钥匙到指定位置，整车控制器向电机控制器发送准备开车指令；整车控制器收到就绪指令后，闭合主继电器，进入行车程序。同时，蓄电池管理系统进入蓄电池管理程序。

（5）车辆前进/后退状态

整车控制器通过对当前车辆功率的要求和动力蓄电池当前的状态计算，向电机控制器发出信号，电机控制器接收到驱动方向信号和驱动转矩给定值信号后，控制驱动电机进入运转状态，并根据驱动方向信号确定驱动电机的转向，以及根据驱动转矩给定值信号确定驱动电机输出转矩的大小，控制电机的输出功率以实现动力性目标。

（6）回馈制动状态

正常行驶时，纯电动汽车的整车控制器接收到加速信号并将信号传递给电机控制器，从而驱动电机来使汽车行驶。处于制动时，根据车速和制动踏板等信号，整车控制器通过电机控制器逆变器来实现电机由电动机模式转换为发电机模式，并根据电机的运行速度来调节逆变器的输入电压，以实现电机调压控制。此时，电机同时提供制动力矩。然后，整车控制器经过内部滤波电路等来稳定蓄电池电压，并将制动能量回馈给高压蓄电池进行充电。同时，整车控制器依据制动能量回收控制策略动态调节液压机械制动和电机制动，以满足汽车制动要求。

（7）一般故障状态

整车控制器检测到一般故障，仪表警告，整车控制器通过 CAN 总线发送给仪表相关的警告信息，并通知其他节点，整个系统降功率运行。

（8）重大故障状态

整车控制器限制行车，紧急情况采用紧急呼叫指令通知其他节点，必要时切断主继电器电源，高压下电，车辆停驶。

（六）新能源汽车的控制策略

新能源汽车电机控制器通过逆变桥调制输出正弦波来驱动电机工作，这是新能源汽车控制策略的重要一环。电机控制器调速指令的触发信号来自整车控制器。整车控制器一方面体现驾驶人意图，另一方面从安全和车辆电气系统运行状态出发，评估对驾驶人的响应是否合理，最后执行或部分执行。驾驶人的意图通过加速踏板和制动踏板表达，并传递给整车控制器。

整车控制器给到电机控制器的具体指令，与动力系统相关的有加速、减速、制动和停车。电机控制器做出的响应为改变电源电流、电压、频率等参数，使得电机的运行状态符合整车控制器的需要。

电机控制器自身是一套闭环控制系统，调节目标参数，检测受控函数值是否达到预期。若未达到，则反馈给控制器，再次调整目标参数。经过反复的闭环反馈，实现高精度控制。

整车控制器采集车速传感器、各个电气部件温度、电压等重要状态参数，判断整车的综合情况是否符合驾驶人提出的需求，同时不妨碍整个系统的健康状况。这个过程是整车层面的闭环控制。

1. 驱动电机控制装置控制策略

（1）工作过程

整车 ON 档电源上电，整车控制器 CN6.12 孔 H19 线输出 24V 高电平使能信号至封闭电器盒，控制 K5 继电器闭合，输出电源 H05 至电机控制器 1、2、5 孔，电机控制器低压上电。

（2）停机过程

整车 ON 档电源断开或整车控制器检测到蓄电池系统报故障码 8（绝缘电阻低）、13（电源系统严重故障），使能信号 H19 断开，电机控制器低压供电断开。电机控制器原理如图 6-10 所示。

实训手册

任务一 车辆无法正常供电故障

纯电动汽车整车控制

参考纯电动汽车整车控制策略图和高压互锁连接图进行故障分析,如图 1-1、图 1-2 所示。

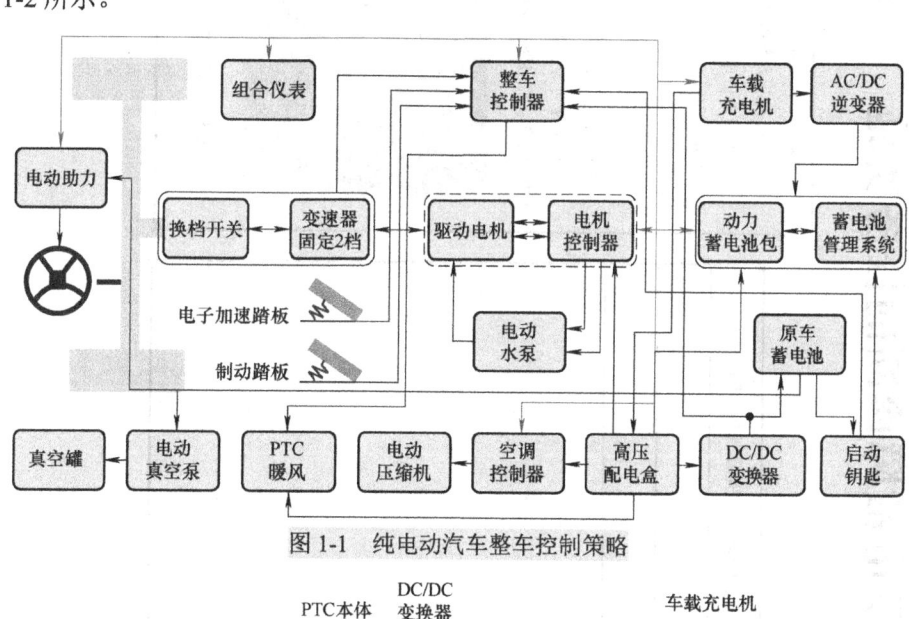

图 1-1 纯电动汽车整车控制策略

图 1-2 高压互锁连接

车辆无法正常供电故障诊断的任务实施

1. 典型故障码诊断与排除

典型故障码：P1B03—欠电压保护故障或 P1B04—过电压保护故障

故障症状	
记录：	
检查动力蓄电池电量：	
数据是否正常：	
如果不正常，可能原因：	
解决方法：	

相关知识

知识点一：欠电压保护与过电压保护

无法正常供电故障，有可能是车辆进入了欠电压保护或过电压保护故障，若通过故障诊断仪读取欠电压保护故障码或过电压保护故障码，首先需要检查动力蓄电池的电量，检查电压保护故障码，检查动力蓄电池的电量。

方法如下：
1) 打开点火开关。
2) 检查动力蓄电池电量，观察右侧仪表板电量，动力蓄电池电量是否大于10%（图1-3），否则应进行充电。

图1-3 检查右侧仪表板动力蓄电池电量是否大于10%

(2) 检查动力蓄电池输出电压

如果动力蓄电池电压正常,则需再检查动力蓄电池输出电压,检查方法如下(在检查前必须进行高压中止与检验,做好高压安全防护):

1) 进行高压中止与检验,进行高压安全防护。
2) 拔出限位插件,断开高压母线正极和负极。
3) 安装维修开关。
4) 安装辅助蓄电池负极,按下电源开关。
5) 将万用表置于直流电压档(图1-4)。

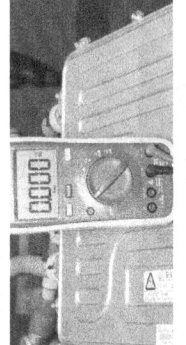

图1-4 将万用表置于直流电压档

测量动力蓄电池高压接线柱电压(图1-5)。充满电的比亚迪e6动力蓄电池总电压应为316.8V左右。

6) 如果母端电压值不在正常范围内,则检查高压配电盒及高压线路。如果正常,则更换驱动电机控制器与DC/DC变换器总成。

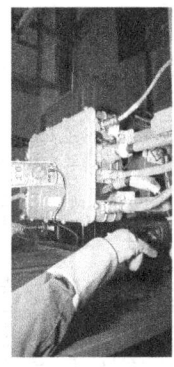

图1-5 测量动力蓄电池高压接线柱电压

检查动力蓄电池输出电压:

数据是否正常:

如果不正常,可能原因:

解决方法:

备注:

知识点二：整车控制器的更换

(1) 整车控制器的拆卸

无法正常供电故障，有可能是整车控制器故障所致，整车控制器的拆卸步骤为（在拆卸前必须进行高压中止与检验，做好高压安全防护）：

1) 取下储物盒左侧和右侧塑料卡扣。
2) 将储物盒木杯垫掀开，松开十字自攻螺钉。
3) 拆下储物盒底部 2 个自攻螺钉（图 1-6）。
4) 取出储物盒总成。

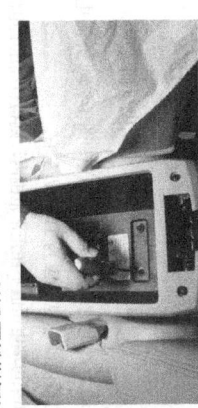

图 1-6 拆下储物盒底部 2 个自攻螺钉

5) 拆下整车控制器的 2 个插接器。
6) 拆下整车控制器的 3 个固定螺栓。
7) 取出整车控制器（图 1-7）。

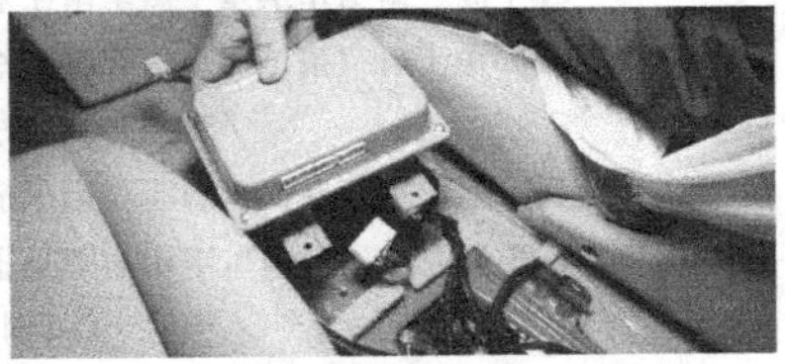

图 1-7 取出整车控制器

2. 整车控制器的更换

整车控制器的拆卸		
1	高压中止与检验：	
2	进行高压安全防护：	
3	整车控制器的拆卸：	

实训手册

(2) 整车控制器的安装
拆卸下旧的整车控制器后,需要将新的整车控制器安装到位,步骤如下:
1) 将整车控制器放入地板指定安装位置。
2) 安装整车控制器的3个固定螺母。
3) 安装整车控制器的2个插接器。
4) 安装扶手箱。
5) 安装扶手箱底部的2个自攻螺钉。
6) 佩戴绝缘手套,安装维修开关。
7) 安装点烟器底座总成(图1-8)。
8) 安装固定螺栓。
9) 放入扶手箱垫,关闭扶手箱盖。
10) 将扶手箱水水垫掀开,安装自攻螺钉。
11) 安装扶手箱左侧和右侧塑料卡扣。
12) 安装低压蓄电池负极。
13) 进行修复后的检验。

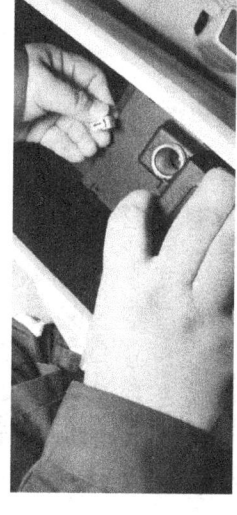

图1-8 安装点烟器底座总成时要插入点烟器、USB 插接器

	整车控制器的安装	
1	整车控制器的安装:	
2	修复后的检验:	

备注:

知识点三：漏电传感器的诊断

无法正常供电反整车低压线束供电是否正常，漏电传感器的诊断步骤如下：

① 检查辅助蓄电池电压故障，有可能是出现了漏电故障，漏电传感器的诊断步骤如下：
1) 打开万用表，置于直流电压档。
② 红黑表笔分别接在辅助蓄电池的正负极，读取电压值。标准电压值为11~14V。若电压值低于11V，在进行下一步检查之前，应充电或更换辅助蓄电池或检查整车低压线束。
2) 取出诊断仪，连接好诊断仪。
3) 打开车辆电源到ON档。
4) 读取车型信息及数据流。
5) 戴好绝缘手套。
6) 断开漏电传感器插接器。
7) 漏电负极搭铁，打开万用表，置于电阻档。
8) 万用表负极搭铁良好。
9) 万用表置于电压档，红表笔测量2号端子的搭铁电压，标准电压为9~16V（测量时应保持车辆电源在ON档）。
10) 如果电压正常，蓄电池管理器供电正常，置于电阻档，继续测试蓄电池管理器。
11) 万用表负极搭铁，打开万用表，置于电阻档，确认万用表负极搭铁良好。
12) 万用表置于电压档，红表笔测量蓄电池管理器到漏电传感器的供电端子的搭铁电压，标准电压值为9~16V。如果在此范围内，则线束结束，更换蓄电池管理器。如果不在此范围内，则需要更换电源管理模块总成。

3. 漏电传感器的诊断

漏电传感器的诊断

记录：

辅助蓄电池电压：

故障码：

相关数据流：

传感器2号端子的对地电压：

蓄电池管理器到漏电传感器的供电端子的对地电压：

数据是否正常：

如果不正常，可能原因：

解决方法：

注意：必须遵守安全流程和规则，违规可能引发严重事故。

任务与评价

车辆无法正常供电故障诊断任务评价表

考核项目		考核内容	考核要求	配分	评分标准	小组互检	教师检查	备注
项目1	1							
	2							
项目2	1							
	2							
项目3	1							
	2							
合作								
其他		违反安全操作规定，酌情扣1~5分						
		总分						

掌握情况：

教师评价：

案例：整车无法上"OK"电故障

1）故障描述。夜班正常，早班进行交接后出现无法上"OK"电现象，同时仪表显示动力蓄电池断开故障灯，仪表显示车辆处于通电状态，但是整车没有充电，处于待运行状态，里程数为 76815km。

2）原因分析。

① 故障诊断仪诊断为充电装置吸合。

② 测量蓄电池口采样线，高电压有效，测量蓄电池管理器第11端子为充电口采样时第11端子的电压为2.4V，正常情况下在没有插入充电装置时第11端子应该是0。

拔掉充电装置通信接口，测试蓄电池管理器第11端子与充电通信口电阻正常，无短路。

初步判断：拔掉充电装置通信口，蓄电池管理器故障重现，判定不是充电装置故障。

③ 拔掉仪表线测试，拔掉仪表线束测试，故障模式重现，依然无法起动车辆。

④ 检查从蓄电池管理器到仪表的线束。检查时发现前排右侧地板有积水，而且右侧地板线束转接左侧地板线束的插接器浸泡在积水中，判定插接器泡水导致功能混乱。

故障判定：驾驶鞋进水导致插接器泡水，进而使功能混乱。

任务评价

工作任务：车辆无法正常供电故障诊断		班级			
		姓名		学号	
序号	项目及技术要求	标准	第几次通过		
1	典型故障码诊断与排除	排除欠电压保护与过压保护	第一次	第二次	第三次
2	整车控制器的更换	整车控制器能正常工作	第一次	第二次	第三次
3	漏电传感器的诊断	诊断是否漏电	第一次	第二次	第三次

*任务拓展

描述常见高压系统漏电故障的诊断与排除方法。

任务二　车辆加速无响应故障

整车控制器的主要功能：整车控制模式判断和驱动控制、整车能量优化管理、整车通信网络管理、制动能量回馈控制、故障诊断和处理、车辆状态监测与显示等。参考纯电动汽车整车控制七功能图进行故障分析（图2-1）。

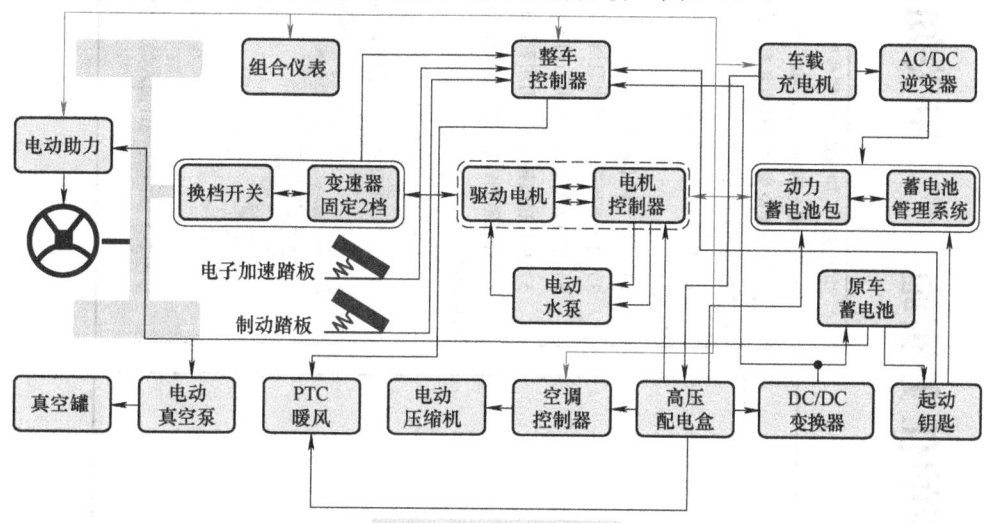

图 2-1　整车控制器功能

新能源汽车技术 第2版

车辆加速无响应故障诊断的任务实施

相关知识

知识点一：加速踏板位置传感器电压检测

加速踏板应无响应故障，除了整车控制器的问题外，还有可能与加速踏板位置传感器信号有关。因此，首先对加速踏板位置传感器电压进行检测，检测方法如下：

1) 万用表连接好测试线，正极连接测试针，负极连接测试夹。
2) 打开车辆电源开关。
3) 打开万用表，置于电阻档。
4) 正负表笔短接，校准万用表。
5) 将负极线搭铁，将万用表置于电压档。
6) 红表笔测试针插入加速踏板插接器的1号端子（信号1），如图2-2所示。

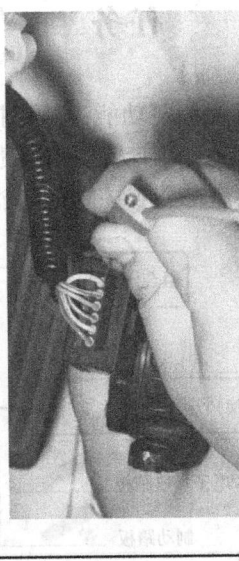

图2-2 红表笔测试针插入加速踏板插接器的1号端子

1. 加速踏板位置传感器电压的检测

故障症状	车辆加速无响应

记录：

1号端子（信号1）信号电压：

2号端子（参考电源1）电源电压：

3号端子（参考电源2）电源电压：

4号端子（信号2）信号电压：

10

7）读取信号电压值。
8）缓慢踩下加速踏板，可以看到电压值慢慢变大；缓慢松开加速踏板，可以看到电压值慢慢变小。
9）红表笔测针插入加速踏板插接器的2号端子（参考电源1）。
10）读取电压值，电压值在4.5～5.5V，缓慢踩下加速踏板，电压值不变。
11）红表笔测针插入加速踏板插接器的3号端子（参考电源2）。
12）读取电压值，电压值在4.5～5.5V，缓慢踩下加速踏板，电压值不变。
13）红表笔测针插入加速踏板插接器的4号端子（信号2）。
14）读取电压值。
15）缓慢踩下加速踏板，可以看到电压值慢慢变大；缓慢松开加速踏板，电压值变小。
16）红表笔测针插入加速踏板插接器的5号端子（搭铁1）。
17）读取电压值，电压值接近0，缓慢踩下加速踏板，电压值不变。
18）红表笔测针插入加速踏板插接器的6号端子（搭铁2）。
19）读取电压值，电压值接近0，缓慢踩下加速踏板，可以看到电压值不变。

5号端子（搭铁1）电压:	
6号端子（搭铁2）电压:	
数据是否正常:	
如果不正常，可能原因:	
解决方法:	

备注：

知识点二：加速踏板位置传感器电阻检测

车辆加速无响应故障，还需要对加速踏板位置传感器电阻进行检查，检查方法如下：

1) 万用表连接测试线，打开万用表，置于电阻档，校准万用表。
2) 在加速踏板的 1 号端子和 6 号端子引出导线（图 2-3）。

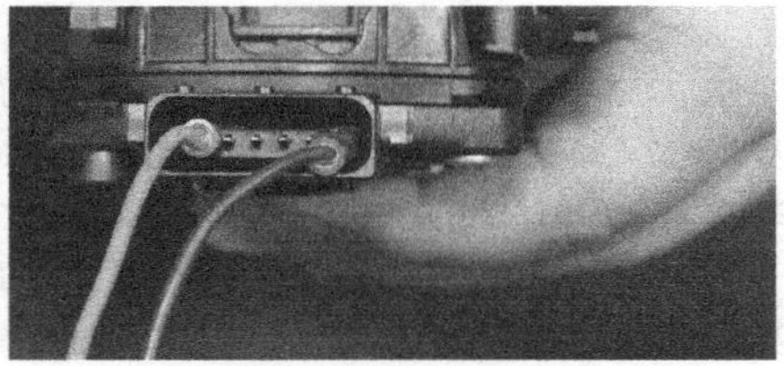

图 2-3 加速踏板的 1 号端子和 6 号端子引出导线

3) 红黑表笔分别连接 1 号端子和 6 号端子引出导线，读取电阻值，不得断路或短路。
4) 在加速踏板的 1 号端子和 2 号端子引出导线，红表笔连接 1 号端子引出导线，黑表笔连接 1 号端子引出导线。
5) 读取电阻值，不得断路或短路。
6) 在加速踏板的 2 号端子和 6 号端子引出导线。
7) 红黑表笔分别连接 2 号端子和 6 号端子引出导线，读取电阻值。
8) 缓慢踩下加速踏板，可以看到电阻值慢慢变大。
9) 缓慢松开加速踏板，可以看到电阻值慢慢变小。

2. 加速踏板位置传感器电阻的检测

故障症状	车辆加速无响应
记录：	
1 号端子和 6 号端子电阻：	
1 号端子和 2 号端子电阻：	
2 号端子和 6 号端子电阻：	
3 号端子和 5 号端子电阻：	
3 号端子和 4 号端子电阻：	

实训手册

10）在加速踏板的 3 号端子和 5 号端子引出导线。
11）红黑表笔分别连接 3 号端子和 5 号端子引出导线，读取电阻值，不得断路或短路。
12）在加速踏板的 4 号端子引出导线，黑表笔连接 4 号端子引出导线，红表笔连接 3 号端子引出导线。
13）读取电阻值，不得断路或短路。
14）在加速踏板的 4 号端子引出导线，黑表笔连接 4 号端子引出导线，红表笔连接 5 号端子引出导线。
15）读取电阻值，不得断路或短路。
16）在加速踏板的 4 号端子引出导线。
17）红黑表笔分别连接 4 号端子和 5 号端子引出导线，读取电阻值。
18）缓慢踩下加速踏板，可以看到电阻值慢慢变大。
19）缓慢松开加速踏板，可以看到电阻值慢慢变小（图2-4）。

图 2-4 松开加速踏板观察电阻值变化

4 号端子和 5 号端子电阻：

数据是否正常：

如果不正常，可能原因：

解决方法：

备注：

任务与评价

案例：比亚迪 e6 整车无动力输出

1) 故障描述。2011 年 7 月 12 日，车辆行驶里程 93193km，7 月 11 日出现无动力输出故障，车辆被拖回 4S 店后，在 7 月 12 日试车时有动力输出，但输出动力严重不足。

2) 原因分析。
① 利用 ED400 故障诊断仪读取车辆系统，未读取到故障码。
② 换用计算机读取系统故障，发现 P 档在锁止与非锁止状态之间连续跳变。
③ 安排驾驶人在 107 国道上试车超过 30min，在切换 P、D、N、R 档过程中，计算机读取到故障，P 档锁止与非锁止状态之间连续跳变。
④ 车辆开回 4S 店后，在故障跳变过程中，下车推车，车辆处于锁止状态。
⑤ 在拆卸 P 档控制器过程中，发现 P 档控制器与地板配合处极水浸泡，拆卸 P 档控制器后发现插接器孔里都是水。
⑥ 进水原因：发现地板上有几处堵盖已经松脱。

初步判断：P 档控制器故障。
故障判定：P 档控制器进水导致产品功能失效（图 2-5）。

图 2-5 P 档控制器进水

车辆加速无响应故障诊断任务评价表

考核项目	考核内容	考核要求	评分标准	配分	小组互检	教师检查	备注
项目 1	1						
	2						
项目 2	1						
	2						
合作							
其他	违反安全操作规定，酌情扣 1～5 分						
总分							

掌握情况：
教师评价：

任务评价

工作任务：车辆加速无响应故障诊断

班级		姓名		学号	
序号	项目及技术要求	标准	第几次通过		
			第一次	第二次	第三次
1	加速踏板位置传感器电压的检测	检查电压并进行数据分析			
2	加速踏板位置传感器电阻的检测	检查电阻并进行数据分析			

*任务拓展

描述常见车辆加速无响应故障的诊断与排除方法。

任务三　CAN 总线通信故障

CAN 总线通信模式，如图 3-1 所示。

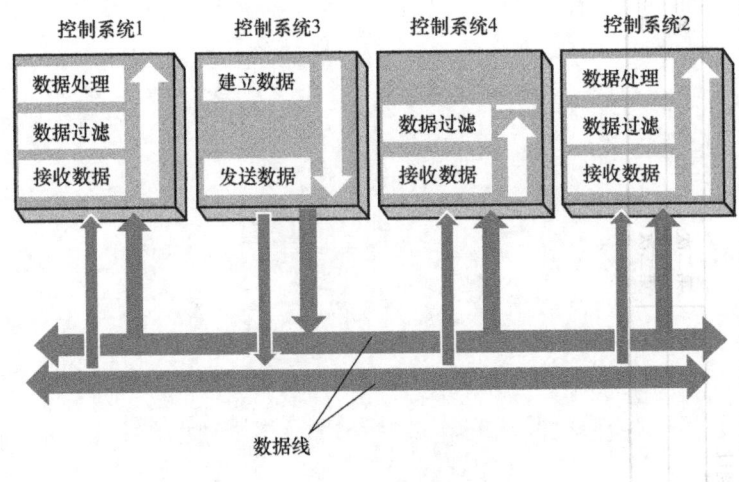

图 3-1　CAN 总线通信模式

参考纯电动汽车整车 CAN 总线控制网络图和网络架构进行故障分析，如图 3-2、图 3-3 所示。

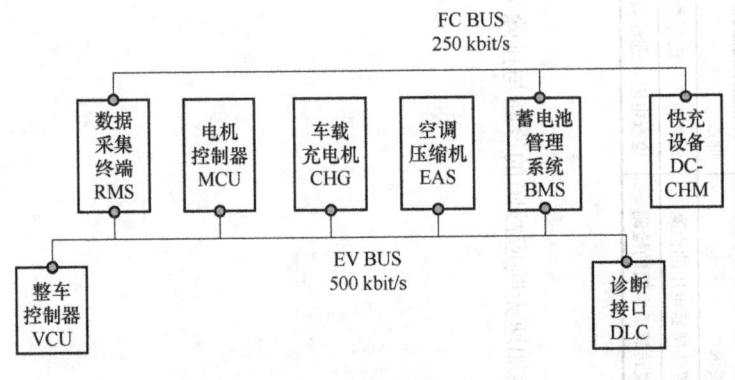

图 3-2　整车 CAN 总线控制网络

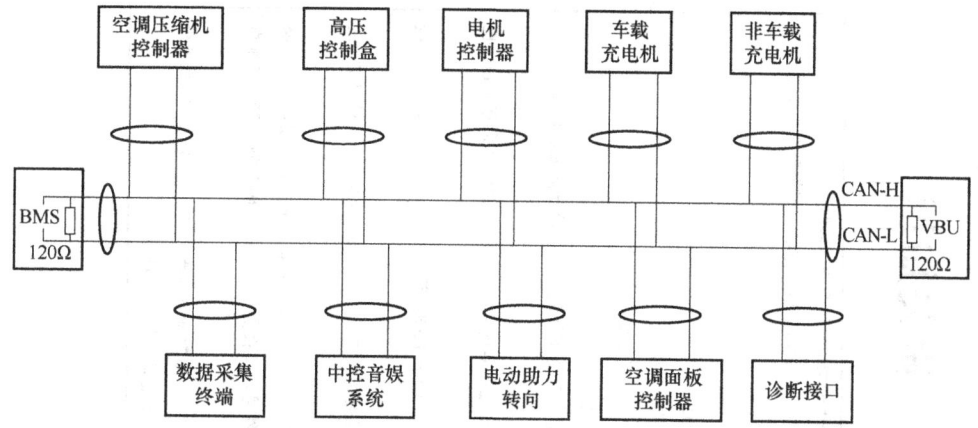

图 3-3 整车 CAN 网络架构

车辆 CAN 总线通信故障诊断的任务实施 相关知识

知识点一：整车控制器通信故障的诊断

1）整车控制器通信故障。检测方法为，根据整车控制器端子定义，检查以下端子：

Pin1：ACC—点火开关 ACC 档
Pin2：GND—地
Pin3：BAT—整车常电
Pin4：ON—点火开关 ON 档
Pin5：GND—地

维修：可能原因有整车控制器供电保险丝熔断、线束断开、插接器退针等。

2）仪表到整车控制器的新能源 CAN 总线线束有问题，直接维修线束即可。

整车控制器线束端子 Pin8：新能源 CAN-H——对应仪表线束端子 Pin10。

整车控制器线束端子 Pin9：新能源 CAN-L——对应仪表线束端子 Pin11。

3）整车控制器与车型不匹配或者整车控制器损坏。检查整车控制器的零部件号，直接更换可用的正确的整车控制器的零部件即可。

4）仪表与车型不匹配或者仪表损坏。检查仪表的零部件号，直接更换可用的正确车型的仪表即可。

1. 整车控制器通信故障的诊断

故障症状	整车控制器通信故障
记录：	
数据是否正常：	
如果不正常，可能原因：	
解决方法：	

备注：

2. 仪表显示整车故障时的诊断流程

故障症状	仪表显示整车故障
记录：	
整车控制器的供电是否正常：	
低压电气盒中整车控制器的各个供电熔丝是否正常：	
OBD诊断口与整车控制器的CAN总线线束连接是否牢固、正常：	
整车控制器是否正常：	

知识点二：仪表显示整车故障时的诊断流程

(1) 检修前提

车辆必须能够与故障诊断仪通信，如果故障诊断仪无法连接车辆，则按以下顺序排查：

1) 使用万用表，检查整车控制器的供电通信，包括ACC电、ON档电、常电。同时，需要检查低压电气盒中整车控制器的各个供电熔丝是否正常。

2) 使用万用表，检查OBD诊断口与整车控制器的CAN总线线束连接是否牢固、正常。

3) 如果以上都正常，则更换全新的整车控制器。

4) 排查结束，故障诊断仪将顺利与整车控制器建立CAN总线通信连接。

5) 进入诊断界面，按照流程进行其他故障的定位、排查、维修，最后清除故障码，试车，将车辆交还用户。

19

(2) 诊断流程（图3-4）

1) 读取故障码。
2) 读取冻结帧。
3) 读取数据流。
4) 维修。
5) 清除故障码。
6) 关闭点火开关，再打开点火开关并置于ON档，再次读取故障码，确认故障清除，维修完成。

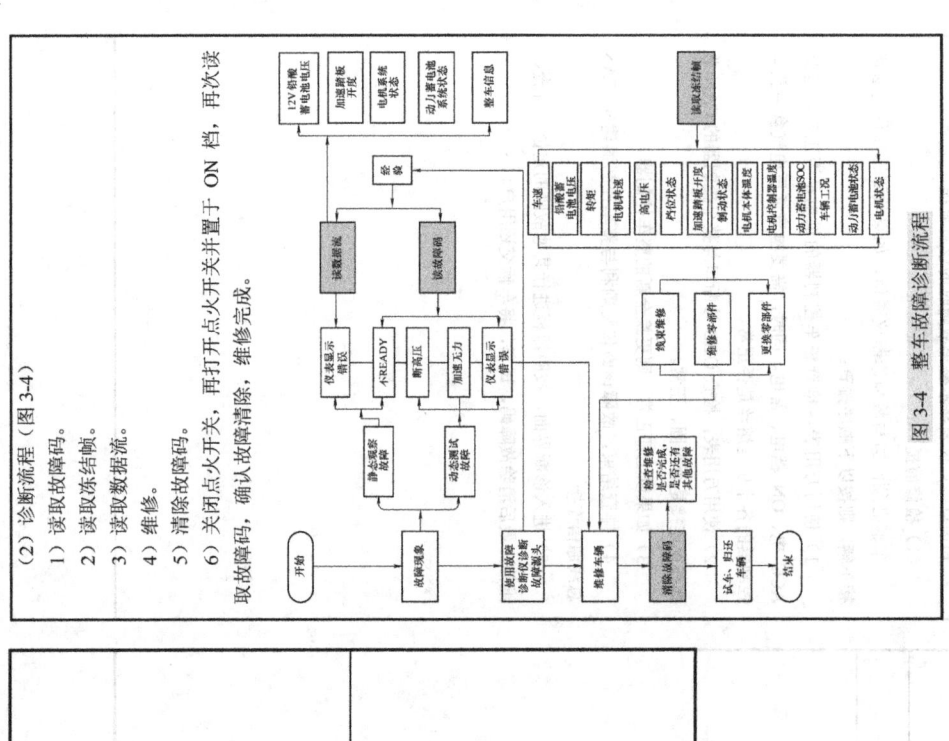

图3-4 整车故障诊断流程

读取故障码：

读取冻结帧：

读取数据流：

数据是否正常：

OBD系统工作是否正常，如果不正常，可能原因：

解决方法：

备注：

案例：CAN 系统终端电阻的测量

1) 找到诊断插头 H 和 L 端子。如图 3-5 所示，查看诊断插头 H 和 L 端子的序号（6 号端子为 H，14 号端子为 L）。

图 3-5 找到诊断插头高低 CAN 端子

2) 点火开关置于 ON 档。

3) 万用表置于电阻档 200Ω。

4) 如图 3-6 所示，测量 CAN 终端电阻，两表笔分别连接高低 CAN 端子（6 号端子和 14 号端子），标准值为 60Ω 左右。

图 3-6 测量 CAN 总线电阻

任务与评价

车辆 CAN 总线通信故障诊断任务评价表

考核项目		考核内容	考核要求	配分	评分标准	小组互检	教师检查	备注
项目 1	1							
	2							
项目 2	1							
	2							
合作								
其他		违反安全操作规定，酌情扣 1~5 分						
总分								

掌握情况：

教师评价：

任务评价

工作任务：车辆 CAN 通信故障诊断

班级		姓名		学号	
序号	项目及技术要求	标准	第几次通过		
			第一次	第二次	第三次
1	整车控制器通信故障的诊断	检查数据分析			
2	仪表显示整车故障时的诊断流程	检查数据分析			

*任务拓展

描述常见车辆 CAN 总线通信故障的诊断与排除方法。

任务四　更换动力蓄电池

（一）安全规定

1）动力蓄电池单元修理工位必须洁净（无油脂、无污物、无碎屑）、干燥（无溢出液体）且无飞溅火花（不靠近车身维修区域）。因此，必须避免紧靠车辆清洗场所（清洗车间）或车身修理工位。若有可能应使用活动隔板进行隔离。

2）为了防止有人（资质不够者、客户、到访者等）未经授权进入工位，以及无法确保高电压标识安全或出现不明状态时，应使用隔离带。离开工作区域时建议竖立发光黄色警告标识。

3）拆卸盖板前，应清除动力蓄电池单元盖板区域内的残留水分和粗杂质。

4）进行每项工作前、中、后应对作业组件仔细检查。例如拆卸某一组件时，应检查由此松开的其他组件是否损坏。

提示：壳体或内部高电压组件损坏时，必须联系技术支持部门或生产厂家，微小划痕情况除外。为安全起见，应立即停止动力蓄电池单元作业。取下塑料盖板后不允许再进行组装，必须通知技术支持部门。

5）为修理动力蓄电池单元而打开壳体端盖后，首先应目视检查是否存在机械损伤。

6）在打开的动力蓄电池单元内进行作业前，必须使固定在壳体内部、动力蓄电池模块 4 与 5 之间的高电压导线与接口侧断开，从而断开串联连接。

7）拔下和插上蓄能器管理电子装置（SME）的绝缘监控导线时必须特别小心，因为在较细导线上存在高电压。拔下插头时必须注意，不要拉动导线。

8）插上 SME 绝缘监控导线的插头时必须检查插头是否正确锁止。如果未正确锁止，则可能无法识别绝缘故障。

9）工作中断时，应盖上拆下的壳体端盖，并通过拧入螺栓防止无意间打开。用隔离带隔开工作区域。

10）在高电压组件或连接件上（或在其附近），不要使用带有尖锐刃口或边缘的工具或物体。例如禁止使用螺钉旋具、侧面切刀、刀具等。允许使用装配楔（鱼骨）。在 12 V 车载网络导线上允许使用侧面切刀打开导线扎带。

11）不允许切开高电压导线上的扎带。可以松开卡子或将高电压导线连同支架部件一起拆卸。

12）拆卸和安装动力蓄电池模块时，松开螺栓和拆卸时必须注意，不要松开动力蓄电池模块上的塑料盖板，下面装有动力蓄电池导电接触系统。

13）动力蓄电池单元内部有杂质时，明确原因后应对相关部位进行仔细清洁。允许使用以下清洁剂：①酒精；②风窗玻璃清洗液；③普通玻璃清洗液；④蒸馏水；⑤带塑料盖的吸尘器。

14）不要将任何工具遗忘在设备内，关闭壳体端盖前，检查工具箱内的工具是否完整。

15）丢失或掉落在动力蓄电池单元内的小部件或螺栓务必取出。为确保修理动力蓄电池单元时不丢失螺栓，建议使用磁力工具。

16）热交换器采用扁平设计导致拆卸和安装时损坏风险较高，因此必须始终由两个人来拆卸和安装热交换器。操作时必须非常谨慎，因为热交换器损坏（弯曲、凹陷）后无法确保对动力蓄电池模块进行冷却。这样会使车辆续驶里程和功率明显下降。重新安装前必须使用规定清洁剂清洁密封垫和密封面（排气单元、高电压插头、12V 插头、热交换器接口）。

17）电解液的主要部分结合在固体阴极材料锂镍锰钴氧化物和固体阳极材料石墨内。动力蓄电池单元内的自由电解液量非常少。出现泄漏情况时可能会释放电解液和溶剂蒸气。接触皮肤或眼睛后需用大量清水冲洗并马上就医。发生火灾时主要会产生易燃气体、污浊气体和对人体健康有害的物质，例如一氧化碳、二氧化碳、氢气和碳氢化合物。注意切勿吸入，应供给充足新鲜空气。呼吸停止时应进行人工呼吸并马上就医。发生火灾时应通知消防部门，立即清理受影响区域并保护事故地点。在不造成人员伤害的情况下进行灭火并使用合适的灭火剂（例如水）。

（二）对电气和机械诊断的要求

① 分析影响拆卸的故障（例如双重接触器贴标）。
② 分析无法准确说明动力蓄电池单元内部状态的故障（例如内部绝缘）。
③ 根据检测计划（诊断）确定修理措施并打印位置图。

注意： 只有完成动力蓄电池单元修理工作后才允许删除故障码存储器的记录。

④ 需要更换动力蓄电池模块时，应确定正常动力蓄电池模块的充电状态和电压水平。

⑤ 更换所有动力蓄电池模块时，以新动力蓄电池模块的充电状态作为参考。读取时，将充电器/放电器置于容器内至少 48h，之后才允许进行最终废弃处理。

⑥ 更换所有动力蓄电池模块时，以新动力蓄电池模块的充电状态作为参考。读取时，将充电器/放电器连接在新动力蓄电池模块上，读取充电状态/电压，以此作为所有其他动力蓄电池模块的电压。

⑦ 目视检查处于安装状态的壳体、接口及排气单元是否存在污物和损坏。排气单元隔膜损坏可能是动力蓄电池损坏所致。如果是这种情况，则打开动力蓄电池单元进行内部结构检查时要特别小心。

⑧ 完成维修后，在诊断系统内启动服务功能"高电压蓄电池单元试运行"。通过 EoS 测试仪输入，并通过 DMC 读取检测码。所更换组件的序列号和安装位置通过蓄能器管理电子装置传输至诊断系统并记录在 FASTA 内。由诊断系统授权接触器。随后读取故障码存储器记录。最后将动力蓄电池单元充满电。

拆卸动力蓄电池准备工作任务实施

相关知识

知识点一：认识警示标识

1) 高电压系统部件警示标签。高压部件标签总是以英语和所属国语言的形式贴在动力蓄电池或高压部件上面，如图4-1所示。

图 4-1 警示高电压危险勿触

每个高电压组件的壳体上都带有一个标识，售后服务人员或车主可以通过标识很直观地看出高电压可能带来的危险，如图 4-2 所示。

图 4-2 高电压组件壳体上的标识

1. 安全工作区设置

安全工作区设置步骤

序号	步骤	设置内容	要求	使用工具	使用设备

2) 车间警示标识和设备。在开始检修混合动力汽车前，必须保证工作地点的安全。因此必须把警告牌和安全警示牌放在车内容易看到的地方，以提醒人们注意高电压的危险性，如图4-3所示。

图 4-3 警告牌

知识点二：摆放警示牌

要将维修的车辆放在专用的安全工作区内，并放好安全警示牌（图4-4）。

图 4-4 安全工作区

安全工作区设置步骤

序号	步骤	设置内容	要求	使用工具	使用设备

备注：

实训手册

操作注意事项：

所有橙色导线均带高电压，可能危及生命：

① 不得将喷水软管和高压清洗装置直接对准高电压部件、润滑脂和触点清洗剂等。
② 高电压插头上不可使用机油、润滑脂和触点清洗剂等。
③ 在高压导电部件附近进行检修工作时，必须先让系统断电。
④ 在进行焊接、用切削工具加工以及使用尖锐工具操作时，必须先让系统断电。
⑤ 所有已松开的高电压插头必须严防进水和污物（图4-5）。

图4-5 所有橙色的线均带高压，可能危及生命！

部分新能源汽车的动力蓄电池组的额定电压为201.6V或500V，发电机和电动机发出（或使用）的电压为500V。在电路系统中，高压电路的线束和插接器都为橙色，而且动力蓄电池等高压部件都贴有"高压"的警示标志，注意不要触碰高压电缆。在检修过程中一定要严格按照正确的步骤操作。

2. 认知高电压系统时的注意事项

高电压系统检测和检修的注意事项

步骤	检测条件	检测内容	检测要求

备注：

检修过程中（例如安装或拆卸零部件，对车辆进行检查等）必须注意以下几点：

1) 对高电压系统进行操作时首先应将车辆电源开关关闭。
2) 戴好绝缘手套（戴绝缘手套前一定要检查手套，不能有破损、不能有裂纹、老化的迹象，也不能是湿的），如图4-6所示。

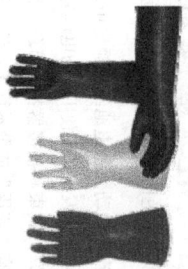

图4-6 戴好绝缘手套

3) 将辅助蓄电池的负极电缆断开（此前应查看故障码，有必要的话将故障码保存或记录下来，断开与传统内燃机汽车一样，断开蓄电池负极，故障码将被清除）。
4) 拆下维修开关，并将维修开关放在衣裳里妥善保管，这样可以避免其他人员误将维修开关装回原处，导致安全事故。
5) 拆下维修开关后不要操作维修开关，否则可能损坏混合动力 ECU。
6) 拆下维修开关，至少将车辆放置 5min 后再进行其他操作，因为至少需要 5min 的时间对变频器内的高压电容器进行放电。
7) 在对高电压系统作业时，应在醒目的地方张贴警告标志，以提醒他人注意安全。

任务与评价

安全工作区设置与高压检修人员评价表

考核项目	考核内容	考核要求	配分	评分标准	小组互检	教师检查	备注
项目1	1						
	2						
	3						
	4						
	5						
	6						
项目2	1						
	2						
	3						
	4						
	5						
	6						
	7						

8) 不要随身携带任何金属物体或其他导电体,以免不小心掉落引起线路短路。

9) 拆下高压配线后应立刻用绝缘胶带将其包好,保证其完全绝缘。

10) 一定要按规定力矩将高压螺钉端子拧紧,力矩过大或过小都有可能导致故障。

11) 完成对高电压系统的操作后,在重新安装维修开关前,应再次确认工作台周围没有遗留任何零件或工具,并确认高压端子已拧紧,插接器已捕好。

安全工作区设置与高压检修人员评价表

考核项目		考核内容	考核要求	配分	评分标准	小组互检	教师检查	备注
总结	1							
	2							
	3							
	4							
	5							
其他		违反安全操作规定,酌情扣1~5分						
				总分				

掌握情况:

教师评价:

总结: 以"简单的事重复做,你就是专家;重复的事用心去做,你就是赢家。"这句话为主题,结合检测高电压系统的心得体会,撰写工作总结。

知识点三：安全操作准则

所有安全相关问题，应防患于未然。纯电动汽车或混合动力汽车采用安全设计、相关电路安全准则限制了流入危险区或储存的电能。

通过使用各种车载安全系统，并与高电压系统的放电设备完全绝缘，可确保接触到车辆的任何人都不会接触高电压。

在车间处理新能源汽车时，应遵守以下安全规则：

1) 强烈建议仅合格人员可以处理放电设备以确保安全。
2) 必须严格遵守操作规程以确保安全。
3) 必须使用正确工具。
4) 工作时必须佩戴适当的个人防护装备。
5) 车辆必须明确归类为带电或无带电工作状态。
6) 无论工作内容如何，建议针对每辆新能源汽车或混合动力汽车签发工作许可。
7) 利用工作许可来管理负责维修纯电动汽车或混合动力汽车的工作人员，并确保以最安全的方式完成工作。

3. 预防触电事故应采取的措施

预防触电事故应采取的措施

步骤	条件	措施内容	安全要求

备注：

注意：必须遵守安全流程和规则，违规可能引发严重事故。

任务与评价

预防触电事故处理措施任务评价表

考核项目		考核内容	考核要求	配分	评分标准	小组互检查	教师检查	备注
项目1	1							
	2							
项目2	1							
	2							
合作								
其他		违反安全操作规定，酌情扣1~5分						
		总分						

掌握情况：

教师评价：

知识点四：触电事故处理采取的措施

针对触电事故，首先要做的是让触电者脱离危险，同时确保自己或工作伙伴安全。在触电事故中，每一分钟，甚至每一秒钟都性命攸关。

1) 尽量保持镇静。
2) 救援前如有可能，应切断或隔离电源，或用非导电物体（钩杆）推移拖触电者，使其远离电源。
3) 脱离危险之后，确保无其他直接危险，如火灾或其他高电压危害。
4) 联系紧急救助人员。
5) 简单描述触电类型和是否存在继发性伤害。
6) 评估伤情。
7) 侧卧位放置伤员，必要时实施急救。
8) 不要让伤员无人照顾，直到救援人员到达现场。

注意：紧急救助人员接管伤员后，必须向领导汇报事故，即使伤员未表现出触电症状，也需要请医疗专家检查，因为一些症状可能在24h后才会出现。

知识点五：安装警告标牌

使用 "警告：高压请勿触碰" 标牌警告其他技师和成维修高电压系统（图4-7）。

图 4-7 使用 "警告：高压请勿触碰" 标牌警告其他技师

知识点六：检查绝缘手套的方法

维修高压电路时佩戴绝缘手套以防止触电。使用绝缘手套前，务必执行以下程序检查其是否破裂、磨破或存在其他类型的损坏（图4-8）。

1) 将手套侧放。
2) 将开口向上卷2~3次。
3) 对折开口以将其封死。
4) 确保没有空气泄漏。

不要佩戴潮湿的绝缘手套，否则可能导致触电。

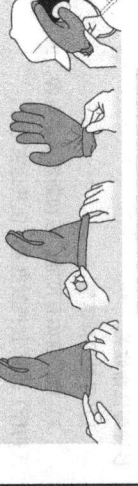

图 4-8 检查绝缘手套的方法

4. 安装警示标牌和绝缘手套检查

安装警示标牌和绝缘手套检查

步骤	条件	检查方法	安全要求

备注：

知识点七：维修开关拆卸方法

维修高电压系统前，拆下维修开关以防止触电，如图4-9所示。

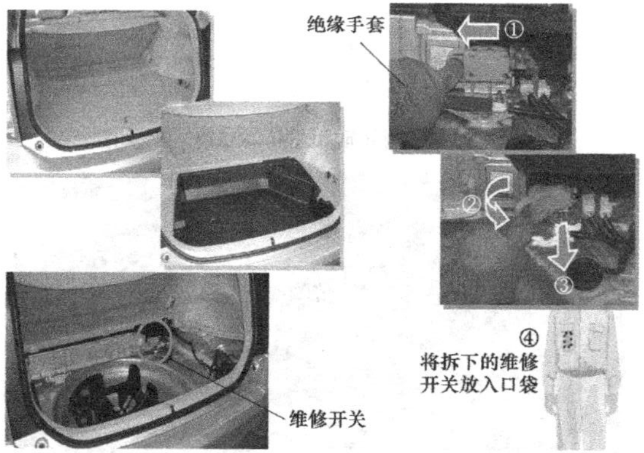

图4-9 拆卸维修开关

1) 滑动维修开关杆。
2) 向上拉维修开关杆。
3) 拆下维修开关。
4) 将拆下的维修开关放入口袋中，防止其他技师重新连接。

拆下维修开关后，触摸任何高压插接器或端子前要等待10min，使带转换器的逆变器总成内的高压电容器充分放电。

5. 拆卸维修开关

拆卸维修开关			
步骤	条件	拆卸方法	安全要求

注意：参见相应的修理手册。由于车型不同，等待的时间也可能不同。

提示：使带转换器的逆变器总成内的高压电容器充分放电至少需要等待10min。

更换动力蓄电池的任务实施

1. 检测动力蓄电池

故障症状	动力蓄电池电量过低,造成续驶里程过低故障
记录:	
检查动力蓄电池电量:	
数据是否正常:	
如果不正常,可能原因:	
解决方法:	

相关知识

知识点一:更换动力蓄电池前的准备工作

1. 检查动力蓄电池电量

无法正常供电故障,有可能是车辆进入了欠电压保护或过电压保护模式,如果通过故障诊断仪读取欠电压保护故障码或过电压保护故障码,则首先要检查动力蓄电池电量,检查方法如下:

1)打开点火开关。

2)观察仪表板右侧,看动力蓄电池电量是否大于10%(图4-10),若低于10%则应进行充电。

图4-10 检查动力蓄电池电量是否大于10%

34

2. 检查动力蓄电池输出电压

如果动力蓄电池电量正常，则再检查其输出电压，检查方法如下：

1) 进行高压中止与检验，进行高压安全防护。
2) 拔出限位插件，断开高压母线正极和负极。
3) 安装维修开关。
4) 安装辅助蓄电池负极，按下电源开关。
5) 将万用表置于直流电压档（图4-11）。

图4-11 将万用表置于直流电压档

6) 测量动力蓄电池高压接线柱电压（图4-12）。充满电的动力蓄电池总电压应为316.8V左右。
7) 如果母端高压值不在正常范围内，则检查高压配电盒及高压线路，如果正常，则更换驱动电机控制器与DC/DC变换器总成。

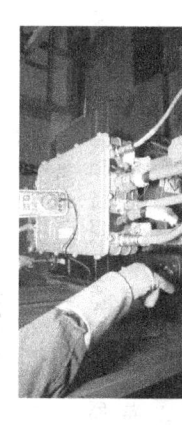

图4-12 测量动力蓄电池高压接线柱电压

检查动力蓄电池输出电压：

数据是否正常：

如果不正常，可能原因：

解决方法：

备注：

35

知识点二：

1) 检查实训场地，确认符合环境要求，举升车辆，在地面铺好绝缘垫。车辆举升后注意举升器闭锁，且需要在车辆下放置安全支撑。
2) 拆除动力蓄电池插接器遮板。
3) 找出高压线束和控制线束，应先断开控制线束，再断开高压线束（黑色线束为负极线，橙色线束为正极线）。
4) 动力蓄电池外有三个卡扣，解锁步骤如下：
① 拉出蓝色卡扣到最大位置。
② 按压卡扣2，同时向外拔出插接器护套，贴近蓝色卡扣。
③ 按压卡扣3，同时向外拔出插接器护套，即可脱离动力蓄电池（图4-13）。

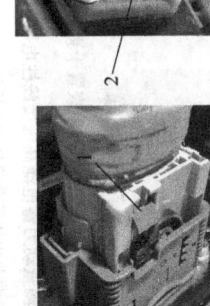

图4-13 动力蓄电池正、负极的拆装方法
1、2、3—卡扣

插头对准插座插入，插好后把插接器护套推到插座根部，把蓝色锁扣推回锁止位置。

2. 高压系统的断电与上电操作

高压系统的断电			
步骤	条件	方法	安全要求

5) 用万用表测量动力蓄电池正、负极电压,正常值应为0。
6) 对动力蓄电池箱高压正、负极插接器进行放电(图4-14)。
7) 对高压线束端的正、负极插接器进行同样放电操作。
8) 用万用表测线束两端电压,确认电压为0。

图4-14 动力蓄电池的插接器

以上为高压安全断电8步法,是后续所有高压安全操作、维修的基础,学员务必掌握并能独立、正确地完成。

高压系统的上电			
步骤	条件	方法	安全要求

知识点三：动力蓄电池的更换方法

注意事项：根据售后服务岗位能力要求，请小组成员利用实训用设备，完成动力蓄电池的更换。

不同品牌、不同类型的动力蓄电池有不同的技术要求，因此在拆装过程中必须按照技术标准操作，以下以北汽纯电动汽车为例进行说明。

1）将维修车辆开进安全隔离区，并放置安全警示牌，如图 4-15 所示。

图 4-15 设置安全隔离

2）放置安全标志，如图 4-16 所示。

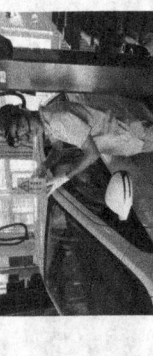

图 4-16 放置安全标志

3. 更换动力蓄电池

	更换动力蓄电池	
1	注意事项：	
2	车辆进入安全隔离区：	
3	设置安全标志：	

3）检查并穿戴个人安全防护用品，如图 4-17 所示。

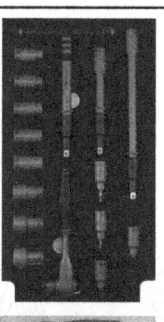

图 4-17　个人安全防护用品　　图 4-18　检查并调校设备仪器　　图 4-19　检查绝缘工具

4）检查并调校设备仪器，如图 4-18 所示。检查绝缘工具，如图 4-19 所示。

安全防护用品		
1	穿戴个人安全防护用品：	
2	检查并调校设备仪器和绝缘工具：	

备注：

知识点四：辅助检查

1）检测绝缘垫对地绝缘性，如图4-20所示。

图4-20 检测绝缘垫对地绝缘性

2）做好车辆防护，如图4-21所示。

图4-21 车辆防护

3）检查举升机。

车辆防护和举升		
1	检测绝缘垫对地绝缘性：	
2	做好车辆防护：	
3	检查举升机：	

40

实训手册

知识点五：车辆检查

1) 确认驻车制动状态，如图 4-22 所示。

图 4-22 确认驻车制动状态

2) 确认车辆处于 N 档，如图 4-23 所示。

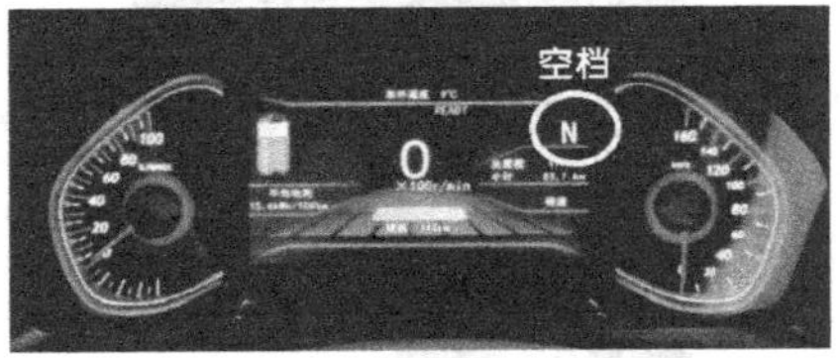

图 4-23 检查档位

3) 检查车辆举升位置，如图 4-24 所示。

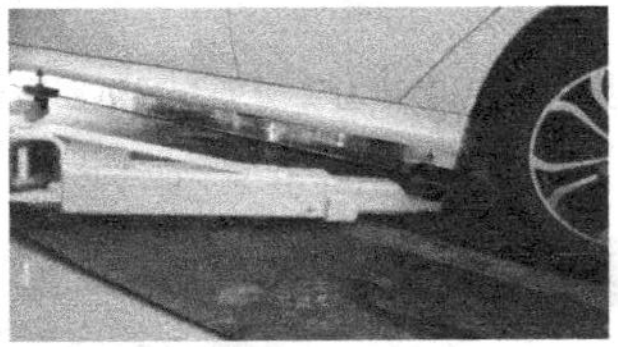

图 4-24 检查车辆举升位置

车辆的初步检查

1	确认驻车制动状态：	
2	检查档位：	
3	检查车辆举升位置：	

41

知识点六：高电压系统断电及绝缘检测

1) 关闭起动开关，断开 12V 低压电源，如图 4-25 所示。

图 4-25　断开 12V 低压电源

2) 做好蓄电池负极线防护工作，如图 4-26 所示。

图 4-26　蓄电池负极线防护

3) 断开 PDU 电路捕接器，如图 4-27 所示。

图 4-27　断开 PDU 电路捕接器

高电压系统断电及绝缘检测

1	断开 12V 低压电源：	
2	做好蓄电池负极线防护工作：	
3	断开 PDU 电路捕接器：	

42

4) 举升车辆，如图 4-28 所示。

图 4-28 举升车辆

5) 检查并拆下动力蓄电池护板，如图 4-29 所示。

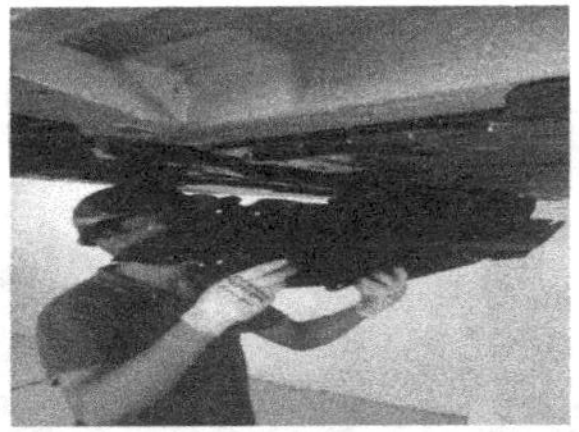

图 4-29 拆下动力蓄电池护板

6) 检查并拆卸低压控制线束插接器，如图 4-30 所示。

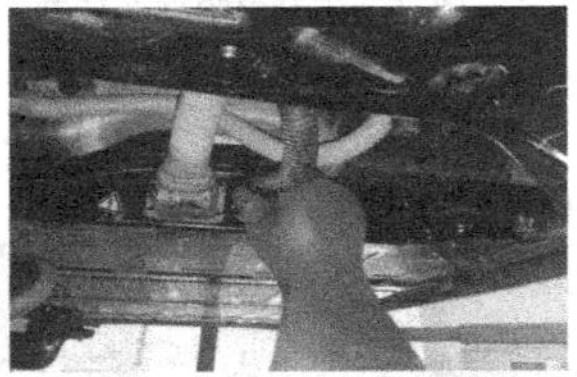

图 4-30 拆卸低压控制线束插接器

高压系统断电及绝缘检测		
4	举升车辆：	
5	拆下动力蓄电池护板：	
6	检查并拆卸低压控制线束插接器：	

7）检查并拆卸高压线束插接器，如图4-31所示。

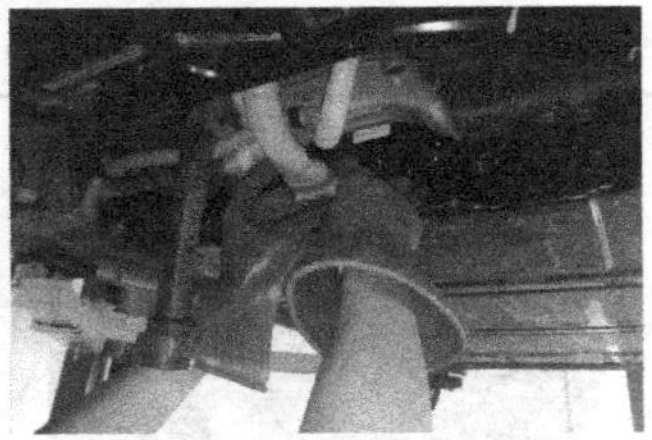

图4-31 拆卸高压线束插接器

8）用放电工装对负载进行放电，如图4-32所示。

图4-32 对负载进行放电

9）对插接器的密封性进行检测。

高压系统断电及绝缘检测		
7	检查并拆卸高压线束插接器：	
8	对负载进行放电：	
9	对插接器的密封性进行检测：	

1）推入动力蓄电池举升车，如图4-33所示。

注意：蓄电池举升车升降台不要挤压动力蓄电池。

图4-33 推入动力蓄电池举升车

2）拆卸动力蓄电池紧固螺钉，如图4-34所示。

图4-34 拆卸动力蓄电池紧固螺钉

3）放下并清洁动力蓄电池，如图4-35所示。

图4-35 放下动力蓄电池

拆卸动力蓄电池		
1	推入动力蓄电池举升车：	
2	拆卸动力蓄电池紧固螺钉：	
3	放下并清洁动力蓄电池：	

1）调整左右侧的定位销,并将动力蓄电池安装入位,如图4-36所示。

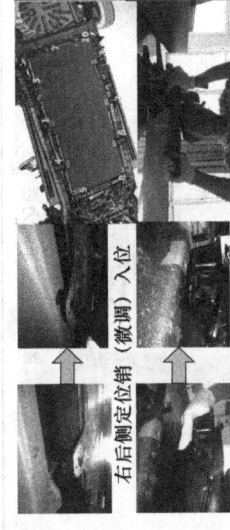

图4-36 调整左右侧的定位销

2）安装动力蓄电池高压线束插接器,如图4-37所示。

图4-37 安装动力蓄电池高压线束插接器

3）安装低压控制线束插接器,如图4-38所示。

图4-38 安装低压控制线束插接器

安装动力蓄电池	1	调整左右侧的定位销,并将动力蓄电池安装入位:
	2	安装动力蓄电池高压线束插接器:
	3	安装低压控制线束插接器:
	4	安装动力蓄电池护板:

实训手册

4) 装复 PDU 控制电路插接器，如图 4-39 所示。

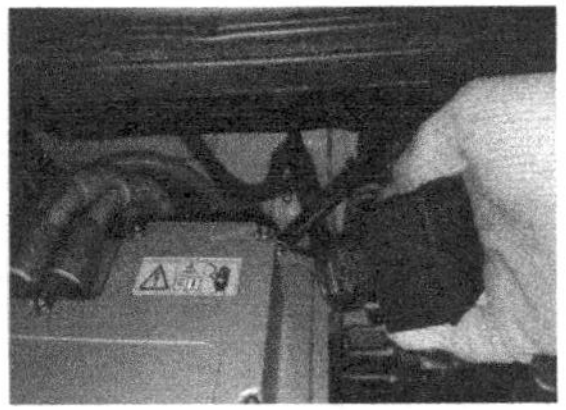

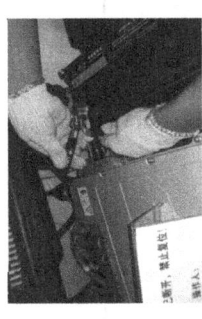

图 4-39 装复 PDU 控制电路插接器

5) 连接 12V 蓄电池负极，如图 4-40 所示。

图 4-40 连接 12V 蓄电池负极

6) 起动车辆验证是否安装正确，如图 4-41 所示。

图 4-41 起动车辆验证是否安装正确

安装动力蓄电池		
5	装复 PDU 控制电路插接器：	
6	连接 12V 蓄电池负极：	
7	起动车辆验证是否安装正确：	

47

感想：

任务与评价

更换动力蓄电池任务评价表

考核项目	考核内容	考核要求	配分	评分标准	小组互检	教师检查	备注
项目1	1						
	2						
项目2	1						
	2						
项目3	1						
	2						
合作							
其他	违反安全操作规定，酌情扣1~5分						
总分							

掌握情况：

教师评价：

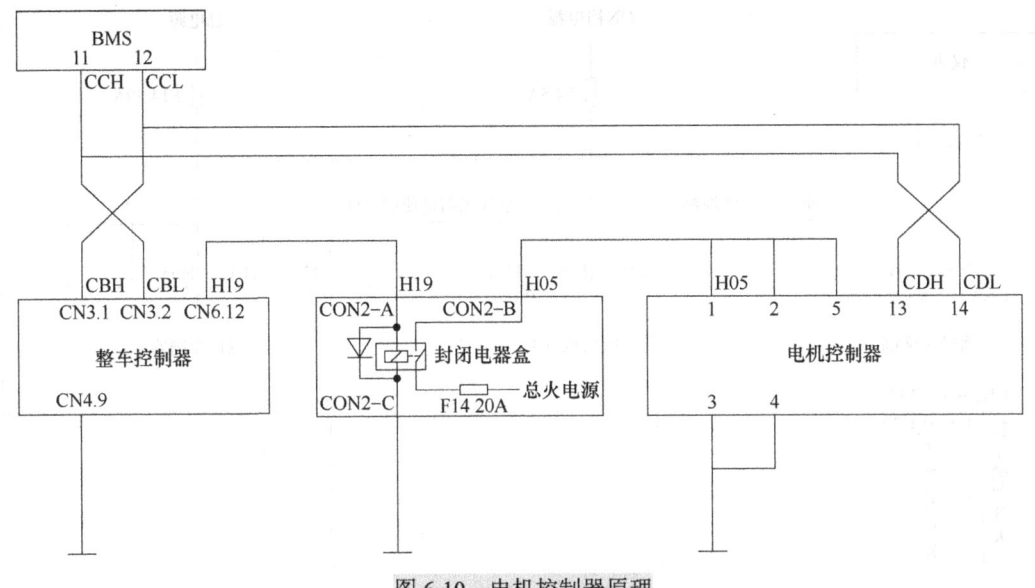

图 6-10 电机控制器原理

（3）控制策略

控制策略见表 6-2。

表 6-2 电机控制器控制策略

序 号	描 述	备 注
1	整车 ON 档电源断开	满足两个条件中任意一个，电机控制器低压供电断开
2	蓄电池系统报故障码 8 或 13	

2. 电动空气压缩机控制策略

变频电动空气压缩机为整车提供压缩气源，保证整车气制动、气动乘客门等的压缩空气需求。

整车控制器根据车辆对用气量的需求（气压下降情况）发出指令，控制变频气泵电机工作或停机，而不是始终在一个较高的速度下运行，因此基本上不做无用功。而传统燃油汽车空气压缩机始终工作，多余的压缩空气会从干燥器排气阀排出，能耗高。

（1）变频气泵电机控制器工作原理

变频气泵电机控制器工作原理如图 6-11 所示。

① 工作过程：当整车控制器判断空气压缩机满足工作条件时，整车控制器 CN6.10 孔 H21 输出 24V 高电平使能信号至电动空气压缩机油压监控 ECU，油压监控 ECU 判断空气压缩机无故障，输出 24V 高电平使能信号 H24 至电机控制器 35Pin 插件 21 孔，电机控制器控制空气压缩机工作。

② 停机过程：当整车控制器判断空气压缩机满足停机条件时，使能信号断开，空气压缩机停止工作。

（2）气泵电机控制器控制策略

气泵电机控制器控制策略见表 6-3。

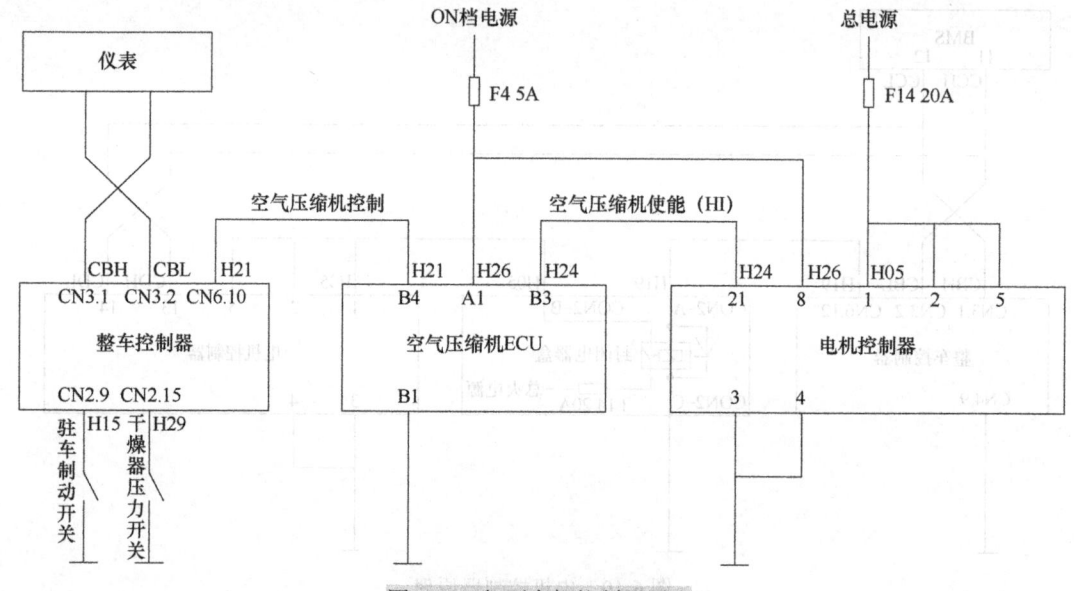

图 6-11 气泵电机控制器原理

表 6-3 气泵电机控制器控制策略

序 号	描 述	备 注
1	前后气压任一小于 650kPa	满足三个条件中任意一个，空气压缩机工作
2	前、后气压均小于 700kPa，且检测到驻车制动状态变化（由 0 变 1 或由 1 变 0）	
3	有气囊（空气悬架）传感器，气压小于 750kPa	
4	干燥口排气，气压开关闭合，输出低电平信号至整车控制器 CN2.15 孔（若开关闭合，气压达到空气压缩机工作条件时，空压机优先工作）	满足三个条件中任意一个，空气压缩机停机
5	当制动储气筒气压大于 760kPa 时，延时 120s	
6	当空气压缩机母线电流小于 6A，且前后气压均大于 760kPa 时	

3．转向电机控制器控制策略

电动转向助力系统（EPS），主要为电动汽车提供转向助力。整车控制器根据车辆状态，向五合一控制器发送指令，控制转向系统电机工作或停止，减少无转向需求时电能损耗；根据车辆运行速度自动为转向机提供最佳的助力，使车辆转向操作灵活。

（1）工作原理

转向电机控制器工作原理如图 6-12 所示。

① 工作过程：当整车控制器判断电动助力转向满足工作条件时，整车控制器 CN6.8 孔 H08 输出 24V 高电平使能信号至电机控制装置 35Pin 插件 17 孔，电机控制器控制转向电机工作。

② 停机过程：当整车控制器判断电动助力转向满足停机条件时，使能信号断开，转向电机停止工作。

（2）控制策略

转向电机控制器控制策略见表 6-4。

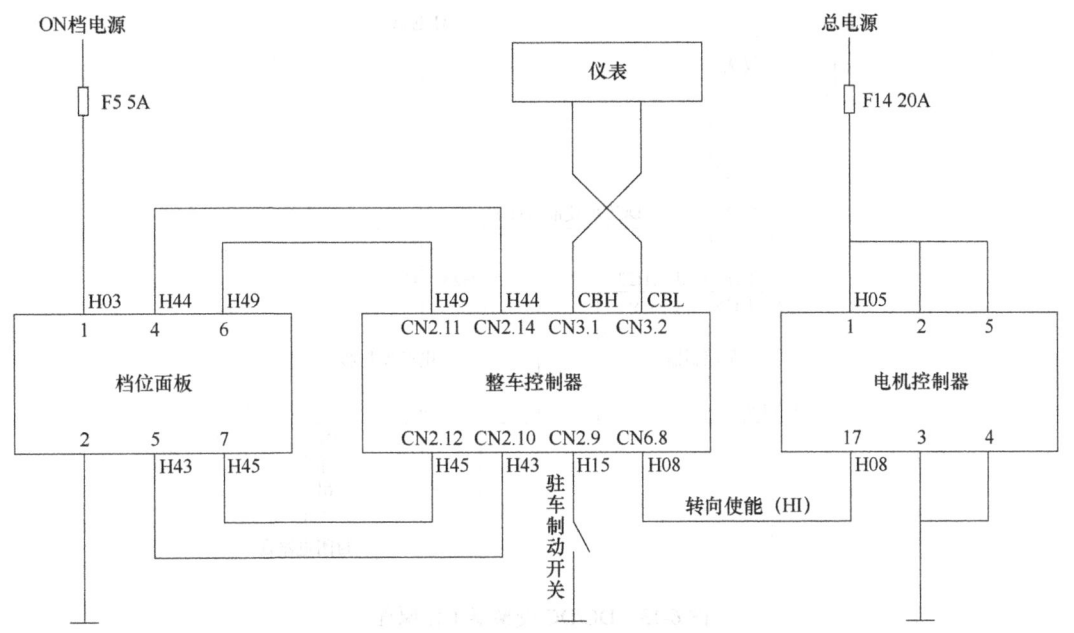

图 6-12 转向电机控制器工作原理

表 6-4 转向电机控制器控制策略

序 号	描 述	备 注
1	车速大于 3km/h	
2	驻车制动释放	满足四个条件中的任意一个，转向功能启动
3	加速踏板开度大于 0%（加速踏板开关量为 1）	
4	档位处于 L、D、R 档之一	

4．DC/DC 变换器控制策略

DC/DC 变换器在电动汽车上的作用是将动力蓄电池直流高压电变换为可供整车低压电器使用的 24V/12V 电，同时为车载 24V/12V 蓄电池充电。

（1）DC/DC 变换器工作原理

DC/DC 变换器工作原理如图 6-13 所示。

① 工作过程：当整车控制器判断高压电源满足 DC/DC 变换器工作条件时，整车控制器 CN6.9 孔 H23 输出 24V/12V 高电平使能信号至电机控制器 35Pin 插件 18 孔，电机控制器控制 DC/DC 变换器工作。

② 停机过程：当整车控制器判断高压电源不满足 DC/DC 变换器工作条件时，使能信号断开，DC/DC 变换器停止工作。

（2）DC/DC 变换器控制策略

DC/DC 变换器控制策略见表 6-5。

5．散热循环水泵控制策略

散热循环水泵主要是将电机和电机控制器内部冷却液循环至散热器进行冷却，保证电机和电机控制器工作在合理温度范围内。

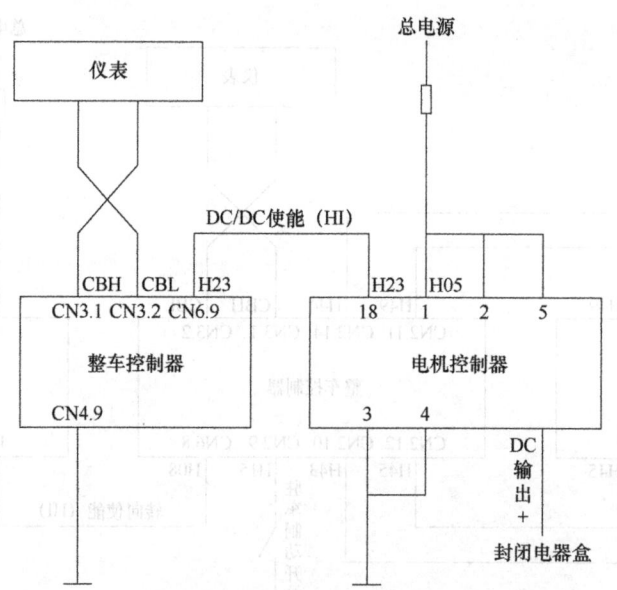

图 6-13 DC/DC 变换器工作原理

表 6-5 DC/DC 变换器控制策略

序 号	描 述	备 注
1	整车 ON 档电源断开	满足两个条件中的任意一个,DC/DC 变换器使能断开
2	动力蓄电池系统报故障码 8 或 13	

(1) 散热循环水泵控制工作原理

散热循环水泵控制工作原理如图 6-14 所示。

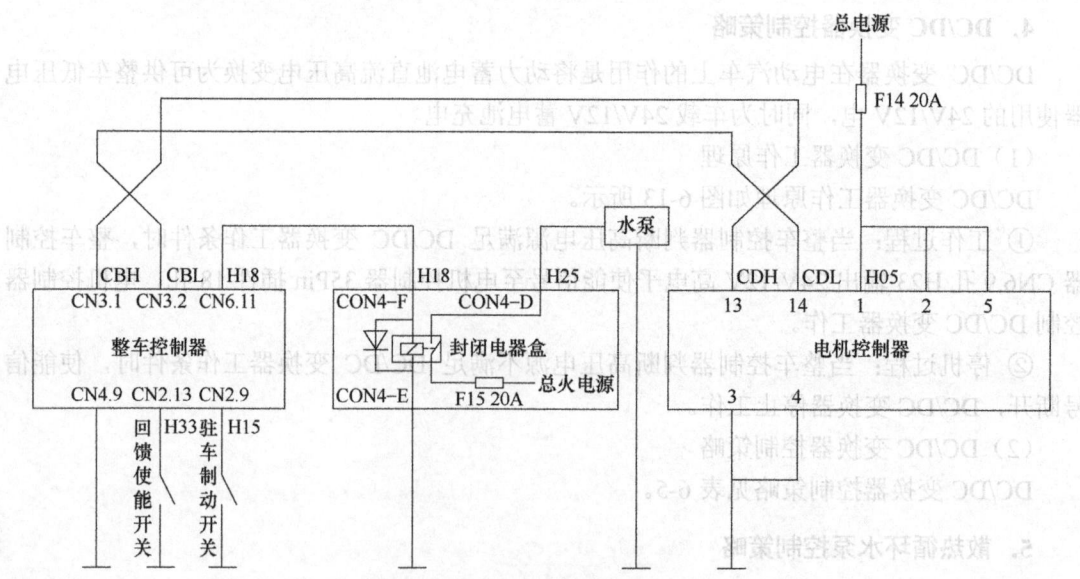

图 6-14 散热循环水泵控制原理

① 工作过程：当整车控制器判断电机温度或电机控制器温度满足散热循环水泵工作条件时，整车控制器 CN6.11 孔 H18 输出 24V/12V 电源至封闭电器盒 CON4-F 孔，控制水泵继电器闭合，CON4-D 孔输出水泵工作电源 H25，水泵工作。

② 停机过程：当整车控制器判断电机温度或电机控制器温度低于散热循环水泵工作条件时，水泵继电器控制电源断开，水泵停止工作。

（2）控制策略

散热循环水泵控制策略见表 6-6。

表 6-6 散热循环水泵控制策略

序号	描述	备注
1	总上电时，拉起驻车制动，打开"回馈使能"开关，再关闭（1个循环进入调试模式）	满足三个条件中的任意一个，水泵工作
2	电机温度大于 45℃（小于 30℃关闭）	
3	电机控制器温度大于 35℃（小于 30℃关闭）	

6. 空调系统控制策略

电动汽车电动空调系统的压缩机带有智能热负荷感应功能，制冷量自动调节；采用带 CAN 通信的变频调速控制技术，依据空调系统负载变化，自动调节变频驱动电机转速，从而调节压缩机运行频率，耗能低。

（1）空调系统控制原理

空调系统控制原理如图 6-15 所示。

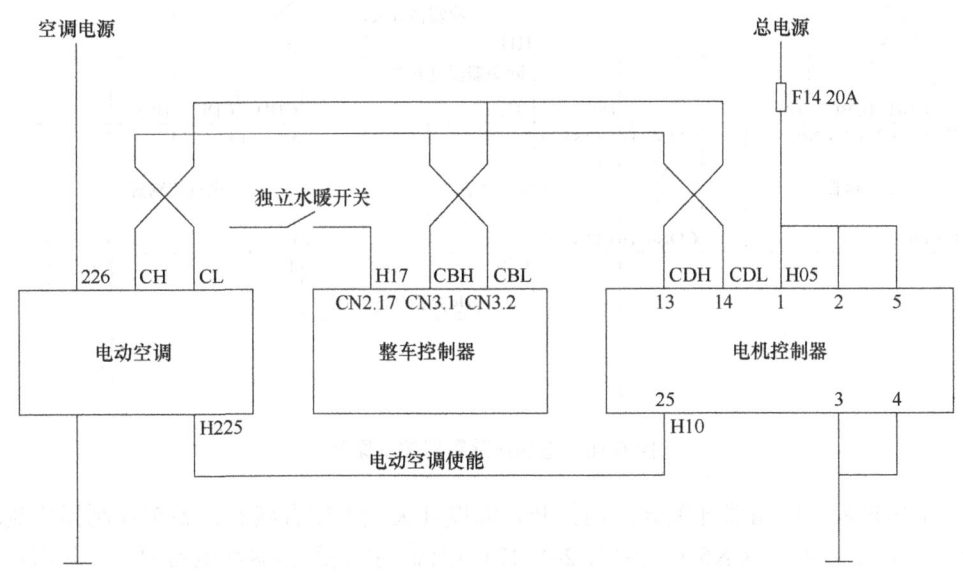

图 6-15 空调系统控制原理

① 工作过程：空调面板开启，空调输出 H10 高电平信号至五合一控制器 25 孔，空调高压电源输出，空调工作。

② 停机过程：当整车控制器检测动力蓄电池电压低于 2.8V×串数或报故障码 8（绝缘电阻低）或 13（电源系统严重故障）时，空调停止工作；空调在制热模式下，独立水暖开

关打开,空调停止工作。

(2) 空调系统控制策略

空调系统控制策略见表 6-7。

表 6-7 空调系统控制策略

序 号	描 述	备 注
1	空调开关关闭	满足四个条件中的任意一个,空调关闭
2	五合一端电压低于 2.8V×串数。	
3	水暖开关打开,水暖信号 H17 低有效	
4	报故障码 8 或 13	

7. 电加热除霜器控制策略

除霜器 PTC 通过高压电源提供电能进行加热,低压电源鼓风机吹出热风,车内前风窗玻璃不凝结水雾,保证驾驶人视野清晰。

(1) 电加热除霜器控制原理

电加热除霜器控制原理如图 6-16 所示。

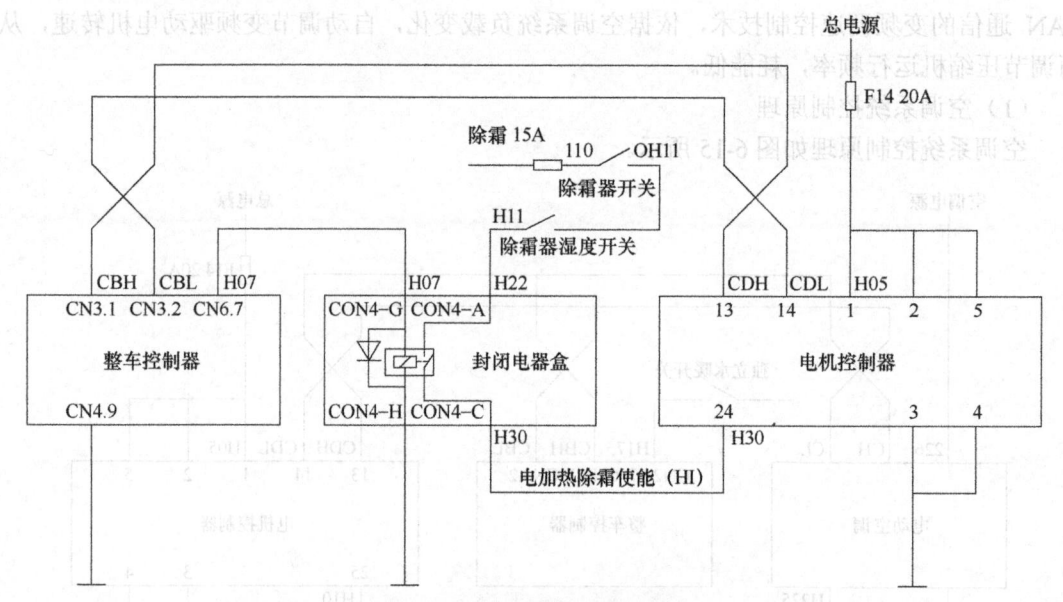

图 6-16 电加热除霜器控制原理

① 工作过程:除霜器开关高速档打开,温度开关处于闭合状态;整车控制器检测动力蓄电池电压高于 450V,CN6.7 孔输出 24V/12V 电源,控制除霜器继电器闭合,除霜器电加热控制信号 H30 输入电机控制器 24 孔,除霜器加热接触器闭合输出加热高压电源,除霜器出热风。

② 停机过程:整车控制器检测动力蓄电池电压低于 450V,除霜器停止工作。

(2) 控制策略

电加热除霜器控制策略见表 6-8。

表 6-8 电加热除霜器控制策略

序 号	描 述	备 注
1	电除霜开关打开	同时满足两个条件
2	动力蓄电池电压不低于 450V	

8. 档位控制策略

整车控制器接收档位面板档位指令,发送驱动指令至电机控制器,控制驱动电机按要求工作,实现车辆不同驱动模式行驶。

(1) 档位控制原理

档位控制原理如图 6-17 所示。

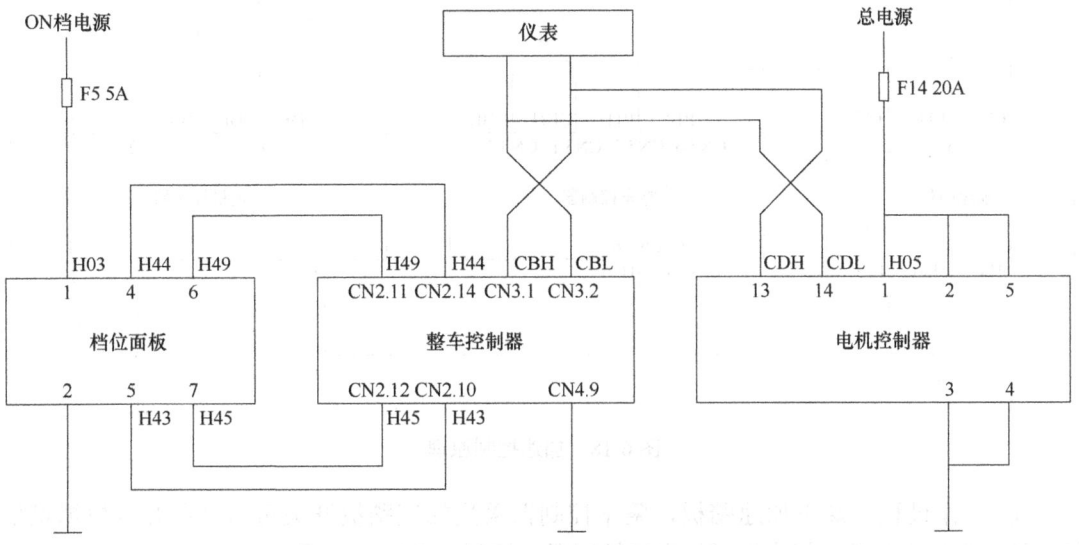

图 6-17 档位控制原理

① 工作过程:按下 D 位按钮,整车控制器 CN2-10 孔 H43 输入低电平信号,车辆可以前进行驶;按下 L 位按钮,整车控制器 CN2.14 孔 H44 输入低电平信号,车速在 30km/h 以内,车辆可以大转矩爬坡;按下 N 位按钮,整车控制器 CN2.11 孔 H49 输入低电平信号,车辆停车;按下 R 位按钮,整车控制器 CN2.12 孔 H45 输入低电平信号,车辆可以倒退行驶。

② 停机过程:当整车控制器没有检测到档位低电平信号,判断不在档位时,车辆不能行驶。

(2) 档位控制策略

档位控制策略见表 6-9。

表 6-9 档位控制策略

序 号	描 述	备 注
1	爬坡档 L:按下为搭铁,低有效,30km/h 以内大转矩爬坡	
2	前进档 D:按下为搭铁,车辆前进,限速(公交车 69km/h,运输车 80km/h,客运车 90km/h)	前进档与倒车档切换必须先按回空档
3	空档 N:按下为搭铁,车辆停车	
4	倒车档 R:按下为搭铁,车辆倒退,限速 15km/h	

9. 加速踏板控制策略

整车控制器通过采集加速踏板信号，给电机控制器发送驱动指令和转矩，控制驱动电机按要求工作，实现车辆前进和倒车。

（1）加速控制原理

加速控制原理如图 6-18 所示。

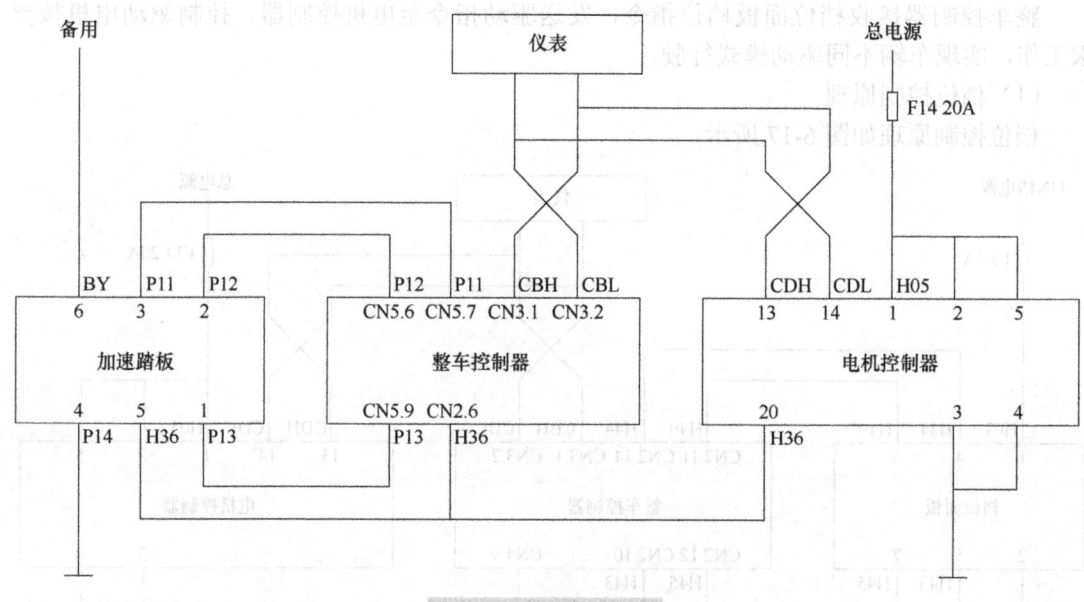

图 6-18　加速控制原理

① 工作过程：踩下加速踏板，整车控制器采集加速踏板开关量信号和开度模拟量信号，转变为转矩和转速指令发送给电机控制器，控制驱动电机按需求工作。

② 停机过程：当整车控制器没有检测到加速踏板信号时，车辆不能行驶。

（2）加速控制策略

加速控制策略见表 6-10。

表 6-10　加速控制策略

序号	描述	备注
1	P11，5V 电源，整车控制器给加速踏板供电	
2	P12，加速踏板模拟信号，加速踏板输出到整车控制器，电压 0.65~3.85V	
3	P13，踏板地，整车控制器输出地信号	
4	P14，加速踏板开关地，接车架搭铁	
5	H36，加速踏板开关信号（加速踏板踩下与 P14 导通，为搭铁信号）	
6	加速踏板只有模拟和开关信号同时有效整车才能行驶	

10. 制动控制策略

整车控制器通过采集驾驶人制动信号，发送发电指令给集成式电机控制器，控制驱动电机再生发电回馈制动，辅助车辆减速，同时将车辆动能转化成电能回收再利用，从而减少能耗，达到节能效果。

（1）制动控制原理

制动控制原理如图 6-19 所示。

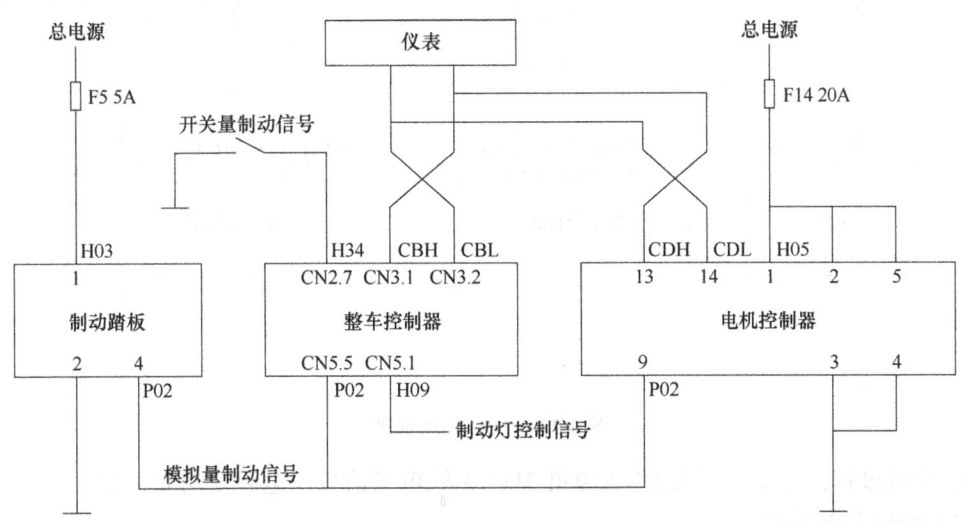

图 6-19 制动控制原理

① 工作过程：踩下制动踏板，整车控制器 CN5.5 孔接收到制动模拟量信号，或 CN2.7 孔接收到制动开关量信号，给集成式电机控制器发送发电指令，控制驱动电机再生发电回馈制动，同时整车控制器 CN5.1 孔输出制动灯控制信号 H09。

② 停机过程：动力蓄电池系统充电能力为 0 或 SOC 不低于 98% 或 BMS 与整车通信异常或整车控制器接收到 ABS 工作信号，再生发电回馈制动无效。冰雪模式开关打开，再生发电回馈电量减少 80%。

（2）制动控制策略

制动控制策略见表 6-11。

表 6-11 制动控制策略

序号	描述	备注
1	冰雪模式开关 OFF 状态	同时满足六个条件，有能量回馈
2	动力蓄电池充电能力不为 0	
3	无 ABS 信号	
4	制动踏板开度（6641、6701、6705 为开关量制动，6906 为复合制动，其他车辆按照开度进行回馈）	
5	动力蓄电池 SOC 低于 98%（SOC 从 98% 后开始逐步放开充电，92% 达到最大充电能力）	
6	BMS 有报文（通信正常）	

11．ABS 控制策略

整车控制器检测 ABS 状态，ABS 工作时整车控制器取消制动回馈功能。

（1）ABS 控制原理

ABS 控制原理如图 6-20 所示。

① 工作过程：整车控制器 CN2.20 孔 H31 接收到低电平 ABS 工作信号，整车控制器取消电回馈功能。

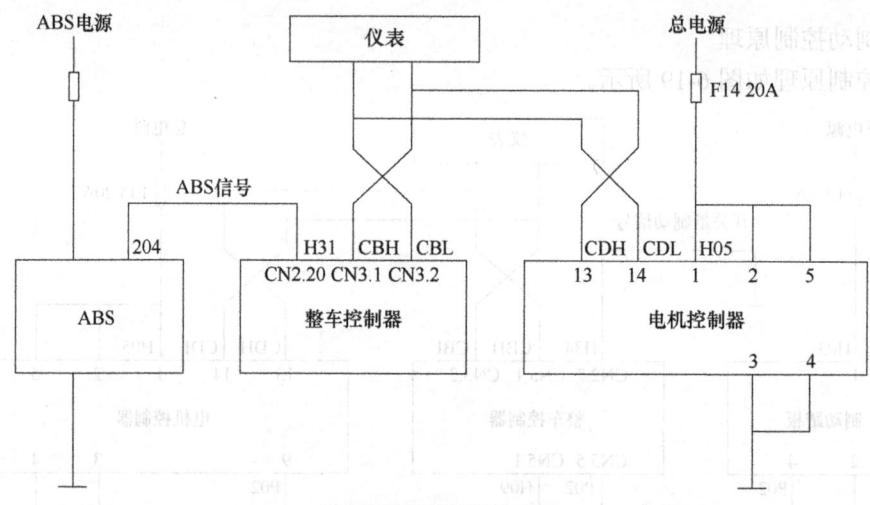

图 6-20 ABS 控制原理

② 停机过程：整车控制器 CN2.20 孔 H31 无低电平信号，电回馈功能正常。

（2）ABS 控制策略

ABS 控制策略见表 6-12。

表 6-12 ABS 控制策略

描述	备注
ABS 工作时，输出低电平信号至整车控制器，整车控制器取消电回馈功能	

12. 回馈使能控制、驻车制动控制策略

回馈使能控制：车辆在制动时电回馈能力减少 80%，保证车辆在冰雪路面可靠行驶。

驻车制动控制：保证车辆在空档驻车模式下，输出转矩为 0。

（1）回馈使能控制、驻车制动控制原理

回馈使能控制、驻车制动控制原理如图 6-21 所示。

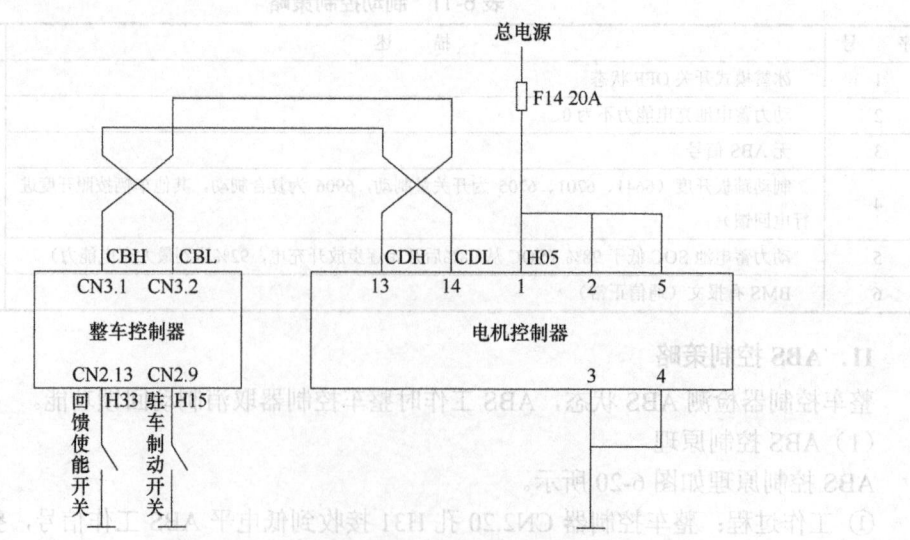

图 6-21 回馈使能控制、驻车制动控制原理

① 工作过程：整车控制器 CN2.13 孔 H33 接收到低电平信号，整车控制器电回馈能减小 80%；整车控制器 CN2.9 孔 H15 接收到低电平信号，驻车制动控制功能有效。

② 停机过程：整车控制器 CN2.13 孔 H33 无低电平信号，电回馈功能正常；整车控制器 CN2.9 孔 H15 无低电平信号，驻车制动控制功能取消。

（2）回馈使能控制、驻车制动控制策略

回馈使能控制、驻车制动控制策略见表 6-13。

表 6-13　回馈使能控制、驻车制动控制策略

描　　述	备　　注
变速杆处于 N 位，无论加速踏板开度大小，车辆需求转矩均为 0	

二、混合动力汽车整车控制系统

混合动力汽车控制系统主要有动力蓄电池、混合动力变速驱动桥、变频器（带转换器的逆变器总成）、HV ECU 等组成，如图 6-22 所示。

（1）混合动力系统 ECU 的控制

根据请求转矩、再生制动控制和动力蓄电池的 SOC（充电状态），控制发电机（MG1）、电动机（MG2）和发动机。具体工作状态由档位、加速踏板踩下角度和车速来确定。混合动力系统 ECU 监控动力蓄电池的 SOC 和温度、发电机（MG1）和电动机（MG2）的工作状态，以对这些项目实施最优控制。车辆处于"空档（N）"时，HV ECU 实施关闭控制，自动关闭发电机（MG1）和电动机（MG2）。车辆在陡坡上解除制动后启动控制系统，上坡辅助控制可以防止车辆下滑。如果驱动轮在没有附着力时空转，HV ECU 提供电动机（MG2）牵引力控制，抑制电动机（MG2）旋转，进而保护行星齿轮组，同时防止发电机（MG1）产生过大的电流。为防止电路电压过高，并保证电路切断的可靠性，HV ECU 通过三个继电器（系统主继电器）的作用实施 SMR 控制，来连接和关闭高压电路。

（2）发动机 ECU 的控制

发动机 ECU 接收 HV ECU 发送的目标发动机转速和所需的发动机动力，来控制 ETCS-i 系统、燃油喷射量、点火正时和 VVT-i 系统。

（3）变频器的控制

根据 HV ECU 提供的信号，变频器将动力蓄电池的直流电转换为交流电来驱动发电机（MG1）、电动机（MG2），也可进行逆向过程。此外，变频器将发电机（MG1）的交流电提供给电动机（MG2）。HV ECU 向变频器内的功率晶体管发送信号，来转换发电机（MG1）、电动机（MG2）的 U、V 和 W 相，以驱动发电机（MG1）和电动机（MG2）。HV ECU 从变频器接收到过热、过流或故障电压信号后关闭。

（4）增压转换器的控制

根据 HV ECU 提供的信号，增压转换器将额定电压 DC 201.6V 升高到最高电压 DC 500V。发电机（MG1）或电动机（MG2）产生的最高电压 AC 500V 由整流器转换为直流电。根据 HV ECU 的信号，增压转换器将直流电降低到 DC 201.6V（用动力蓄电池）。

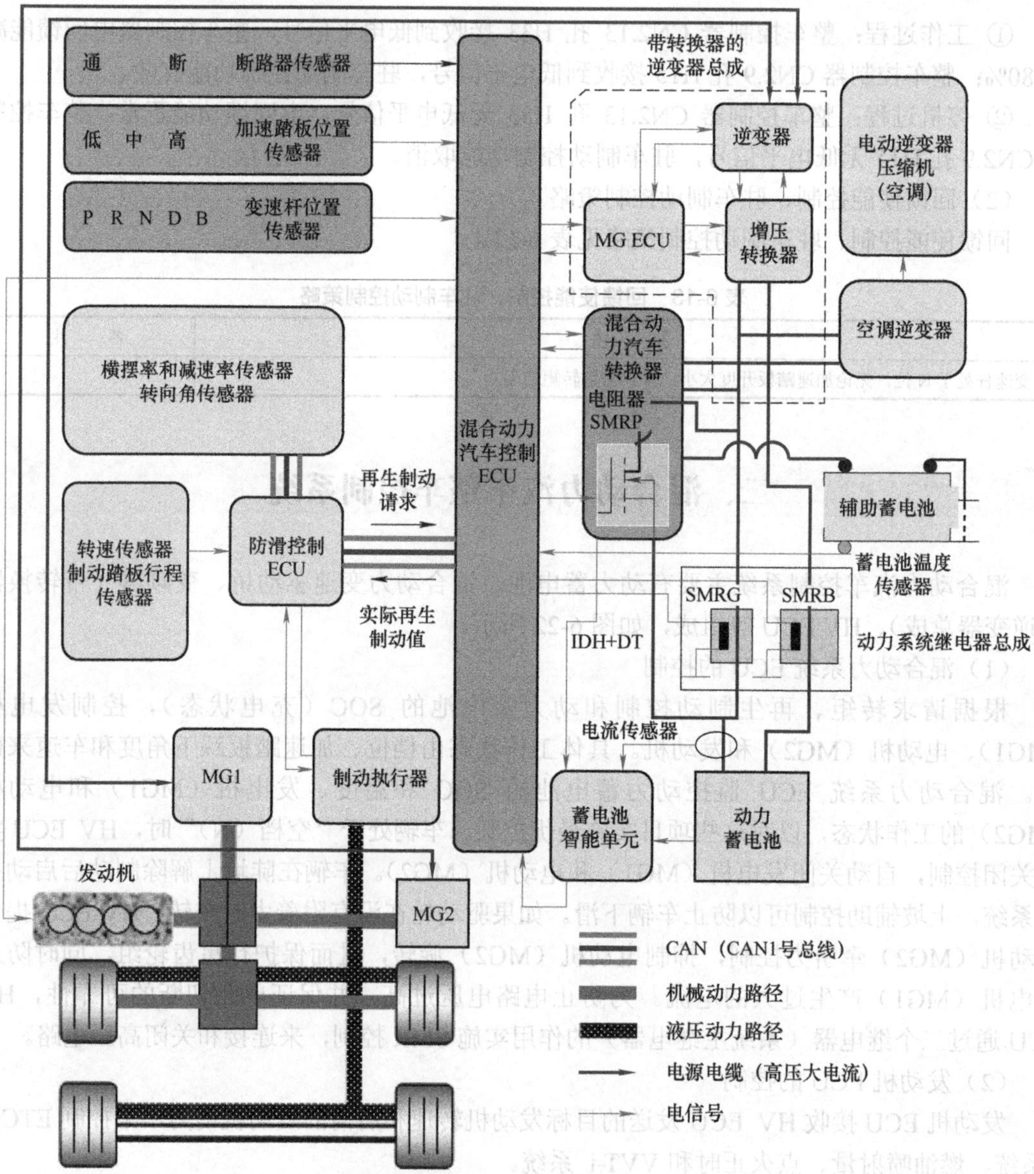

图 6-22 混合动力汽车控制系统组成

(5) 变压器的控制

变压器将额定电压 DC 201.6V 转化为 DC 12V，为车身电气组件供电，并为备用蓄电池充电（DC 12V），变压器将备用蓄电池控制在恒定电压。

(6) 空调变频器的控制

将动力蓄电池的额定电压 DC 201.6V 转换为 AC 201.6V，为空调系统的电动变频压缩机供电。

(7) 发电机（MG1）和电动机（MG2）的控制

发电机（MG1）由发动机带动旋转，产生高电压（最高 AC 500V），操作电动机

（MG2）并为动力蓄电池充电。另外，它作为起动机起动发动机。

发电机（MG1）由动力蓄电池供电驱动，产生车辆动力。加速踏板未被踩下时，它产生电能为动力蓄电池再次充电（再生制动控制）。传感器（转角传感器）检测到发电机（MG1）、电动机（MG2）的转速和位置并将信号输出到 HV ECU。

电动机（MG2）上的温度传感器检测温度，并将温度信号发送到 HV ECU。

（8）制动防滑控制 ECU 的控制

制动时，制动防滑控制 ECU 计算所需的再生制动力并将信号发送到 HV ECU。一接收到信号，HV ECU 立刻将实际的再生制动控制数据发送到制动防滑控制 ECU。根据这个结果，制动防滑控制 ECU 计算并执行所需的液压制动力。

（9）蓄电池 ECU 的控制

蓄电池 ECU 实施监视控制，监视动力蓄电池和冷却风扇的控制状态，使动力蓄电池保持在预定的温度，以对这些组件实施最优控制。

（10）换档的控制

HV ECU 根据档位传感器提供的信号检测档位（R、N、D 或 B），控制发电机（MG1）、电动机（MG2）和发动机，调整车辆行驶状态以适应所选档位。变速器控制 ECU 通过 HV ECU 提供的信号检测驾驶人是否按下驻车开关。然后，它操作换档控制执行器，通过机械机构锁止变速驱动桥。

（11）碰撞时的控制

发生碰撞时，如果 HV ECU 收到安全气囊传感器总成发出的气囊张开信号，或变频器中断路器传感器发出的执行信号，则关闭 SMR（系统主继电器）以切断整个电源。

（12）电动机驱动模式的控制

仪表板上的 EV 模式开关被驾驶人手动打开时，如果所需条件满足，则 HV ECU 使车辆只由电动机（MG2）驱动运行。

（13）巡航控制系统操作的控制

HV ECU 中的巡航控制 ECU 收到巡航控制开关信号时，按照驾驶人的要求，将发动机、发电机（MG1）和电动机（MG2）的动力调节到最佳组合，获得目标车速。

（14）指示灯和警告灯点亮的控制

通过指示灯和警告灯点亮或闪烁，通知驾驶人车辆状态或系统故障。

（15）诊断

HV ECU 检测到故障时，进行诊断并存储故障的相应数据。

（16）安全保护

当检测到故障时，HV ECU 根据存储在存储器中的数据停止或控制执行器和 ECU。

THS 控制系统的组成如图 6-23 所示。

（一）变频器控制

变频器（Variable-frequency Drive，VFD）是应用变频技术与微电子技术，通过改变电机工作电源频率方式来控制交流电机的电力控制设备。变频器主要由整流（交流变直流）、滤波、逆变（直流变交流）、制动单元、驱动单元、检测单元微处理单元等组成，如图 6-24 所示。

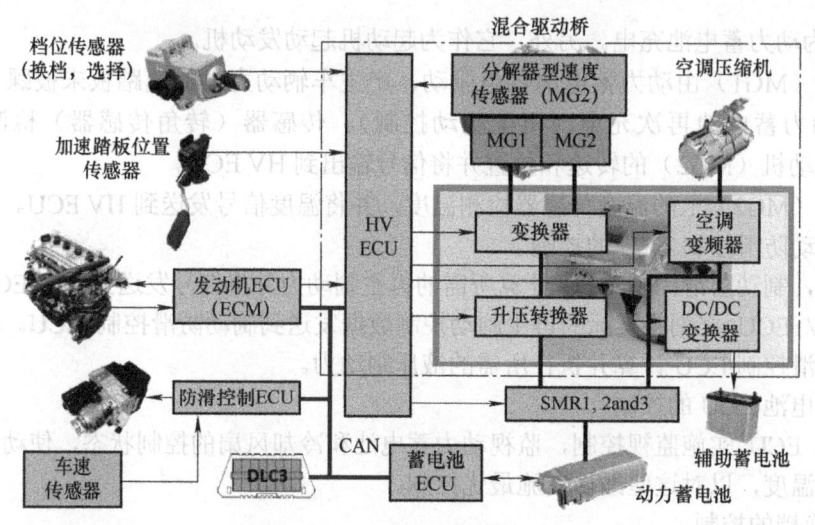

图 6-23 THS 控制系统的组成

混合动力汽车变频器主要由以下 4 个零部件组成,如图 6-25 所示。

① MG ECU：将车辆控制所需信息（如逆变器输出电流、逆变器温度和任何故障信息）传输至混合动力汽车控制 ECU，并从混合动力汽车控制 ECU 接收控制电动机-发电机所需信息（如所需原动力和电机温度）。

② 逆变器：产生用于驱动电动机的三相交流电。

图 6-24 变频器

③ 增压转换器：将动力蓄电池（直流电压 201.6V）的电压最高升至直流电压 650V。

④ DC/DC 变换器：将动力蓄电池（直流电压 201.6V）的电压降至直流电压 14V（用于电气部件），将动力蓄电池的额定电压直流 201.6V 转换为交流 201.6V，来为空调系统中的压缩机供电。

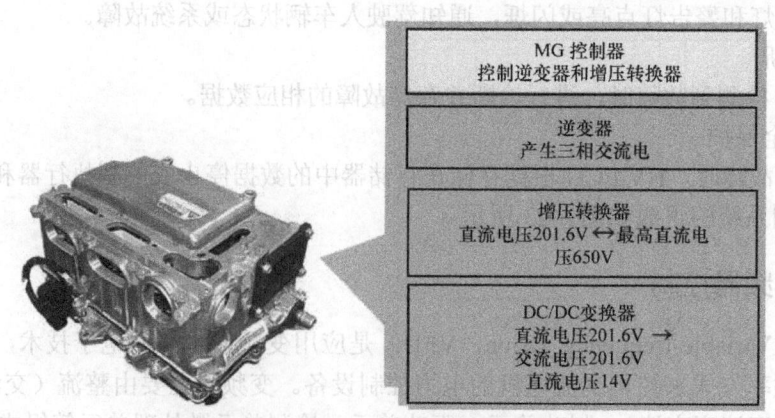

图 6-25 混合动力汽车变频器组成

变频器安装在发动机舱的左前侧，如图 6-26 所示。

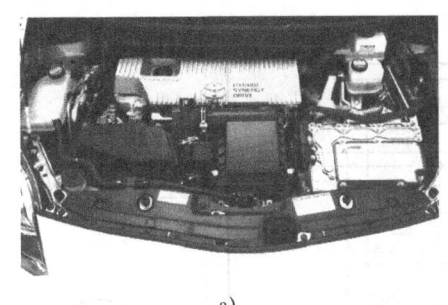
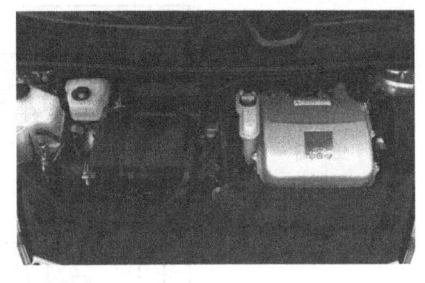

a)   b)

图 6-26 丰田混合动力汽车变频器

1. 逆变器

采用交流电机（交流异步感应电机和永磁同步电机）的新能源汽车，必须将蓄电池或电容存储的直流电转换为交流电才能驱动电机。图 6-27 所示为丰田普锐斯的驱动电机逆变器，丰田普锐斯的逆变器和电压转换器是集成在一起的，以下以该车型为例进行讲解。

逆变器将 201.6V 直流电压转换为 500V 三相交流电压，用于 MG1 和 MG2 驱动车辆行驶。

变频器在工作时，将 500V 交流电压转换为 201V 直流电压向 EV 蓄电池充电，通过变压器将 201V 直流电压转换成低压 12V 直流电压，向 12V 辅助蓄电池充电，如图 6-28 所示。

在踩下制动踏板或松开加速踏板时，MG1 和 MG2 此时变为发电机。通过二、三相桥接电路（各包含 6 个 IGBT），将 500V 三相交流电转换为 500V 直流电，再通

图 6-27 丰田普锐斯驱动电机逆变器

过可变电压系统将 500V 直流电转换成 201.6V 直流电。最后通过 DC/DC 变换器把 201.6V 直流电转换为 12V 直流电。

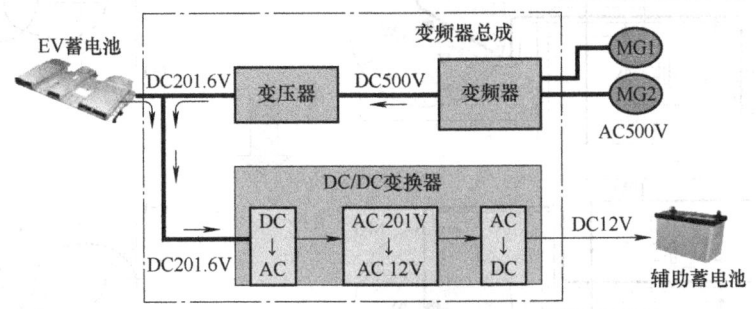

图 6-28 变频器电压转换

IPM（智能电源模块）将 IGBT（绝缘栅双极晶体管）、操作 IGBT 的电路，以及电压、电流和温度的保护和自诊断功能结合在一个电源模块中，从而提高了可靠性，并使电源电路更为紧凑。

IGBT 是一种快速切换大电流的半导体，也是控制混合动力汽车（需要较大输出功率）电机的最佳半导体，如图 6-29 所示。

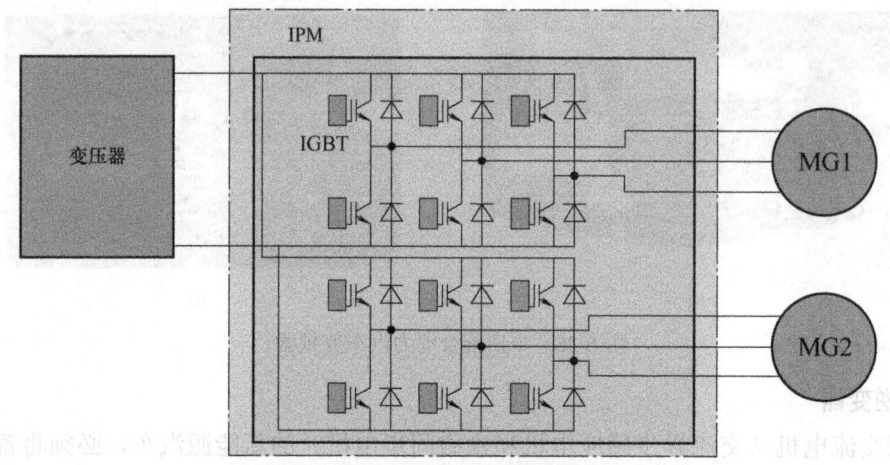

图 6-29 IPM（智能电源模块）

IPM 内的 IGBT 在 ON 和 OFF 之间切换，为电机提供三相交流电。根据转子的位置接通 IGBT 产生相应的磁场来驱动转子，工作原理如图 6-30 所示。

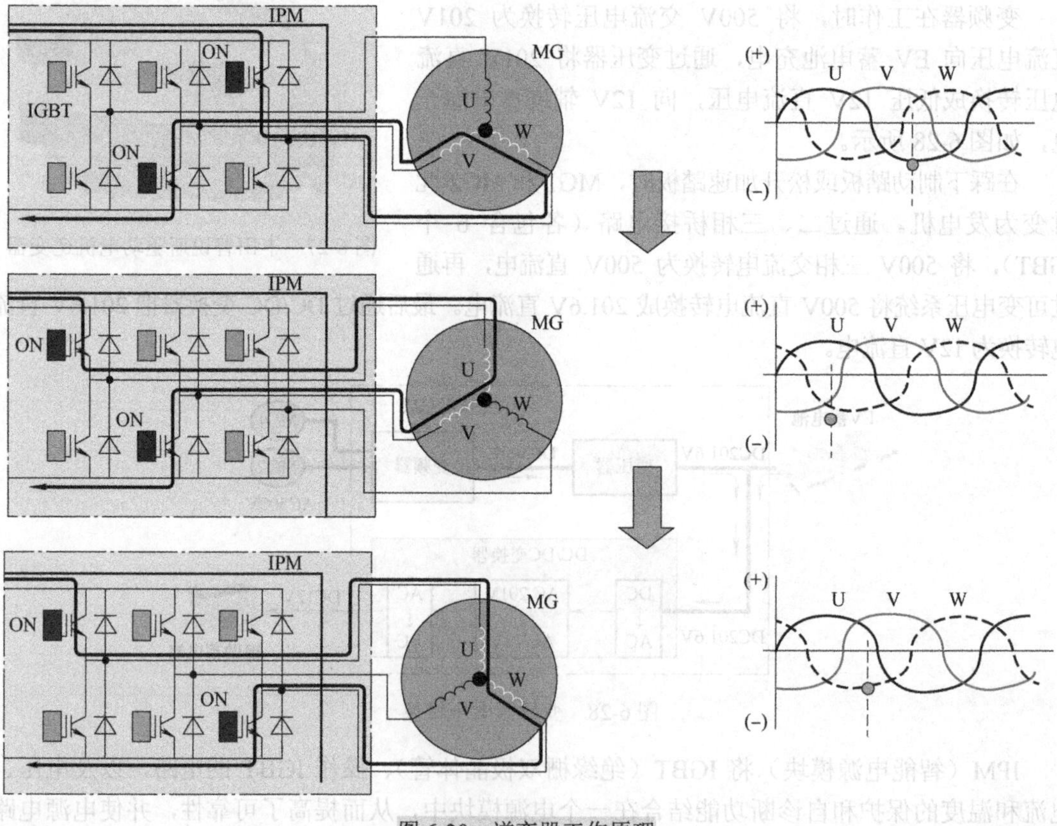

图 6-30 逆变器工作原理

在制动时或松开加速踏板后，通过发动机或车轮使 MG 转子（永久磁铁）旋转时，通过电磁感应（U、V 和 W 相）使定子线圈产生三相交流电。

将产生的交流电（流经 IPM 二极管）进行整流（转换为直流），然后对动力蓄电池充电，如图 6-31 所示。

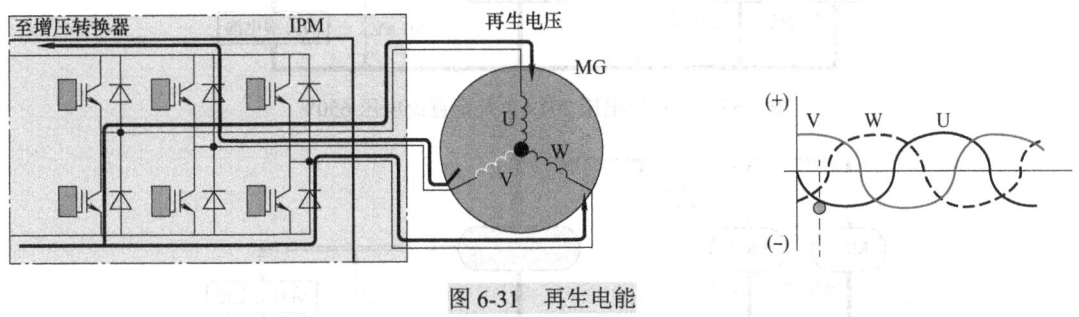

图 6-31 再生电能

IGBT 是将功率 MOSFET 和 GTR 集成在一个芯片上的复合器件，其构造与功率 MOSFET 的对比如图 6-32 所示。

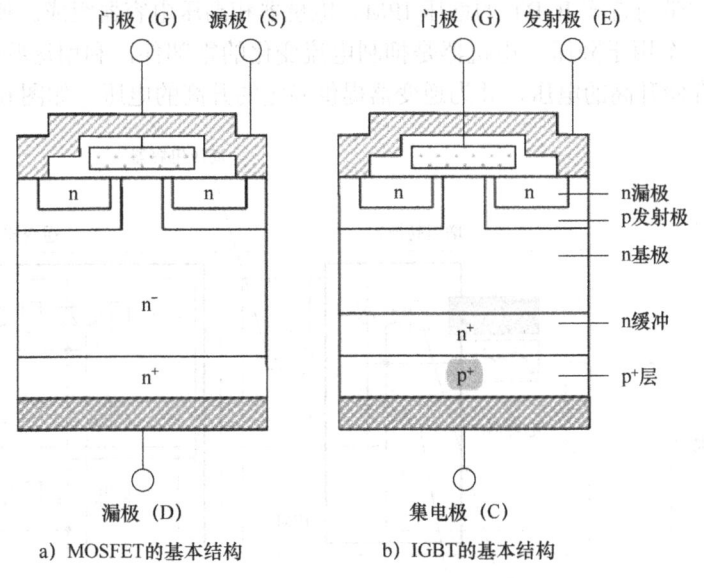

a) MOSFET的基本结构　　　b) IGBT的基本结构

图 6-32 功率 MOSFET 与 IGBT 构造对比

IGBT 本质上是一个场效应晶体管，只是在漏极与漏区之间多了一个 P^+ 层。它既具有功率 MOSFET 的高速开关及电压驱动特性，又具有双极型晶体管的低饱和电压特性及易实现较大电流的能力，是近年来电力电子领域最令人瞩目及发展最快的一种器件。

2. 增压转换器

根据 MG1 和 MG2 的工作情况，增压转换器将直流电压 201.6V 的动力蓄电池的公称电压最高升至直流电压 650V，如图 6-33 所示。

转换器也可将 MG1 和 MG2 产生的电压从直流电压 650V（最高电压）降至直流电压 201.6V，以对动力蓄电池充电，如图 6-34 所示。

如果功率相同，将电压提高到 650V 左右时，电动机驱动电流可降低一半。同时，可使逆变器更为紧凑。

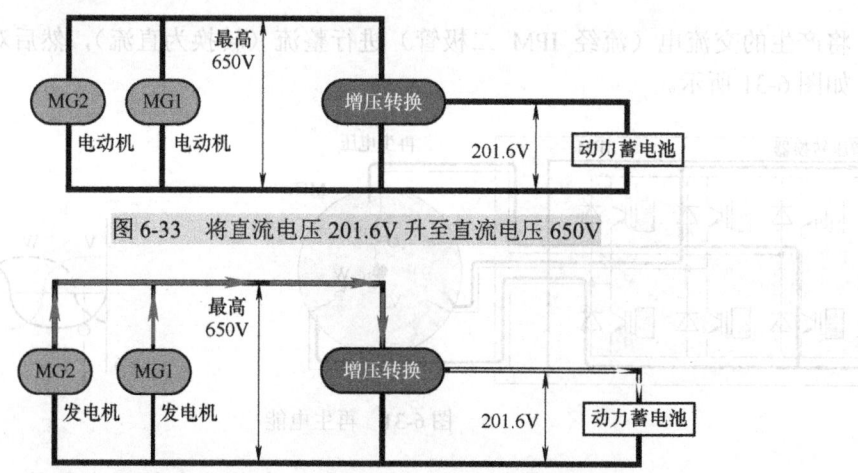

图 6-33 将直流电压 201.6V 升至直流电压 650V

图 6-34 将直流电压 650V（最高电压）降至直流电压 201.6V

增压转换器由带内置式 IGBT 的增压 IPM、电抗器和高压电容器组成。使用两个 IGBT，一个用于升压，一个用于降压。电抗器是抑制电流变化的零部件，利用这些特征可升压或降压。高压电容器存储升高的电压，并为逆变器提供稳定的升高的电压，如图 6-35 所示。

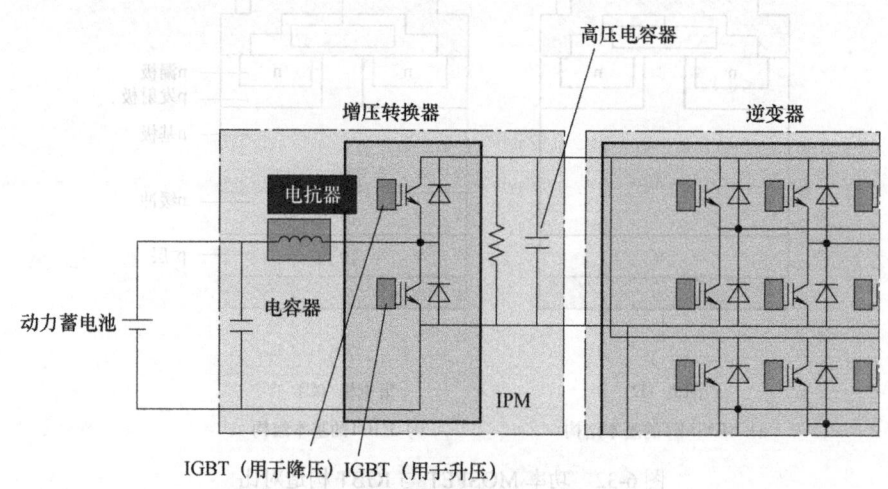

图 6-35 增压转换器工作原理

（1）升压过程

接通 IGBT（用于升压）且电流流向电抗器，由于电抗器可抑制电流变化，能够存储电能，如图 6-36 所示。

用于升压的 IGBT 切断时，电流停止流向电抗器，电抗器释放存储的电能并产生高压（最高 650V）。将电压存储在高压电容器内，从而产生稳定电压。通过控制 IGBT（用于升压）的 ON/OFF 时间，可调节升高的电压，如图 6-37 所示。

（2）降压过程

当进入能量回收模式或向动力蓄电池充电时，接通 IGBT（用于降压）且电流流向电抗器，电抗器可抑制电流变化，从而存储电能，如图 6-38 所示。

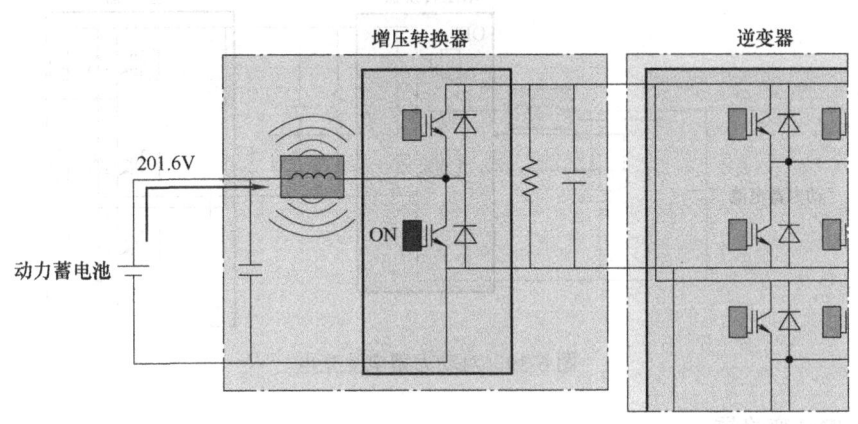

图 6-36 接通 IGBT

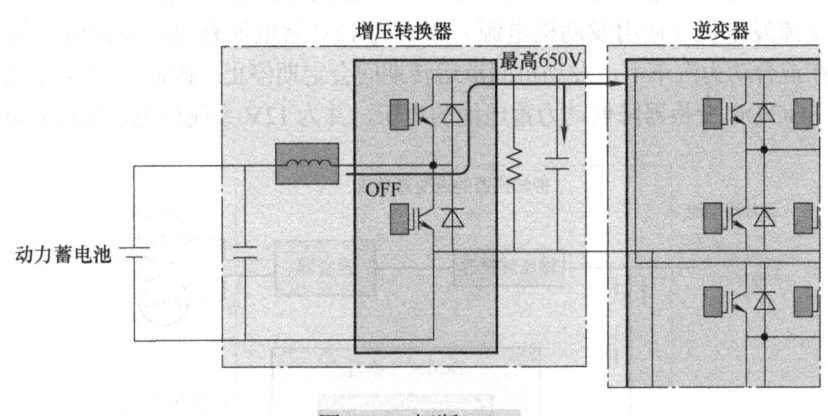

图 6-37 切断 IGBT

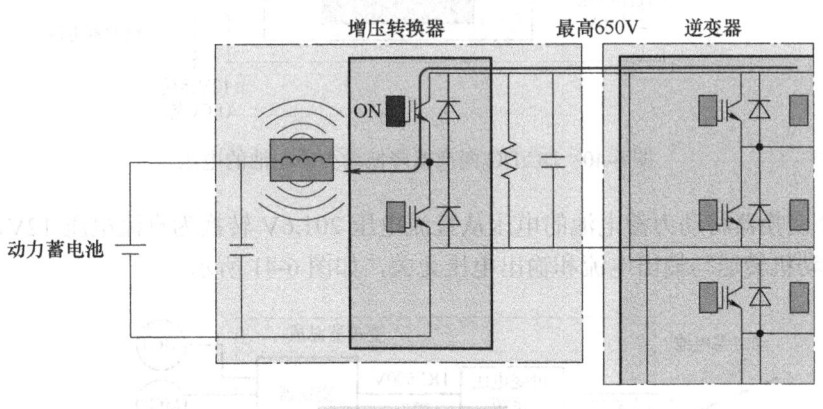

图 6-38 存储电能

当 IGBT（用于降压）切断时，释放存储在电抗器内的电能。此时，电流流经包含电抗器、动力蓄电池和二极管的电路，并对动力蓄电池充电。通过控制 IGBT（用于降压）的 ON/OFF 时间，可调节降低的电压，如图 6-39 所示。

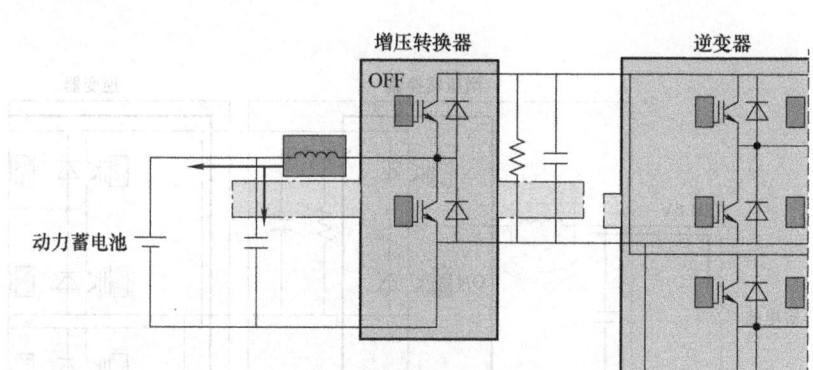

图 6-39 对动力蓄电池充电

3. DC/DC 变换器

车辆的电气部件（如前照灯和音响系统）和各 ECU 使用直流电压 12V 作为电源。在常规车辆中，交流发电机（使用发动机电源）用于为 12V 蓄电池充电，并为电气部件供电。

然而，在混合动力汽车中，发动机间歇运转期间会定期停止。因此，混合动力汽车不使用交流发电机。DC/DC 变换器降低动力蓄电池的电压，并为 12V 系统供电，如图 6-40 所示。

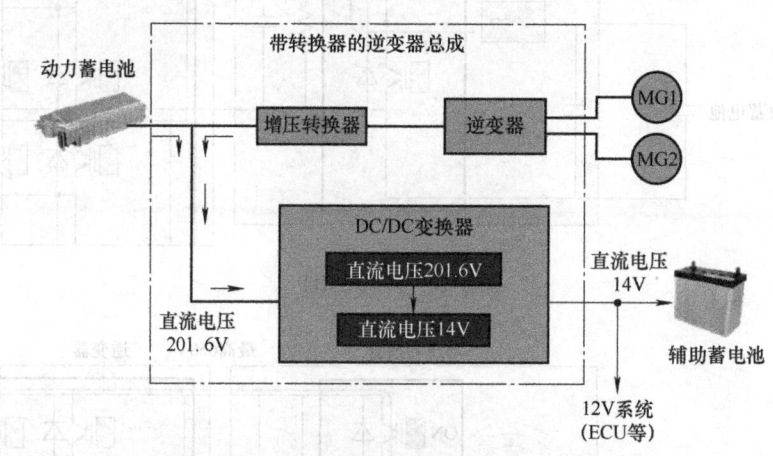

图 6-40 DC/DC 变换器降低动力蓄电池的电压

DC/DC 变换器将动力蓄电池的电压从直流电压 201.6V 转换为直流电压 12V，与常规车辆不同，发动机转速与输出电流和输出电压无关，如图 6-41 所示。

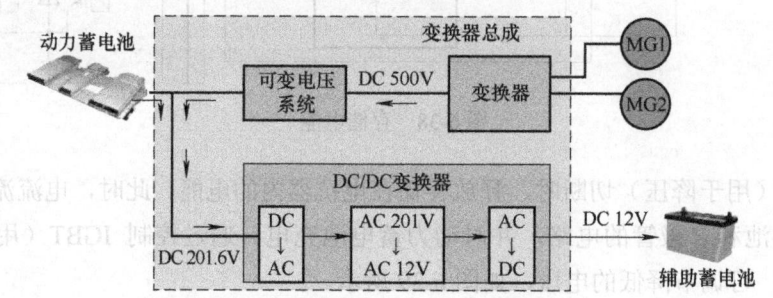

图 6-41 将动力蓄电池的电压转换为直流电压 12V

在晶体管桥接电路中将高压直流（201.6V）暂时转换为交流，并通过变压器降至低压。然后，将交流转换为直流，并稳定地输出至直流电压12V系统，如图6-42所示。

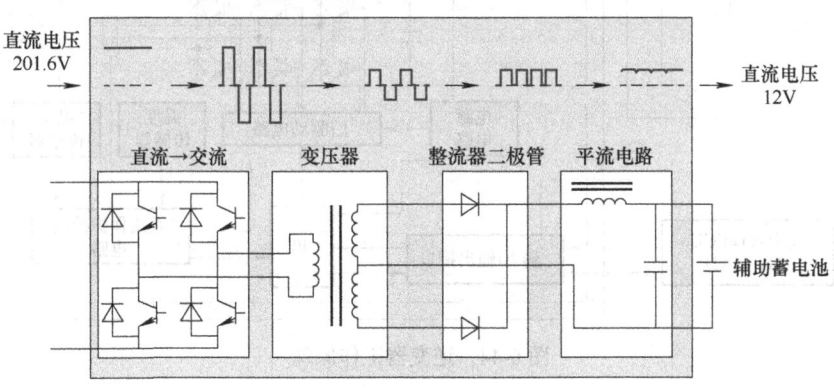

图6-42 降低电压

空调变频器为空调系统中的电动变频压缩机供电。变频器将动力蓄电池的额定电压直流201.6V转换为交流201.6V，来为空调系统中的压缩机供电，如图6-43所示。

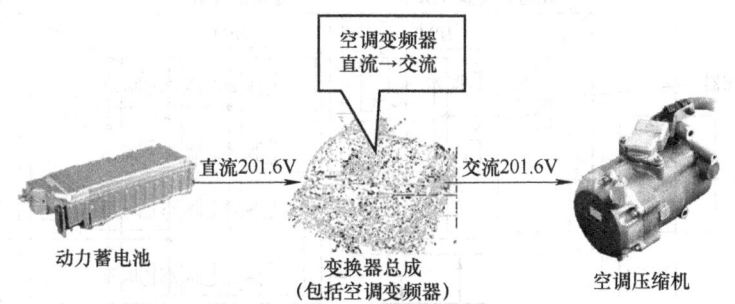

图6-43 空调系统中电动变频压缩机的供电

空调逆变器利用来自动力蓄电池的直流电（电压201.6V）产生三相交流电，并驱动电动机。空调逆变器内置于带电动机的压缩机总成，为产生三相交流电，采用与逆变器内相同的6个IGBT，如图6-44所示。

4. MG ECU

根据HV ECU提供的信号，变频器将动力蓄电池的直流电转换为交流电，给发电机（MG1）、电动机（MG2）供电，或执行相反的过程。此外，变频器将发电机（MG1）的交流电提供给电动机（MG2），但电流从发电机（MG1）提供给电动机（MG2）时，在变频器内转换为直流。

根据发电机（MG1）、电动机（MG2）发送的转子信息和从HV ECU发送的动力蓄电池SOC等信息，MG ECU将信号发送到变频器内部的功率晶体管，来转换发电机（MG1）、电动机（MG2）定子线圈的U、V和W相。

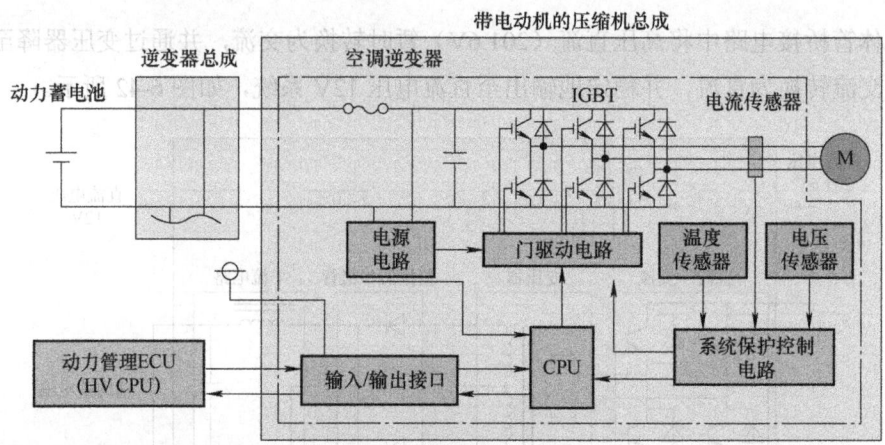

图 6-44 逆变器工作原理

MG ECU 控制 IGBT 的开断来调整输出电源的电压和频率，根据电机的实际需要来提供电源电压，进而达到节能、调速的目的，如图 6-45 所示。

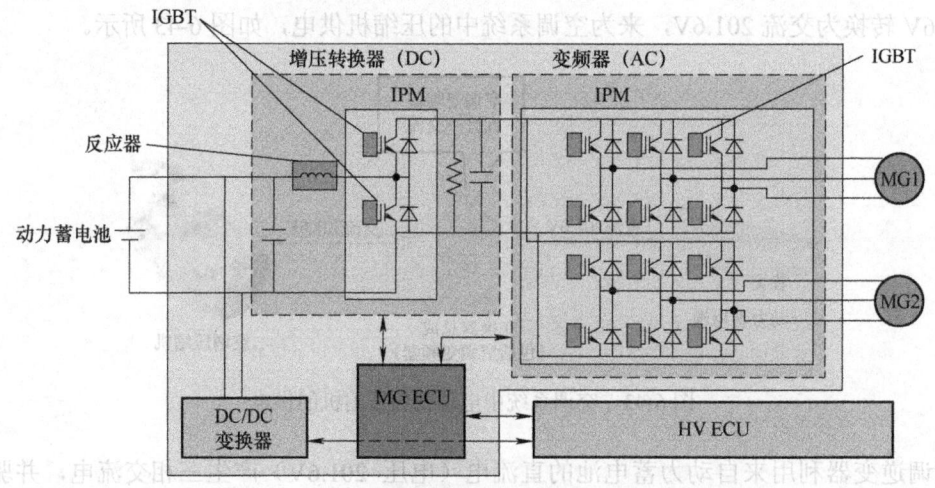

图 6-45 变频器工作原理

当需要电动机驱动车辆时，增压转换器将 201.6V 直流电转换成 500V 直流电，DC/AC 变换器将 500V 直流电转换为 500V 交流电，驱动电动机工作，如图 6-46 所示。

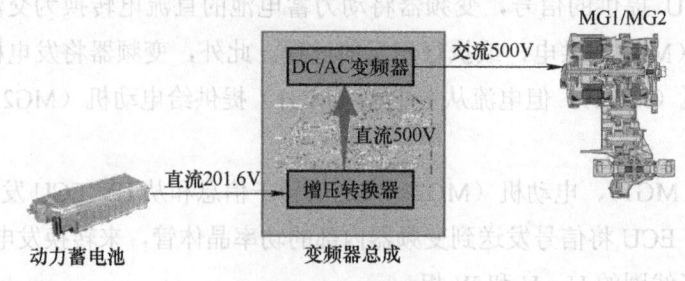

图 6-46 电压转换

（二）辅助模式控制

1. 纯电动驱动模式控制

为减小深夜行车、停车时的噪声，以及在车库中短时间行车时减少排气，可以手动按下仪表板上的 EV 模式开关，使车辆只由电动机（MG2）驱动。打开 EV 模式开关后，组合仪表中的 EV 模式指示灯点亮，如图 6-47 所示。

图 6-47　EV 模式开关

在正常行驶状态下，车辆只以电动机（MG2）起步，加速踏板受力时或动力蓄电池 SOC 下降时发动机工作产生动力。但是，如果 EV 模式开关打开后，起动发动机的规定数值将得到修正，以增加纯电驱动状态下的车辆续驶里程。这种模式，可通过操作 EV 模式开关，使车辆只由 MG2 驱动，如图 6-48 所示。

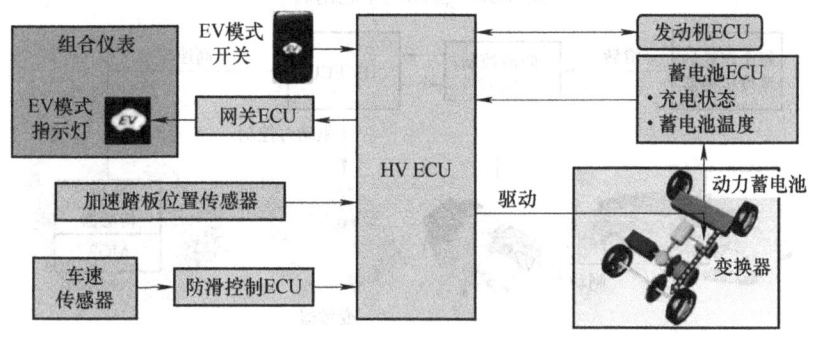

图 6-48　MG2 驱动模式

车辆在动力蓄电池处于标准充电状态，以低于 45km/h 的均匀负荷，运行近 1km 时，EV 模式将取消，取消条件如图 6-49 所示。

2. 驱动力限制控制

当检测到车轮滑转时，HV ECU 控制 MG2 的驱动力，并且施加液压制动力，如图 6-50 所示。

当检测到前轮滑转且车辆后溜时，会对后轮施加制动，如图 6-51 所示。

3. 电子换档控制

依靠电信号来实施换档，采用瞬时换档装置，如图 6-52 所示。

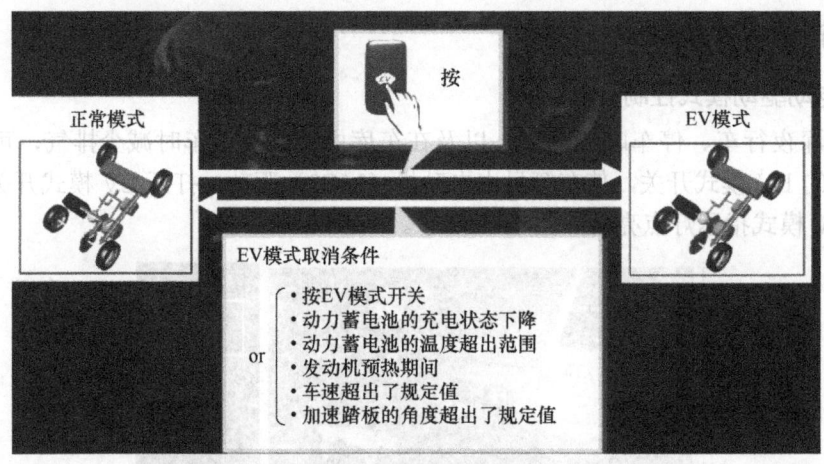

图 6-49　EV 模式取消条件

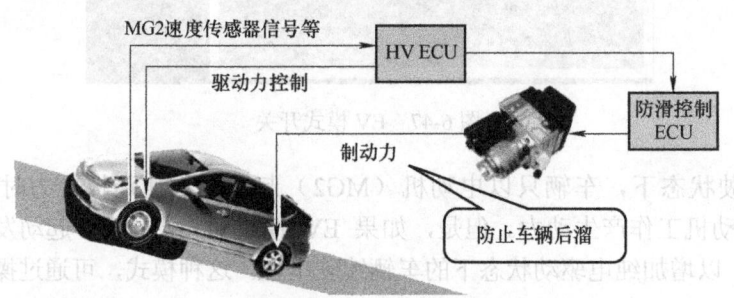

图 6-50　检测到车轮滑转

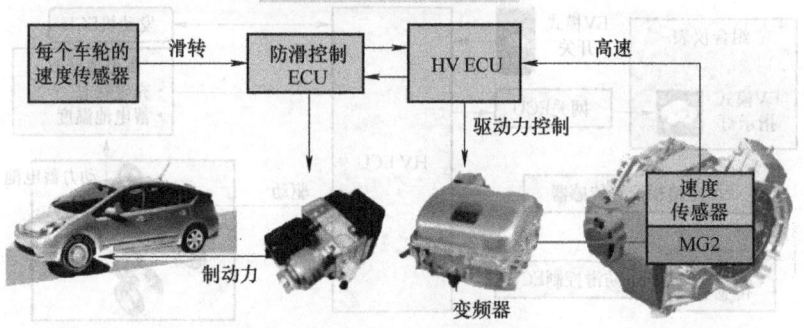

图 6-51　检测到前轮滑转且车辆后溜

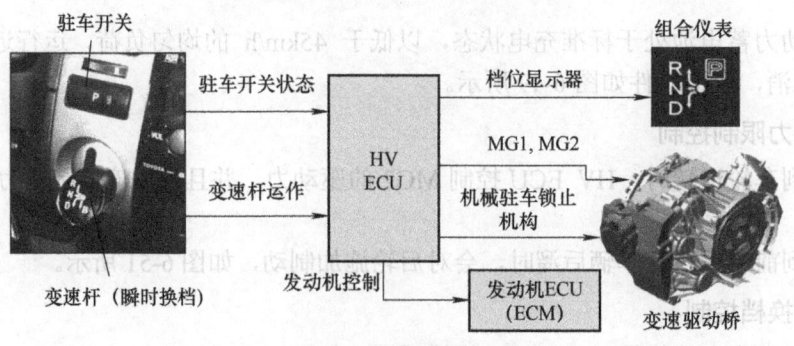

图 6-52　换档条件

电子换档控制系统如图 6-53 所示。

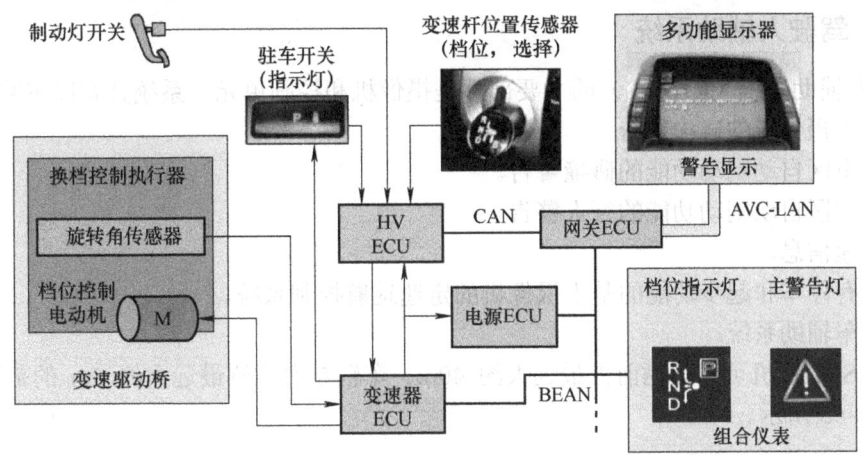

图 6-53 电子换档控制系统

变速杆使用非接触型换档/选择传感器（使用了霍尔 IC 和磁铁），如图 6-54 所示。

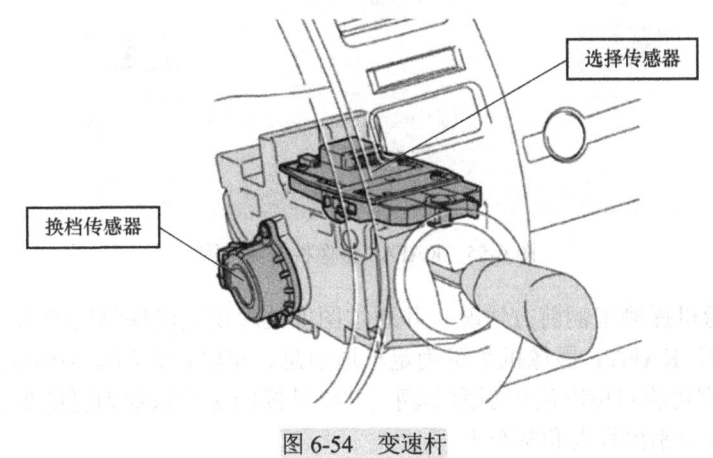

图 6-54 变速杆

三、辅助系统控制

电动汽车现已针对辅助系统控制进行了相应调节，并采用了全新研发的、使驾驶人感觉更加舒适、更加安全的系统。所用系统相比之前更加具有前瞻性。

驾驶人辅助系统可通过以下方式辅助驾驶人操控车辆：
① 为驾驶人提供信息。
② 为驾驶人提供操作建议。
③ 在行驶过程中进行自动干预。

探测前方道路使用者、识别目标和车道界限是驾驶人辅助系统最重要的前提条件之一。不仅要在远距离，还要在近距离内满足这些要求。在选装组合内通过一个共用摄像机和一个共用控制单元实现基于摄像机的系统功能。

（一）驾驶人辅助系统

驾驶人辅助系统（KAFAS）的主要部件是摄像机和控制单元，系统具有以下特点：
① 基于摄像机的碰撞警告。
② 带市区自动制动功能的碰撞警告。
③ 带市区自动制动功能的行人警告。
④ 限速信息。
⑤ 具有停车和起步功能的基于摄像机的定速巡航控制系统。
⑥ 堵车辅助系统。

KAFAS 摄像机可对车辆前方最远大约 40m、车辆左右两侧最远大约 5m 的范围进行探测，如图 6-55 所示。

图 6-55　KAFAS 摄像机探测范围

KAFAS 摄像机探测车辆前方情况，并通过图像处理识别出探测区域内移动和静止车辆的完整尾部，同时 KAFAS 摄像机负责确定车道信息、车辆位置和车辆移动。通过 KAFAS 摄像机的图像数据可将目标准确识别为车辆，并将其横向运动识别为更换车道。此外还可通过 KAFAS 摄像机识别出行人和骑车人。

KAFAS 摄像机还负责识别限速交通标志。在有的车辆上不提供禁止超车和取消禁止超车识别功能。

1. 车道识别

安装在车内后视镜底座内的 KAFAS 摄像机监控车辆前方区域，如图 6-56 所示。

KAFAS 摄像机对车辆前方最远大约 40m、车辆左右两侧最远大约 5m 范围内的车道进行拍摄。图像数据传输至 KAFAS 控制单元并在此进行分析。通过进行图像处理，控制单元在 KAFAS 摄像机拍摄的图像中搜索道路标线，如图 6-57 所示。

KAFAS 摄像机的图像数据通过一根 LVDS 数据线传输至 KAFAS 控制单元，如图 6-58 所示。

所在国家、道路类型或当前环境条件不同时，图像中显示的道路标线可能会存在很大差异。系统能够识别出各种道路标线和标线类型，可进行分析的道路标线必须首先能够通过 KAFAS 摄像机和 KAFAS 控制单元进行识别，可进行分析的车道平均宽度必须超过 2.5m。

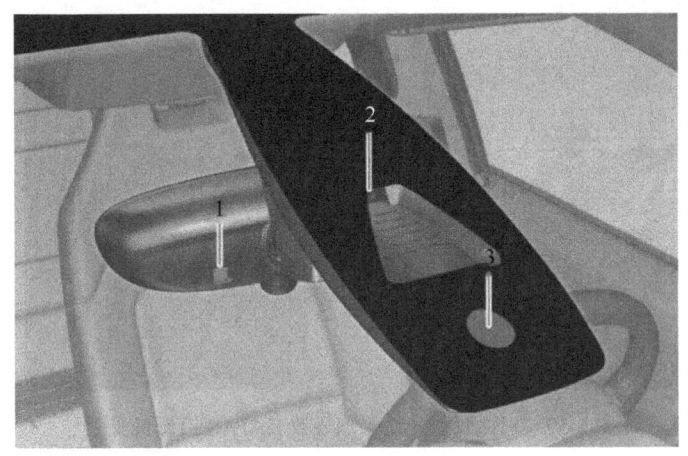

图 6-56 KAFAS 摄像机

1—电致变色防眩车内后视镜的光电二极管　2—KAFAS 摄像机　3—晴雨/光照/水雾传感器

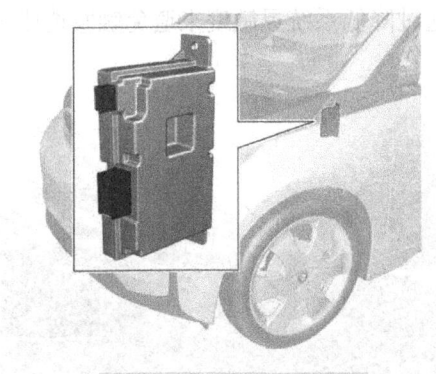

图 6-57 KAFAS 控制单元

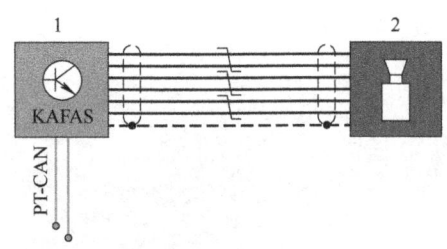

图 6-58 通过 LVDS 数据线传输图像

1—KAFAS 控制单元　2—KAFAS 摄像机

出现以下情况时，可能会由于光学系统的物理学限制导致 KAFAS 摄像机的功能及相应驾驶人辅助系统的功能受到限制：

① 大雾、大雨、雨水四溅或大雪。
② 对面照射光线强烈，如图 6-59 所示。
③ KAFAS 摄像机的探测区域或风窗玻璃有污物。
④ 急转弯。
⑤ 通过 START-STOP 按钮启用行驶准备状态后最多 10s。
⑥ 在交付车辆或更换摄像机后马上进行的 KAFAS 摄像机校准过程中。

存在系统限制和功能限制时，可能会出现不发出警告和禁止以及过迟或无故发出警告和禁止的情况。因此，必须确保可以随时进行干预，以免发生危险。

2. 工作原理

KAFAS 摄像机探测车辆前方情况，并通过图像处理识别出探测区域内移动和静止车辆的完整尾部，如图 6-60 所示。

图 6-59　对面照射光线强烈导致 KAFAS 摄像机受限

根据计算出的其他车辆的位置、距离和相对速度，在危险情况下触发相应警告等级，即"预警"或"严重警告"。进行预警时会使车辆制动器做好最大制动准备，并降低制动辅助系统的触发限值。驾驶人有意靠近前方车辆时，可通过降低系统灵敏度来避免触发造成干扰的警告，如图 6-61 所示。

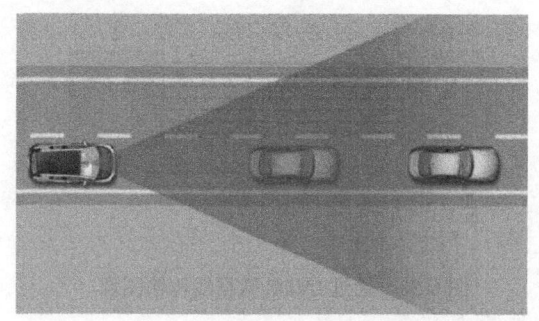 

图 6-60　通过 KAFAS 摄像机实现的碰撞警告探测范围　　图 6-61　通过 KAFAS 摄像机进行车辆识别

1—同一车道上的车辆　2—其他车道上的车辆

带城市制动功能的碰撞警告为基于摄像机的碰撞警告增加了一项制动功能，该功能在 10~60km/h 车速范围内执行。如果在此车速范围内发出严重警告，就会以大约 $4m/s^2$ 的减速度使车辆减速。制动干预时限为 1.6s。从而避免对后方交通造成附加危险。

带城市制动功能的行人警告功能，在 10~60km/h 车速范围内，系统发出可能与行人碰撞的警告。

KAFAS 摄像机探测车辆前方情况，并通过图像处理识别出探测区域内的行人。根据计算出的所识别行人的位置、距离和移动情况，在紧急情况下触发严重警告。配备带城市制动功能的行人警告时不提供预警功能。发出严重警告时以大约 $4m/s^2$ 的减速度使车辆减速，如图 6-62 所示。

车辆前方的行人识别警告区域分为两部分，即中央区域（车辆前方）和扩展区域（车辆前方左侧和右侧），如图 6-63 所示。

图 6-62 通过 KAFAS 摄像机进行行人识别

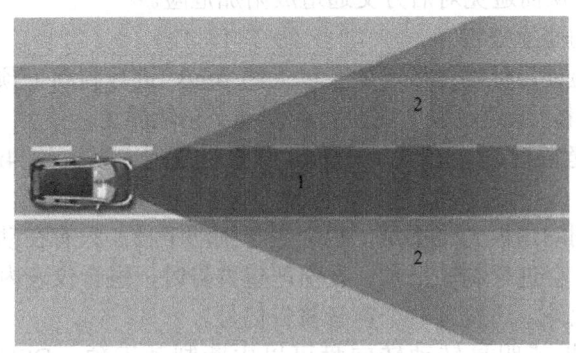

图 6-63 行人识别警告区域

1—中央区域　2—扩展区域

(1) 警告功能

警告功能分为两级。将要发生碰撞时会在组合仪表内显示一个警告符号。

预警：
- 车辆符号以红色亮起。
- 文字信息：增大车距，必要时制动。

严重警告：
- 车辆符号以红色闪烁并伴有声音信号。
- 文字信息：要求通过制动器进行干预，必要时避让绕行。

严重警告：
- 行人符号以红色闪烁并伴有声音信号。
- 文字信息：要求通过制动器进行干预，必要时避让绕行。

由于与前方车辆差速较高，以及与前方或静止车辆距离很近而存在碰撞危险时，就会发出预警。发出预警时，在组合仪表内亮起红色车辆符号。

注意：碰撞警告取决于车速。针对碰撞警告设计的车距明显小于法规要求的最小车距。因此，遵守法规要求的最小车距仍是驾驶人的责任所在。

(2) 严重警告

车辆以相对较高的差速接近前方车辆或行人，即将发生碰撞时，系统会尽可能晚地且仅在即将发生碰撞时才发出严重警告。严重警告触发时刻的设计要求是，只有通过马上进行最大制动或通过避让绕行才能避免发生碰撞。因此，无法通过驾驶人有意触发或控制严重警告功能。

车辆非常缓慢地接近前方车辆或行人时，即使在车距非常近的情况下也不会发出严重警告。这种有意造成的行驶情况只会触发预警。因此，系统会避免触发意义不大但会造成干扰的严重警告。

严重警告无法停用。严重警告触发时刻也无法设置。如果不想触发严重警告，必须停用"碰撞警告"前端保护功能。

严重警告要求驾驶人进行干预并在出现碰撞危险时通过两级干预提供支持。首先在警告驾驶人有碰撞危险后会预先做好制动准备，之后会在将要发生碰撞前进行自动制动干预。制动干预时限为1.6s。从而避免对后方交通造成附加危险。

（3）基于摄像机的碰撞警告

通过摄像机数据验证目标物体后，就会以大约 $4m/s^2$ 进行制动干预。这样会使车速最多降低大约16km/h。因此，低速行驶时完全可能制动至车辆静止。

识别出行人碰撞危险时，会在10～60km/h车速范围内以大约 $4m/s^2$ 减速度进行制动干预。

即使驾驶人踩踏制动踏板力度不足，也会进行制动干预。只有在动态稳定控制（DSC）系统已接通的情况下才会进行制动干预。发出严重警告时，组合仪表内会显示一个闪烁的红色车辆或行人符号。此外，还发出一个声音警告信号。

通过踩下加速踏板或明显转动转向盘可以中断制动干预。DSC或动态牵引力控制（DTC）系统停用时，制动功能就会停用。

图 6-64 展示了警告和制动过程的时间历程。识别出驾驶人正在进行避让绕行时，不会进行制动干预。

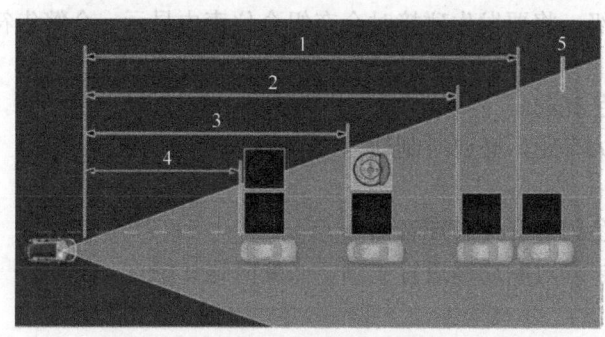

图 6-64 基于摄像机的碰撞警告时间历程

1—碰撞警告（时间较早） 2—碰撞警告（时间较晚） 3—严重警告（声音警告信号，制动系统预先做好准备且制动辅助系统进行相应调节） 4—以大约 $4m/s^2$ 进行制动（城市制动功能仅适用于10～60km/h车速范围） 5—KAFAS摄像机的探测区域

碰撞警告的识别功能受到限制。因此可能导致无法发出警告或延迟发出警告。

可能无法识别出以下车辆：高速撞向缓慢行驶的车辆；突然驶入的车辆或紧急制动的车辆；尾部特殊的车辆或尾灯无法完全看到的车辆；部分遮盖的车辆；前方两轮车。

（4）操作行驶辅助系统

通过 START-STOP 按钮接通行驶准备状态后，就会自动接通碰撞警告和行人警告功能。

1）接通/关闭。通过智能型安全按钮接通和关闭碰撞警告和行人警告，如图 6-65 所示。

2）按压按钮。在中央信息显示屏 CID 内显示一个菜单。随后可选择接通或关闭碰撞警告和行人警告功能。将针对当前所用识别发射器存储个性化设置，如图 6-66 所示。

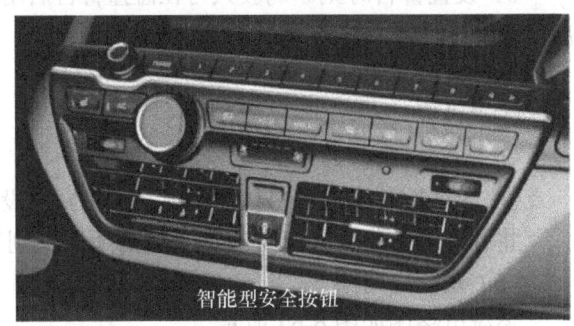

图 6-65　智能型安全按钮

智能型安全系统：所有系统已启用

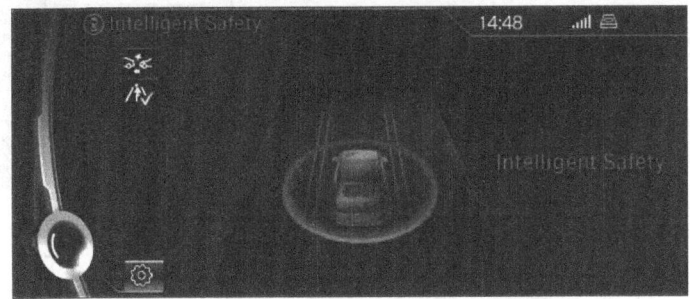

智能型安全系统手动设置：碰撞警告已停用

图 6-66　中央信息显示屏 CID 内显示一个菜单

3）短促按压按钮。

① 根据个性化设置单独关闭各智能型安全系统。

② 根据个性化设置，智能型安全按钮上的 LED 以橙色亮起或熄灭。

4）再次按压按钮。

① 接通所有智能型安全系统。

② 智能型安全按钮上的 LED 以绿色亮起。

5）按住按钮。

① 关闭所有智能型安全系统。

② 智能型安全按钮上的 LED 熄灭。

6）设置警告时刻。驾驶人可在碰撞警告启用状态下分三级设置预警时刻。"较晚"设置对应严重警告时刻。

通过 iDrive 进行设置：

① "设置"。

② "碰撞警告"。

③ 通过控制器在中央信息显示屏 CID 内设置预期警告时刻。

将针对当前驾驶人配置或针对当前所用识别发射器存储预警时刻设置。

（5）系统电路图

系统电路图如图 6-67 所示。

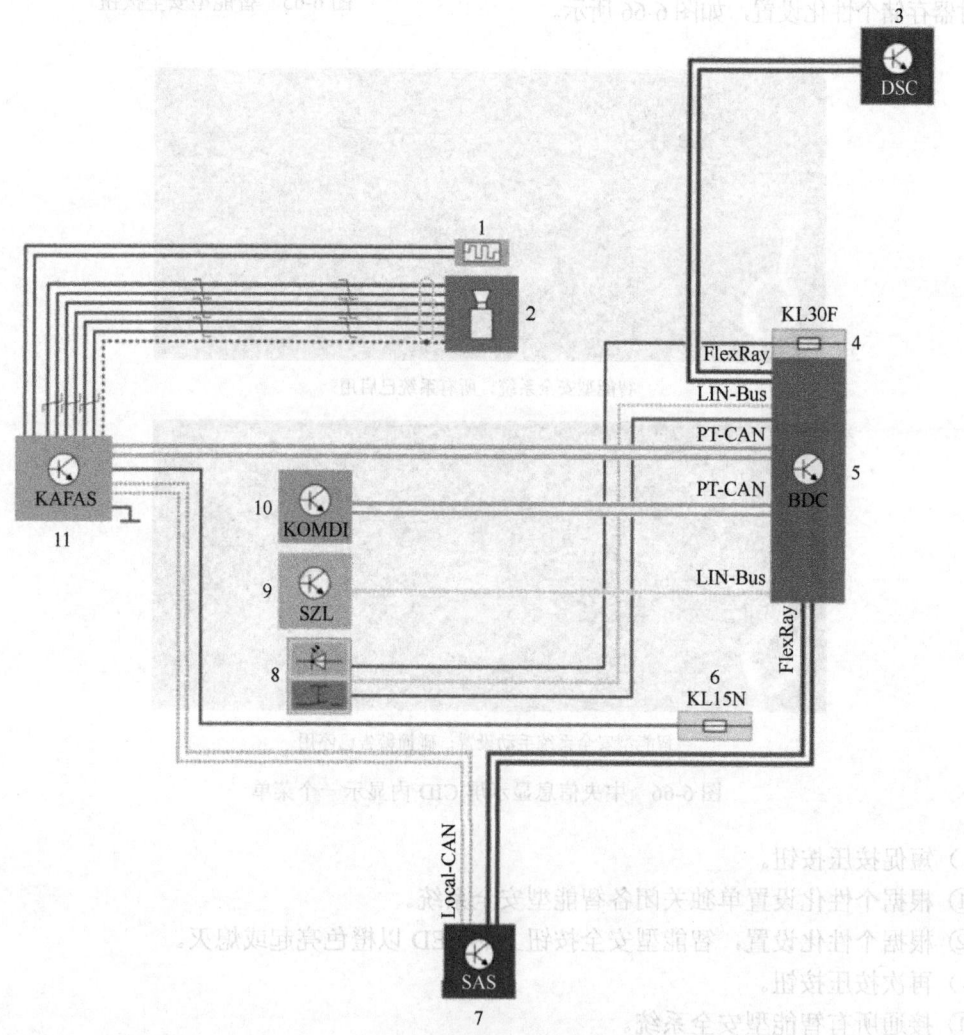

图 6-67 系统电路

1—KAFAS 摄像机加热装置 2—KAFAS 摄像机 3—动态稳定控制系统 4、6—熔丝 5—车身域控制器
7—选装配置系统控制单元 8—智能型安全按钮 9—转向柱开关中心 10—组合仪表 11—KAFAS 控制单元

174

（二）前方道路预测辅助系统

前方道路预测辅助系统根据导航系统数据识别出前方路线上的弯道、地区入口、圆形交叉路口、T 形交叉路口、限速和高速公路出口，提醒驾驶人及时松开加速踏板。行驶时尚未注意到前方路段时也会进行上述提醒。到达相应路段前会在组合仪表内一直显示相关说明。在前方道路预测辅助系统的帮助下，即使驾驶人不熟悉路况，也可实现更高效的行驶。组合仪表内的显示内容如图 6-68 所示。

为了能够使用前方道路预测辅助系统，应通过驾驶体验开关启用 ECO PRO 模式或 ECO PRO+模式，如图 6-69 所示。

图 6-68 前方道路预测辅助系统符号

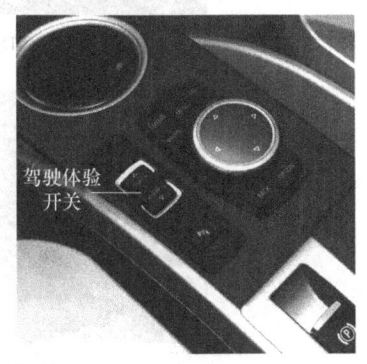
图 6-69 带驾驶体验开关的开关组件

无论目的地引导功能是否启用，均可使用前方道路预测辅助系统。目的地引导未启用时会对可能的路线进行分析。但是只有启用目的地引导后才能进行更加准确且高效的计算。

出现以下情况时不提供前方道路预测辅助功能：

① 车速低于 50km/h。
② 临时和变化限速，例如在工地上。
③ 导航数据质量不符合要求。
④ 定速巡航控制系统已启用。

（三）倒车摄像机

倒车摄像机只能与驻车辅助套件（SA 5DU）一起提供，可在进入和驶出停车位以及调车时为驾驶人提供附加支持，如图 6-70 所示。

图 6-70 中央信息显示屏内的倒车摄像机视图

倒车摄像机图像和附加辅助线一起显示在中央信息显示屏（CID）内，驾驶人可通过控制器接通和关闭显示辅助线功能，如图 6-71 所示。

a）CID内的倒车摄像机视图（驻车辅助线设置）

b）CID内的倒车摄像机视图（带驻车辅助线）

图 6-71　倒车摄像机图像和附加辅助线一起显示在 CID 内

此外还可通过障碍物标记为驾驶人提供支持。该功能也在 iDrive 内接通和关闭，如图 6-72 所示。

a）CID内的倒车摄像机视图（障碍物标记设置）

b）CID内的倒车摄像机视图（带驻车辅助线和障碍物标记）

图 6-72　通过障碍物标记为驾驶人提供支持

1. 系统组件

在倒车摄像机壳体内集成有顶部后方侧视摄像机控制单元（TRSVC 控制单元）。在宝马 i01 上不提供侧视系统和俯视系统摄像机，如图 6-73 所示。

更换倒车摄像机后必须对新摄像机进行自适应操作。完成自适应后无须对新摄像机进行手动校准，因为它具有自校准功能。行驶期间由 TRSVC 控制单元通过转向角传感器和所识别道路标线进行校准，进行校准时通过移动和旋转图像补偿安装公差。整个校准过程最长持续 5h。

图 6-73 TRSVC 控制单元

如果无法顺利进行倒车摄像机校准，则会在 CID 内显示一条检查控制信息。校准失败的原因可能是倒车摄像机安装错误、有污物或摄像机损坏。完成整个校准过程后，倒车摄像机也会持续进行重新调节，以确保最佳显示效果。倒车摄像机透镜的拍摄角度为 130°。

2. 系统电路图

系统电路图如图 6-74 所示。

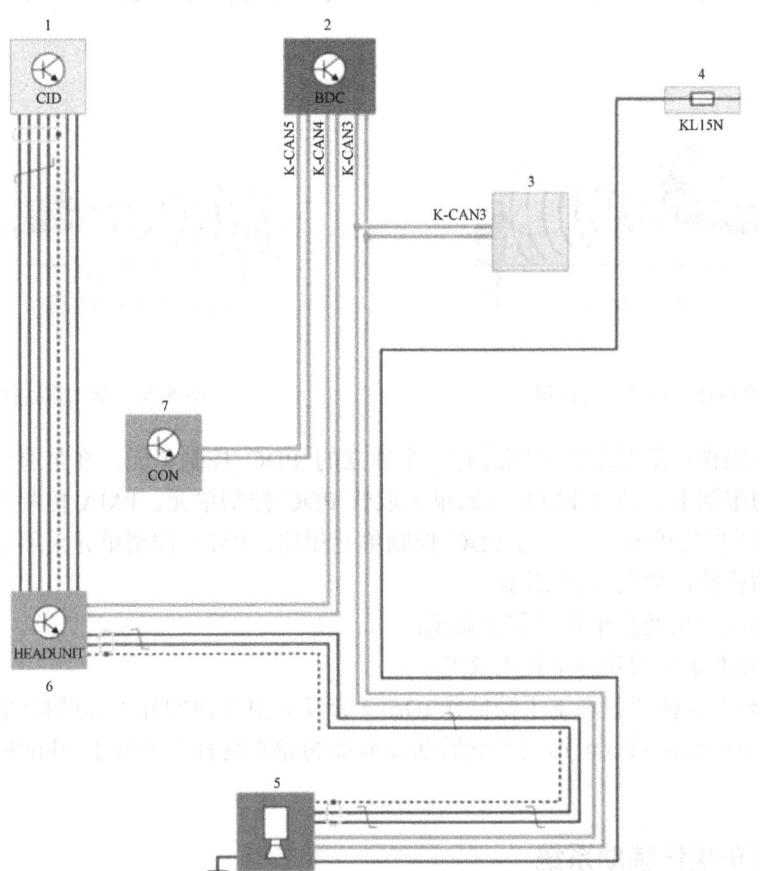

图 6-74 系统电路图

1—中央信息显示屏　2—车身域控制器控制单元　3—CAN 终止器　4—熔丝　5—带集成式 TRSVC 控制单元的倒车摄像机　6—主控单元　7—控制器

（四）驻车距离监控系统

驻车距离监控（PDC）系统可在驶入和驶出停车位时为驾驶人提供支持。后部驻车距离监控系统已是新能源汽车标准配置，针对车辆前部可提供相应选装配置。

后部驻车距离监控系统通过后保险杠内的 4 个超声波传感器测量与障碍物的距离。如果车辆带有前部驻车距离监控系统，则在前保险杠内还装有另外 4 个超声波传感器。

倒车雷达系统经由声音警告信号和图形画面信息来提示障碍物的距离。警告调节是通过 PDC 系统传送信号到 CID 后以图形方式显示，然后继续传送到车辆的喇叭以发出声音警告。

① 前警告信号频率为 800Hz，且声音从前面那组喇叭发出。
② 后警告信号频率为 500Hz，且声音从后面那组喇叭发出。

1. 后部雷达探测

传感器位于车辆的后保险杠内，可探测到位于车辆正后方 1.5m 远的物体。如果车辆与后方物体的距离不到 0.3m，则警告信号为持续音调，如图 6-75 所示。

2. 前部雷达探测

如果车辆与前方物体的距离为 0.3~0.8m，则信号为脉动式规律作响的音调，如图 6-76 所示。

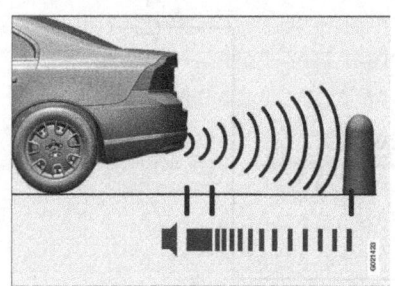

图 6-75　后部雷达探测

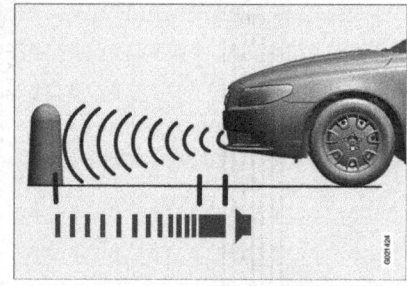

图 6-76　前部雷达探测

不带驻车操作辅助系统的车辆装有一个独立的 PDC 控制单元。在带有选装配置驻车操作辅助系统的车辆上，使用 PMA 控制单元取代 PDC 控制单元。PMA 控制单元的尺寸和安装位置与 PDC 控制单元相同。与 PDC 控制单元相比，PMA 控制单元采用更高效的处理器和经过调整的软件，如图 6-77 所示。

在以下情况下接通驻车距离监控系统：
① 在行驶准备接通状态下挂入 R 档。
② 在行驶准备接通状态下手动操作 iDrive 旁开关组件内的驻车辅助按钮。
③ 驻车距离监控系统识别出车辆后部或前部的障碍物且车速低于 3km/h 时，会自动启用功能。

（五）驻车操作辅助系统

驻车操作辅助（PMA）系统可为驾驶人提供多方面的支持。一方面系统可以测量停车位大小，并根据测量结果确定停车位是否够大。另一方面可减少驾驶人停车入位的操作。

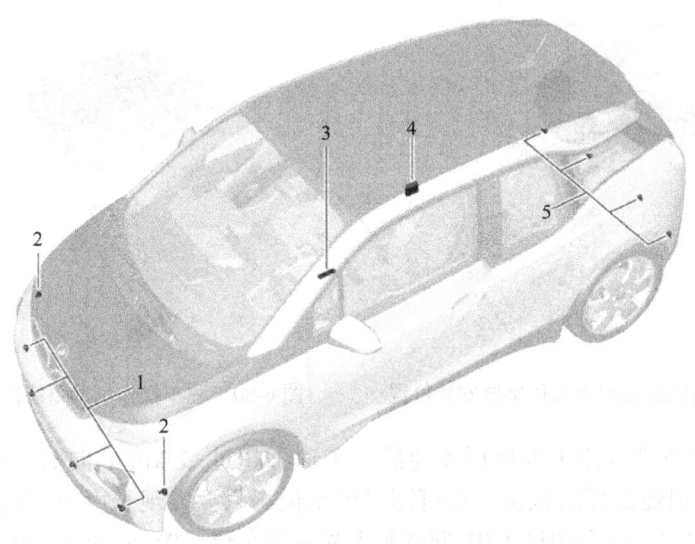

图 6-77 驻车距离监控系统的组件

1—前部超声波传感器，仅限于车辆带有选装配置驻车辅助套件（SA5DU）时　2—驻车操作辅助系统超声波传感器，仅限于车辆带有选装配置驻车辅助套件（SA5DU）时　3—操作单元　4—驻车距离监控系统控制单元　5—后部超声波传感器

在新能源汽车上，PMA 系统在侧方停车入位时除负责转向外，还负责加速、制动和换档，如图 6-78 所示。

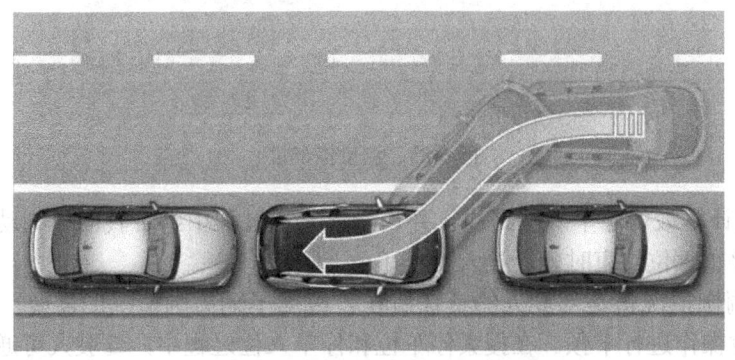

图 6-78　驻车操作辅助（PMA）系统工作原理

通过集成在前部车轮罩内的两个附加超声波传感器测量停车位。这两个传感器与 PMA 控制单元连接，该控制单元还执行驻车距离监控（PDC）系统功能。两个超声波传感器的功能与 PDC 系统相似，即发出超声波脉冲并接收回声脉冲，如图 6-79 所示。

PMA 控制单元分析超声波传感器信号，并根据动态稳定控制（DSC）系统的续驶里程信息计算出停车位的长度和宽度。它还对传感器信号进行分析并由此确定可能的停车位。此外还计算停车入位的最佳路径、监控驻车过程，并控制电动机械式转向系统，如图 6-80 所示。

功能主控单元集成在选装配置系统（SAS）控制单元内，在此对纵向调节、主控单元显示、制动和驱动进行控制，并对 PMA 控制单元内的横向导向进行授权。

图 6-79 驻车操作辅助系统超声波传感器安装位置

图 6-80 驻车操作辅助系统控制单元安装位置

PMA 系统可使侧方停车入位更加便捷。车速不超过 35km/h 向前直线行驶时,无论 PMA 系统处于启用还是停用状态,均可测量停车位。只要发现长度=车身长度+约 1.2m 的车位且系统已经启用,就会通过 CID 向驾驶人显示该车位。PMA 超声波传感器测量车辆两侧的停车位,并通过 CID 向驾驶人显示识别出的停车位,如图 6-81 所示。

图 6-81 测量停车位

PMA 系统计算最佳停车入位路线,并在接下来的过程中结合转向、制动和换档完成整个车辆操控。停车入位结束时就会挂入 P 档。

监控车辆周围情况仍是驾驶人的责任所在。根据车辆周围情况的需要,驾驶人可随时对自动驻车入位操作进行干预。在搜索停车位和停车入位过程中,驾驶人可通过集成显示获得有关停车位本身、停车入位辅助状态和相应处理说明,以及与其他物体距离的所有信息。

(六)自适应巡航系统

驾驶人设定所希望的车速,自适应巡航(ACC)系统利用雷达得到前车的确切位置,如果发现前车减速或监测到新目标,系统就会发送执行信号给发动机或制动系统来降低车速,使车辆和前车保持一个安全的行驶距离。当前方道路无车辆时又会加速恢复到设定的车速,雷达会自动监测下一个目标。ACC 系统代替驾驶人控制车速,避免了频繁的取消和设定巡航控制,适合于更多的路况。

自适应巡航控制的功能为现有定速巡航控制的延伸。若前方没有车辆,则速度保持不变。如同传统的定速巡航控制,速度是由驾驶人设定的。如果前方有一辆车的行驶速度低于设定速度,则系统将自动调整速度,以与前方车辆保持一定的安全距离,如图 6-82 所示。

1. ACC 和 CC（Cruise Control）切换

如果驾驶人不想使用 ACC 系统的自适应功能，或者雷达出于某些原因堵塞，则可以停用巡航控制的自适应功能，无论前方车辆情况如何，自车只能以设定速度行驶，如图 6-83 所示。

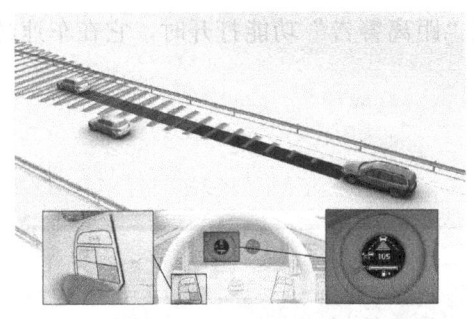

图 6-82　自适应巡航（ACC）系统

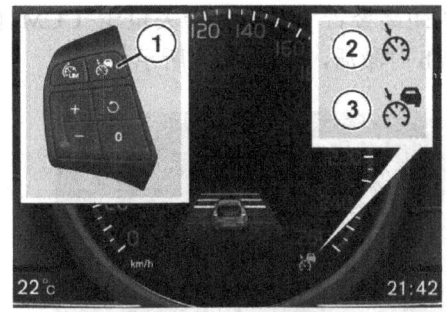

图 6-83　ACC 和 CC（Cruise Control）切换

这个功能可以通过较长时间按压转向盘按钮 1 来实现。此时 DIM 中的标志从 3 切换至 2，且仅 CC 启用。

要重新启用 ACC，则再次较长时间按压转向盘按钮 1。

ACC 启用时，会显示相关的时间距离图，以及前方区域的车辆探测图。

2. 排队辅助 ACC

当车辆在拥堵路况中缓慢行驶，然后静止时。车辆在停止 0～3s 后会自动继续行进。

如果停止时间较长（由于前方车辆再次开始移动之前需要等待一段时间），巡航控制可以设置成待机模式，如图 6-84 所示。

如果车辆配有排队辅助 ACC，则 ACC 可使车辆保持静止最多 4min，然后自动解除。这可防止制动器间歇过热或不均匀冷却（会对制动器造成损害）。

图 6-84　排队辅助 ACC

以增加强度的步骤将此信息警告驾驶人：

① 制动解除前的大约 10s，DIM 向驾驶人发出声音警告（砰砰声）和文字信息。

② 如果在制动解除且车辆开始移动后驾驶人没有响应，则风窗玻璃中的 HUD 激活，以与碰撞警告时的相同方式警告驾驶人。

③ 如果驾驶人仍未响应，则 BCM 将大约每 3s 通过脉冲激活的车辆制动生成"脉动制动"。

3. 距离警告（FSM）

ACC 的距离警告是一个单独功能，可在自适应巡航控制关闭时或者在待机模式使用。

FSM 使用来自前向雷达的信息，持续记录与前面同方向行驶车辆的时间间隔。距离警告功能并不记录慢速或停止不动的车辆，或者另一方向行驶的车辆。

(1) 距离警告的设定

驾驶人可以使用与 ACC 功能同样的转向盘按钮和信息显示器按钮来设定 5 个不同时间间隔,在 1~2.6s 总间隔范围内各档有 0.4s 的间歇。如果与前方车辆的时间间隔短于设定时间间隔,则有持续点亮的红色警告灯作为警示,如图 6-85 所示。

(2) 距离警告激活

"距离警告"装置的开关位于 CCM 内。在"距离警告"功能打开时,它在车速超过 30km/h 时激活,如图 6-86 所示。

图 6-85　距离警告的设定

图 6-86　距离警告激活

4. 带自动制动的碰撞警告

带自动制动的碰撞警告系统的作用是,当车辆存在与前方静止或同向行驶的行人、车辆等有碰撞风险时,协助驾驶人进行制动。系统可探测的对象包含行人、客车、货车、摩托车、房车,以及拖车、车队等。

带自动制动的碰撞警告系统在速度差高达 35km/h 的情况下仍可避免碰撞。碰撞警告系统不会对沿不同行驶方向行驶的车辆发出警告。

带自动制动的碰撞警告系统在以下三个阶段辅助驾驶人:

① 碰撞警告:如果探测出与前车或前方行人的距离少于警告距离,而驾驶人未采取任何措施,则声音警告启动,并且视觉警告灯中的全部 12 个 LED(红色/橙色)闪烁,如图 6-87 所示。

② 制动支持:如果与前车的时间间隔缩短,则预警制动器(RAB)制动支持功能激活。同时,紧急制动辅助(EBA)的制动压力从 130MPa/s 降低至 80MPa/s。这表示 ABS 调制启动更快。如果驾驶人踩下制动踏板,即使是较小的踏板力,也可更快地制动,且制动功能加强。

③ 全力自动制动:如果驾驶人显得被动,而且与前车或前方行人的时间间隔已经减少到 FSM 认为碰撞无可避免的程度,则在

图 6-87　带自动制动的碰撞警告

最初撞击发生之前大约 0.7s 时,自动制动功能启动,并以最大制动力制动车辆。

制动支持功能及自动制动功能在车速超过 7km/h 后都会启动,且无法关闭。

5. 驾驶人警告

驾驶人警告系统是在汽车不稳定或者无意中偏离车道时警告驾驶人。例如在驾驶人注意力分散或疲倦时，要使得"驾驶人警告系统"发挥功能，要求车道上的边线标记清楚。驾驶人警告系统在驾驶状况变差或者在驾驶人无意偏离目前车道时，会对驾驶人发出警告，如图 6-88 所示。

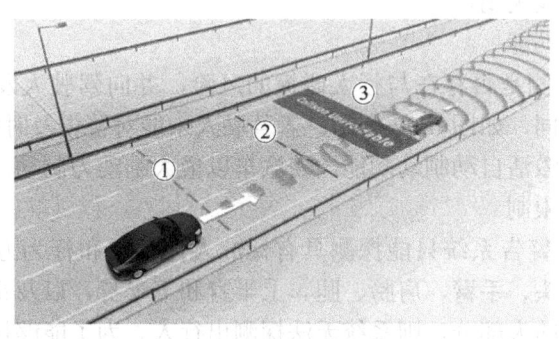

图 6-88 驾驶人警告
1—碰撞警告 2—制动支持 3—自动制动

驾驶人警告系统包括以下功能：

① 驾驶人警告控制（DAC）：通知并警告驾驶人，疲劳等原因使其注意力分散，导致的驾驶不规范问题。

② 车道偏离警告（LDW）：来自摄像头的信息由 FSM 用来计算车辆相对于侧边标记的位置。如果车辆无意地越过左侧标记或右侧标记，则会有一个声音信号警告驾驶人。

③ 车道保持辅助系统（LKA）：在车辆（未指示驾驶人）即将意外离开车道时仍可使车辆保持在车道内。此功能通过施加到转向盘上的转矩实现。

（1）驾驶人警告控制（DAC）

在驾驶人由于疲劳等因素而注意力不集中，造成驾驶形态变差时，DAC 会对驾驶人提出警告。DAC 可以在 ICM 的选单系统中关闭或者打开。当 DAC 打开时，功能在车速 65km/h 时启动，车速降至 60km/h 以下时关闭。

驾驶人可以使用左侧开关拨杆选择"驾驶人警告"的旅程页，查看该功能是否在启动状态（即摄影机是否能检测车道边线标记）。然后，驾驶人信息模块（DIM）内的信息显示器就会显示目前状况。

（2）DAC 监控

FSM 使用来自摄影机的信息识别出车道边线标记，然后据此计算出道路的范围。FSM 可读取车道油漆的路标，并将道路的延伸与驾驶人转向盘的动作做比较，评估车辆是否依循车道前进。

在车辆没有继续沿车道行驶时，驾驶人会得到声音信号和文字信息的警告。在车辆受侧面强风影响时，该系统也会警告，如图 6-89 所示。

图 6-89 DAC 监控

6. 行人探测

调查显示，发生碰撞时 50%的驾驶人并未踩下制动踏板。如果驾驶人能够有更快的反应，许多意外都可避免。10%~25%的交通事故涉及行人，其中一半发生在速度低于 25km/h 时。带全自动制动的碰撞警告系统在速度达到 35km/h 时仍可避免碰撞行人，目标是速度在 80km/h 以内时尽量减少碰撞行人。在车速高于 80km/h 时，行人全力自动制动的作用已大幅减弱，因此行人检测功能关闭。

（1）行人探测系统功能

行人探测系统，探测是否存在与行人碰撞的风险，并向驾驶人发出视觉和声音警告，与其他车辆碰撞警告相同，如图 6-90 所示。若驾驶人未能对警告及时做出反应，则 FSM 会确定碰撞不可避免，并激活自动制动功能，使汽车以最大制动力制动。

（2）行人探测系统限制

带自动制动的碰撞警告系统只能探测具有标准人体外形和行为方式的行人。这意味着摄像头必须能够识别出头、手臂、肩膀、腿、上半身和下半身，以及正常的人体行为。如果摄像头无法识别出身体的大部分，则系统无法探测出行人。为了能够探测出行人，行人必须显示全身长至少高 80cm。系统无法探测携带大物件的行人。来自摄像头和雷达的信息由判定前方物体形状的 FSM 处理。摄像头在黄昏和黎明时探测行人的功能受到限制，就像人眼一样，如图 6-91 所示。

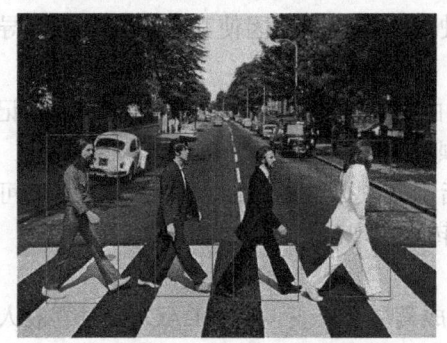
图 6-90 行人探测系统功能

图 6-91 行人探测系统限制

当在黑夜中和隧道内行驶时，即使街灯亮起，摄像头探测行人的功能也会关闭。

7. 视觉警告灯（HUD）

视觉警告灯主要通过不同颜色的 LED 去警示驾驶人，HUD 安装在驾驶人侧前方仪表台上，如图 6-92 所示。

HUD 由 12 个 LED 串联组成，分成三组。两个外部组为红色 LED，一个中心组为橙色 LED，如图 6-93 所示。

HUD 的功能是在即将发生碰撞时激活所有组，或者在与前方车辆的距离比预设的时间间隔短时，激活中心组，向驾驶人发出视觉警告，如图 6-94 所示。

图 6-92 视觉警告灯（HUD）

FSM 通过脉冲宽度调制控制指示器的光强度。在起动发动机时，首先激活外部组，然后激活中心组，HUD 会暂时点亮。目的如下：

图 6-93　HUD 结构特点　　　　　　图 6-94　HUD 功能特点

① 提醒驾驶人 CMS 可用。
② 估计 HUD 内的温度。

高能耗对应较高的内部温度。为了防止 LED 过热，高温时在启动后关闭 HUD 约 10min。如果 HUD 关闭，则会在碰撞警告中听到一个声音警告。即使在 ICM 菜单中关闭了声音重播，声音警告也会发出。

四、新能源汽车远程监控和远程控制

（一）远程监控系统的构成

1. 新能源汽车远程监控平台三级架构

目前，新能源汽车远程监控平台主要有企业监控平台、地方监控平台和国家监控平台三类。这三类平台形成了数据平台的三级架构，如图 6-95 所示。新能源汽车的运行数据会实时传输到企业监控平台，企业通过监控平台对本企业生产的新能源汽车进行安全管理、预报警和故障处理。同时，企业平台要将新能源汽车数据实时转发给地方和国家监控平台，并进行统计信息和故障处理的上报。

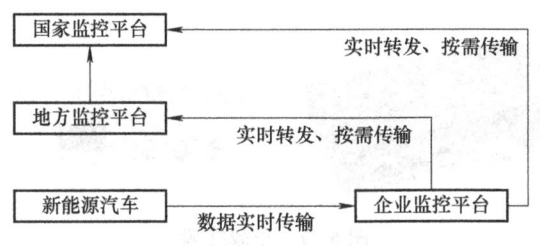

图 6-95　远程监控平台三级架构

2. 远程监控平台数据采集

远程监控平台主要通过车载终端进行数据采集，车载终端通过 CAN 总线实时获取车辆控制器的内部数据和故障状态，同时采集蓄电池组及发动机等部件的工作电压、电流，结合 GPS 传感器获取定位信息和车速，最后将这些数据同步存储在本地 SD 卡中，并将数据通过无线网络发送到远程监控平台。用户可以通过平台远程监控系统对车辆进行监控和分析。

3. 采集的数据信息

根据 GB/T 32960.3—2016《电动汽车远程服务与管理系统技术规范 第 3 部分：通信协议及数据格式》的规定，目前上传政府平台的数据涉及与纯电动汽车、插电式混合动力汽车和氢燃料电池汽车相关的 11 大类信息，主要包括整车数据、驱动电机数据、发动机数据等，涵盖车辆状态、车速、动力电池 SOC、绝缘电阻等 100 多项参数信息，如图 6-96 所示。而对于车企，则会根据自身需要，采集和存储更多类型的指标数据。

图 6-96 采集的数据信息

4. 车载终端信息采集装置及其存储要求

目前，新能源汽车所使用的车载终端主要有集成式和单体式两类，比较常见的是单体式车载终端，又称 T-BOX，如图 6-97 所示，可以前装和后装，通过与 CAN 总线连接实现控制、采集数据，以及诊断车辆数据等功能。

图 6-97 车载终端

根据 GB/T 32960.2—2016《电动汽车远程服务与管理系统技术规范 第 2 部分：车载终端》的相关规定，新能源汽车车载终端需满足以下信息存储要求：

① 车载终端应按照最多不超过 30s 的时间间隔将采集到的实时数据保存在内部存储介质中，当车辆出现三级警告时，车载终端应按照最多不超过 1s 的时间间隔将采集到的实时数据保存在内部存储介质中。

② 车载终端内部存储介质容量应满足至少 7 天的实时数据存储需求。车载终端内部存

储介质存储满时，应具备内部存储数据的自动循环覆盖功能。

③ 车载终端内部存储的数据应具有可读性。

④ 车载终端断电停止工作时，应完整保存断电前内部介质中的数据。

（二）远程监控系统的作用与功能

1. 远程监控系统的作用

① 实时进行数据采集。

② 监控整个行车过程及状态。

③ 分析新能源汽车运行中的使用环境和模式。

④ 梳理出新能源汽车重要零部件典型的运行参数。

⑤ 及时发现并反馈可能发生的故障或存在的安全隐患，便于开展后续的维修工作。

⑥ 远程监控系统在保障车辆安全行驶、性能评估、预防和减少因蓄电池故障而引发的自燃事故等方面都具有十分重要的作用，借助信息化手段对新能源汽车在全寿命周期内进行监控。

2. 远程监控系统的功能

新能源汽车远程监控系统，在采集了大量的车辆数据信息后，经过整理及分析，可以为驾驶人的安全驾驶、车辆部件性能分析与监控等提供帮助，具体分析如下：

（1）驾驶行为分析

远程监控系统可结合采集到的加速度、转向盘转角、加速踏板开度等参数分析用户在不同场景、不同环境下的车辆使用情况，包括行驶环境、起步习惯、车速状况及加速行为等。

（2）车辆性能分析

远程监控系统可分析车辆在实际道路环境下的加速、减速、转弯等性能表现，为车辆研发提供重要的依据。

（3）蓄电池寿命预测

远程监控系统通过对蓄电池充放电次数的监控和衰减度分析，预测蓄电池的剩余使用寿命。

（4）蓄电池性能评估

远程监控系统通过分析充电电压、充电电流、放电电压、放电电流等指标，可得出蓄电池的充电性能曲线、放电性能曲线、容量变化曲线和自放电率曲线等，进而评估蓄电池的性能。

（5）蓄电池衰减评估

通过监测充放电次数和蓄电池容量的关系，结合纯电续驶里程和使用温度等指标，远程监控系统可实时计算出蓄电池的衰减度。

（6）电机性能分析

远程监控系统通过对电机表现的评估，计算转矩性能曲线、功率性能曲线和电机系统驱动效率曲线等，进而分析电机的整体性能。

（7）客户画像

通过对用户的行驶区域、驾驶习惯、驾驶风格等进行分析，将用户分类，并对每一类车主的特征进行精确定义,从而为车辆销售、针对性的广告投放提供依据。

(8) 行程分析

行程是指从用户起动车辆到熄火停车之间的驾驶区间。行程分析是根据驾驶区间用户在安全、经济方面的表现,以安全得分、绿色得分、安全指标(急加速、急减速、急转弯等)、绿色指标(百公里能耗)为主体进行展示。

(9) 远程诊断

基于实时的行车数据流对车辆发生的故障进行分析,将分析结果提供给用户或者维修店;对于未发生的故障,对其风险进行预判,及时提醒用户。

(10) 智能提醒

在车辆行驶过程中,通过监控车辆的运行状况、驾驶表现、环境参数等,对用户进行智能提醒,使其更加安全、经济地驾驶。

(三) 远程监控系统的应用

车辆远程监控系统主要应用在远程监控、安全预警和维修救援三方面。

1. 远程监控

车辆远程监控应用主要体现在能够实时显示被监控车辆的整车数据、驱动电机数据、发动机数据等运行和故障信息,并能实时显示车辆当前位置,便于进行车辆追踪、信息查询、数据汇总及分析。

【操作示例】以上海地方平台为例,在车辆管理——车辆实时数据中,输入车辆 VIN 码和开始时间、结束时间,即可找到该车在选定时间内的所有实时信息,如图 6-98 所示,也可以通过单击"导出"按钮,获得该时间段内车辆所有的实时数据信息。

图 6-98 车辆实时数据信息页面

任意点开一条实时数据,能够看到其报文和解析后的数据,如图 6-99 所示,了解该车的实时运行情况和所处位置。

模块 6 整车控制系统

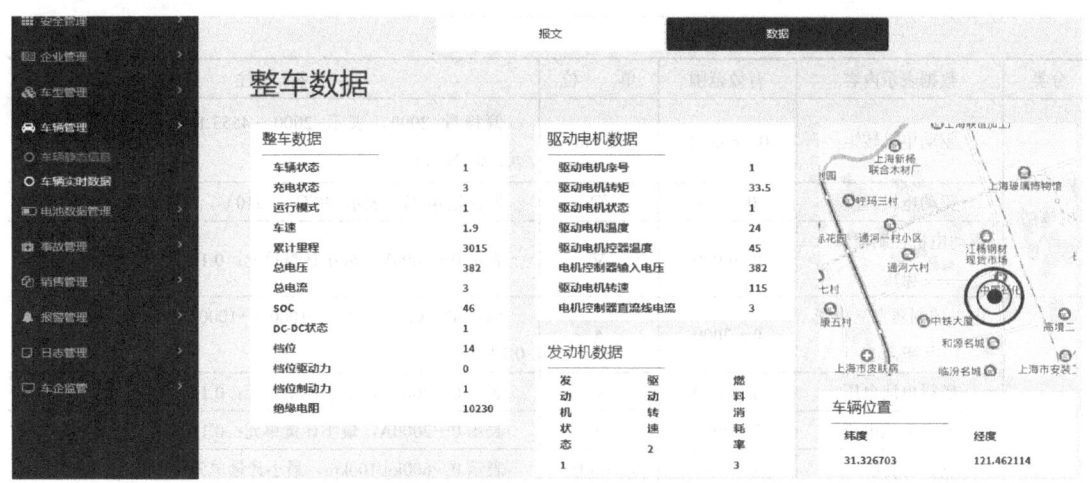

图 6-99 车辆实时数据信息

观察图 6-99 中的数据，可以看到车辆状态对应的是 1，充电状态对应的是 3，运行模式对应的是 1，每个数字具体代表的含义、单位、有效范围等需要结合 GB/T 32960.3—2016《电动汽车远程服务与管理系统技术规范 第 3 部分：通信协议及数据格式》（以下简称 GB/T 32960.3—2016）掌握。根据 GB/T 32960.3—2016 中实时信息和警告信息上报内容格式，见表 6-14，可以了解该车在选定的时间内：车辆状态为起动；充电状态为未充电；运行模式为纯电。

表 6-14 实时信息和警告信息上报内容格式

分类	数据表示内容	有效范围	单位	备注
整车数据	车辆状态	1、2、3		1：车辆起动状态；2：熄火；3：其他状态
	充电状态	1、2、3、4		1：停车充电；2：行驶充电；3：未充电状态；4：充电完成
	运行模式	1、2、3		1：纯电；2：混动；3：燃油
	车速	0～220	km/h	表示 0～220km/h，最小计量单元：0.1km/h
	累计里程	0～999999.9	km	表示 0～999999.9km，最小计量单元：0.1km
	总电压	0～1000	V	表示 0～1000V，最小计量单元：0.1V
	总电流	0～2000	A	偏移量 1000A，表示 -1000A～+1000A，最小计量单元：0.1A
	SOC	0～100	%	表示 0～100%，最小计量单元：1%
	DC/DC 状态	1、2		1：工作；2：断开
	档位	0、1、2……13、14、15		0：空档；1：1 档；2：2 档……13：倒档；14：自动 D 档；15：停车 P 档
	绝缘电阻	0～60000	kΩ	表示 0～60000kΩ，最小计量单元：1kΩ
驱动电机数据	驱动电机序号	1～253		
	驱动电机状态	1、2、3、4		1：耗电；2：发电；3：关闭状态；4：准备状态
	驱动电机控制器温度	0～250	℃	偏移量 40℃，表示 -40℃～+210℃，最小计量单元：1℃
	驱动电机转速	0～65531	r/min	偏移量 20000，表示 -20000～45531r/min，最小计量单元：1r/min

（续）

分类	数据表示内容	有效范围	单位	备注
驱动电机数据	驱动电机转矩	0～6553.1	N·m	偏移量2000，表示-2000～4553.1N·m，最小计量单元：0.1N·m
	驱动电机温度	0～250	℃	偏移量40℃，表示-40℃～+210℃，最小计量单元：1℃
	驱动电机控制器输入电压	0～6000	V	表示0～6000V，最小计量单元：0.1V
数据	电机控制器直流母线电流	0～2000	A	偏移量1000A，表示-1000～+1000A，最小计量单元：0.1A
	燃料电池电压	0～2000	V	表示0～2000V，最小计量单元：0.1V
	燃料电池电流	0～2000	A	表示0～2000A，最小计量单元：0.1A
	燃料消耗率	0～600	kg/100km	表示0～600kg/100km，最小计量单元：0.01kg/100km
	燃料电池温度探针总数	0～65531		N个燃料电池温度探针
	探针温度值	0～240	℃	偏移量40℃，表示-40℃～+200℃，最小计量单元：1℃
	氢系统中最高温度	0～240	℃	偏移量40℃，表示-40℃～+200℃，最小计量单元：0.1℃
	氢系统中最高温度探针代号	1～252		
	氢气最高浓度	0～60000	mg/kg	表示0～60000mg/kg，最小计量单元：1mg/kg
	氢气最高浓度传感器代号	1～252		
	氢气最高压力	0～100	MPa	表示0～100MPa，最小计量单元：0.1MPa
	氢气最高压力传感器代号	1～252		
	高压DC/DC状态	1、2		1：工作；2：断开
	发动机状态	1、2		1：起动状态；2：关闭状态
	曲轴转速	0～60000	r/min	表示0～60000r/min，最小计量单元：1r/min
	燃料消耗率	0～600	L/100km	表示0～600L/100km，最小计量单元：0.01L/100km
	定位状态	0、1		0：有效定位；1：无效定位（当数据通信正常，但不能获取定位信息时，发送最后一次有效定位信息，并将定位状态设置为无效）
	北纬·南纬	0、1		0：北纬；1：南纬
	东经·西经	0、1		0：东经；1：西经
	纬度	0～90		精确到$(1\times10^{-6})°$
	经度	0～180		精确到$(1\times10^{-6})°$
	最高电压蓄电池子系统号	1～250		
	最高电压蓄电池单体代号	1～250		
	蓄电池单体电压最高值	0～15	V	表示0～15V，最小计量单元：0.001V

(续)

分类	数据表示内容	有效范围	单位	备注
数据	最低电压蓄电池子系统号	1~250		
	最低电压蓄电池单体代号	1~250		
	蓄电池单体电压最低值	0~15	V	表示0~15V，最小计量单元：0.001V
	最高温度子系统号	1~250		
	最高温度探针序号	1~250		
	最高温度值	0~250	℃	偏移量40℃，表示-40℃~+210℃，最小计量单元：1℃
	最低温度子系统号	1~250		
	最低温度探针序号	1~250		
	最低温度值	0~250	℃	偏移量40℃，表示-40℃~+210℃，最小计量单元：1℃
	最高警告等级	0、1、2、3		0：无故障；1：1级故障；2：2级故障；3：3级故障
	可充电储能装置故障总数 N1	0~252		N1个可充电储能装置故障
	可充电储能装置故障码列表			扩展性数据，由厂商自行定义，可充电储能装置故障个数等于可充电储能装置故障总数 N1
	驱动电机故障总数 N2	0~252		N2个驱动电机故障
	驱动电机故障码列表			厂商自行定义，驱动电机故障个数等于驱动电机故障总数 N2
	发动机故障总数 N3	0~252		N3个发动机故障
	发动机故障列表			厂商自行定义，发动机故障个数等于发动机故障总数 N3
	其他故障总数 N4	0~252		N4个其他故障
	其他故障码列表			厂商自行定义，故障个数等于故障总数 N4

2. 安全预警

远程监控系统运行过程中对重要的车辆部件进行动态检测，若远程监控系统与车企设定的警告阈值进行对比，识别为预警故障等级，则自动推送相关信息至安全监控人员和维修服务站人员。通用警告标志位定义见表6-15。

表6-15 通用警告标志位定义

位	定　义	处理说明
0	1：温度差异警告；0：正常	标志维持到警告条件解除
1	1：蓄电池高温警告；0：正常	标志维持到警告条件解除
2	1：车载储能装置类型过压警告；0：正常	标志维持到警告条件解除
3	1：车载储能装置类型欠压警告；0：正常	标志维持到警告条件解除
4	1：SOC低警告；0：正常	标志维持到警告条件解除
5	1：单体电池过压警告；0：正常	标志维持到警告条件解除
6	1：单体电池欠压警告；0：正常	标志维持到警告条件解除
7	1：SOC过高警告；0：正常	标志维持到警告条件解除

(续)

位	定 义	处理说明
8	1：SOC跳变警告；0：正常	标志维持到警告条件解除
9	1：可充电储能系统不匹配警告；0：正常	标志维持到警告条件解除
10	1：电池单体一致性差警告；0：正常	标志维持到警告条件解除
11	1：绝缘警告；0：正常	标志维持到警告条件解除
12	1：DC-DC温度警告；0：正常	标志维持到警告条件解除
13	1：制动系统警告；0：正常	标志维持到警告条件解除
14	1：DC-DC状态警告；0：正常	标志维持到警告条件解除
15	1：驱动电机控制器温度警告；0：正常	标志维持到警告条件解除
16	1：高压互锁状态警告；0：正常	标志维持到警告条件解除
17	1：驱动电机温度警告；0：正常	标志维持到警告条件解除
18	1：车载储能装置类型过充警告；0：正常	标志维持到警告条件解除
19—31	预留	标志维持到警告条件解除

根据 GB/T 32960.3—2016，将故障分为三个等级：一级故障指代不影响车辆正常行驶的故障；二级故障指代影响车辆性能，需驾驶人限制行驶的故障；三级故障为最高级别故障，指代驾驶人应立刻停车处理或请求救援的故障，并对19项通用警告标志进行定义。

【操作示例】以上海地方平台为例，安全监控人员可以定期在警告管理模块的历史警告中导出该车企一段时间内所有的警告记录，如图6-100所示，通过统计汇总可以得到频繁发生警告的车辆VIN码、车辆型号以及警告类型。

图6-100 历史警告查询

此外，应主动联系车主，询问车辆的实际情况，并建议其到就近的维修站进行车辆检查，做好跟踪反馈工作，避免故障进一步发展，引发安全事故。

维修站人员在进行车辆检修时，可以在历史警告中输入VIN码，查询得到该车历史警告记录，结合车辆管理中的实时数据，能够观察车辆在警告前、中、后的运行和警告数据变化情况。

安全监控人员、维修接待人员和维修技工与车主之间应保持信息沟通的流畅性和及时性，图6-101所示为发生警告后各职能部门员工的工作流向。

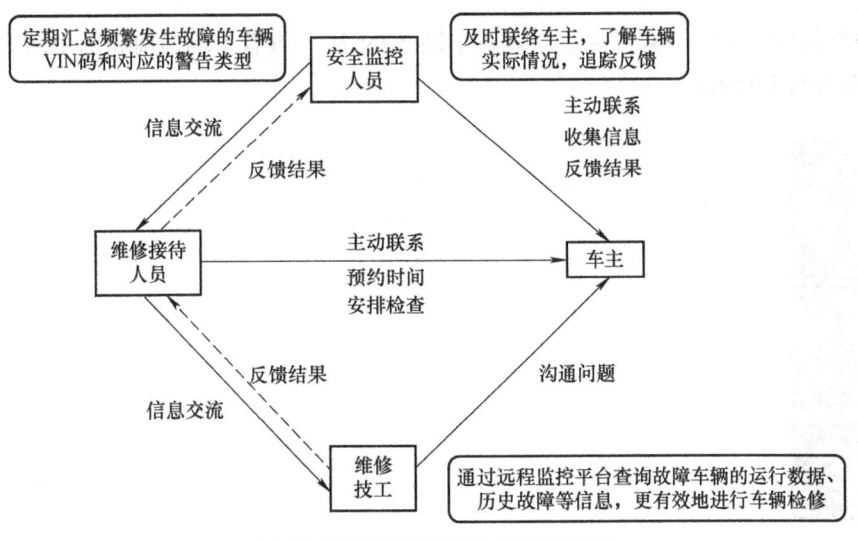

图6-101　各职能部门员工工作流向

3. 维修救援

远程监控系统实时采集并存储了车辆的整车数据、发动机数据、驱动电机数据、警告数据等信息，有利于维修人员快速、有效地分析车辆发生故障的原因。

维修站接到车主的维修救援请求时，维修人员可根据远程监控系统获得需要维修救援车辆的行驶数据、历史故障信息、事故报告和位置信息，有的放矢地做好维修救援准备工作，如图6-102所示。

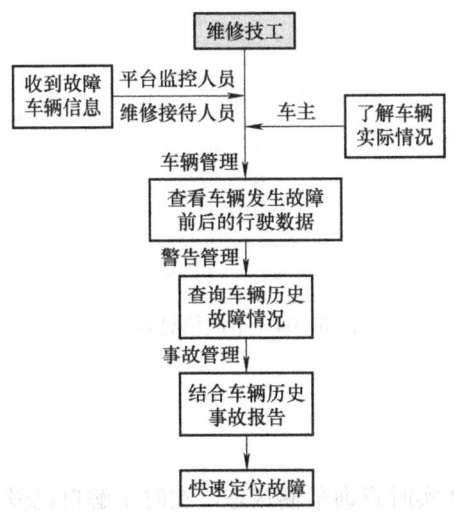

图6-102　车辆发生故障后的维修工作流程

【操作示例】以上海地方平台为例：

① 车辆管理——车辆实时数据模块，输入车辆 VIN 码，查看故障车辆发生故障前后的行驶数据。

② 警告管理——三级警告模块，输入车辆 VIN 码，查看车辆当前和历史所有三级故障记录，如图 6-103 所示。

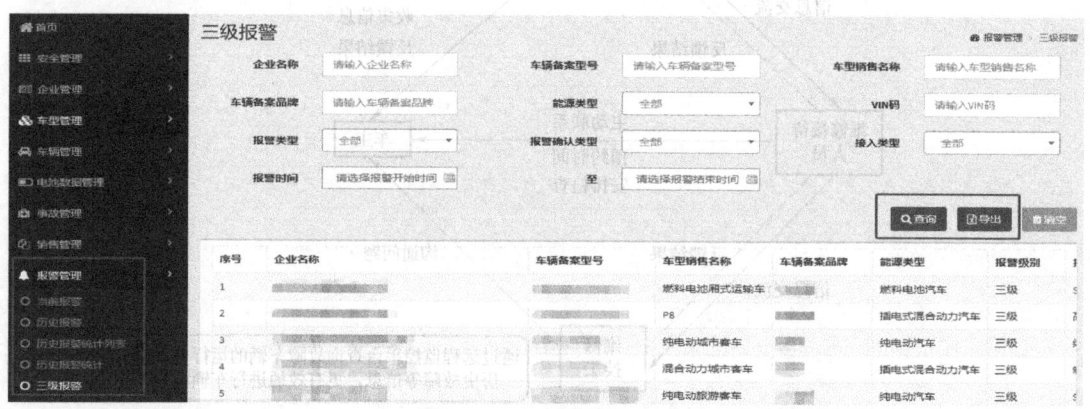

图 6-103　车辆故障信息查询

③ 事故管理——事故信息模块，输入车辆 VIN 码，查看故障车辆历史事故报告，如图 6-104 所示。

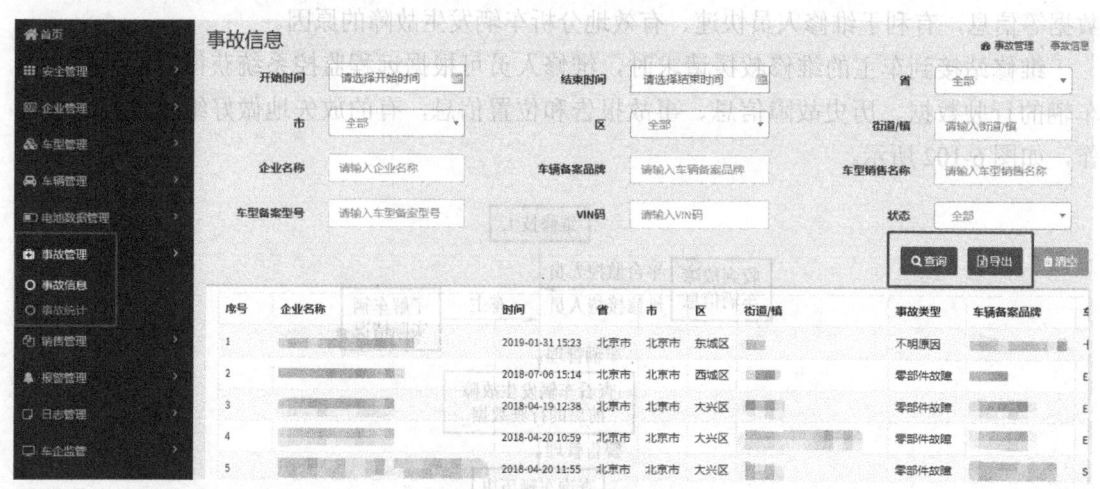

图 6-104　事故信息查询

（四）车辆远程控制

1. 远程查询功能

用户可以通过手机 APP 实时查询车辆状态，实时了解自己爱车的状况，包括 SOC 值、剩余续驶里程等，如图 6-105 所示。

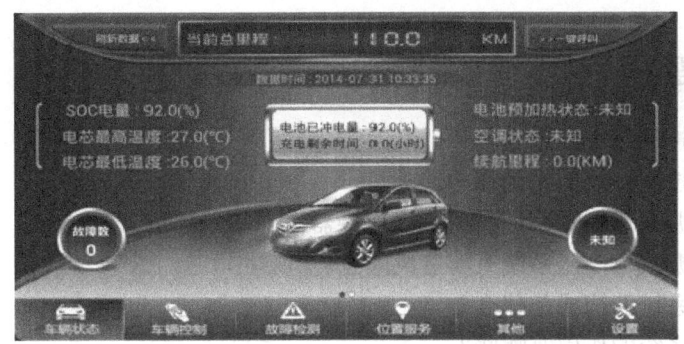

图 6-105　远程查询

2. 远程空调控制

无论是在炎热的夏季还是在寒冷的冬季，用户在出门前都可以通过手机指令实现远程控制空调制冷、制热和除霜功能，如图 6-106 所示。

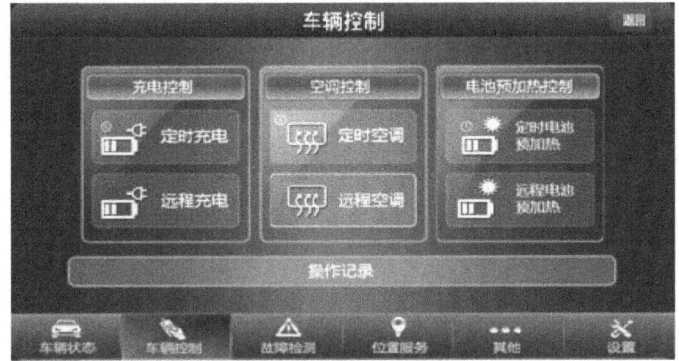

图 6-106　远程空调控制

3. 远程充电控制

用户离开车辆时将充电枪插入充电桩，并不立即充电，可以利用电价波谷充电，并在家里实时查询 SOC 值。需要充电时通过手机 APP 发送远程充电指令，进行充电操作，如图 6-107 所示。

图 6-107　远程充电控制

课后思考题

1. 简述整车控制系统的定义。
2. 简述整车控制系统的作用和构造。
3. 简述新能源汽车控制系统高压互锁连接器作用。
4. 简述新能源汽车高压系统有哪些风险点。
5. 远程监控系统的构成是什么？
6. 远程监控系统的作用有哪些？
7. 远程监控系统的功能有哪些？
8. 远程监控系统有哪些方面的应用？

模块 7　新能源汽车充电装置

学习目标

技能目标
1. 正确地对新能源汽车充电装置进行分类。
2. 按安全操作规范和要求使用及维修充电装置。

知识目标
1. 了解不同新能源汽车的充电系统。
2. 掌握典型纯电动汽车的充电系统结构组成。

素养目标

树立安全第一的意识。

一、新能源汽车充电桩

电动汽车的充电过程相当于燃油汽车的加油过程。在本项目中，充电表示：在车辆静止状态下（不通过制动回收电能）；为车上的动力蓄电池充电；由车辆外部交流电压网络提供电能，如图 7-1 所示。

因为使用了充电电缆，所以也称为导电（接线）充电。现在有的新能源汽车使用无线感应充电，如图 7-2 所示。

图 7-1　外部交流电压网络提供电能

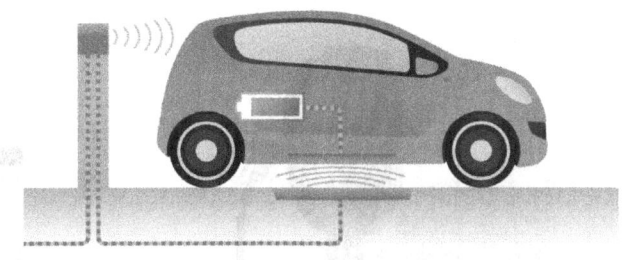

图 7-2　无线感应充电

电动汽车无线充电技术是一种利用电磁感应原理，通过隔空传输的方式充电的技术。

这项技术的应用通常是在地面端与车辆端各安装两个耦合线圈,利用两个线圈之间的磁场耦合实现能量从发射端到接收端的传输。电动汽车的无线充电避免了车载充电机与地面端电源的直接连接,具有易操作、高安全性、强环境适应性的特点。

(一)充电方式

原则上可通过交流电或直流电进行动力蓄电池充电。在新能源汽车上,动力蓄电池的充电方式主要取决于车辆上的充电配置,以及不同国家的充电基础设施。

车用充电机是一种专为车用动力蓄电池充电的设备,是具有特定功能的电力转换装置。常用的充电机可分为直流充电机、交流充电机和交直流一体充电机三种。

1. 直流充电

直流充电指采用直流充电模式为电动汽车动力蓄电池充电的方式。直流充电模式是以充电机输出的可控直流电直接对动力蓄电池进行充电,如图 7-3 所示。

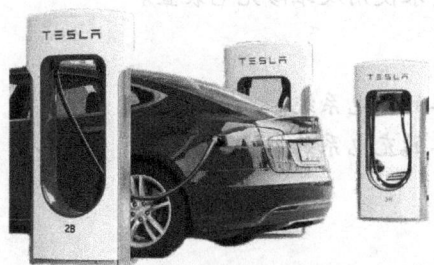

图 7-3 直流充电装置

2. 交流充电

交流充电指采用交流充电模式为电动汽车动力蓄电池充电的方式。交流充电模式是以三相或单相交流电对电动汽车充电。交流充电模式充电机为车载系统,如图 7-4 所示。

3. 交直流充电

交直流充电指将直流充电功能和交流充电功能集成为一体的充电方式,车用充电装置可移动、可固定、可壁挂。交直流一体充电机不仅具有为动力蓄电池安全、自动充满电的能力,还具有为车载充电机提供交流电的能力,如图 7-5 所示。

图 7-4 交流充电机

图 7-5 交直流充电桩

4. 充电模式

在 IEC 61851-1 中规定了充电模式。表 7-1 汇总了各种充电模式的重要参数。

表 7-1 充电模式的重要参数

	最大功率	与车辆通信	充电插头锁止
充电模式 1	3.7kW（16A）	无	在车辆上
充电模式 2	0.8～2.76kW	通过充电电缆内的模块	在车辆上
充电模式 3	14.5kW（63A）	通过充电站内的模块	在车辆和充电插座上
充电模式 4	直流电（低）38kW 直流电（高）170kW	通过充电站内的模块	在车辆和充电插座上

（二）充电接口

车辆充电接口和充电桩供电接口如图 7-6 所示。

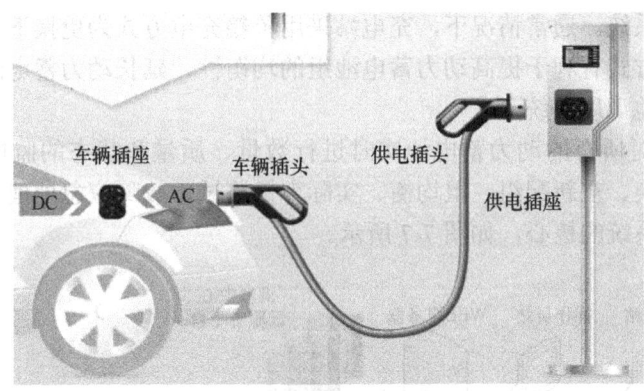

图 7-6 车辆充电接口和充电桩供电接口

所用充电插头为标准化部件（IEC 62196-2）。根据车辆配置和国家规格使用不同充电接口。表 7-2 概括了常见的充电插头形式。

表 7-2 常见的充电插头形式

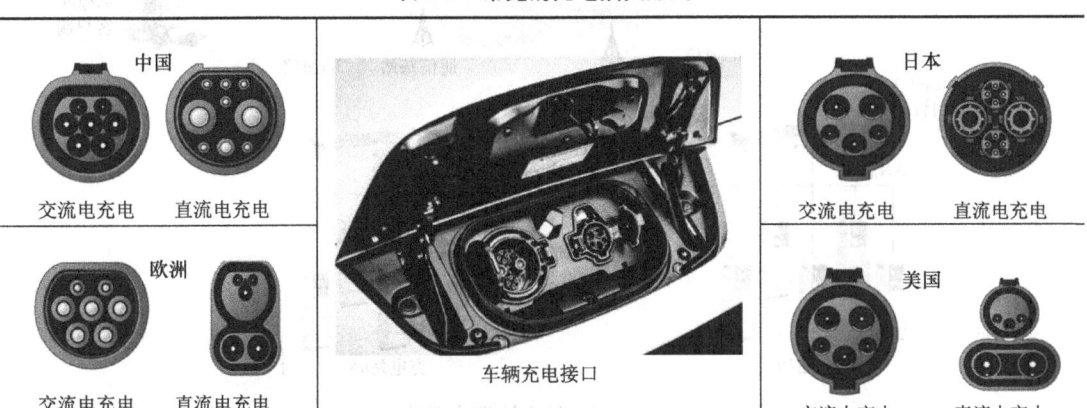

（三）电动汽车供电设备

电动汽车供电设备（EVSE）负责与交流电压网络建立连接，并满足车辆充电电气安全要求。此外，还通过控制导线与车辆建立通信。这样可以安全启动充电过程，并在车辆与 EVSE 之间交换充电参数（例如最大电流强度）。EVSE 可集成在充电电缆内（移动方案），或作为固定安装式充电站的组成部分（又称充电箱）。

1. 充电站

充电站主要由配电系统、充电系统、电池调度系统和充电站监控系统组成。

（1）充电站配电系统

配电系统为充电站的运行提供电源，它不仅提供充电所需电能，还要满足照明、控制设备的需要，包括变配电设备、配电监控系统等。

（2）充电站充电系统

充电系统是整个充电站的核心部分，根据电能补给方式的不同，分为地面单箱充电和整车充电两种充电系统。通常情况下，充电站采用单箱充电方式为更换下来的动力蓄电池进行充电。单箱充电方式有利于提高动力蓄电池组的均衡性，延长动力蓄电池的使用寿命。

（3）充电站电池调度系统

电池调度系统对所有的动力蓄电池实时进行数量、质量和状态的监控和管理，具备动力蓄电池存储、更换、重新配组、组均衡、实际容量测试、故障应急处理等功能。动力蓄电池更换是电池调度系统的核心，如图 7-7 所示。

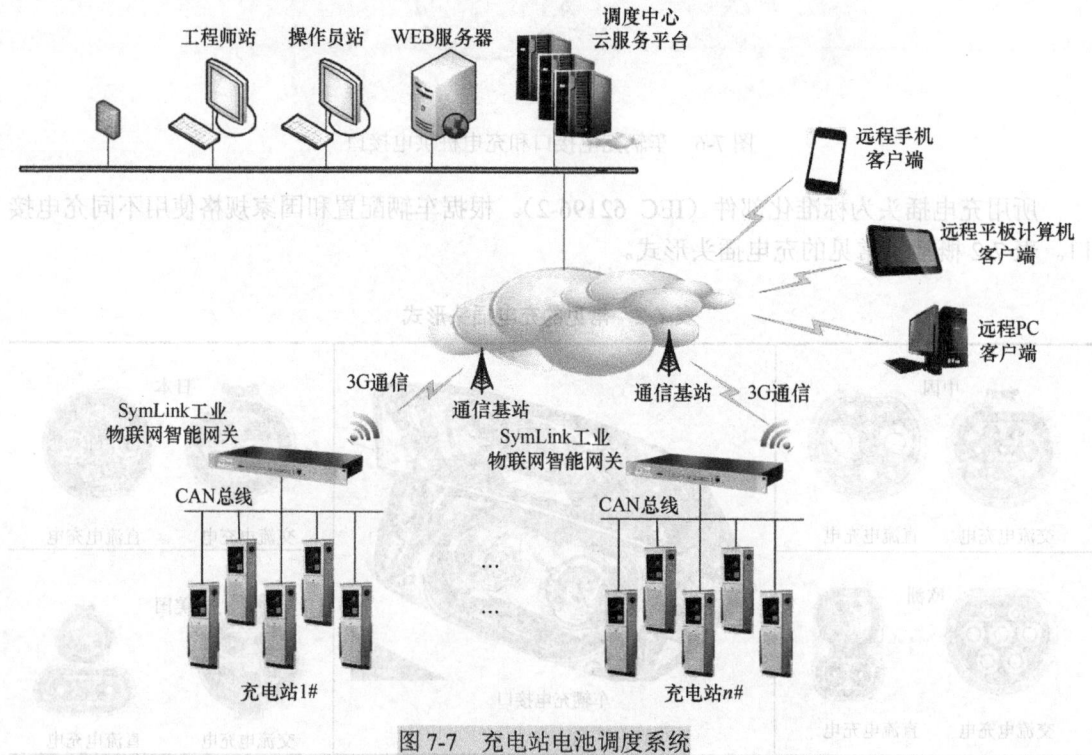

图 7-7　充电站电池调度系统

（4）充电站监控系统

监控系统是电动汽车充电站高效安全运行的保证，它能实现对整个充电站的监控、调度和管理。该系统包括充电机监控、警告监视、配电监控和视频监控等装置，如图7-8所示。

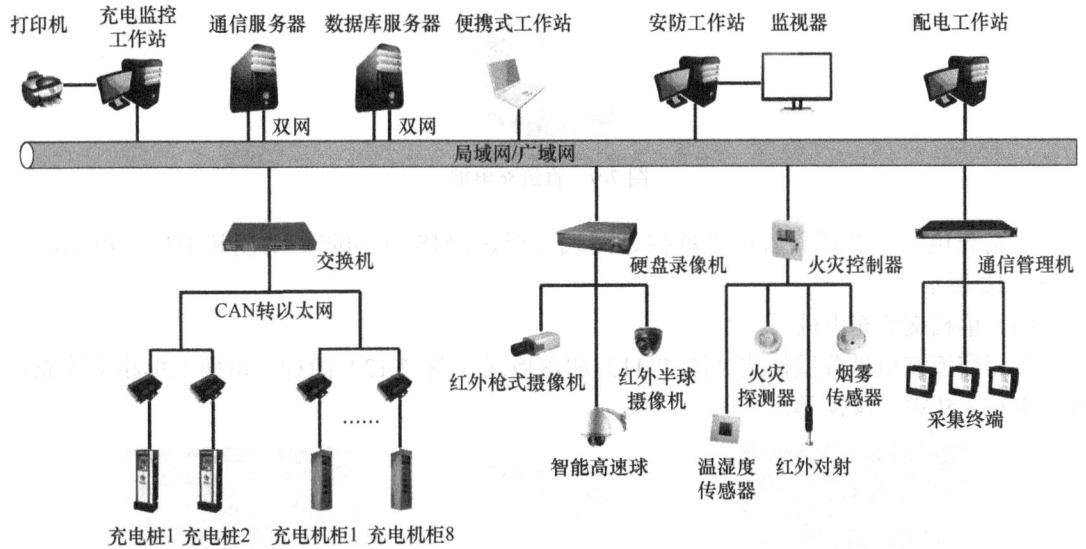

图7-8 充电站监控系统

2. 充电桩

（1）技术要求

① 直流充电桩电源输入电压：三相四线380VAC±15%，频率50Hz±5%。交流充电桩电源要求输入电压：单相220V；输出功率：单相220V/5kW；频率：（50±2）Hz。

② 开关和隔离开关、接触器：额定电流不应小于工作电路额定电流的1.25倍。

③ 最大输出电流满足充电对象的电池制式1C的充电要求，并向下兼容。

④ 每个充电桩自带操作器，以供用户进行充电方式选择和操作指导，并显示电动汽车动力蓄电池状态和用户IC卡资费信息，实现无人管理。

⑤ 充电桩应具备急停开关，可通过手动或远程通信的方式紧急停止充电，还应具备输出侧的漏电保护功能。

⑥ 充电桩的充电模式要符合国际标准，在IEC 61851-1中规定了充电模式。

⑦ IP防护等级：充电模式3和充电模式4下，电动汽车供电设备的防护等级不低于IP32（室内）或IP54（室外）。供电接口和车辆接口在与其配属的保护装置后，防护等级达到IP54，供电插头和供电插座、车辆插头和车辆插座插合后，其防护等级应分别达到IP55。

（2）直流充电桩

直流充电桩主要由柜体、监控单元、功率模块、配电单元等组成。直流充电桩功率有30kW、60kW、90kW、120kW等。充电系统外形结构如图7-9所示（以120kW/750V充电系统为例）。

图 7-9 直流充电桩

个别充电桩企业还具备群管群控、网式管理、CMS 主动防护功能和柔性充电功能,如图 7-10 所示。

(3) 单相交流充电桩

单相交流充电桩分壁挂式(图 7-11)和落地式(图 7-12)两种,市面上单相交流充电桩功率有 3.5kW、7kW 等。

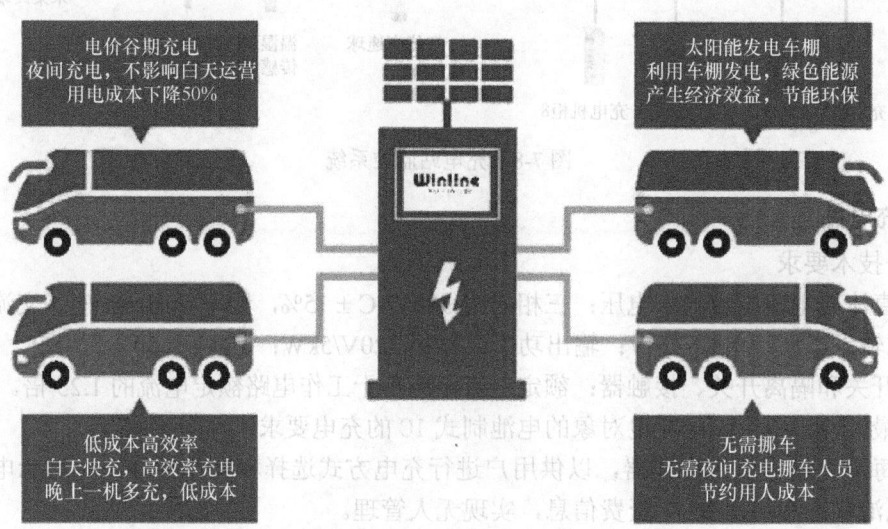

图 7-10 网式管理充电桩

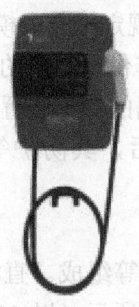

图 7-11 壁挂式单相交流充电桩

图 7-12 落地式单相交流充电桩

（4）三相交流充电桩

三相交流充电桩分壁挂式和落地式两种，如图 7-13 所示，市面上三相交流充电桩功率有 40kW、80kW 等。

（5）移动式直流充电机

移动式直流充电机是面向新能源充电市场的一种方便移动的充电装置，如图 7-14 所示。

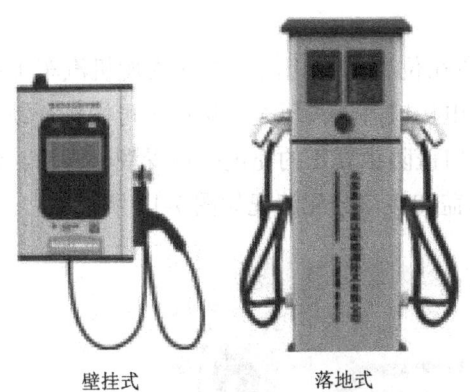

壁挂式　　　　　落地式

图 7-13　三相交流充电桩

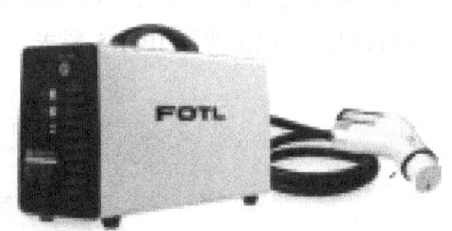

图 7-14　移动式直流充电机

（6）便携式单相交流充电器

便携式单相交流充电器为随车充电的充电桩，如图 7-15 所示。采用人性化结构设计理念和前沿的电子电路技术，将产品的用户体验和安全性放到第一位。它尺寸小、重量轻，具有专业的包装袋，适用于私人家用或小区停车场。可配套于车企，适用于车企随车送桩。

（7）交直流一体充电桩

交直流一体充电桩是一种满足市场所有交、直流车辆快速充电需求的充电设备，如图 7-16 所示。它既可实现交、直流同时充电，又可实现互锁充电，采用模块化设计，方便维护。其输出功率满足直流 60kW、三相交流 40kW 和单相交流 7kW 三种模式。

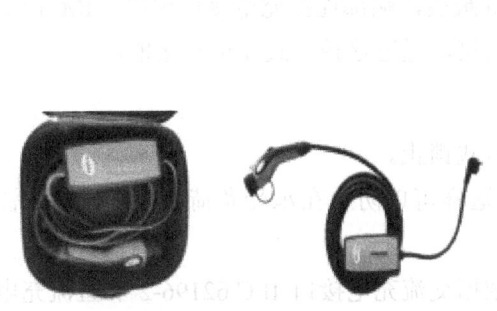

图 7-15　便携式单相交流充电器

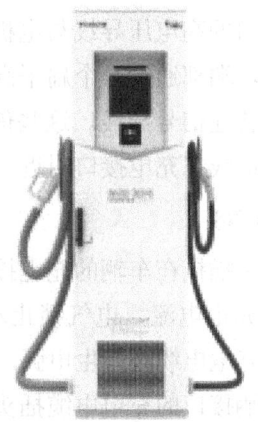

图 7-16　交直流一体充电桩

二、新能源汽车充电方法

(一) 车辆充电接口和插头

1. 车辆充电接口

电动汽车充电接口与内燃机汽车燃油加注口所在位置基本相同。像在内燃机汽车上必须打开燃油箱盖一样，在电动汽车上也必须打开充电接口盖。按压充电接口盖可操作开锁按钮，从而使充电接口盖开锁。此外，还通过另一个口盖防止真正的充电接口受潮和脏污。因此，充电接口满足保护等级 IP5K5 要求。充电接口盖和接口分配情况如图 7-17 所示。

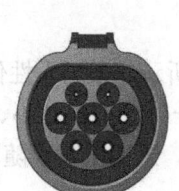
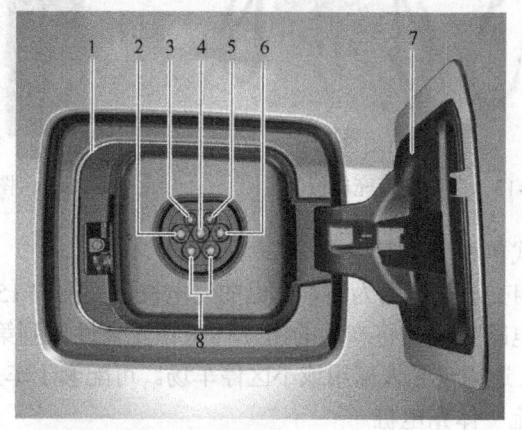

图 7-17 车辆上的充电接口

1—定向照明装置 2—相位 L1 接口 3—接近导线接口 4—地线 PE 接口
5—控制导线接口 6—零线 N 接口 7—充电接口盖 8—未使用的接口

充电接口的高电压导线与电机电子装置相连。相位 L1 和零线 N 采用带有屏蔽层的高电压导线设计，端部通过一个扁平高电压插头连接电机电子装置的交流电接口。控制导线和接近导线使用普通信号导线。这些信号导线也带有屏蔽层，端部连接充电接口模块 LIM 内的一个插头。地线在充电接口附近与车辆接地电气连接，通过这种方式使车辆接地。

2. 充电插头

充电插头插接在车辆的充电接口上，以电气方式锁止。

只要有充电电流，电气锁止功能就会启用。这样可以防止在承受负荷状态下（电流流动时）拔出充电电缆时产生电弧。

连接车辆接口的充电电缆插头（在国内必须依据交流充电接口 IEC 62196-2 和直流充电接口 IEC 62196-3 标准执行），如图 7-18 所示。

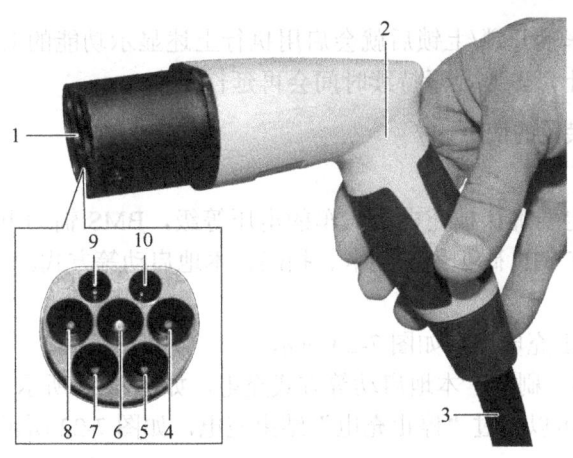

图 7-18　连接车辆接口的充电电缆插头

1—机械导向件/插头壳体　2—手柄/插头壳体　3—导线　4—零线 N 接口　5—相位 L3 接口（应用在不同类型车辆上）
6—地线 PE 接口　7—相位 L2 接口（应用在不同类型车辆上）　8—相位 L1 接口　9—接近导线接口　10—控制导线接口

（二）充电过程

1. 定向照明装置

充电接口定向照明装置用于插上和拔下充电电缆时为操作者提供方向引导。充电接口盖打开后，两个 LED 就会发出白光。只要总线系统处于启用状态，定向照明装置就会一直保持接通状态。识别出正确插入充电插头后，就会关闭定向照明装置并显示初始化状态，如图 7-19 所示。

2. 初始化

正确插入充电插头后就会立即开始初始化。初始化阶段最长持续 10s。其间，LED 以 1Hz 频率的橙色光闪烁。成功进行初始化后可开始为动力蓄电池充电。

3. 充电过程启用

通过 LED 以蓝色光闪烁表示目前正处于动力蓄电池充电过程，闪烁频率约为 0.7Hz。

图 7-19　定向照明装置

4. 充电暂停

初始化阶段已顺利完成且将来才会开始充电（例如自低费用时刻起充电）时，充电暂停或充电就绪。

5. 充电结束

LED 以绿色光持续点亮时，表示动力蓄电池充电处于"已完全充电"状态。

6. 充电期间故障

如果在充电过程中出现故障，就会通过 LED 以红色光闪烁表示相关状态。LED 以约 0.5Hz 的频率闪烁三次，每三组暂停约 0.8s。

插入充电插头或车辆开锁/上锁后就会启用执行上述显示功能的 LED 12s。如果在此期间重新进行车辆开锁/上锁，则显示持续时间会再延长 12s。

7. 专用智能充电装置的使用

（1）使用前

启动充电前，一定要确认被充电动汽车的电压等级，BMS 辅助电源电压等级要与充电系统匹配。充电方式有 VIN 码识别、刷卡、扫码、本地启动等方式。

（2）使用步骤

① 充电枪插入车上充电座，如图 7-20 所示。

② 通过 APP 扫码、刷卡、本地启动等方式充电，如图 7-21 所示。

③ 充电过程中，可以通过"停止充电"结束充电，如图 7-22 所示。

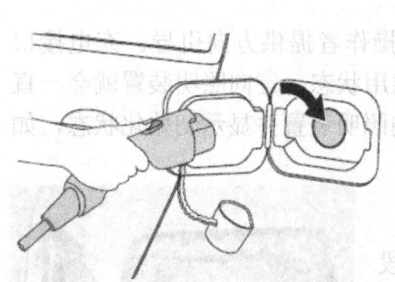
图 7-20 充电枪插入车上充电座

图 7-21 APP 扫码启动充电

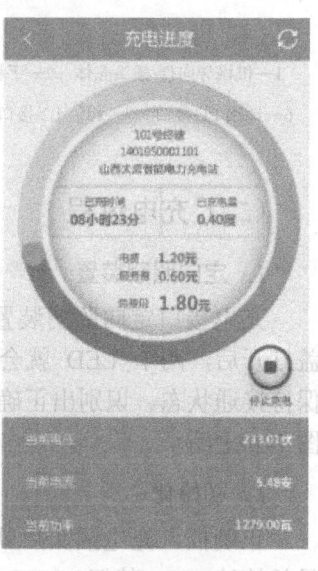
图 7-22 充电进度

④ 拔出充电枪并归位，充电完成，如图 7-23 所示。

8. 国家电网充电桩

充电桩功能类似于加油站里的加油机，可以固定在地面或墙壁上，安装于公共建筑（公共楼宇、商场、公共停车场等）和居民小区停车场或充电站内，可以根据不同的电压等级为各种型号的电动汽车充电。

充电桩一般提供常规充电和快速充电两种充电方式，人们可以使用特定的充电卡在充电桩提供的人机交互界面上刷卡使用，进行相应的充电方式、充电时间、费用数据打印等操作，充电桩显示屏能显示充电量、费用、充电时间等数据，如图 7-24 所示。

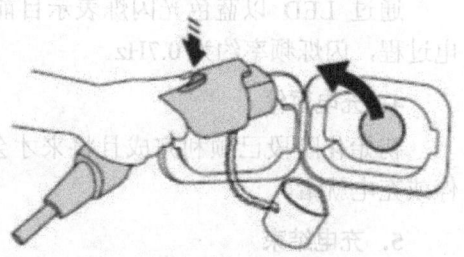
图 7-23 拔出充电枪并归位

(1) 操作步骤

① 连接充电枪。找到电动汽车充电接口，然后将充电枪上的插头插到电动汽车充电接口上，这里需要注意连接前请确认接口内无积水，且一定要插严实。

② 点击开始充电。确保充电桩与电动汽车连接成功后，点击屏幕上的开始充电按钮。

③ 选择充电方式。根据使用者的不同需求，选择适合的充电方式并点击屏幕上的对应按钮，建议选择自动充满方式。

④ 刷卡开始充电。将磁卡放置在感应区域，系统会自动读取卡内数据，并启动充电程序开始充电。充电过程中，应保证电动汽车与充电桩连接正常，不要触碰或拔插充电枪。

⑤ 充电完成刷卡结账。充电完成后，点击结束充电按钮，刷卡完成消费结算，充电程序关闭并取回充电枪。为避免经济损失，务必刷卡结算，如图 7-25 所示。

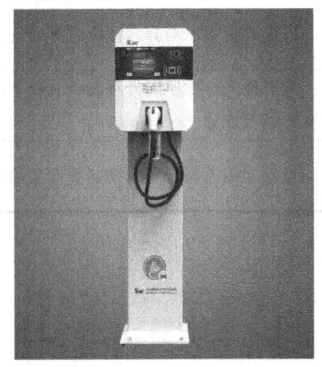

图 7-24　国家电网充电桩

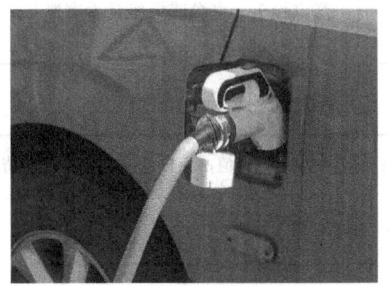

图 7-25　电动汽车充电

(2) 操作注意事项

① 若充电过程中，电动汽车或充电桩产生明火、异常气味或冒烟等突发情况，应立即按下（某些型号的充电桩为旋转操作）充电桩上的红色"急停开关"。

② 若发生电动汽车无法启动充电的情况，则检查电动汽车是否为国标充电插口，并检查电动汽车是否提示故障。若有故障则咨询电动汽车经销商，若无问题则重新拔插充电枪，再次尝试启动充电。

③ 如果充电磁卡未完成结算即离开，则充电桩会在下次读取此磁卡时，先行按照上次未结算金额进行结算，结算完毕后才可继续使用此磁卡进行正常充电操作。为避免经济损失，充电结束后务必刷卡结算。

（三）充电装置维护

1. 交流充电装置

(1) 日常维护

交流充电装置应定期对充电系统进行巡检，发现故障后及时处理。日常维护项目见表 7-3。

(2) 现场调试取电

单桩进线为 220V AC，现场如需取电，应自带插排，直接接于单桩进线处即可。

表7-3 交流充电装置日常维护项目

序号	检查项目	周期	检查方法	操作指导
1	设备急停功能是否正常	每月一次	操作	在充电工况下操作急停可实现设备停机
2	清理设备外表上的积尘	每月一次	目测	使用干净的抹布对设备外观进行擦拭
3	设备启动充电是否正常	每月一次	操作	检查设备在设定的启动方式下是否可以正常启动和停止充电
4	设备二维码状态是否良好	每月一次	目测	检查设备二维码是否有损坏、起泡等无法使用的情况
5	设备和支架是否有晃动的现象	每月一次	目测	手动晃动设备和支架,查看是否有明显晃动的情况
6	设备上的各状态指示灯是否正常	每月一次	目测	根据维护手册对异常情况进行处置
7	充电枪头、电缆或枪座是否有磨损或损坏	每月一次	目测	查看枪头、枪座的外观是否有损坏,电缆是否有露铜等现象
8	其他	每月一次	目测	设备周围无易燃易爆物品等安全隐患

注:检修周期为建议值,应根据使用环境,酌情缩短或延长维护周期。

2. 直流充电装置

(1) 日常维护

直流充电装置应定期对充电系统进行巡检,发现故障后及时处理。日常维护项目见表7-4。

表7-4 直流充电装置日常维护项目

序号	检查项目	周期	检查方法	操作指导
1	进风口滤网是否正常	每半年一次	目测	检查进风口滤网空气流通是否通畅;如果滤网堵塞严重,则更换系统进风口滤网组件
2	系统散热风机是否正常	每半年一次	目测	查看充电系统液晶显示屏,查看是否有系统散热风机故障警告;检查系统正常工作过程中,散热风机运行状态是否正常,声音是否正常
3	充电模块散热风机是否正常	每半年一次	目测	查看充电系统液晶显示屏,查看充电模块散热风机是否正常
4	充电模块是否正常	每半年一次	目测	查看充电系统液晶显示屏,查看充电模块运行状态是否正常
5	充电系统各指示灯是否正常	每半年一次	目测	检查充电系统各状态指示灯在待机和充电状态下是否正常
6	充电枪头线缆是否有磨损	每半年一次	目测	检查充电枪头、枪头连接电缆是否有磨损、露铜等问题
7	机柜漆面、电镀层有无剥落、划痕	每半年一次	目测	如有掉漆或划痕,掉漆部分需要立即补漆

注:检修周期为建议值,如果使用环境较恶劣,则应酌情缩短维护周期。

（2）维护插座

打开机柜前门，在柜内导轨上配置有一个 10A/3P 插座，兼容 2pin 和 3pin 插头，应满足现场交流电源的使用需求。

三、车载充电装置

车载充电机是电动汽车交流充电系统中的重要组成部件，在使用中与交流充电口相连，如图 7-26 所示。其作用是将交流充电口传输过来的交流电转换为直流高压电，为动力蓄电池充电，同时给辅助蓄电池充电。

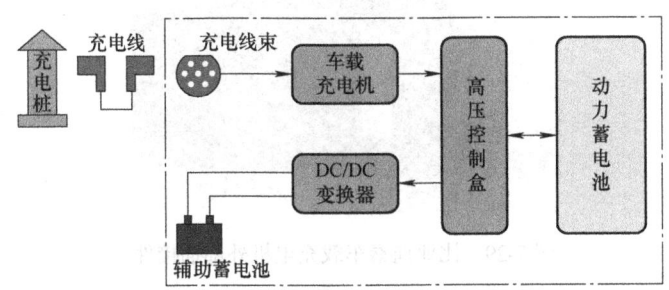

图 7-26 车载充电机在交流充电系统中的位置

（一）车载充电机工作原理

交流充电桩将交流电输送给车载充电机，车载充电机内部的变压器将交流充电桩的 200V 电压提升至动力蓄电池所需的电压，经过全波整流器进行整流，再输送给滤波电路过滤整形，最终输送给稳压二极管，形成一个趋于平稳的直流波形输出。

车载充电机工作过程中需协调蓄电池管理系统等部件进行充电综合管理，由蓄电池管理系统通过 CAN 总线通信控制车载充电机的工作状态。通常，当监测到车载充电机温度高于某设定温度时，充电机的输出电流变小；温度高于某一温度时，车载充电机将切断供电，停止输出电能。蓄电池管理系统为车载充电机提供过电压、欠电压、过电流、欠电流等多种保护措施。若充电系统出现异常，则蓄电池管理系统会及时采取应对措施，甚至切断供电。

（二）车载充电机应用实例

1. 比亚迪秦车载充电机

（1）安装位置

比亚迪秦车载充电机安装在行李舱右侧，如图 7-27 所示。

（2）车载充电机外观

比亚迪秦车载充电机外观如图 7-28 所示。

比亚迪秦车载充电机上有 3 个插接件，分别为 220V 交流输入插接件、低压插接件及高压直流输出插接件，如图 7-29 所示。

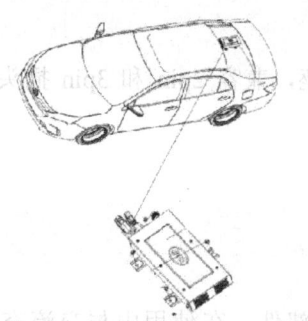
图 7-27 比亚迪秦车载充电机安装位置
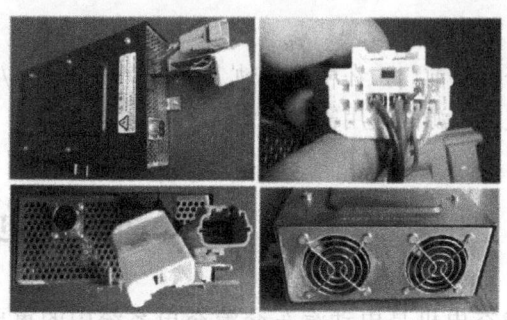
图 7-28 比亚迪秦车载充电机外观

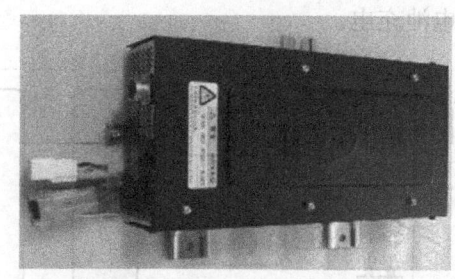
图 7-29 比亚迪秦车载充电机外部插接件

比亚迪秦车载充电机控制线束端子排列顺序和端子定义如图 7-30 所示。

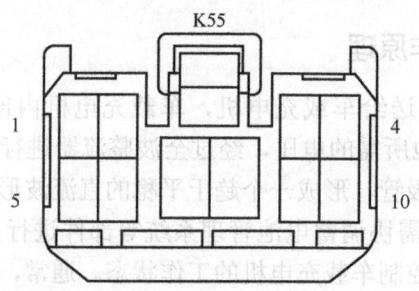
图 7-30 比亚迪秦车载充电机端子排列顺序

（3）比亚迪秦车载充电机控制原理

交流充电连接装置与车载充电机总成连接无误后，车载充电机总成控制交流充电连接装置输出 220V 交流电，并控制交流充电及 OFF 档充电继电器吸合，通过交流充电及 OFF 档充电继电器给蓄电池管理控制器及高压配电箱提供低压电源。同时，车载充电器总成与蓄电池管理控制器进行通信，在充电允许的情况下，蓄电池管理控制器控制交流充电接触器及负极接触器吸合。车载充电器检测到动力蓄电池的反灌电压后输出充电电压进行充电，其电路图如图 7-31 所示。

2. 北汽 EV200 车载充电机

（1）安装位置

北汽 EV200 车载充电机安装在前舱左侧，如图 7-32 所示。

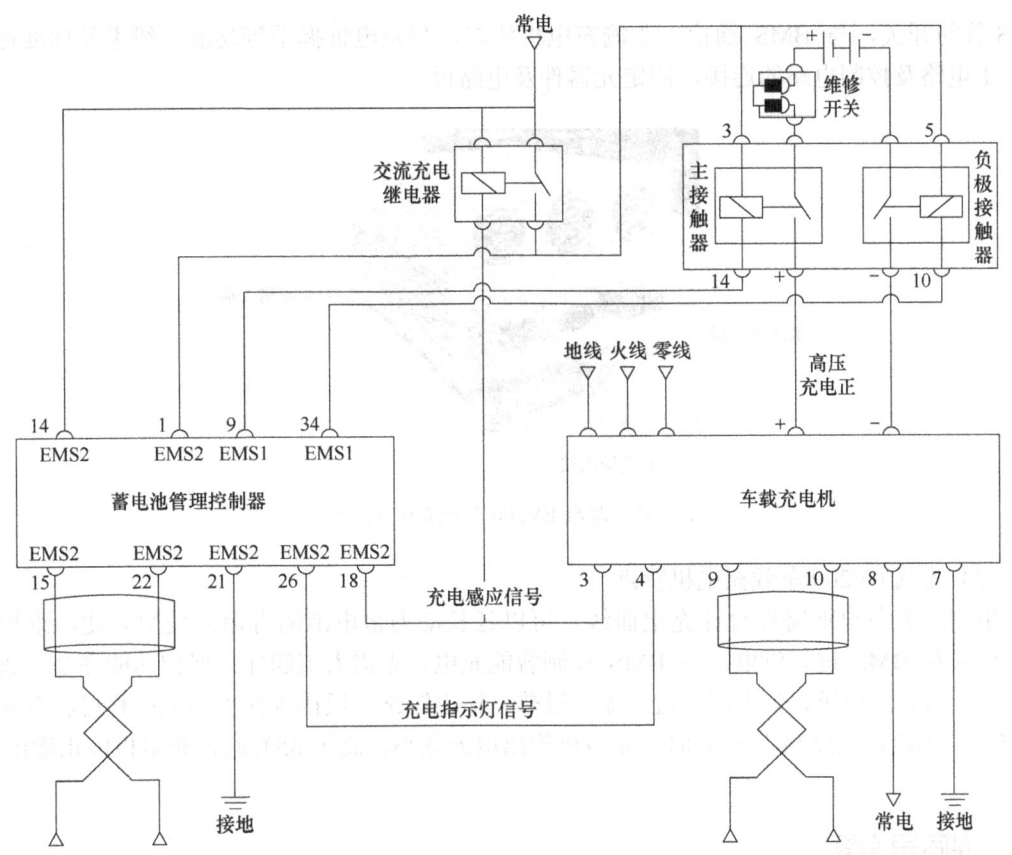

图 7-31 比亚迪秦车载充电机电路

图 7-32 北汽 EV200 车载充电机安装位置

北汽 EV200 车载充电机外观结构如图 7-33 所示，外部有低压通信端、交流输入端和直流输出端三个接口。此外，在外壳上有 3 个充电指示灯，分别为电源指示灯、充电指示灯和警告指示灯。当接通交流电后，电源指示灯点亮。当充电机接通动力蓄电池进入充电状态后，充电指示灯点亮。当充电机内部有故障或者错误的操作时，警告指示灯点亮。

EV200 车载充电机内部可分为三部分：主电路、控制电路、线束及标准件。主电路：前端将交流电转换为恒定电压的直流电，主要是全桥电路 +PFC 电路；后端为 DC/DC 变换器，将前端转出的直流高压电变换为合适的电压及电流供给动力蓄电池。控制电路：控制

MOS 管的开关，与 BMS 通信，监测充电机状态，与充电桩握手等功能。线束及标准件：用于主电路及控制电路的连接，固定元器件及电路板。

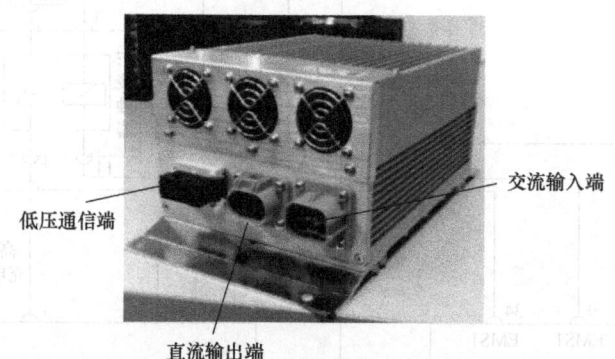

图 7-33　北汽 EV200 车载充电机外观

（2）北汽 EV200 车载充电机特点

根据动力蓄电池特性设计充电曲线，可以延长动力蓄电池的寿命；使用方便，维护简单，单独对 BMS 进行供电，由 BMS 控制智能充电，无需人工职守；保护功能齐全，适用范围广，具有过电压、欠电压、过电流、过热、输出短路、反接等保护功能；整机温度保护为 75℃，当机内温度高于 75℃时，充电机输出电流变小，高于 85℃时，充电机停止输出。

 课后思考题

1．简述电动汽车充电桩的定义。
2．简述充电桩的作用和构造。
3．交流充电设备和直流充电设备的区别是什么？
4．交流充电和直流充电分别采用哪种连接方式？
5．简述充电机的使用步骤。
6．交直流充电机的例行维护内容主要有哪些？

模块 8　新能源汽车故障诊断

学习目标

技能目标
1. 按高压车间作业安全要求进行维修前的准备工作。
2. 按使用车间作业设备和安全要求操作。
3. 按高压系统维修流程操作。

知识目标
1. 了解高压电的基础理论。
2. 掌握电气危害与救助方法。

素养目标
1. 树立安全第一的意识。
2. 遵守安全操作准则,进行维修前的准备工作。
3. 具有 5S 意识,能在课堂学习和技能操作现场全程动态保持 5S 状态。

一、新能源汽车维修安全作业要求

电动汽车作为替代传统内燃机汽车的代表,其内部的结构与内燃机汽车有很大的不同,而其相关的维修与保养也自然与内燃机汽车有许多不同之处,本项目将对电动汽车的安全注意事项进行讲解,并对电动汽车维修安全操作做简要介绍。

(一) 技术安全要求

为了让用户、维修和服务站人员,以及技术救援和医疗救援人员尽可能远离高压设备可能带来的危险,维修场地和车上设置了很多警示和提示标签,如图 8-1 所示。

1. 检查高压系统部件警示标签

带有"DANGER"字样的警示标签表示有高压部件或者高压导电部件的部位,如图 8-2 所示。

图 8-1 警示和提示标签

图 8-2 高压系统部件警示标签

高压部件标签总是以英语和所属国语言的形式贴在高压蓄电池或高压部件上，如图 8-3 所示。

每个高压组件的壳体上都带有一个标记，售后服务人员或车主可以通过标记很直观地看出高压可能带来的危险，如图 8-4 所示。

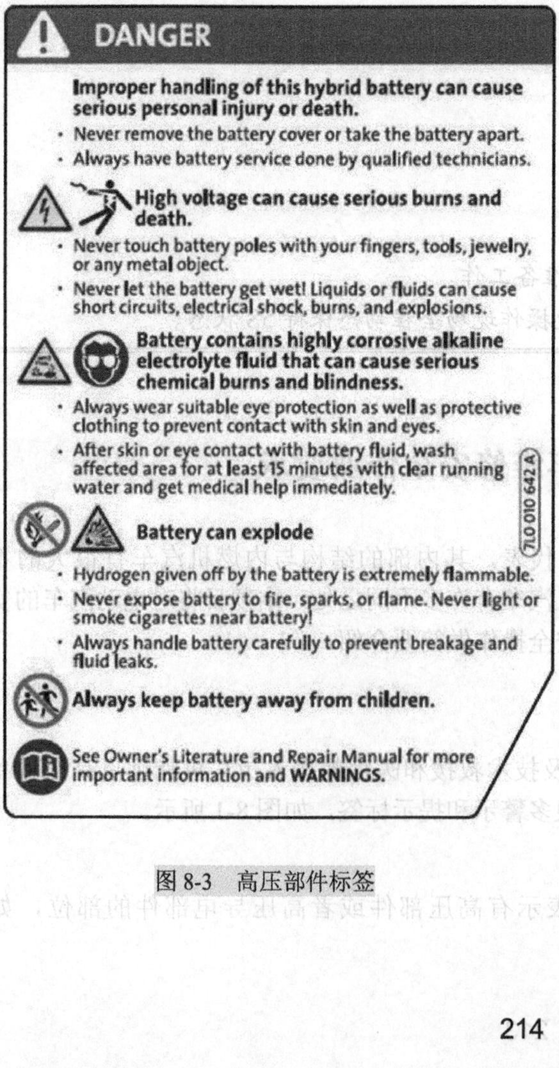

图 8-3 高压部件标签

图 8-4 高压组件壳体上的标记

2. 车间警示标签和检测设备要求

在开始检修新能源汽车前，必须保证工作地点的安全。应将新能源汽车警告牌（图 8-5）和安全警示牌（图 8-6）放在车内容易看到的地方，以提醒人们注意高电压。

图 8-5 新能源汽车警告牌

图 8-6 安全警示牌

3. 建立新能源汽车安全工作区

要将维修的车辆放在专用的安全工作区内，并放好安全警示牌，如图 8-7 所示。

图 8-7 安全工作区

4. 维修高电压系统技师要求

① 在执行车辆高电压系统维修工作时，机电维修人员必须要具备国家安监总局电工作业资格证和生产企业的安全作业资格证，如图 8-8 所示。

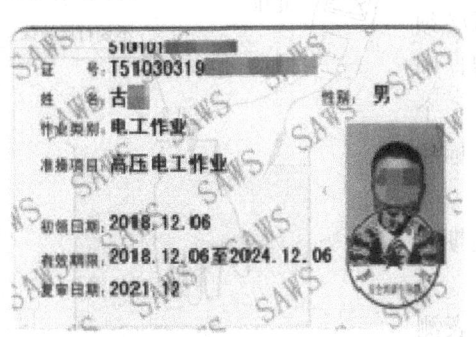
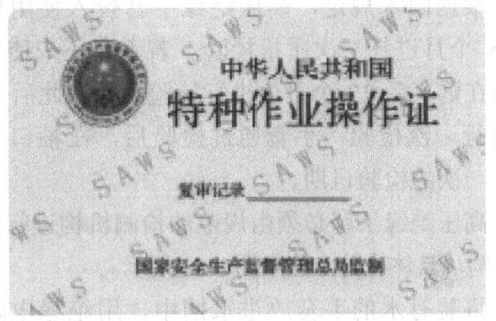

图 8-8 国家安监总局电工作业资格证

② 机电维修人员要进行混合动力汽车及其他高压系统维修的资格培训（包括电动汽车和燃料电池汽车）。

③ 机电技师必须参加考试并获得资格证书。

④ 只能在高电压系统已断电的情况下对其进行检修（必须遵守国家的法律规定），如图8-9所示。

5. 检修高电压系统时的注意事项

所有橙色线均带高压，可能危及生命！

① 不得将喷水软管和高压清洗装置直接对准高电压部件。

② 高电压接头上不可使用机油、润滑脂和触点清洗剂。

③ 在高压导电部件附近进行检修工作时，必须先让系统断电。

④ 在进行焊接、用切削工具加工以及用尖锐工具操作时，必须先使系统断电。

⑤ 所有松开的高电压接头必须严防进水和污物。

部分电动汽车的动力蓄电池组的额定电压为500V或201.6V，发电机和电动机发出（或使用）的电压为500V左右。在电路系统中，高压电路的线束和插接器都为橙色，而且动力蓄电池等高压部件都贴有"高压"警示标志，注意不要触碰这些部件。在检修过程中一定要严格按照正确的步骤操作。

在检修过程中（如安装或拆卸零部件、对车辆进行检查等）必须注意以下几点：

1) 对高电压系统进行操作时首先应将车辆电源开关关闭。

2) 戴好绝缘手套（图8-10）。戴绝缘手套前一定要检查手套，不能有破损，不能有裂纹、老化的迹象，也不能是湿的。

根据国家规定，高压绝缘手套投入使用后必须每6个月进行一次质量检验。若手套还未使用，则必须在购买后12个月内进行检验，并在此后每6个月进行一次检验。手套通过检验后，在袖口上标注最新一次的检验日期。

高压绝缘手套必须由规范的检测机构进行定期质量检验，具体检验方法如图8-11所示。

将装有水的手套放进水槽中，用绝缘电阻表测量水槽与手套内的水之间的绝缘电阻。施加电压

图8-9 高电压系统维修技术要求

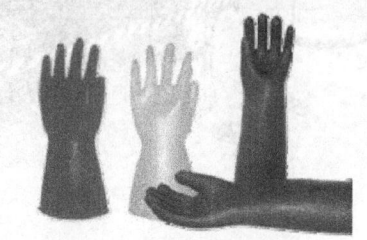

图8-10 绝缘手套

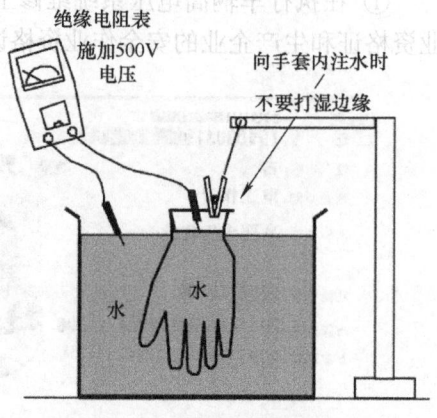

图8-11 高压绝缘手套检验方法

500V，正常值在 1MΩ 以上，异常（手套上损坏）时电阻为 0。

警告：如果手套有老化的迹象，即使其绝缘性能测量结果在 1MΩ 以上，也要判定为不合格，更换好手套（新品），能够始终保障安全。

高压绝缘手套必须放置在阴凉干燥处，远离日晒。很多高压绝缘手套制造商都会提供可悬挂的帆布储藏袋来存放手套。手套应垂直悬挂在储存袋中，指尖向上，袖口位于储藏袋底部。这样可以防止水在手套中积存。大多数储存袋底部都会有一个通风口供空气流通，也可以采用指尖向上竖放的方式，如图 8-12 所示。

在边缘锋利的高电压部件附近作业，或搬举、移动某些高电压部件时，为防止高压绝缘手套破损，技术人员在戴上高压绝缘手套时，外面还应套上皮革套，如图 8-13 所示。

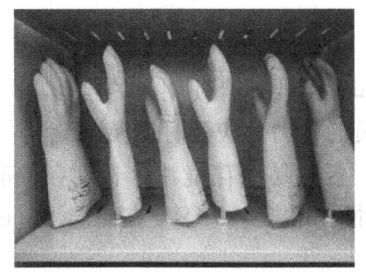
图 8-12 高压绝缘手套的存放

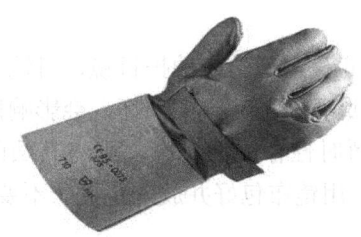
图 8-13 高压绝缘手套用皮革套

注意：皮革套的袖口必须比所保护的高压绝缘手套短。确保皮革套袖口边缘与使用者皮肤之间存在绝缘层。

3）佩戴安全绝缘帽。安全绝缘帽在新能源汽车高压作业时起到的主要作用是防静电和绝缘，如图 8-14 所示。

要选择正确电压等级的安全绝缘帽，观察其表面有无破损。如果佩戴和使用不正确，则起不到充分的防护作用，如图 8-15 所示。

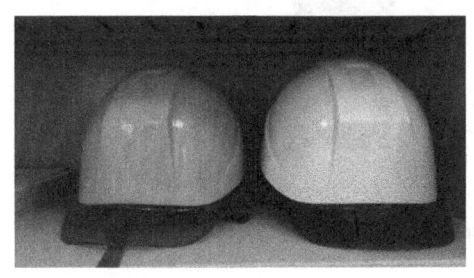
图 8-14 安全绝缘帽

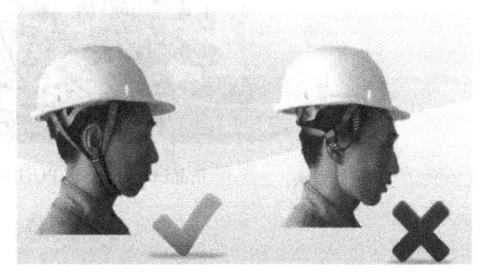
图 8-15 要正确佩戴安全绝缘帽

要定期检查安全绝缘帽有无龟裂、下凹、裂痕和磨损等情况，发现异常现象要立即更换，不得继续使用。任何受过重击、有裂痕的安全绝缘帽，不论有无损坏均应报废。

安全绝缘帽的日常保养一般采用清水洗的方式，同时要清洁安全绝缘帽内衬，洗好后要放在阳光下晒干。每星期至少要把安全绝缘帽倒过来放在阳光下暴晒 3h，帽壳、帽带和系带等应用 60℃左右的温和清洁剂溶液清洗。

4）佩戴护目镜。在新能源汽车维修过程中，要戴上合适的护目镜，如图 8-16 所示。护目镜的作用主要是防止电解液的飞溅，防止维修过程中产生的电火花对眼睛的伤害。因此，高电压车辆维修用的护目镜应该具有侧面防护功能。

使用护目镜前的检查项目如下：
① 检查镜片是否容易脱落。
② 镜片表面是否有肉眼可见的伤痕、纹理、气泡和异物等。
③ 戴上护目镜时，视野应绝对清晰，不得模糊不清。

图 8-16 护目镜

④ 选择正确电压等级的护目镜，目镜的宽窄和大小要适合使用者的脸形。
⑤ 镜片磨损粗糙、镜架损坏，会影响操作人员的视力，应及时调换。

如果是暂时性存放护目镜，则将其凸面朝上，否则易磨花镜片；长期存放前应先将镜片清洗干净，用镜布包好并放入镜盒。不要与腐蚀性物品接触，不要在高温下（60℃以上）长期放置。

5）穿绝缘鞋（靴）。绝缘鞋（靴）的作用是使人体与地面绝缘，防止电流通过人体与大地之间构成通路，对人体造成电击伤害，把触电的风险降低到最小程度。因为触电时电流是经接触点通过人体流入地面的，所以电气作业时不仅要戴绝缘手套，还要穿绝缘鞋（靴），如图 8-17 所示。

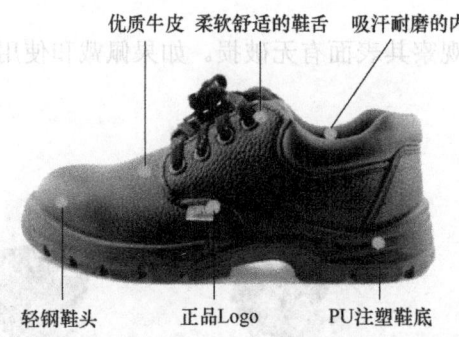

图 8-17 绝缘鞋和绝缘靴

绝缘鞋的电阻值范围为 100kΩ~1000MΩ，具有透气性好、防静电、耐磨、防滑等特性。

6）绝缘工作服。穿防静电的衣服可以提供额外的安全防护。触电通常都与燃烧联系在一起，因此维修高电压系统时，必须穿非化纤类的绝缘工作服，如图 8-18 所示。化纤类的工作服主要会产生静电，并且在发生火灾事故时，化纤会在高温环境下粘连人体皮肤，导致对维护人员严重的二次伤害。

注意：使用前必须检查绝缘工作服，保证其无破损、破洞和裂纹，内外表面清洁、干燥，不能带水进行操作。

7）绝缘工具。维护高电压车辆时，必须使用带有绝缘功能的工具，如图 8-19 所示。这些工具包括常用的套筒、开口扳手、螺钉旋具、钳子、电工刀等，还包括专用的仪表，如数字万用表。

图 8-18　绝缘工作服

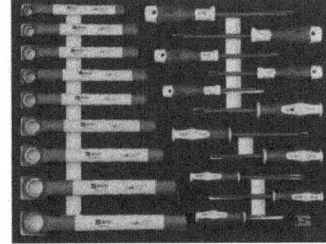 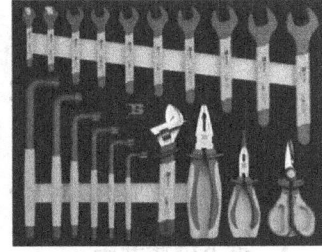

图 8-19　绝缘工具

绝缘工具通常由两个绝缘层构成。工具内部的绝缘层大多为黄色，而外层为橘色。双绝缘层的作用是为使用者提供安全警告：若工具的绝缘层部分磨损或破坏，露出内部的黄色绝缘层，则必须废弃并更换新的完好工具。

（二）新能源汽车维修安全作业要求

1. 警告标牌

使用"警告：高压！请勿触碰！"标牌告知其他技师正在检查和/或维修高电压系统，如图 8-20 所示。

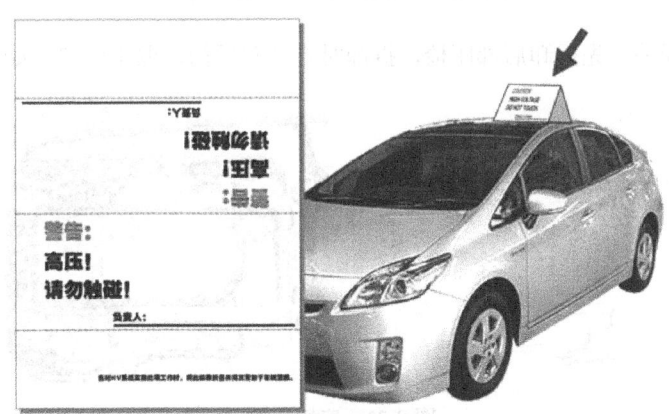

图 8-20　使用警告标牌

2. 检查绝缘手套

维修高压电路时佩戴绝缘手套以防止触电。使用绝缘手套前，务必执行以下程序检查其是否破裂、磨破或存在其他类型的损坏，如图 8-21 所示。
① 将手套侧放。
② 将开口向上卷 2 或 3 次。
③ 对折开口以将其封严。
④ 确保没有空气泄漏。

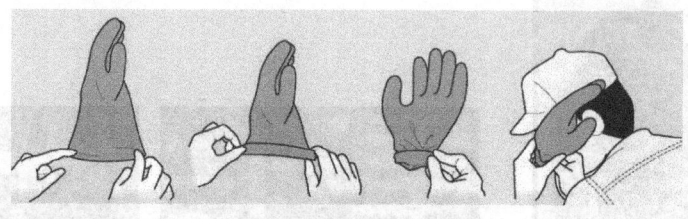

图 8-21　检查绝缘手套

不要佩戴湿的绝缘手套，否则可能导致触电。

3. 拆下维修开关

① 关闭点火开关并取出钥匙，如图 8-22 所示。

图 8-22　关闭点火开关并取出钥匙

② 断开维修开关。先拆卸后部座椅，拆卸时打开左后门，取下座垫，如图 8-23 所示。

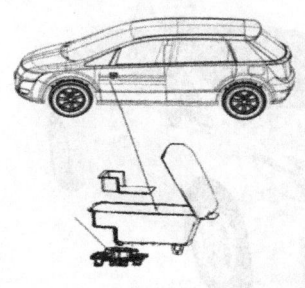 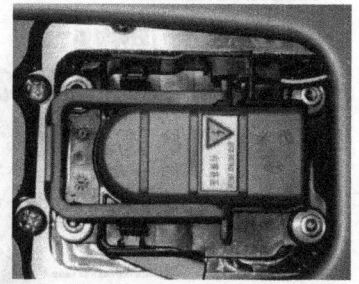

图 8-23　座椅拆卸

③ 维修开关位于后部座椅后方，拆卸维修开关，如图 8-24 所示。
④ 将拆下的维修开关放入口袋中，防止其他技师在维修车辆时重新连接。

模块 8　新能源汽车故障诊断

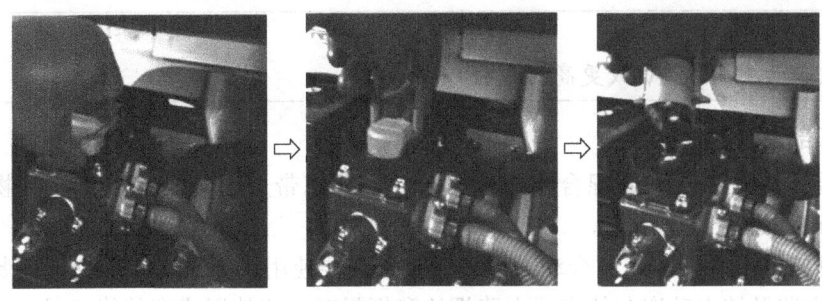

图 8-24　维修开关拆卸

拆下维修开关后，触摸任何高压插接器或端子前等待 10min，使带转换器的逆变器总成内的高压电容器充分放电，如图 8-25 所示。

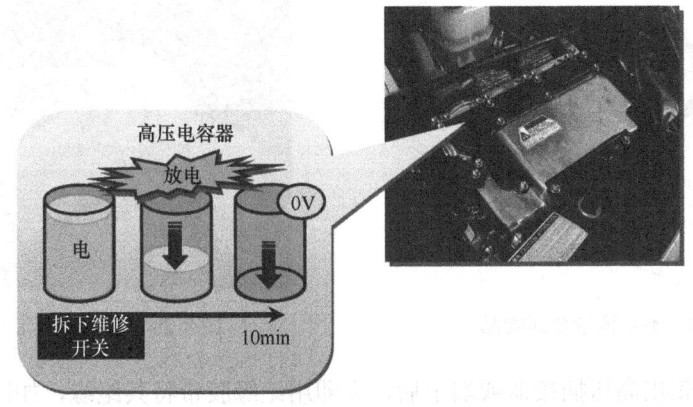

图 8-25　使逆变器总成内的高压电容器充分放电

注意：参见相应的修理手册。由于车型不同，等待的时间也可能不同。

4. 检查电压

拆下维修开关 10min 后佩戴绝缘手套，通过检查电压来确认带转换器的逆变器总成内的高压电容器已充分放电。高压电容器端子放电后检测出的电压应为 0，如图 8-26 所示。

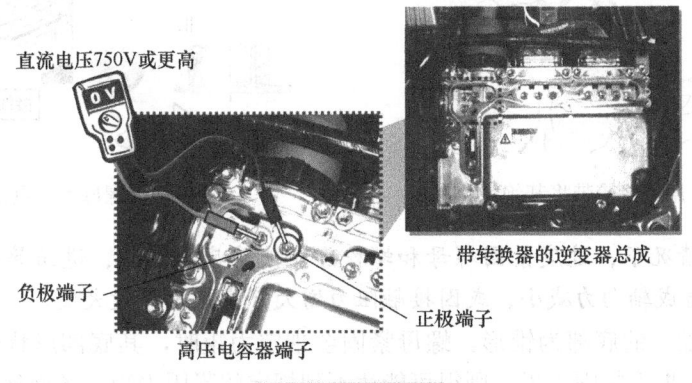

图 8-26　检查电压

221

> 提示:
> 将检测仪设定为 750V 或更高的量程以测量电压。

5. 拆卸部件时的注意事项

① 在维修纯电动汽车或混合动力汽车时,不要携带金属物品,以免这些物品意外掉落,导致短路,如图 8-27 所示。

② 在维修纯电动汽车或混合动力汽车时,一定要使用**绝缘工具**,在松开或紧固混合动力汽车高压电路及纯电动汽车的高压电路螺栓和螺母时,应使用成套绝缘工具。

松开或紧固高压电路的螺栓和螺母时,务必使用绝缘工具,如图 8-28 所示。如果意外使工具同时接触高压电路的正极和负极侧,则会发生极其危险的短路。

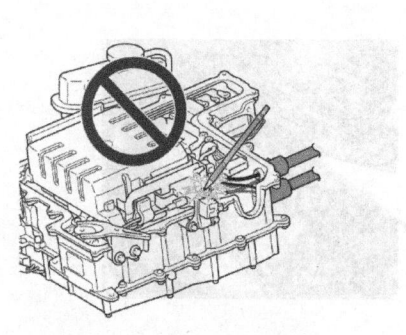

图 8-27 不要携带金属物品

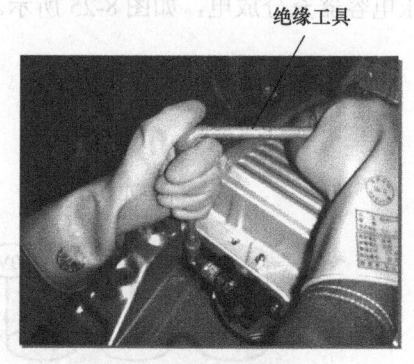

图 8-28 使用绝缘工具

③ 在断开或露出高压插接器或端子后,立即用绝缘胶带将其绝缘,如图 8-29 所示。

④ 在高压区域内使用的螺母不可重复使用,如图 8-30 所示。安装时,应将高压端子的螺栓和螺母紧固至规定力矩。

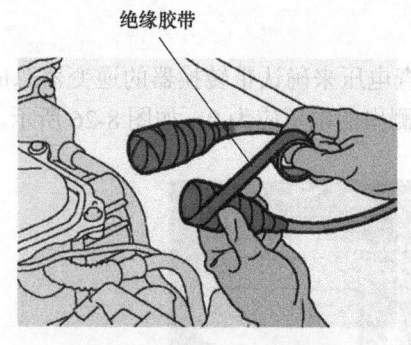

图 8-29 用绝缘胶带将其绝缘

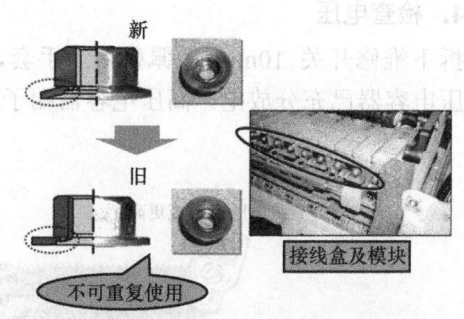

图 8-30 螺母不可重复使用

注意:一般情况下,过度紧固螺母和螺栓可能使其疲劳失效,进而导致损坏,也可能因螺纹弹力变形造成轴向力减小,或因接触阻力增大产生热量导致火灾。

高压电路各螺母的底部为锥形。螺母紧固至规定力矩时,其底部形状改变以稳定轴向力。如果未用扭力扳手紧固螺母,则很可能达不到规定的紧固力矩,务必使用新螺母,并用扭力扳手紧固。

⑤ 在断开冷却液软管时,如果高压插接器被异物(如冷却液)污染,则要彻底清洁污染区域。如果未充分清洁污染区域,则可能因高压端子之间的短路产生热量,从而导致火灾,如图 8-31 所示。

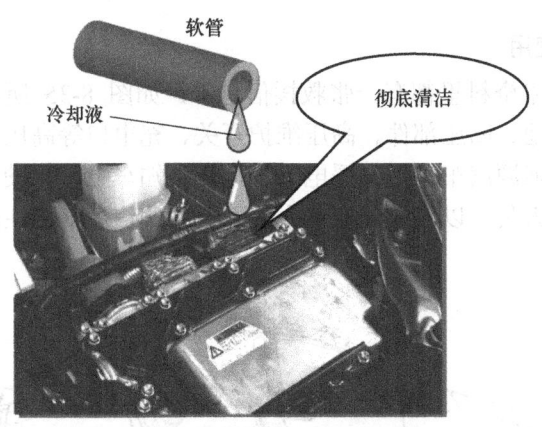

图 8-31　要彻底清洁污染区域

6. 维修后重点检查的项目

维修后,检查并确认未在车内落下零件或工具,高压端子已牢固紧固且插接器已正确连接。

① 检查车内是否有落下的零件或工具,如有必要进行清除,如图 8-32 所示。

图 8-32　检查车内

② 检查高压端子是否安装牢固,紧固的螺母和螺栓是否达到规定力矩,如图 8-33 所示。

③ 检查插接器是否正确连接,如果不正确则应重新连接,如图 8-34 所示。

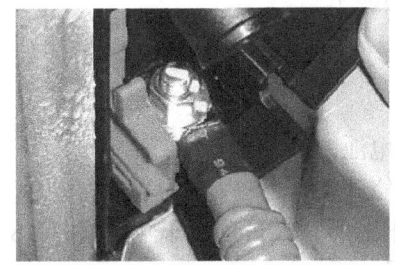

图 8-33　检查高压端子是否安装牢固

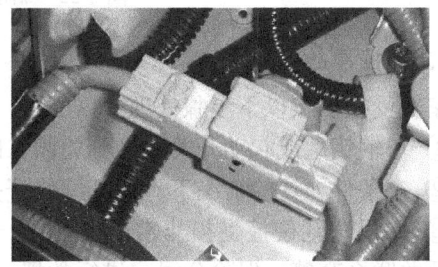

图 8-34　检查插接器

（三）安全事故处理方法

以下列举可能发生的事故类型，对相应事故类型进行有针对性的快速处理，以争取救援时间。

1. 救援信息卡的使用

新能源汽车随车技术资料里都有一张救援信息卡，如图 8-35 所示。救援信息卡上标注有驱动电机、动力蓄电池、高压部件、高压维护开关、充电口等高压部位信息。当新能源汽车售后服务人员接到新能源汽车车主救援电话时，应告知车主（驾驶人）将救援信息卡主动提供给到达现场的救援人员，以告知非专业人员不要触碰信息卡标注的高压部位，确保其人身安全。

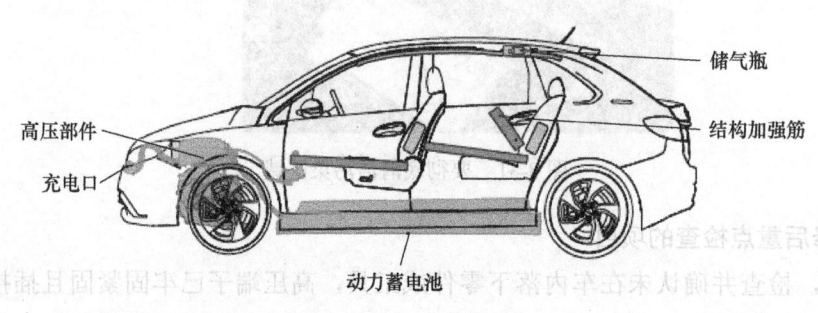

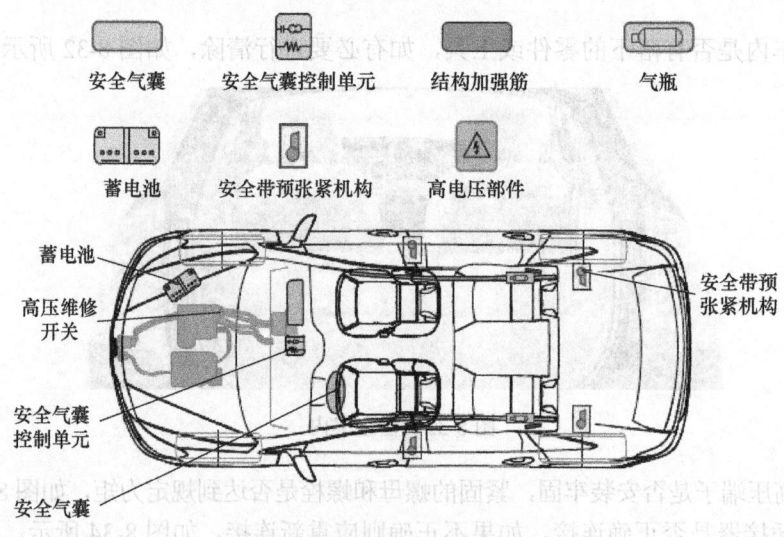

图 8-35　新能源汽车救援信息卡

2. 碰撞事故救援

车辆受损后按以下步骤处理：

① 车辆钥匙或起动开关切换到关闭，断开辅助蓄电池。

② 在条件允许的情况下，断开维修开关（若有维修开关）。

③ 如果车辆碰撞受损非常严重，第一时间协助车上所有人员逃离车辆，拨打 4S 店救援电话并联系交警、保险公司，进行救援、定责及定损。

④ 造成自燃事故应参考火灾事故扑救方案。

车辆处置：

① 轻微碰撞，未伤及高压系统、动力蓄电池事故，由交警和保险公司定责、定损后，联系服务店维修处理。

② 严重碰撞，伤及高压系统、动力蓄电池事故，由交警和保险公司定责、定损后，联系拖车，拖至 4S 店维修处理。拖车过程中需要对动力蓄电池温度全程监控，若异常升温则需要进行物理降温，防止起火、爆炸。

3．动力蓄电池漏液、变形的处理

（1）动力蓄电池漏液

① 车辆电源下电至 OFF 档。

② 断开辅助蓄电池附件 3min 后进行下一步操作。

③ 断开维修开关。

④ 断开动力蓄电池正负极母线。

⑤ 对动力蓄电池正负极母线插接件及线束端插接件用绝缘胶带进行绝缘密封，防止短路及进入异物。

⑥ 电解液发生少量泄漏时，远离火源，使用吸液垫吸附后置于密闭容器中，或采用焚烧方式处理。发生大量泄漏时，统一收集，按照危险化学品处理，可加入葡萄糖酸钙溶液处理有毒气体 HF。

⑦ 将车辆拖到 4S 店内进行动力蓄电池拆卸，拆卸后安全存放。

上述③、④、⑤三步，操作人员须穿戴绝缘胶鞋和绝缘手套；⑥、⑦两步，操作人员须穿戴绝缘胶鞋、防酸碱手套和护目镜。

安全存放前须全程对动力蓄电池进行温度监控，若异常升温则需要进行物理降温，防止起火、爆炸。

（2）动力蓄电池变形

① 车辆电源下电至 OFF 档。

② 断开辅助蓄电池附件 3min 后进行下一步操作。

③ 断开维修开关。

④ 断开动力蓄电池正负极母线。

⑤ 对动力蓄电池正负极母线插接件及线束端插接件用绝缘胶带进行绝缘密封，防止短路及进入异物。

⑥ 将车辆拖到 4S 店内进行动力蓄电池拆卸，拆卸后安全存放。

⑦ 变形严重时，须将动力蓄电池各模组连接断开存放。注意：从上述③步骤起，操作人员须穿戴绝缘胶鞋和绝缘手套。安全存放前须全程对动力蓄电池进行温度监控，若异常升温则需要进行物理降温，防止起火、爆炸。

（3）车辆密封性受损

① 等待维修时须将车辆移至无进水、腐蚀风险的场所安全存放。

② 若车辆无法移至无进水、腐蚀风险的场所安全存放，则需要采用防水车衣覆盖等措施避免进水、腐蚀风险。

4. 车辆浸水

① 如果车辆浸水，系统主继电器（SMR）将由于低压系统故障而关闭，或动力蓄电池高压熔丝将切断高压。

② 高压仅存在于动力蓄电池和带转换器的逆变器总成（高压电容器）内。

③ 由于带转换器的逆变器总成位于发动机舱内，即使因淹没发动机舱而短路，驾驶舱也不受影响。

④ 如果动力蓄电池浸水，由于动力蓄电池仅是蓄电池模块的集合，且蓄电池模块的端子将短路，即使水进入驾驶舱，人体的大电阻也会阻止电流流经人体。因此，不存在触电的可能性。

⑤ 触摸维修开关或其他高压系统部件可能导致触电，如图 8-36 所示。

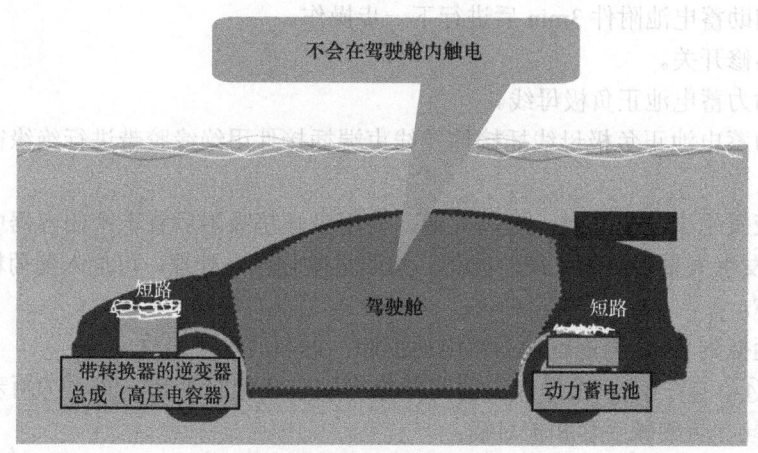

图 8-36 车辆浸水时触电

（1）水域事故救援

检查车辆积水深度，根据不同积水深度采取相应救援措施。需要注意的是，动力蓄电池在水中也会起火和爆炸，救援过程中要注意安全。

① 积水深度在门槛以下的情形，如图 8-37 所示。

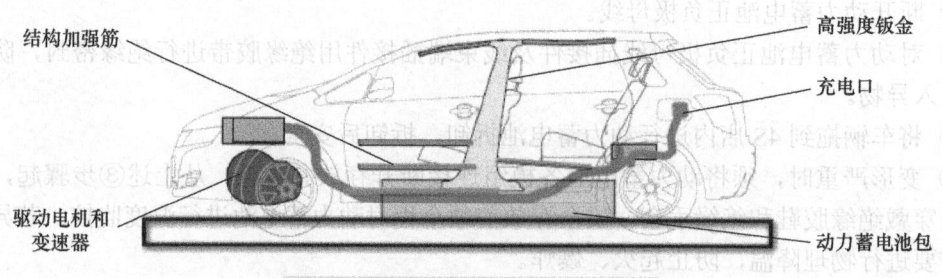

图 8-37 积水深度在门槛以下的情形

将车辆缓慢驶离积水路面，停放在安全地区，检查车辆内是否进水，并对车辆内部积水进行处理。若车辆可以继续行驶，则将车辆行驶至维修企业进行全面排查。

② 积水深度在门槛处或接近门槛的情形，如图 8-38 所示。

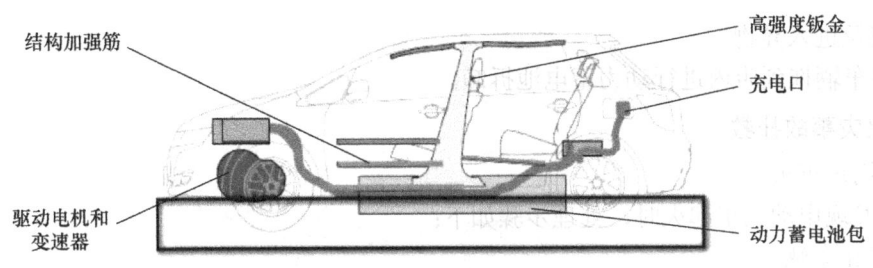

图 8-38 积水深度在门槛处或接近门槛的情形

将车辆缓慢驶离积水路面,停放在安全地区,检查车辆内是否进水。如果进水则对车辆内部积水进行处理。若车辆可继续行驶,则将车辆行驶至维修站进行全面排查。

③ 积水深度在门槛以上的情形,如图 8-39 所示。

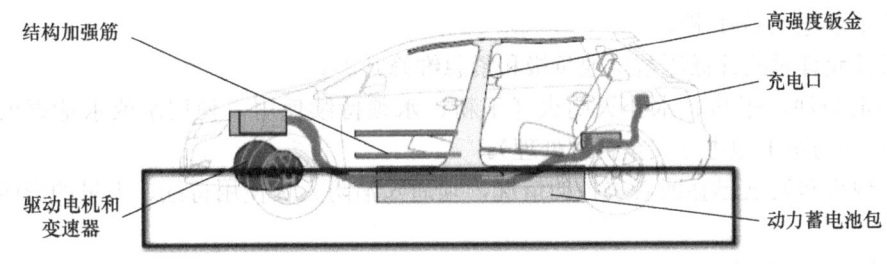

图 8-39 积水深度在门槛以上的情形

所有人员离开车辆,在保证人员安全的情况下切断电源。

(2)车辆处理

① 车辆高压元件未浸水

- 读取车辆是否报漏电故障。
- 未报漏电故障进行常规检修。

② 车辆高压元件已浸水

- 车辆电源下电至 OFF 档。
- 断开低压蓄电池附件 3min 后进行下一步操作。
- 断开维修开关。
- 断开动力蓄电池正负极母线。
- 将车辆运送至服务店内。

注意:作业人员须穿戴绝缘胶鞋和绝缘手套,安全存放前须全程对动力蓄电池进行温度监控,若异常升温则需要进行物理降温,防止起火、爆炸。

③ 车辆动力蓄电池包母线以上部位浸水

- 车辆电源下电至 OFF 档。
- 断开低压蓄电池附件 3min 后进行下一步操作。
- 断开维修开关。
- 断开动力蓄电池正负极母线。
- 对动力蓄电池正负极母线插接件及线束端插接件用绝缘胶带进行绝缘密封,防止短路及进入异物。
- 将车辆拖到店内进行动力蓄电池拆卸。

5. 火灾事故扑救

（1）用户灭火

用户发现电动汽车起火时，处理步骤如下：

① 停止车辆。

② 如果可能的话靠边，断开低压蓄电池负极和紧急维修开关，离车。

③ 离车辆 30m 左右，注意交通安全。

④ 拨打 119 求助。

注意：不要自己去灭火。

（2）维修站发现电动汽车起火时，处理步骤如下：

① 整车下电至 OFF 档。

② 条件允许时断开低压蓄电池负极和紧急维修开关。

③ 用消防沙、干粉、水扑灭明火（干粉、水须持续使用，使用水或水基灭火器灭火后，必须对动力蓄电池进行安全拆解处理）。

④ 出现火势发展迅猛或者失控的情况，须通知消防人员使用持续、大量的消防水进行灭火。

（3）救援规范要求

① 佩戴安全防护装备：绝缘手套（须准备高压电工专用以及防电解液专用两种）、绝缘胶鞋、绝缘胶垫、绝缘外套和防目镜等，耐压级必须大于 1000V。

② 起火的情况下，火势较小处于可控状态时，应采用合适的灭火剂：干砂、化学干粉、二氧化碳、水基灭火器。

③ 当车辆着火或动力蓄电池受到严重的挤压、弯曲等损害，出现火势发展迅猛或者失控的情况下，需要通知消防人员使用持续、大量的消防水灭火 30min。

④ 当明火被扑灭后，需要继续关注，防止复燃。

⑤ 防止火灾扩大，应使周围的任何可燃物品远离起火车辆。

6. 触电事故处理

（1）处理流程

① 识别触电原因，评估后确定救援方案。

② 做好救援人员的安全防护。

③ 救援前切断触电电源。

④ 人员隔离电源后进行救治。

⑤ 车辆设备隔离电源后处置。

⑥ 现场清理。

（2）处理方法

处于运营及生产现场，正在运行、维保、调试、充电的车辆发生人员触电、电气设备短路时，应遵循以下方法分别处置。

① 人员触电。首先确认触电人员身体是否和车载电气设备有接触，若有接触，则处

置人员应首先戴绝缘手套用绝缘棒对人和设备进行隔离,然后根据情况开展人工呼吸进行施救。

② 电气设备短路。电气设备短路会产生爆响和电弧放电现象,人员应远离电气设备防止灼伤,并在第一时间关闭起动开关,拔出手动高压安全插头并切断充电机供电电源(若在充电)。如果电弧放电还在进行,则说明此操作不能断开短路电源,应立即疏散人员,远离车辆。

(3) 注意事项

① 车载电源及高压系统的应急处置应由认证高压电气维修人员,在规范的防护措施保护下进行。

② 触电者未脱离电源前,救护人员不得直接用手触及触电者。

③ 未采取绝缘措施前,救护人员不得直接触及触电者的皮肤和潮湿的衣服。

④ 严禁救护人员直接用手推、拉和触摸触电者;救护人员不得采用金属或其他绝缘性能差的物体(如潮湿木棒、布带等)作为救护工具。

⑤ 在拉拽触电者脱离电源的过程中,救护人员宜用单手操作,并且救护人员的身体及所穿的鞋不能潮湿,这样对救护人员比较安全。

7. 事故现场应采取的措施

① 存在需要触摸非绝缘电缆的可能性,且不能确定其是否属于高压系统时,应佩戴绝缘手套,并使用电工胶带等。

② 如果车辆起火,则使用 ABC 型灭火器灭火。

注意:如果试图仅用少量的水灭火,不但不起作用,反而会更加危险。使用消防栓中大量的水,或等待消防队员。

③ 如果蓄电池电解液泄漏,则可能发生化学反应,从而产生热量。

④ 如果车辆浸水,则不得触摸维修开关或任何高压零部件或电缆,因为存在电击危险。

注意:如果需要触摸维修开关或任何高压零部件或电缆,则从水中完全拉出车辆后再操作。

⑤ 检查蓄电池电解液是否泄漏。

⑥ 如果怀疑高压零部件或电缆损坏(需要切断高压):

- 车辆只能处于 Ready-On 状态时,断开辅助蓄电池负极端子电缆。
- 佩戴绝缘手套拆下维修开关。

8. 牵引车辆时应注意的事项

① 不要在驱动轮着地的情况下牵引车辆。

② 在 4 个车轮全部着地的情况下,如果需要使用绳索牵引车辆,则牵引速度不能超过 30km/h,且只能短距离牵引,如图 8-40 所示。

新能源汽车在车轮着地的情况下牵引,可能导致危险状况,如图 8-41 所示。

③ 根据损坏类型,车轮着地的情况下牵引车辆可能导致危险状况。

④ 发动机不运转时,传动桥内的油泵不能工作,行星齿轮的润滑可能不充分。

⑤ 转动车轮使电机工作,从而产生电压。车速越高,电机产生的电压越高。如果车辆损坏且高压电路有故障,则可能因电机产生的电压发生火灾。

牵引条件		传动系统类型		
		FF	FR	4WD
前轮着地		×	○*1	×
后轮着地		○	×	×
举升4个车轮		○	○	○
4个车轮着地		×*2	×*2	×*2

○：可以牵引车辆。×：不能牵引车辆。
*1：应在电源开关置于ON（IG）位且转向锁松开的情况下牵引车辆。
*2：如果车辆需要以此方式牵引，则不要超过30km/h且仅能短距离牵引。

图 8-40 牵引车辆时应注意的事项

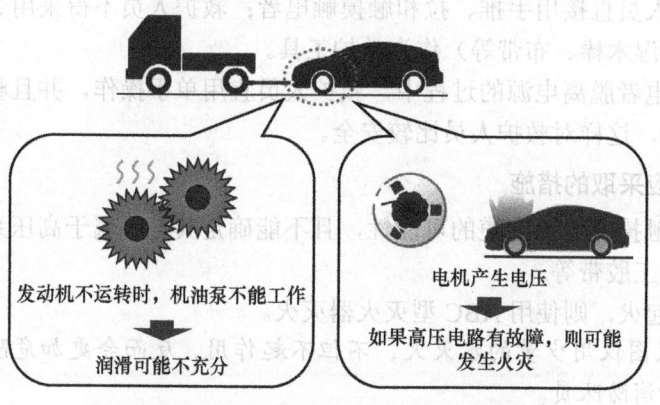

图 8-41 不要在驱动轮着地的情况下牵引车辆

提示：
　　如果高压电路短路且在车轮着地的情况下移动车辆，则车轮不能平稳转动，车辆将猛烈摇晃。

二、工具和检测设备的使用

（一）绝缘工具的使用

在维修纯电动汽车或混合动力汽车时，一定要使用绝缘工具。在松开或紧固混合动力汽车及纯电动汽车的高压电路螺栓和螺母时，应使用成套绝缘工具（09003-2C100），如图 8-42 所示。

① 通过使用成套绝缘工具，不再需要用绝缘胶带缠绕扭力扳手和其他工具，以防止短路。这有助于提高维修效率。

② 在成套绝缘工具中，有2个长套筒（8mm 和 10mm）、1个棘轮扳手和1个扭力扳手（5~25N·m）。

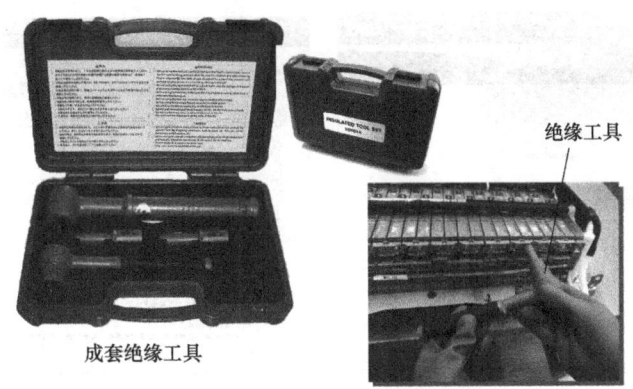

图 8-42 成套绝缘工具

③ 这些绝缘工具可以阻断 1000V 交流电和 1500V 直流电。

(二)故障诊断仪器的使用方法

汽车电控系统诊断仪器用于对应车型的故障诊断,也称解码器、故障扫描仪等。不同车型采用的诊断仪器不同。诊断仪器应能与被检测车辆的控制模块(计算机)通信。

1. 北汽新能源汽车诊断仪器

北汽新能源汽车采用 BDS(BAIC BJEV Diagnostic System)故障诊断系统,将诊断软件安装在计算机终端上,通过通信电缆(诊断盒子)与车载 OBD 诊断座连接,与车辆的控制模块通信,进行故障诊断,如图 8-43 所示。

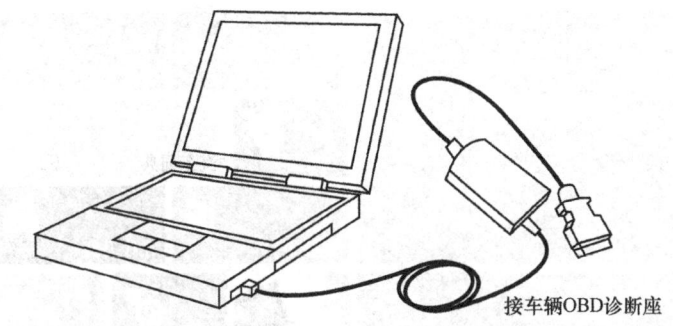

图 8-43 BDS 连接方式

启动 BDS 软件,单击汽车诊断图标,如图 8-44 所示。选择需要的车型图标,单击软件版本,进入对应车型诊断程序。

按【确定】键,进入车型诊断,如图 8-45 所示。

根据选择的系统,进行需要的功能选择,如故障码或数据流的读取。

2. 通用型新能源汽车故障诊断仪

BTXD001 为通用型新能源汽车故障诊断仪,其外形如图 8-46 所示,主界面及子菜单如图 8-47 所示。

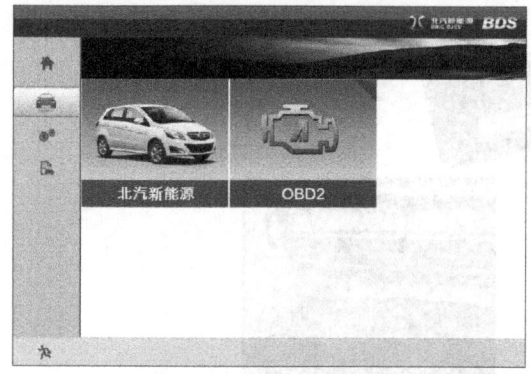

图 8-44 BDS 诊断主界面

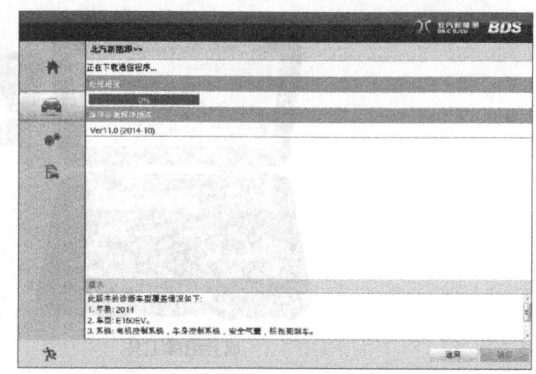

图 8-45 进入 BDS 车型诊断界面

图 8-46 通用型新能源汽车故障诊断仪 BTXD001

图 8-47 BTXD001 主界面及子菜单

① VCI 盒子与车辆连接，且通过无线或者有线方式与 BTXD001 主机成功配对后，点击需要诊断车辆的图标，便可进入诊断操作界面，如图 8-48 所示。

② 点击【确认】或车辆图标进入车型选取界面，如图 8-49 所示。进入后可进行系统功能选取，如图 8-50 所示。

不同车系不同系统的主功能菜单略有不同，常用的菜单包括以下选项：

① 读 ECU 信息：该功能是读取 ECU 版本信息，在有的系统中显示为"系统识别"或

"系统信息"菜单，意义相同，都是读取与 ECU 有关的软、硬件版本、出厂日期和零件号等信息，便于在维修过程中做记录，也便于以后的数据反馈和数据整理。

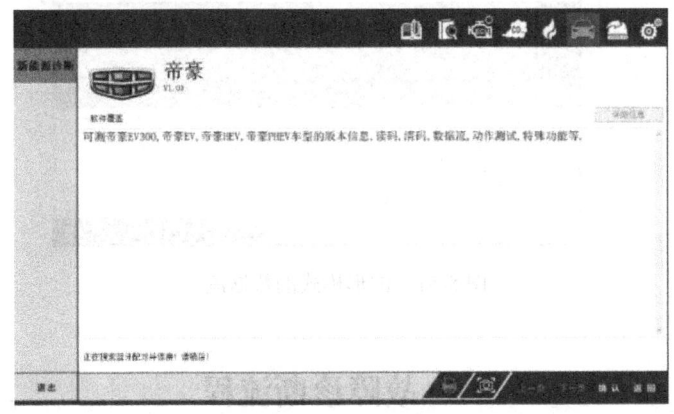

图 8-48　诊断操作界面

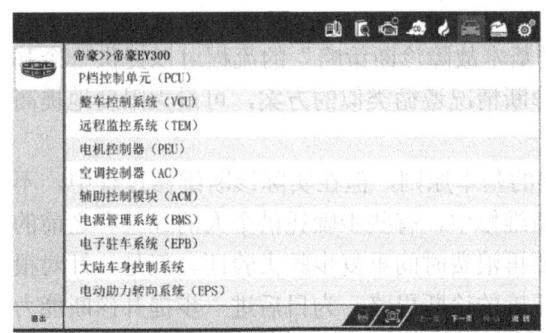

图 8-49　车型选取界面

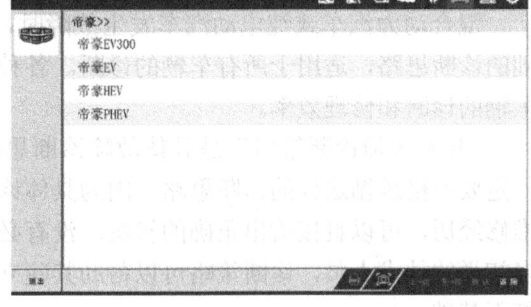

图 8-50　系统功能选取界面

② 读取故障码：读取 ECU 中存储的故障码。

③ 清除故障码：清除 ECU 中存储的当前和历史故障码，只有在故障全部排除后才能清除。不要随意清除故障码，在读取故障码后，应先将这些故障内容记录下来，便于维修参考，当故障处理完后，再重新读取故障码，就不会显示。

④ 读取数据流：读取当前车辆正在运行的参数，如 CC、CP 自锁开关开启与关闭、轮速等参数，通过这些参数基本可以判断出是哪些方面出现了问题，这样进行维修时就缩小了范围，比较方便。

读取数据流有两种模式，一种是数字模式，一种是波形模式。图 8-51 所示为波形模式的数据流。

很多车辆在实际运行过程中，电子元件出现的工作特性偏移、灵敏度降低等情况，都可以在数据流中进行判断。使用这项功能需要熟悉各类参数，如电机转速为 800r/min 或者电机工作温度为 40～80℃时，各个传感器和执行器的工作电压和时间。

⑤ 执行测试基本元件：主要是为了判断车辆的各执行元件是否正常工作。

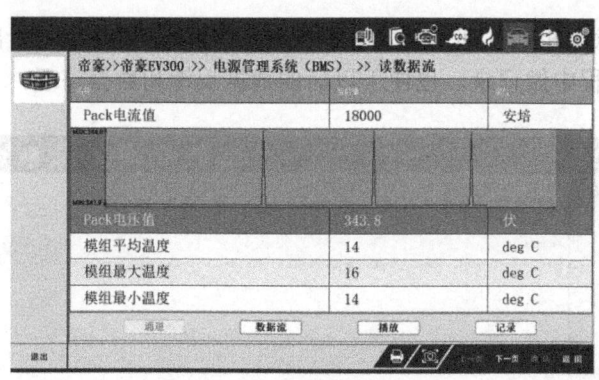

图 8-51 波形模式的数据流

三、故障诊断流程

（一）新能源汽车基本故障诊断策略

混合动力汽车或纯电动汽车发生故障时，"基本故障诊断策略"的流程可以提供一个基础的诊断思路，适用于所有车辆的诊断。各种诊断情况遵循类似的方案，可最大限度地提高车辆的诊断和修理效率。

"基本故障诊断策略"是具体故障诊断思路的基本原则，但在实际诊断维修过程中，不一定要严格遵循这样的诊断思路。因为具体诊断维修中，有些步骤凭借个人的经验和之前的维修经历，可以直接给出正确的答案，没有必要再浪费时间重复步骤去验证。但是，针对很多初学的技术人员，诊断策略可以帮助其建立正确的诊断思路，为日后进一步提升诊断能力打下基础。

新能源汽车的基本故障诊断策略流程如图 8-52 所示。

1）理解并确认客户报修问题。诊断策略的第一步是尽可能多地了解客户情况。例如，这个故障现象是何时出现的？何处出现该状况？状况持续了多长时间？状况多久发生一次？为了确认客户报修问题，必须首先熟悉系统的正常工作情况。

2）确认车辆行驶状况。如果车辆正常运行时存在某种情况，那么客户描述的故障情况就可能属于正常情况。在与客户描述情况相同的条件下，与操作正常的类似车辆进行比较，如果其他车辆存在类似情况，就可能是车辆的设计问题。

3）初步检查：进行全面的目视检查。

① 对车辆进行外观全面检查。

② 检测是否有异常的响声或气味。

③ 采集故障码（DTC）信息，以便进行有效的修理。

4）执行系统化的车辆诊断与检查。通过预检获取的信息，针对故障区域进行系统化的诊断和确认，确认系统工作是否正常，并确定执行何种诊断类别。

5）查询或检索相关的案例信息。查阅已有案例信息，确定是否之前已有相同故障维修案例，这样可以最大限度缩短后期维修和诊断的时间。

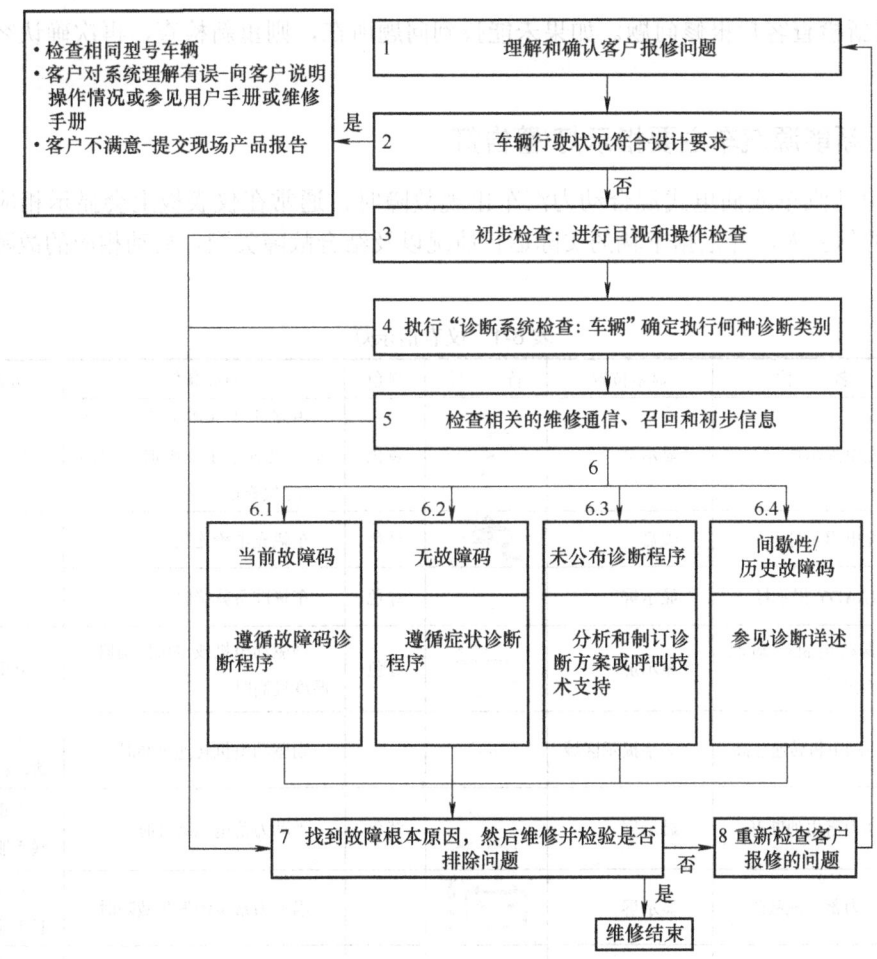

图 8-52 基本故障诊断策略流程

6）诊断。不同情况不同处理。

① 当前故障码：按照指定的故障码诊断，以进行有效的维修。

② 无故障码：选择合适的症状诊断程序，按照症状诊断思路和步骤诊断、维修。

③ 未公布的诊断程序：分析问题，制订诊断方案。在维修手册中查看故障系统的电源、搭铁、输入和输出电路，确定接头和其他多条电路相连的部位。查看部件的位置，确认部件、插接器或线束是否暴露在极端温度或湿度环境，以及是否会接触其他具有腐蚀性的溶液、机油或其他油液。

④ 间歇性/历史故障码：间歇性故障是一种不连续出现、很难重现，且只在条件符合时发生的故障。一般情况下，间歇性故障是由电气插接器和线束故障、部件故障、电磁/无线电频率干扰、行驶状况导致的。以下方法或工具有利于定位和修理间歇性故障或历史故障码：

a. 结合专业知识和可用的维修信息。

b. 判断客户描述的症状和状况。

c. 使用带数据捕获（数据流读取）功能的故障诊断仪、数字式万用表。

7）找到故障根本原因，再修理并检验故障排除情况。确认故障码或症状已消除。

8）重新检查客户报修问题。如果未能找到问题所在，则重新检查，再次确认客户报修问题。

（二）新能源汽车主要指示灯/警告灯

当纯电动汽车或插电式混合动力汽车出现故障时，通常在仪表板上会显示相应的故障灯，以提醒驾驶人，并根据车辆的实际运行情况以及结合故障类型，启动相应的故障模式，见表8-1。

表8-1 仪表指示灯

序号	名称	显示位置	符号	颜色	点亮条件	处理方式
1	充电提示灯	显示屏		黄色	电量小于30%时指示灯点亮，电量小于10%时，提示"请尽快充电"	尽快充电
2	充电提示灯	表盘		红色	车辆充电枪连接后	
3	READY提示灯	显示屏		绿色	车辆准备就绪时	
4	驱动电机冷却液温度过高	显示屏		红色	当驱动电机或电机控制器温度过高时	立即停车
5	驱动电机转速过高	文字提示区域	—	—	当驱动电机转速过高时	尽量缓踩加速踏板
6	动力蓄电池断开	显示屏		黄色	当动力蓄电池断开时	立即停车，联系服务商
7	动力蓄电池故障	显示屏			当动力蓄电池发生故障时	立即停车，联系服务商
8	驱动电机系统故障	文字提示区域	—	—	驱动电机系统故障	立即停车，联系服务商
9	车身控制模块故障	文字提示区域	—	—	车身控制模块故障	立即停车，联系服务商

当新能源汽车出现警告灯点亮的情况后，可以遵循以下原则执行相应的检查，包括一看、二查和三清。

一看：看仪表板上显示的故障灯，定位故障原因。

二查：查故障码和系统状态，找到故障原因。

三清：清除故障，问题解决以后，通过诊断仪清除故障码，从而使仪表板上的警告灯熄灭。

此外，如果仪表板上有多个故障警告灯点亮，则可以参考优先级的顺序进行诊断。

注意事项：

① 针对上电以后整车无故障，但是不能进入起动模式的情况，需要先确认档位是否在空档，若不在空档，则退回空档后再尝试起动。

② 针对整车无故障，动力性能减弱的情况，需要注意电量低提示灯是否点亮，若点亮则及时充电。

③ 针对动力蓄电池充满电后，不能连接，动力蓄电池切断指示灯点亮的情况，需要查看外接充电线是否拔掉。注意外接充电线连接时整车不能行驶。

（三）新能源汽车故障诊断基本方法

1. 诊断前注意事项

必须查询并依照新能源汽车的维修手册，依规依序操作：

① 新能源汽车高压电气系统，包含动力蓄电池、逆变电路、驱动电机系统、电子控制系统和线束等，为了保证安全，所有的高压线束均已采取密封或隔离措施，高压线束采用洁净的橙色加以区分，维修手册上清楚标注出所有橙色线为高压线束（200~500V）。

② 维护时注意"READY"指示灯，"READY"灯点亮发动机可能在运转中，以此判断车辆此时是处于工作还是停机状态（注意"READY"灯熄灭后电源仍会持续供电5min）。

在维修车辆前，要确保"READY"灯熄灭，应关闭点火开关，并把车钥匙取下来。

③ 在维护检修时应按规定着装，禁止佩戴首饰、手表、戒指、项链、钥匙等。准备吸水毛巾或布、灭火器、绝缘胶布、万用表，必须选用适用于电工作业的绝缘的、耐碱性的橡胶手套、鞋靴和护目镜，以防止电解液溢出等造成意外伤害。

2. 诊断前操作准备

对新能源汽车进行诊断、维修，处理损坏车辆、进行事故恢复或急救工作时，必须首先执行高压中止与检验工作。

3. 诊断与维修基本步骤

1) 初步判断故障前行驶状况、故障时车辆状况并对相关信息进行分析。

新能源汽车在故障状态下均会进入失效保护模式，虽然不同的汽车制造商设计的失效保护模式不一定相同，但是主要的动力驱动系统模式很相似。

2) 采用故障诊断仪诊断汽车故障时，检查并记录系统中所有故障码，确认高电压系统存在的故障码，并将故障码按优先级排序。图8-53所示为普锐斯故障码的具体含义。

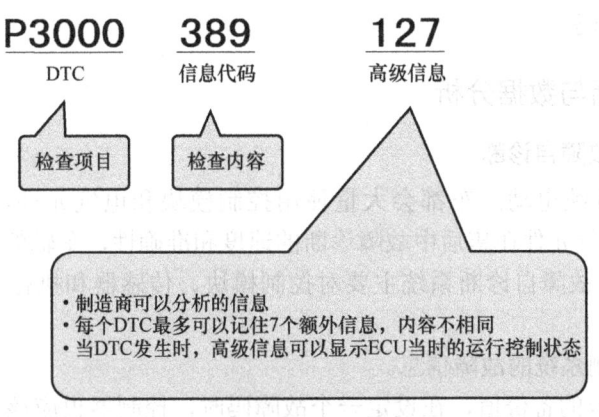

图8-53 普锐斯故障码的具体含义

3) 检查并记录每一个系统，检查历史记录数据。历史记录数据可以用于故障再现试验，此时可查到检测到故障时的行驶和操作状态。

目前，大多数故障诊断仪的故障码读取系统界面中，会在故障码后显示故障码出现的优先顺序，提示维修人员排查故障的正确顺序。

4）在分析故障码时，需要区分与故障不关联的故障码。例如，对于普锐斯，以下是不关联的故障：

① 在日光照射不到的条件下，故障码 B1424（日光传感器回路异常）有时会出现。

② 高压系统有故障时再生制动器不起作用，电子制动系统 ECU 从 HV ECU 接收故障信号，并输出故障码 C1259（动力系统再生故障）和 C1310（动力系统故障）。

③ 电动助力系统 ECU 从 HV ECU 接收故障信号，并输出故障码 C1546（动力系统故障）。

④ 当 12V 蓄电池端子断开时，电子悬架系统输出（转向中间位置自动校正不完全故障）故障码 B2421。

⑤ 维修人员按照故障码优先顺序检查 P0A60-501（V 相位电流传感器故障），在故障恢复后清除故障码，并检查故障是否能够重现，以确定故障可靠排除。

5）主动测试功能应用。主动测试主要用于对新能源汽车进行故障检查，并使车辆保持特定的运行状态。

4. 诊断与修理后检验

进行修理后，部分故障码需要点火开关先置于 OFF 位，再置于 ON 位后，才可使用故障诊断仪清除。

1）将点火开关置于 OFF 位。
2）安装所有诊断时拆下或更换的部件或插接器。
3）在拆下或更换部件或模块时，可能还需重新进行程序设定。
4）将点火开关置于 ON 位。
5）清除故障码。
6）将点火开关置于 OFF 位持续 60s。
7）如果修理与故障码有关，则再现运行故障码的条件并使用"冻结故障状态"功能，以确认不再设置故障码。

（四）故障诊断与数据分析

1. 新能源汽车故障自诊断

混合动力汽车或纯电动汽车都会大量使用控制模块和电气元件，如传感器、执行器等。为提高对这些电气元件在售后中故障诊断的速度和准确性，车辆的控制系统都会设计一套故障自诊断系统。故障自诊断系统主要对控制模块、传感器和执行器的状态进行实时监测，其内容包括：

① 能够实时监测系统的故障信息。

② 设定故障失效的备份值，在设定一个故障码时，控制器也应该设定一个与该故障信息相对应的默认输入或者输出值，且此默认值必须保证整个系统还能够在一个比较安全的工况下工作。

③ 冻结帧信息的存储，为了给随后的维修提供参考，同时能够让维修人员更清楚地了解故障发生时刻车辆的相关信息，必须定义并存储故障的冻结帧信息。

④ 警告驾驶人，控制器确定了某一个故障后，还必须根据实际情况给驾驶人提供相应的信息，如点亮警告灯或发出提示音等。

⑤ 能够实现与外部通信，外部诊断仪可以获取存储的故障信息。

为了实现上述功能，使用专用诊断仪对车辆进行诊断时，获取的主要信息基本可以概括为故障监测、诊断数据管理和诊断服务，如图 8-54 所示。

2. 故障自诊断过程

故障监测部分完成了以下几种类型的故障诊断，主要有与控制器相连的传感器、执行器、CAN 通信和控制器本身的故障。

（1）传感器故障

传感器本身就产生电信号，在软件中编制有传感器输入信号识别程序或者相应的逻辑判断，以实现对传感器的故障诊断。传感器故障类型主要有对搭铁短路/断路、对电源短路/断路、性能不佳等。

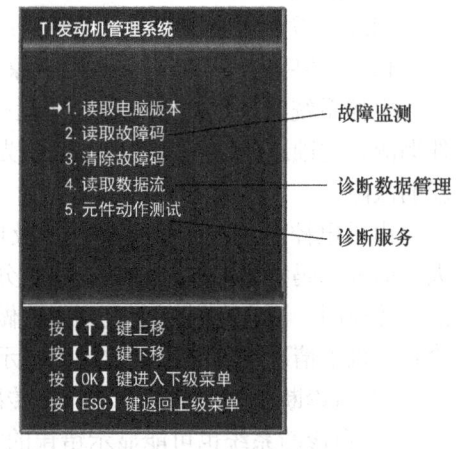

图 8-54　故障自诊断内容

（2）执行器故障

执行器进行的是控制操作，控制信号是输出信号，要对执行器的工作情况进行诊断。一般增设故障诊断电路，即 ECU 向执行器发出一个控制信号，执行器要有一条专用回路向 ECU 反馈其执行情况。当 ECU 得不到反馈信号或与期望值不符合时，便认为该执行器已经不能正常工作。

（3）CAN 通信故障

① CAN 总线关闭故障。控制器不能和 CAN 总线进行正常通信，CAN 发送器的故障计数器大于 255 时，设置 CAN bus 关闭故障。

② 数据帧发送超时故障。在特定时间内，对 CAN 通信而言，一般为 5 倍的 CAN 发送周期，如果 CAN 数据帧没有发送出去，则设置数据帧发送超时故障。

③ 信号错误：如果通信过程中出现信号传输错误，则必须在应用程序中设置默认值，主要的监测方法是通过对每一个信号增加更新位，或者其他方式来间接判断是否出现信号错误。

（4）控制器本身故障

控制器本身故障主要包括随机存储器（RAM）、只读储存器（ROM）等故障，诊断时在硬件上增加后备回路的同时，还要增加独立于 ECU 系统的监视回路，监视回路中设置计数器。当 ECU 正常运行时，由运行程序对计数器定时进行清零处理，此时监视回路中计数器的数值永远不会出现溢出现象。

当 ECU 出现不正常运行现象时，将不能对计数器进行定时清零，导致监视计数器发生溢出现象。监视计数器溢出时，其输出电平将由低电平变为高电平，计数器输出电平的变化，将直接触发备用回路。

3. 故障诊断流程分析

新能源汽车故障诊断的基本原则可概括为搞清现象、结合原理、区别情况、周密分析、从简到繁、由表及里、诊断准确、少拆为益。具体方法如下：

① 抓住引起故障现象的特征。
② 分析造成故障原因的实质。
③ 避免盲目性。

同时，需要处理好以下几个问题：

1）先外后内，故障码和故障现象相结合。

电控系统最常见的故障是车辆运行中的振动（引起的接口、连线的松脱），以及运行条件潮湿、腐蚀造成的接触不良，因此先从简单的外部接口部位检查是最有效的，否则会增加新的故障。

由于电控系统控制机件多，涉及电子技术、计算机技术，维修人员对故障码依赖性很大。而故障码实质上仅是对某一控制分支的故障做"有"和"无"的界定，不可能指出故障的具体原因，而且有时还会失真。要做出准确的诊断，还必须紧密结合故障现象进一步分析检查。以下情况都可能造成故障码显示不准：

① 自诊断系统也有显示不出的传感器故障。
② 自诊断系统也可能显示错误的故障码。
③ 维修不当导致产生错误的故障码。

2）先机后电，优先排除机械故障，再检测电控系统故障。

3）先查后测，维修经验与维修资料相结合，以维修资料为主。在排除故障时，必须依据该车型的有关资料去查故障码所代表的故障部位和内容。因此熟悉、掌握、积累所修车型的故障自诊断系统的资料、检测仪器的使用方法、各电气元件的检测标准参数，是开展维修工作的基础。

总之，对待新能源汽车所发生的故障，可参考过去的修车经验，但必须依据全面准确的资料，用专用的检测仪器进行针对性的检测，认真检查，合理判断，才能快速诊断出故障。

4. 新能源汽车故障诊断方法

（1）问

向驾驶人详细询问车辆的行驶里程、行驶状况、行驶条件、维修情况、故障特点及表现、故障起因等，掌握故障的初步情况。

（2）看

通过眼睛对整车及相关部位的观察，发现新能源汽车较明显的异常或故障现象，如有无漏油、漏水、漏气，液体流动是否正常，各部件运动是否卡滞，连接机件有无松脱、裂纹、变形及断裂等现象，轮胎气压及磨损状况和特点，车架、车桥、车身及各总成外壳、护板等有无明显变形现象，相关部位有无剐蹭痕迹等。

（3）听

借助一些简单工具，在新能源汽车工作时听察有无机械撞击声、轴承异常摩擦声、排气管杂音等异响。新能源汽车整车及各总成、各系统在正常工作时发出的声音一般都是有一定规律的，通过仔细辨别异响，就能大致判断出故障是否存在，再根据异响特征去判断出故障的部位及原因。

（4）摸

用手轻摸或触碰轴承、接头、插接口、电器插头、固定螺栓（钉）等处，看是否有松脱现象，各总成部件的温度有无异常升高等，从而发现故障现象，再由现象去判断故障产生的原因。

（5）闻

根据气味的异常，准确判断故障所在部位。离合器、制动器等摩擦片处能闻到很浓的焦糊味时，往往是离合器打滑、制动器摩擦片磨损过度造成的。

（6）试

通过对新能源汽车及总成进行不同工况的模拟试验，对故障现象加以确认。

（7）替

根据经验将车上疑似故障的总成或零部件替换成正常总成或零部件，然后查看是否仍有故障现象。

（8）测

对于现象不明显的疑难故障，使用一般方法很难判断故障部位时，需要借助一些工具、量具或仪器进行测试，如用量具测量磨损尺寸，用万用表测量电阻、电压或电流，用解码器读取故障码或数据流等。

（9）诊

对于特别复杂的故障，必须借助一定的仪器设备，按照一定的方法步骤，对故障进行全面细致的检查和分析。

一般情况下，随车自诊断系统只提供与电控系统传感器及执行器有关的电气装置或线路故障码，且只能做出初步诊断，具体的故障原因，还需要通过直观诊断或借助简单仪器，甚至专用诊断设备进行深入诊断才能获得。

【知识拓展】

新能源汽车故障诊断的注意事项：

① 诊断、测试及排除故障时要在保证绝对安全的条件下进行，使用专用诊断仪器时不应一个人操作。

② 进行故障诊断时，应尽量避免拆卸零件，禁止随意大拆大卸。

③ 诊断故障前要先搞清故障部位的工作原理及结构类型，做到胸有成竹。对于重要系统（如电控系统），若无生产厂家详细维修资料，最好不要动手维修。

④ 故障的判断要有充分的依据，不要乱拆、乱接、乱试，胡拆乱碰不但排除不了故障，还有可能造成新的故障或损坏。

⑤ 有些故障与汽车及各总成的工作原理没有任何关系，而是主要根据经验来判断，特别是长期维修某一车型的技术人员，有时只听故障现象介绍就可以准确判断故障部位及原因。因此，在进行故障判断时，不要总往复杂方面想，应从简到繁、由表及里，逐步深入。

⑥ 电控系统发生故障时，一般应先检查油路是否堵塞，导线是否接触不良等，不要轻易怀疑是电控系统元件（特别是 ECU）故障，因为电控系统工作可靠，出现故障的可能性

一般很小。

⑦ 某些对汽车总成或零部件有伤害的故障不要长时间或反复测试，否则将使故障更严重，造成更大损失。

⑧ 分析时要追究导致故障的深层原因，不要"头疼医头，脚疼医脚"，否则可能会导致故障反复出现。

⑨ 对配合件，在拆卸时要注意装配记号及安装方向。若原来没有或看不清装配记号，就应重新做标记。安装时一定要按记号装配。

⑩ 过盈配合件应尽量采用拉拔器等专用工具拆装，无专用工具时应垫上软金属或木块后再击打，不能直接用锤子击打零件，以免造成零件变形。

⑪ 装配螺栓时，应分数次交叉、对称、均匀地按规定力矩拧紧，以免零件变形或结合不牢。装配完毕后，有锁销的应戴上锁销。

⑫ 装配完毕后，应清点诊断过程中使用的工具、仪器、抹布等是否齐全（特别是垫片之类的小零件），以防这些东西掉入机器内或卡在其他地方（特别是旋转的地方），从而造成机件损伤甚至人身伤害。

四、典型纯电动汽车故障诊断

北汽主流纯电动汽车有 E150EV、EV200、ES210（以下简称绅宝 EV）和 EV160 等，其中，E150EV 又包含电动时尚版和电动科技版，EV200 则包括轻秀版、轻享版和轻快版。

北汽新能源汽车的中控区设计得比较简单，所有功能均需通过按键操作。多媒体系统除单碟 CD 外，高配的电动科技版车型还配有 6.5in 彩色触摸屏和 GPS 导航系统，USB 和 AUX 接口也都具备，如图 8-55 所示。

1. 动力蓄电池

动力蓄电池是纯电动汽车的心脏，其主要作用是向用电设备供电，如图 8-56 所示。

图 8-55　E150EV 中控区

图 8-56　动力蓄电池

车辆行驶过程中，随着电量的消耗，SOC 表上指针指示的数值会逐渐减小。当 SOC 值减小到 30% 以下时，SOC 表上的电量不足指示灯会点亮，提示用户尽快对车辆进行充电。

2. 驱动电机

驱动电机的作用如下（图 8-57）：

① 驱动电机控制器将动力蓄电池提供的直流电转换为交流电，然后输出给驱动电机。

② 通过驱动电机的正转来实现整车加速、减速；通过驱动电机的反转来实现倒车。

③ 通过有效的控制策略，控制动力总成以最佳方式协调工作。

图 8-57　驱动电机

3. DC/DC 变换器

DC/DC 变换器安装于前舱位置，其主要功能是在车辆起动后将动力蓄电池输入的高压电转换成低压 12V 电，向蓄电池充电，以保证行车时低压用电设备正常工作，如图 8-58 所示。

图 8-58　DC/DC 变换器

4. 车载充电机

每辆电动汽车都配有车载充电机，用于对动力蓄电池充电，如图 8-59 所示。

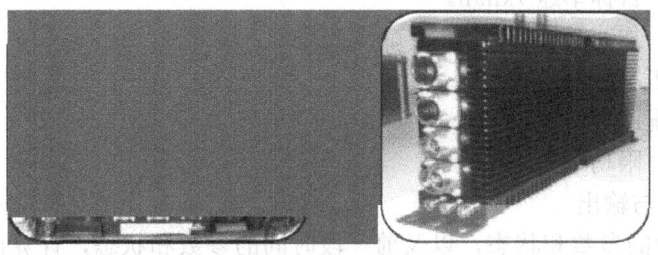

图 8-59　车载充电机

（一）整车控制

整车驱动控制（即转矩控制）是整车控制器的主要功能之一，其核心是工况判断—需求转矩—转矩限制—转矩输出四部分，如图 8-60 所示。

（1）工况判断

通过整车状态信息（加速/制动踏板位置、当前车速和整车是否有故障信息等）来判断出当前的整车驾驶需求（如起步、加速、减速、匀速行驶、跛行、限速、紧急断高压）。

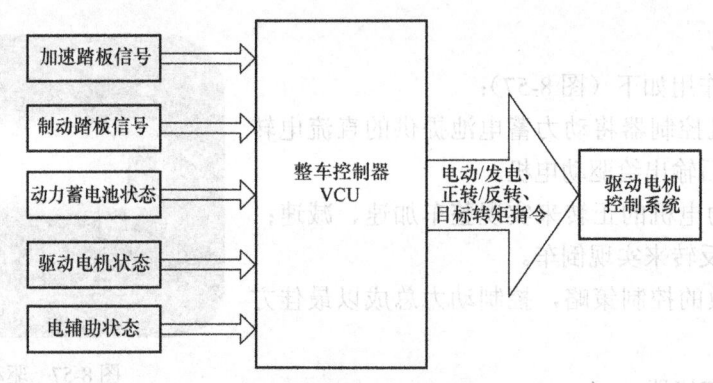

图 8-60 整车驱动控制

(2) 工况划分
① 紧急故障工况。
② 怠速工况。
③ 加速工况。
④ 能量回收工况。
⑤ 零转矩工况。
⑥ 跛行工况。

(3) 转矩需求

根据判断得出的整车工况、动力蓄电池系统和驱动电机系统状态,计算出当前车辆需要的转矩。

(4) 各工况的需求转矩
① 紧急故障工况:零转矩后切断高压。
② 怠速工况:目标车速 7km/h。
③ 加速工况:加速踏板的跟随。
④ 能量回收工况:发电。
⑤ 零转矩工况:零转矩。
⑥ 跛行工况:限功率、限车速。

(5) 转矩限制与输出

根据整车当前的参数和状态,以及前一段时间的参数和状态,计算出当前车辆的转矩能力,根据当前车辆需要的转矩,计算出合理的最终需要实现的转矩。

(6) 限制因素
① 动力蓄电池的允许充放电功率与其温度和 SOC 有关。
② 驱动电机的驱动转矩/制动转矩与其温度有关。
③ 电辅助系统工作情况:放电、发电。
④ 最大车速限制:前进档和倒车档。

1. 整车状态获取

通过车速传感器、档位信号传感器等,采用不同的采样周期检测整车的运行状态。通过 CAN 总线获得原车功能模块、动力蓄电池系统、驱动电机系统等的状态信息,如图 8-61 所示。

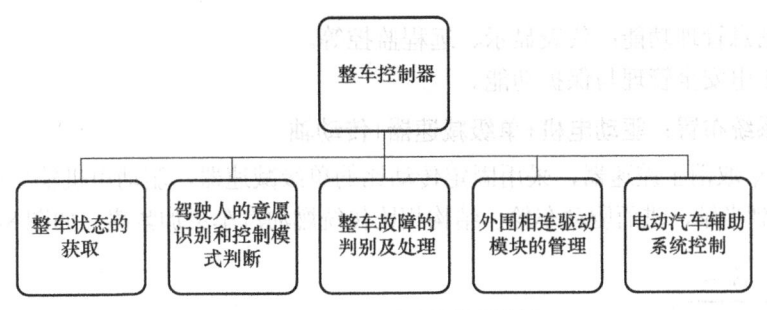

图 8-61　整车的运行状态获取

车辆状态获取内容：
① 点火开关状态：OFF、ACC、ON、START。
② 充电监控状态：充电唤醒、快充门板、慢充门板（开-关）。
③ 档位状态：P、R、N、D 档位。
④ 加速踏板位置：加速踏板开度（0～100%）。
⑤ 制动踏板状态：踩制动、未踩制动。
⑥ BMS 状态：继电器、电压、电流等。
⑦ MCU 状态：工作模式、转速、转矩等。
⑧ EAS、PTC 信息。
⑨ ABS、ICM 状态。

整车分为两个工作模式：充电模式和行驶模式。VCU 低压唤醒后，周期执行整车模式判断，其中，充电模式优先于行驶模式。

2. 分层控制方式

整车控制器作为第一层，其他各控制器作为第二层，各控制器之间通过 CAN 网络进行信息交互，共同实现整车的功能控制，如图 8-62 所示。

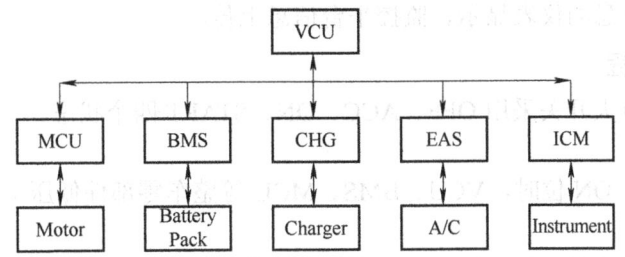

图 8-62　CAN 网络进行信息交互

控制功能如下：
① 整车驱动控制：转矩输出。
② 能量管理功能：放电和能量回收。
③ 整车辅助系统控制：电动空调、暖风等。
④ 整车安全管理和诊断功能：预警、故障干预。
⑤ 整车网关管理功能：新能源 CAN 和车身 CAN 信息交互。

⑥ 整车信息管理功能：仪表显示、远程监控等。
⑦ 高低压电安全管理与保护功能。

3. 动力系统布置：驱动电机+单级减速器+传动轴

纯电动汽车取消了差速器，采用固定传动比的单级减速器，驱动电机输出的动力通过单级减速器传输到半轴，进而驱动车轮，结构相比传统燃油汽车更加紧凑，如图8-63所示。

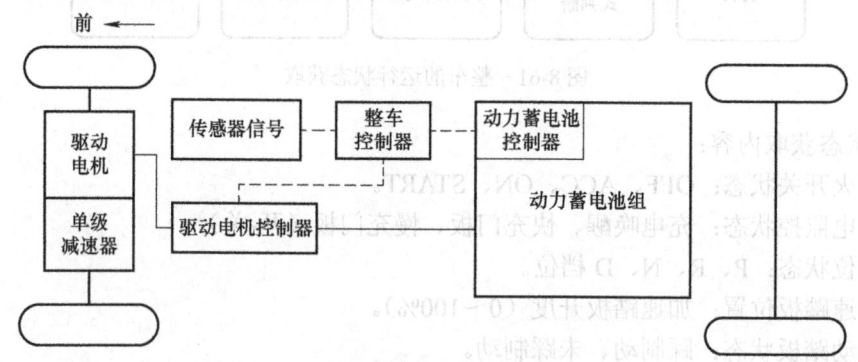

图 8-63　动力系统布置

4. 整车充电过程

整车有慢充和快充两种状态，充电过程如下：

① 车辆插充电枪时，先有充电唤醒信号给 VCU、BMS、RMS、仪表等，仪表充电连接指示灯闪烁。

② VCU 检测到充电门板信号，判断进入充电模式，仪表充电连接指示灯点亮。

③ 进入充电模式后，VCU 允许充电指令。

④ BMS 与充电机/充电桩建立充电连接，开始充电。

充电过程中，VCU 不直接参与充电控制，实时监控充电过程，对异常情况进行紧急充电停止，以及部分信息的仪表显示、监控平台信息上传。

5. 整车上电过程

纯电动汽车的点火开关采用 OFF、ACC、ON、START 四个状态。

(1) 低压上电

当点火开关置于 ON 位时，VCU、BMS、MCU 等整车零部件低压上电。

(2) 高压上电

点火开关置于 ON 位，BMS、MCU 当前状态正常且不满足整车充电条件，开始执行高压上电：

① BMS、MCU 初始化完成，VCU 检查 BMS 反馈动力蓄电池继电器状态。

② BMS 正极继电器处于断开状态，VCU 执行闭合高压主继电器。

③ VCU 执行闭合其他高压系统继电器（空调系统高压继电器）。

④ VCU 发送 BMS 上电指令，进行预充电操作。

⑤ 动力蓄电池反馈预充电完成状态，高压连接指示灯熄灭。

⑥ 检查确认变速杆处于 N 位且上电过程中驾驶人对点火开关有 START 的操作。

⑦ 仪表显示 Ready 灯点亮，水泵、DC/DC 变换器开始工作。

6．整车故障等级

整车控制器根据驱动电机、动力蓄电池、DC/DC 变换器等零部件故障、整车 CAN 网络故障及 VCU 硬件故障进行综合判断，确定整车的故障等级并进行相应的控制处理。

整车的故障等级划分为四级，见表 8-2。

表 8-2　整车的故障等级划分

等级	名称	故障后处理	故障列表
一级	致命故障	紧急断开高压	MCU 直流母线过压故障、BMS 一级故障
二级	严重故障	零转矩	MCU 相电流过流，IGBT、旋变等故障；驱动电机节点丢失故障；档位信号故障
三级	一般故障	跛行	加速踏板信号故障
		降功率	MCU 电机超速保护
		限功率<7kW	跛行故障、SOC<1%、BMS 单体欠压、内部通信、硬件二级故障
		限速<15km/h	低压欠压故障、制动故障
四级	轻微故障	只仪表显示（维修提示）能量回收故障，仅停止能量回收	MCU 电机系统温度传感器、直流欠压故障；VCU 硬件故障、DC/DC 变换器异常等

（二）故障诊断

1）连接 EV 专用故障诊断仪，进入故障诊断程序，如图 8-64 所示。

2）选择要检测的车型，如图 8-65 所示。

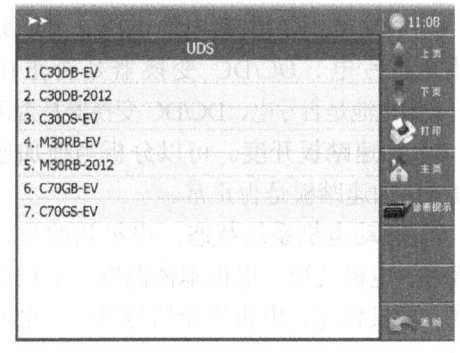

图 8-64　进入故障诊断程序　　　　　图 8-65　选择要检测的车型

3）选择要诊断的系统，如图 8-66 所示。

4）选择功能主菜单后，选择要检测的项目，如图 8-67 所示。

5）选择下线测试菜单后，选择要测试的项目，如图 8-68 所示。

6）选择标定与烧录菜单后，选择需要的项目，如图 8-69 所示。

7）读取故障码功能主菜单后，选择读取故障码项目，如图 8-70 所示。

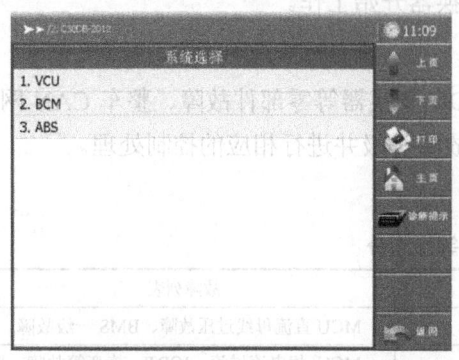

图 8-66 选择要诊断的系统

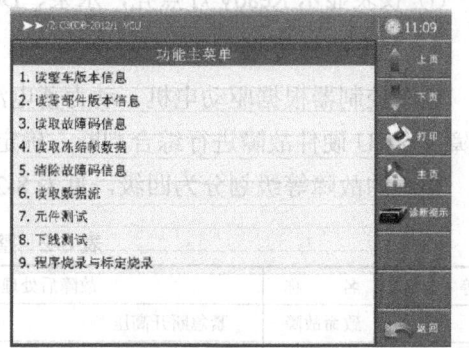

图 8-67 选择功能主菜单

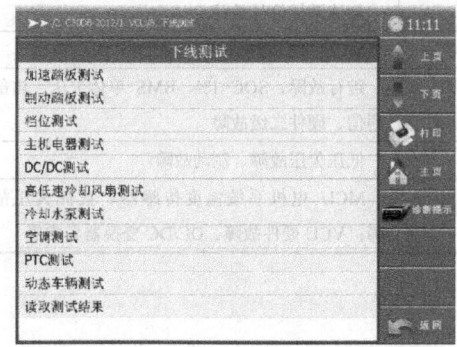

图 8-68 选择要测试的项目

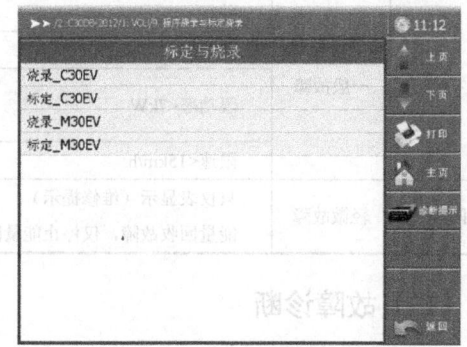

图 8-69 选择标定与烧录菜单

8) 读取数据流，如图 8-71 所示。

① **12V 低压铅酸蓄电池电压**。可以分析蓄电池是否亏电、DC/DC 变换器是否正在充电等——蓄电池是否亏电、DC/DC 变换器是否正常。

② **加速踏板开度**。可以分析当前加速踏板开度——加速踏板是否正常。

③ **驱动电机系统状态**。电机初始化、预充电状态、电机转矩、电机本体温度、电机控制器温度、电机转速、电机生命信号等——电机是否正常。

④ **动力蓄电池系统状态**。动力蓄电池总电压、当前放电电流、SOC 值、单体最低电压、单体最高电压、单体最高温度、单体最低温度、系统生命信号、继电器闭合与断开状态等——动力蓄电池是否正常。

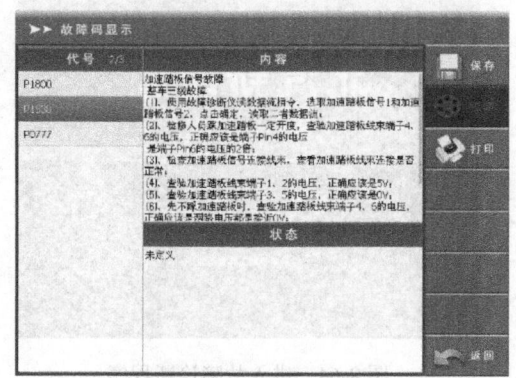

图 8-70 选择读取故障码项目

⑤ **整车信息**。档位状态、加速踏板电压值、低速和高速冷却风扇开启与闭合状态——档位、加速踏板、高速风扇、低速风扇是否正常。

9) VCU 通信故障的检测方法。存在以下四种可能情况。

模块 8 新能源汽车故障诊断

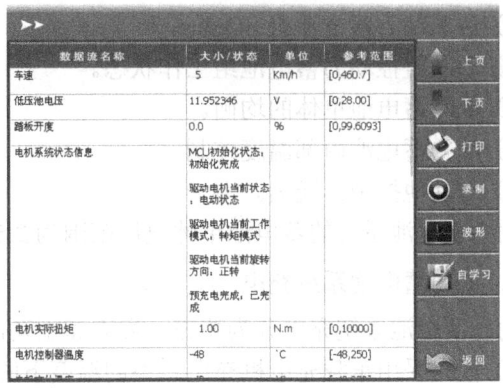

图 8-71 读取数据流

① VCU 没有电。根据 VCU 管脚定义，检查以下管脚。
Pin1：ACC—点火开关 ACC 档。
Pin2：GND—地。
Pin3：BAT—整车常电。
Pin4：ON—点火开关 ON 档。
Pin5：GND—地。
维修：可能原因有 VCU 供电熔丝烧断、线束断开、插接件退针等。
② 仪表到 VCU 的新能源 CAN 总线线束有问题，直接维修线束即可。
VCU 线束端子 Pin8：新能源 CAN-H，对应仪表线束端子 Pin。
VCU 线束端子 Pin9：新能源 CAN-L，对应仪表线束端子 Pin。
③ 整车控制器 VCU 与车型不匹配或者 VCU 损坏。检查 VCU 的零部件号，直接更换可用的正确车型的 VCU 即可。
④ 仪表与车型不匹配或者仪表损坏。检查仪表的零部件号，直接更换可用的正确车型的仪表即可。

（三）动力蓄电池故障诊断

动力蓄电池放置在一个密封并且屏蔽的箱体里。动力蓄电池系统使用可靠的高低压插接件与整车进行连接。系统内的 BMS 实时采集各蓄电池单体的电压值、各温度传感器的温度值、系统总电压值和总电流值、系统绝缘电阻值等数据，并根据 BMS 中设定的阈值判定系统工作是否正常，并对故障实时监控。动力蓄电池系统通过 BMS 使用 CAN 总线与 VCU 或充电机之间进行通信，进行充放电等综合管理。

动力蓄电池系统的功能为接收和储存由车载充电机、驱动电机、制动能量回收装置和外置充电装置提供的高压直流电，并为驱动电机控制器、DC/DC 变换器、电动空调、PTC 等高压元件提供高压直流电。

BMS 的作用是提高动力蓄电池的利用率，防止其出现过充电和过放电，延长其使用寿命，监控其状态。

BMS 的主要功能如下：

① 估算动力蓄电池组 SOC。
② 动态监控动力蓄电池组工作状态。
③ 保障蓄电池单体的均衡。
④ 动力蓄电池内部温度控制。
⑤ 与其他控制器通信。

动力蓄电池系统的蓄电池单体电压范围为 2.5~3.7V，总电压范围为 255~372V。

1. 动力蓄电池系统充电

动力蓄电池系统充电分为快充、慢充和制动能量回收三种方式：
① 慢充采用车载充电机充电，不同温度下的充电电流及电压阈值，见表 8-3。

表 8-3 车载充电机充电

温度/℃	-20~5	5~45	45~60	≥60
可充电电流/A	10	20	10	0
截止电压/V	401.8/4.1	410/4.18	410/4.18	

② 快充采用地面充电机充电，不同温度下的充电电流及电压阈值见表 8-4。

表 8-4 地面充电机充电

温度/℃	-20~5	5~45	45~60	≥60
可充电电流/A	10	50	20	0
截止电压/V	401.8/4.1	410/4.18	410/4.18	

③ 制动时驱动电机产生的最大 365V 的感应电动势，动力蓄电池可以接收表 8-5 所示的最大持续回馈电流。

表 8-5 最大持续回馈电流

温度/℃	<0	0~10	10~45	45~55	≥55
电流/A	0	10	80	24	0

汽车在充电状态下，按下里程复位键可以唤醒液晶屏，显示充电界面。液晶屏点亮 10s 后会自动熄灭，按下里程复位键可以再次点亮屏幕。充电界面会显示动力蓄电池充电状态，包括当前电量、电流、快/慢充状态及加热状态信息。充电完成后，电量表会持续点亮，并发出 5s 的鸣叫提示，充电过程中的仪表信息如图 8-72 所示。

图 8-72 充电界面信息

2. 动力蓄电池系统故障处理

三级故障：表明动力蓄电池性能下降，BMS 降低最大允许充/放电电流。

二级故障：表明动力蓄电池在此状态下功能已经丧失，请求其他控制器停止充电或者放电；其他控制器应在一定延时内响应动力蓄电池停止充电或放电请求。

一级故障：表明动力蓄电池在此状态下功能已经丧失，请求其他控制器立即（1s 内）停止充电或放电。如果其他控制器在指定时间内未做出响应，则 BMS 将在 2s 后主动停止充电或放电（即断开高压继电器）。

注意：其他控制器响应动力蓄电池二级故障的延时建议少于 60s，否则会引发动力蓄电池上报一级故障。

车载仪表板故障指示灯显示内容如图 8-73 所示。

图标	颜色	名称	说明
 （充电插头图标）	黄色	动力蓄电池充电提醒（电量不足警告）	点火，当电量低于30%时，动力蓄电池充电提醒灯点亮；当电量高于35%时，动力蓄电池充电提醒灯熄灭
（电池故障图标）	红色	动力蓄电池故障	点火状态下，动力蓄电池故障
 （电池切断图标）	红色	动力蓄电池切断	点火状态下，动力蓄电池切断
 （充电线图标）	红色	充电线连接	充电线连接（充电口盖开启）
 （电池绝缘图标）	红色	动力蓄电池绝缘电阻低	点火状态下，动力蓄电池绝缘电阻低

图 8-73　车载仪表板故障指示灯显示内容

五、混合动力汽车安全需求

混合动力汽车作为替代传统内燃机汽车的代表，其内部的结构与传统汽车有很大不同，而其相关的维修与保养也自然与传统汽车有许多不同之处，本单元将对混合动力汽车的常见故障及维修方法进行讲解，并以丰田普锐斯混合动力汽车为例，对混合动力汽车的保养与维护做简要介绍。

（一）高压电路安全操作

所有高压线束和插接器均为橙色，动力蓄电池和其他高压零部件均带有"高压"警告标签。不得随意触摸这些零部件或其线束，如图 8-74 所示。

高压安全方式包括："高压电路绝缘"和"切断高压电路"。

1. 高压电路绝缘

① 各高压零部件（动力蓄电池、带转换器的逆变器总成、MG1、MG2 等）配有箱或罩，如图 8-75 所示。

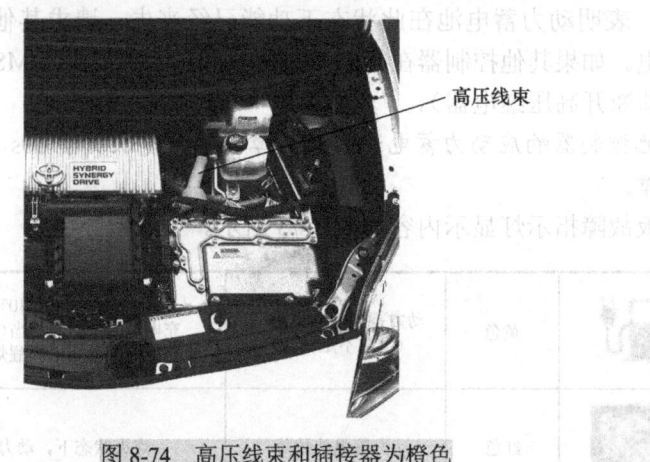

图 8-74 高压线束和插接器为橙色

② 将高压电路与车身电气绝缘。

2. 切断高压电路

① 为防止触电的可能性,动力管理控制 ECU 利用系统主继电器(SMR)自动切断高压,如图 8-76 所示。

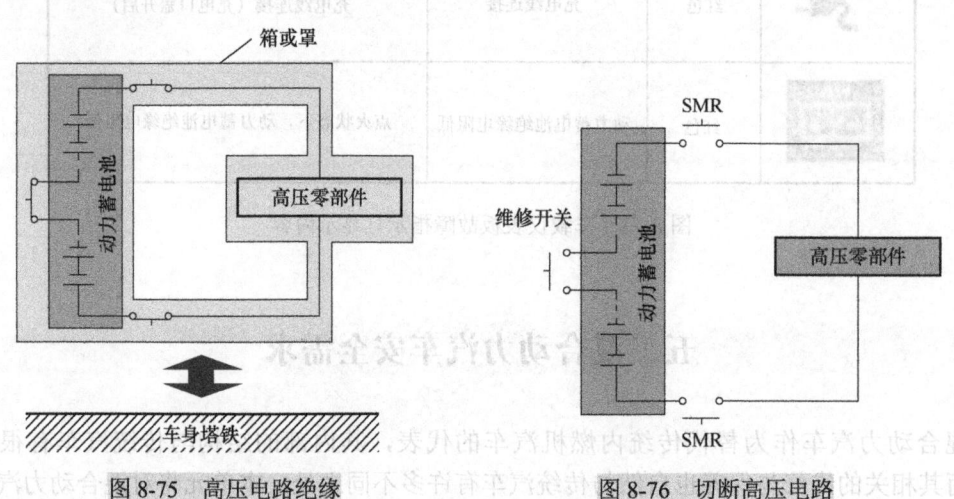

图 8-75 高压电路绝缘　　　　　图 8-76 切断高压电路

② 需要切断高压以维修车辆时,拆下维修开关将有效实现切断。

有两种方法可切断高压,使用 SMR 自动切断和使用维修开关手动切断,如图 8-77 所示。

(1) 使用系统主继电器(SMR)自动切断

① 使用电源开关切断:驾驶人使用电源开关关闭"READY"模式时,SMR 关闭。

② 发生碰撞时切断。检测碰撞振动会导致 SMR 关闭。除安全气囊传感器总成的信号外,安装在带转换器的逆变器总成内的断路器传感器检测到碰撞发生时关闭 SMR。

③ 激活互锁开关时切断。互锁开关检测是否安装了维修开关。如果技师忘记拆下维修开关并试图维修高压部位,在互锁电路作用下,拆下带转换器的逆变器总成盖将关闭 SMR。

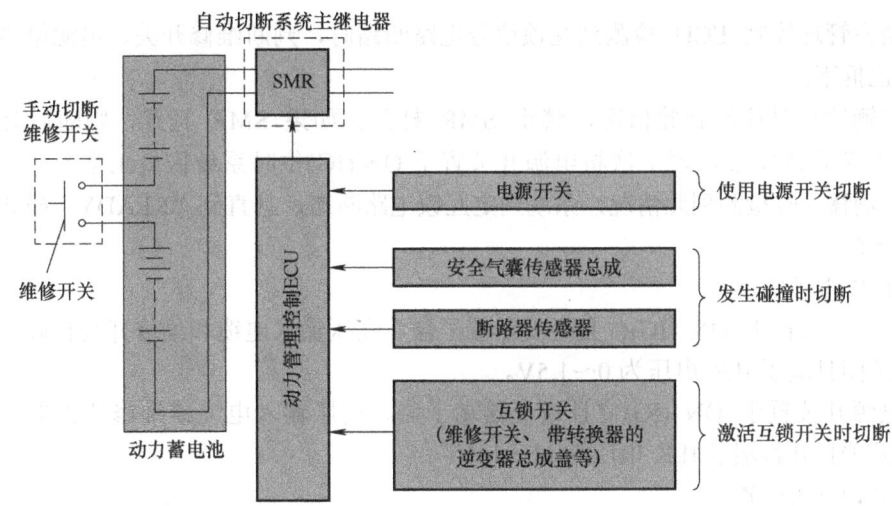

图 8-77 两种高压切断方法

（2）使用维修开关手动切断

维修开关位于动力蓄电池中部，可以切断所有高压系统。

（二）互锁开关

在 ISO 6469-3: 2001《电动汽车安全技术规范 第 3 部分：人员电气伤害防护》中，规定车上的高压部件应具有高压互锁装置，但并没有详细定义高压互锁系统。高压互锁是指危险电压互锁回路（Hazardous Voltage Interlock Loop，HVIL），通过使用低压电气信号，来检查整个高压产品、导线、插接器及护盖的电气完整性（连续性），识别到回路异常断开时，及时断开高压电，如图 8-78 所示。

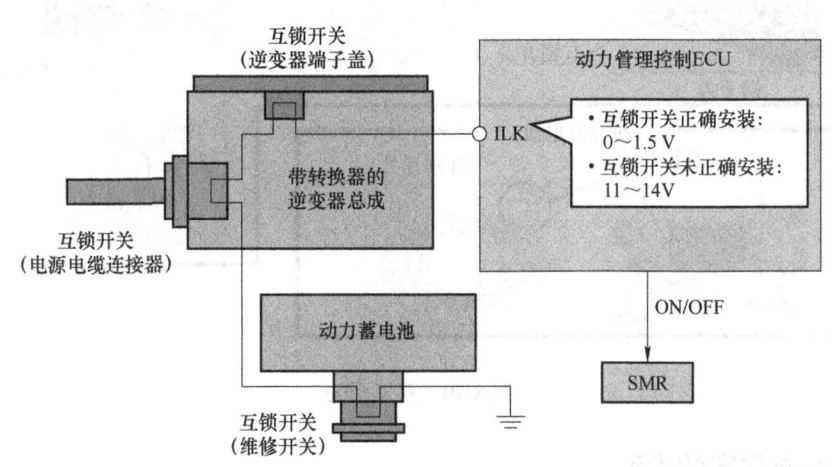

图 8-78 混合动力汽车互锁开关

① 混合动力系统打开的情况下试图维修车辆时，互锁开关用于确保在露出任何高压零件前切断高压。

② 动力管理控制 ECU 检测到互锁信号电路断路时，判断维修开关、电源电缆或逆变器端子盖已拆下。

③ 车辆停止时检测到此情况，禁止 SMR 打开。如果 SMR 打开，则随后会关闭。如果互锁开关正确安装，则下次将电源开关置于 ON (IG) 位时系统恢复正常。

④ 车辆移动时检测到此情况，系统判定互锁电路断路，且直到"READY"模式关闭才会关闭 SMR。

(1) ILK 端子电压

① 电源开关置于 ON (IG) 位且逆变器端子盖、高压输入电缆和维修开关正确安装时，互锁开关关闭且端子 ILK 电压为 0~1.5V。

② 电源开关置于 ON (IG) 位且逆变器端子盖、高压输入电缆或维修开关未正确安装时，互锁开关打开且端子 ILK 电压为 11~14V。

(2) 互锁开关位置

丰田混合动力汽车三处有互锁开关，如图 8-79 所示。

① MG1、MG2 电源电缆和带电动机的压缩机总成与带转换器的逆变器总成连接部位的逆变器端子盖处。

② 动力蓄电池的电源电缆和带转换器的逆变器总成的连接处。

③ 维修开关处。

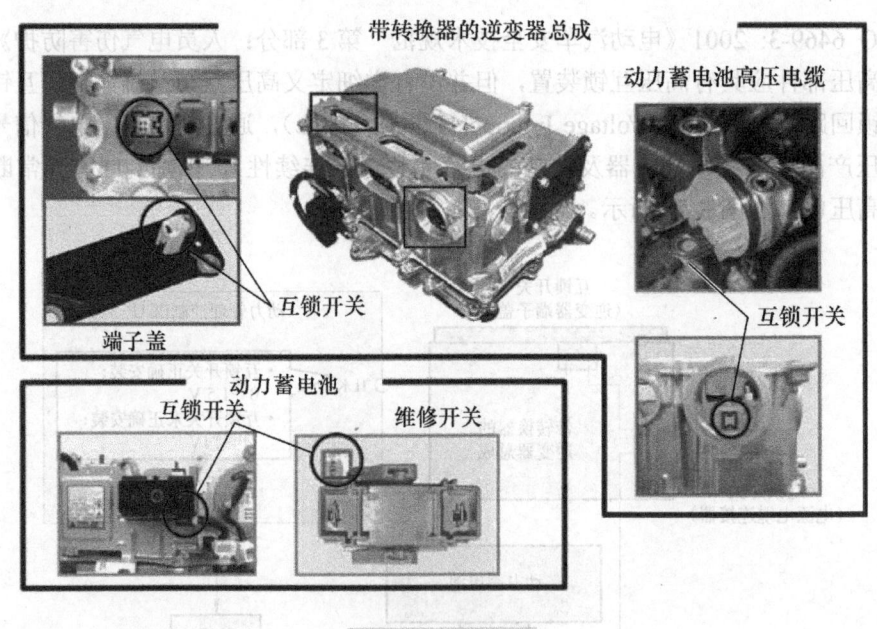

图 8-79 互锁开关

(三) 触电伤害的类型

维修混合动力汽车时可能发生的伤害，如图 8-80 所示。

① 触电。触摸高压零部件时可能触电。绝缘故障导致电气设备的非高压区域（如 PCU 盖）产生高压。在此情况下，触摸 PCU 盖可能造成触电。

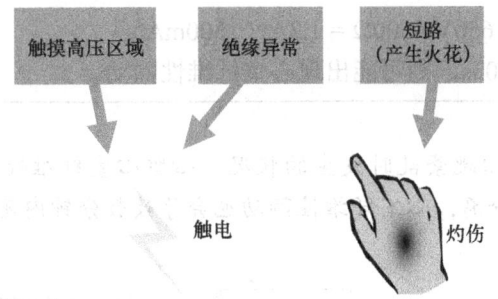

图 8-80　电伤害的类型

② 灼伤。非绝缘工具可能导致高压电缆短路，形成电弧，导致灼伤。

1．触电的风险

发生触电的情形如图 8-81 所示。

情况	条件	触电风险
高压绝缘电阻减小时	直接触摸高压电路的一侧	 无风险
	触摸高压电路的负极（车身搭铁）侧	 无风险
	触摸高压电路的正极侧	 可能导致电击
同时直接触摸高压电路的正极和负极侧		触电

图 8-81　发生触电的情形

1）除非产生闭合电路（电流在人体和高压电路之间流动），否则不会导致高压触电身亡。

2）混合动力汽车的高压电路与车身搭铁绝缘。因此，下列情况下可能发生触电：

① 高压绝缘电阻减小时触摸高压零件。

② 同时直接触摸高压电路的正极和负极侧。

2．电伤害

警告：误操作混合动力汽车的高压电路可能导致死亡。检查或维修混合动力汽车前务必拆下维修开关。拆下维修开关后等待修理手册中规定的时间。

（1）触电身亡示例 1

人体电阻：500Ω；电压：直流 250V。

电流 = 电压/电阻 = 250V / 500Ω = 0.5A（500mA）

如果电流流经人体 3s，则可能出现心室纤维性颤动。

（2）触电身亡示例 2

人体电阻：500Ω；电压：直流 650V（高压电容器）。

电流 = 电压/电阻 = 650V / 500Ω = 1.3A（1300mA）

如果电流流经人体 0.03s，则可能出现心室纤维性颤动。

提示：

心室纤维性颤动是心跳紊乱时发生的状况。心脏心室纤维性颤动的特点是心室快速颤动。即使人体与电源分离，心室纤维性颤动也会导致数分钟内死亡，如图 8-82 所示。

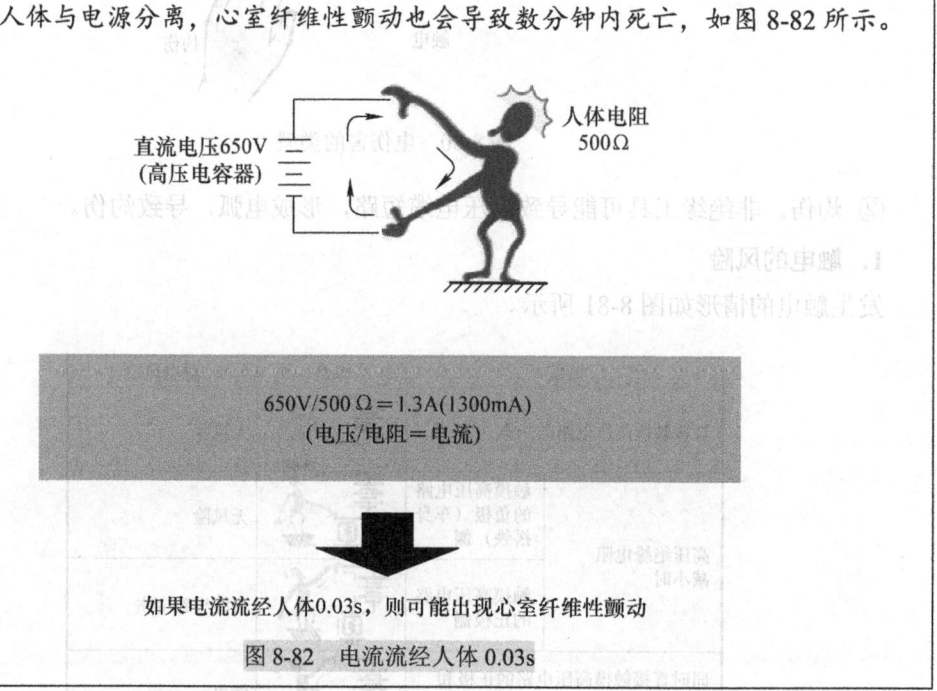

图 8-82　电流流经人体 0.03s

在维修混合动力汽车高压系统前，务必遵守安全说明。

六、混合动力汽车维修保养

在断开冷却液软管时，如果高压连接器被异物（如冷却液）污染，则要彻底清洁污染区域。如果未充分清洁污染表面，则可能由于高压端子之间的短路产生热量，从而导致火灾，如图 8-83 所示。

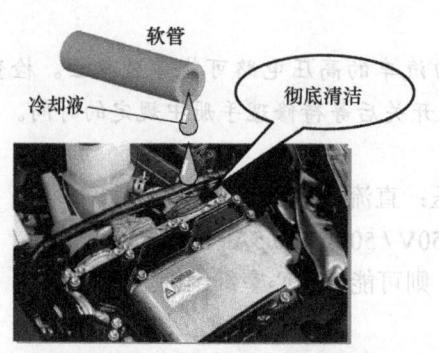

图 8-83　要彻底清洁污染区域

拆下维修开关后，将电源开关置于 ON（READY）位可能导致故障。除非修理手册另有说明，否则不得将电源开关置于 ON（READY）位，如图 8-84 所示。

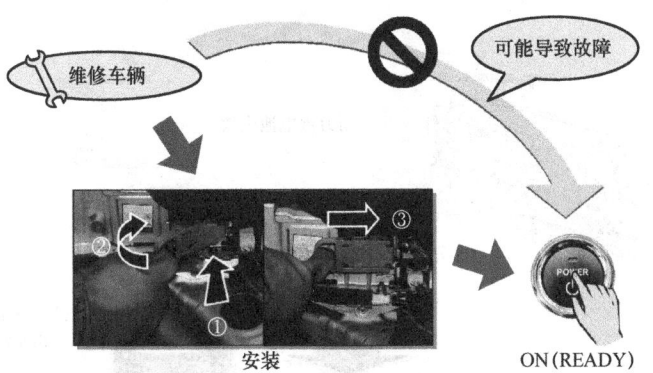

图 8-84　将电源开关置于 ON（READY）位可能导致故障

（一）动力蓄电池保养

车辆长时间存放时，需要每 2~3 个月对动力蓄电池充一次电，以防止电量完全耗尽，如图 8-85 所示。

1. 动力蓄电池的充电方法

① 连接辅助蓄电池的负极端子。

② 不施加任何电气负载的情况下，将电源开关置于 ON (IG)位。使车辆保持此状态 3min。

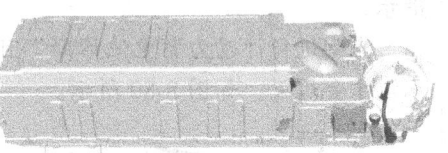

图 8-85　动力蓄电池

提示：

① 需要此步骤，以使 ECU 检测正确的 SOC。

② 直到检测到正确的 SOC，能量监视器的 SOC 显示屏才能显示实际值。

③ 进入 READY-ON 状态。发动机起动后，在选择驻车档（P）的情况下，使其怠速运转，直至发动机停机（自充电完成）。

下列故障表明动力蓄电池电量耗尽：

① 车辆无法进入 READY-ON 状态，如图 8-86 所示。

② 多信息显示屏上显示"LOW TRACTION BATTERY"，如图 8-87 所示。

图 8-86　车辆无法进入 READY-ON 状态　　　图 8-87　多信息显示屏上显示信息

③ 存储 DTC P3000-388 或 389（动力蓄电池故障）。

动力管理控制 ECU 监视动力蓄电池的 SOC。动力蓄电池极度劣化时，将点亮动力蓄电池指示灯。如果动力蓄电池指示灯点亮，则确保进行"动力蓄电池充电预诊断"和"动力蓄电池诊断"。若有必要，则更换动力蓄电池，如图8-88所示。

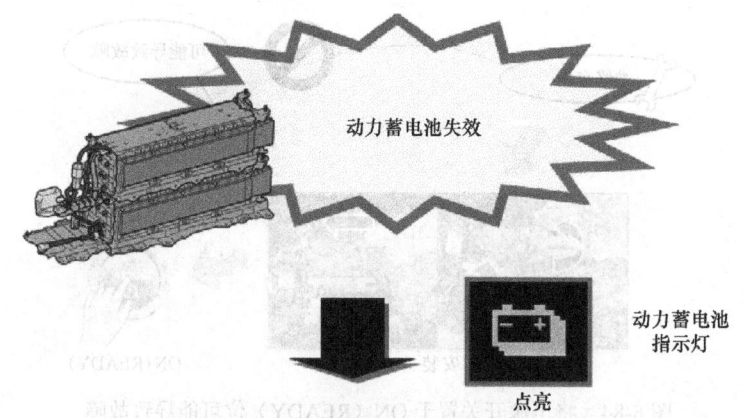

图8-88　动力蓄电池指示灯点亮

> 提示：
> 直到进行"动力蓄电池诊断"且GTS上显示"003（无需更换动力蓄电池）"时，指示灯才会熄灭，如图8-89所示。

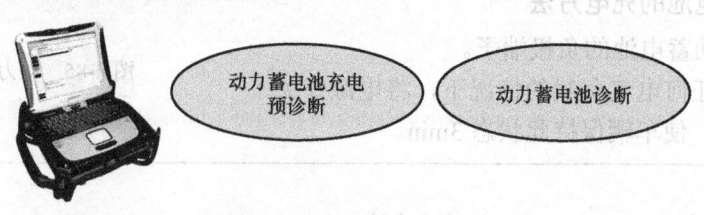

图8-89　动力蓄电池诊断

2. 使用实用程序项目

使用实用程序项目，如图8-90所示。

3. 使用THS充电器对动力蓄电池充电

如果动力蓄电池电量完全耗尽，则使用MG1可能无法起动发动机。因此，发动机可能无法对动力蓄电池充电。使用THS充电器对动力蓄电池充电，如图8-91所示。

> 提示：
> 通过推动仍不能起动混合动力汽车的发动机。

① 动力蓄电池温度为25℃时，使用THS充电器对动力蓄电池充电约需10min，或动力蓄电池温度为0℃时约需30min。THS充电器仅是起动发动机（READY-ON状态）的辅助充电设备。

> 提示：
> 充电开始后，THS充电器将自动停止10min。使用THS充电器对动力蓄电池充电一次（10min）会使SOC恢复约2%。

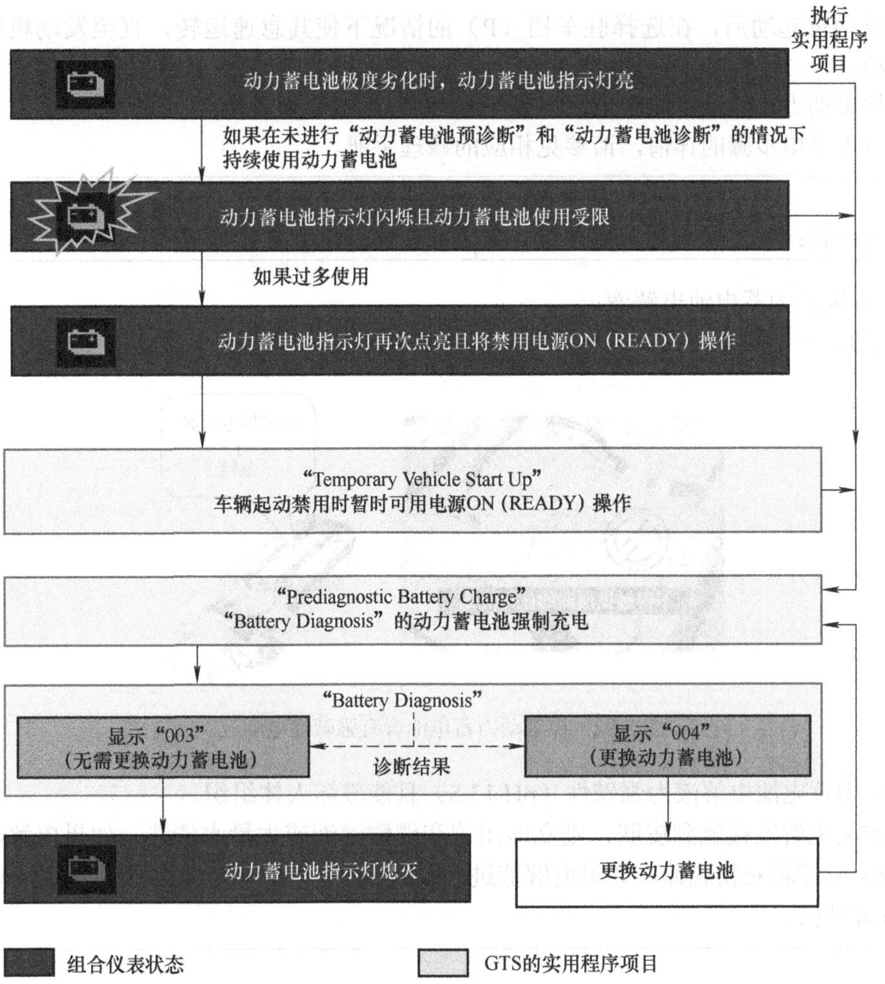

模块 8　新能源汽车故障诊断

```
动力蓄电池极度劣化时，动力蓄电池指示灯亮
   │
   │ 如果在未进行"动力蓄电池预诊断"和"动力蓄电池诊断"的情况下
   │ 持续使用动力蓄电池
   ↓
动力蓄电池指示灯闪烁且动力蓄电池使用受限
   │
   │ 如果过多使用
   ↓
动力蓄电池指示灯再次点亮且将禁用电源ON（READY）操作
   ↓
"Temporary Vehicle Start Up"
车辆起动禁用时暂时可用电源ON（READY）操作
   ↓
"Prediagnostic Battery Charge"
"Battery Diagnosis"的动力蓄电池强制充电
   ↓
"Battery Diagnosis"
   ├── 显示"003"（无需更换动力蓄电池） ──诊断结果── 显示"004"（更换动力蓄电池）
   ↓                                                      ↓
动力蓄电池指示灯熄灭                                    更换动力蓄电池
```

执行实用程序项目

■ 组合仪表状态　　□ GTS的实用程序项目

图 8-90　实用程序项目

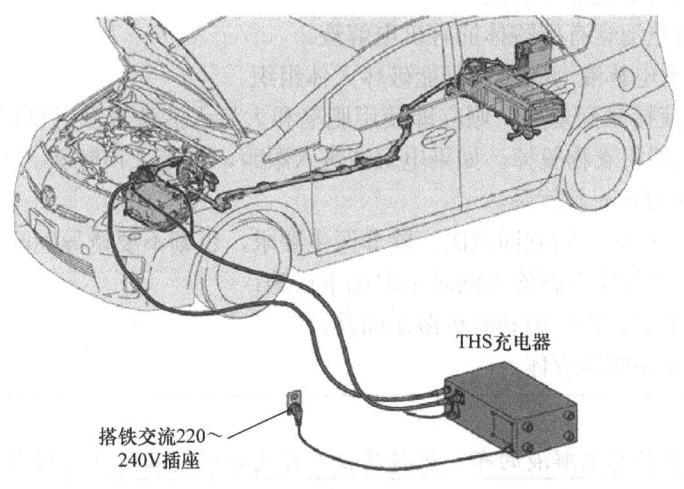

图 8-91　使用 THS 充电器对动力蓄电池充电

② 发动机起动后，在选择驻车档（P）的情况下使其怠速运转，直至发动机停机（自充电完成）。

③ 如果动力蓄电池不能充电（电量完全耗尽），则必须更换。

④ 有关充电步骤的详情，请参见相应的修理手册。

提示：
不得触摸动力蓄电池泄漏的任何液体，否则可能伤害人体组织。

(1) 镍氢动力蓄电池电解液

镍氢动力蓄电池含有强碱性电解液，如图8-92所示。

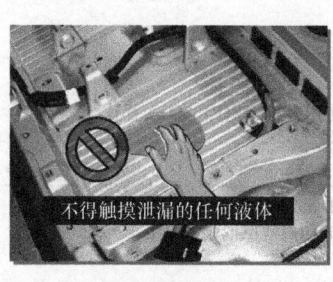

图8-92　镍氢动力蓄电池含有强碱性电解液

① 动力蓄电池电解液为强碱性（pH 13.5）且能破坏人体组织。

② 如果电解液接触到皮肤，则立即用饱和硼酸溶液或大量水清洗。如果电解液接触到衣物，则应立即将衣物脱掉。如果电解液进入眼睛，则应大声呼救。不要揉眼睛，而要用大量水清洗并就医。

提示：
动力蓄电池电解液渗透在非纺织物中，因此动力蓄电池损坏时不会泄漏出大量电解液。

(2) 锂离子动力蓄电池电解液

锂离子动力蓄电池含有碳酸体的有机电解液。

① 动力蓄电池电解液为碳酸体且能破坏人体组织。

② 如果电解液接触到皮肤，则立即使用肥皂和大量水清洗皮肤并就医。如果电解液接触到衣物，则应立即将衣物脱掉。如果电解液进入眼睛，则应大声呼救。不要揉眼睛，而要用大量水清洗至少15min并就医。

③ 如果误吞电解液，则立即就医。除非医生要求，否则不要诱导呕吐。

动力蓄电池附近发生电解液泄漏时采取如下措施：

① 佩戴橡胶手套、护目镜和有机溶剂面具。

② 用抹布或布条擦净液体。

提示：
不要随意放置粘有电解液的布，应将其放入合适的密闭容器并根据当地法规处理。

（3）动力蓄电池附近发生电解液泄漏时采取的措施

首先要佩戴橡胶手套和护目镜，并用饱和硼酸溶液中和液体（硼酸 800g+水 20L）进行中和，再用抹布擦掉液体即可，如图 8-93 所示。

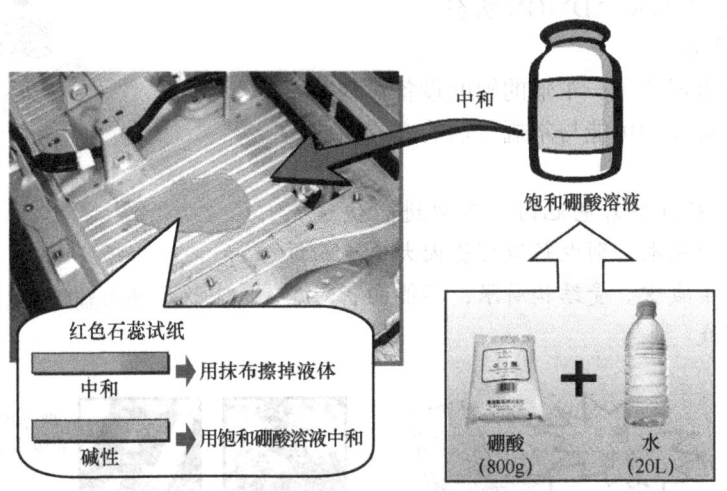

图 8-93　用饱和硼酸溶液中和液体进行中和

提示：
　　取 800g 硼酸粉末放入容器，并用 20L 水溶解。

① 在液体上放红色石蕊试纸，检查并确认试纸未变成蓝色。
② 用抹布或布条擦净中和的液体。

4. 报废动力蓄电池时的注意事项

从车辆上拆下动力蓄电池，并将动力蓄电池送至制造商指定地点。

警告：① 拆下动力蓄电池后，不要让其接触水，因为端子间短路产生的热量可能导致火灾。
② 如果对动力蓄电池报废不当或随意丢弃，则可能导致电击等事故，如图 8-94 所示。

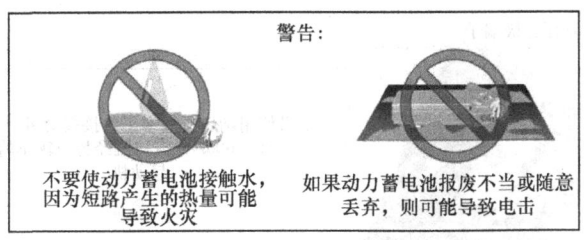

图 8-94　报废动力蓄电池时的注意事项

（二）辅助蓄电池保养

长时间存放车辆时，断开辅助蓄电池负极端子电缆，以防止辅助蓄电池电量耗尽，如图 8-95 所示。

辅助蓄电池电量耗尽时会出现以下故障：
① 电源开关置于 ON (IG) 位时，仪表板上无显示。
② 驻车档（P）无法分离。
③ 车辆无法进入 READY-ON 状态。
④ 喇叭声变弱。

用蓄电池充电器或另一车辆的辅助设备对辅助蓄电池再充电。跨接起动可能与常规车辆的方式相似，如图 8-96 所示。

注意：使用密封型蓄电池时，不要进行快速充电。如果进行快速充电，则电解液可能因大电流而过量蒸发，导致液量减少。受结构所限，不能向密封型蓄电池添加电解液。

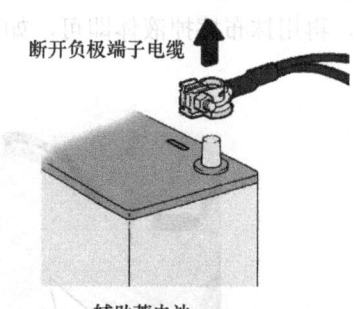

图 8-95　断开辅助蓄电池负极端子电缆

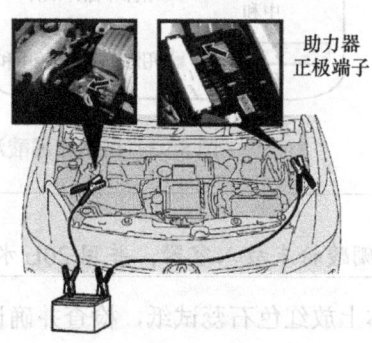

图 8-96　辅助蓄电池充电

提示：
某些车辆的发动机舱接线盒总成上有助力器正极端子（用于跨接起动）。

在辅助其他车辆跨接起动时，不要使用增压正极端子，如图 8-97 所示。

图 8-97　不要使用增压正极端子

增压正极端子用于操纵车辆切换至 READY-ON 状态所需电流（20~50A）。如果使用增压正极端子跨接起动另一辆车，另一辆车的起动机电流为100～600A，则可能导致发动机舱接线盒总成内的DC/DC熔丝（125A）熔断，使车辆不能驾驶（READY OFF 状态）。

（三）拆动力蓄电池盖

使用维修开关上的凸出部分松开动力蓄电池盖锁扣，如图8-98所示。

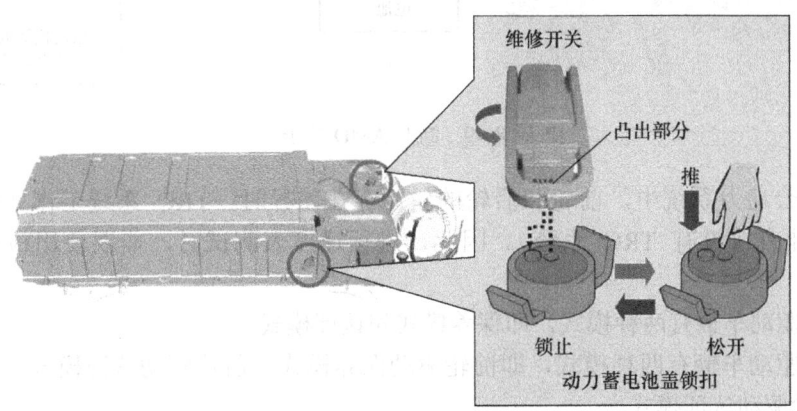

图8-98　使用维修开关上的凸出部分松开动力蓄电池盖锁扣

① 如果动力蓄电池盖锁扣未松开，则不能拆下动力蓄电池盖。
② 使用维修开关上的凸出部分松开动力蓄电池盖锁扣。
③ 动力蓄电池盖锁扣用于防止技师在未取下维修开关的情况下拆下动力蓄电池盖。

（四）断开AMD端子的注意事项

提示：
① AMD端子用于从DC/DC变换器输出12V电压（相当于常规车辆交流发电机的端子B）。
② AMD端子与辅助蓄电池的正极端子相连。
③ 拆下DC/DC变换器（带转换器的逆变器总成）时需要断开AMD端子。

① 断开AMD端子前，务必断开辅助蓄电池负极端子电缆。
② 断开AMD端子后，用绝缘胶带缠绕端子。
注意：如果发生搭铁短路，则可能导致熔断器或熔丝熔断。
③ 重新连接辅助蓄电池负极端子电缆前，务必将AMD端子重新连接到发动机舱接线盒总成上，如图8-99所示。

（五）检查模式

通过进入检查模式，发动机可持续运转，且可禁用驱动力控制（TRC）系统和四轮驱动（针对四轮驱动车型）。
① 混合动力汽车未停止时，发动机自动停止运转。因此，检查点火正时、CO/HC等级时，执行检查模式。

AMD端子
发动机舱接线盒总成
DC/DC
变换器
AMD端子
辅助蓄
电池
带转换器的逆
变器总成

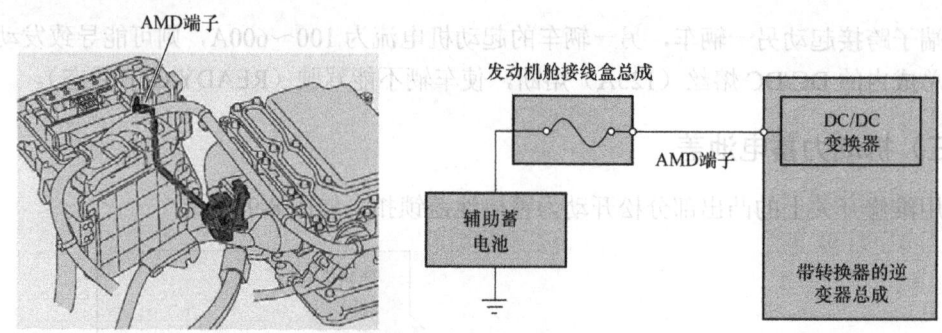

图 8-99 断开 AMD 端子

② 在混合动力系统中，前轮和后轮的轮速存在差异时，TRC 系统工作（根据车型不同，车辆可能有或没有 TRC 系统）。因此，进行速度表测试时，需要使用检查模式禁用 TRC 系统。

③ 两轮驱动车辆有两种模式，即保养模式和认证模式。

④ 四轮驱动车辆有四种模式，即前轮驱动保养模式、前轮驱动认证模式、全轮驱动保养模式和全轮驱动认证模式。

> **提示：**
>
> 保养模式下的发动机怠速转速约为 1000r/min。选择驻车档（P）的情况下，加速踏板开度低于 60%时，发动机转速升高至 1500r/min。加速踏板开度高于 60%时，发动机转速增至 2500r/min。

激活检查模式，如图 8-100 所示。

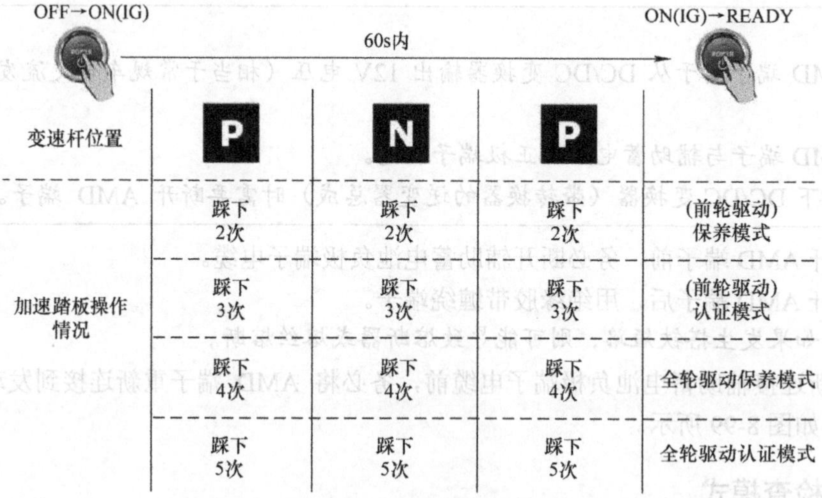

OFF→ON(IG)
60s内
ON(IG)→READY
变速杆位置
P
N
P
加速踏板操作
情况
踩下
2次
踩下
2次
踩下
2次
(前轮驱动)
保养模式
踩下
3次
踩下
3次
踩下
3次
(前轮驱动)
认证模式
踩下
4次
踩下
4次
踩下
4次
全轮驱动保养模式
踩下
5次
踩下
5次
踩下
5次
全轮驱动认证模式

图 8-100 激活检查模式

在 60s 内执行以下步骤（①～④）：

① 将点火开关置于 ON (IG)位。

② 选择驻车档（P）时，按规定次数完全踩下加速踏板。

③ 选择空档（N）时，按规定次数完全踩下加速踏板。
④ 选择驻车档（P）时，按规定次数完全踩下加速踏板。
⑤ 踩下制动踏板时，通过将点火开关置于 ON (READY) 位起动发动机。

七、发动机和底盘保养

（一）发动机保养

组合仪表上的 READY 指示灯点亮时，混合动力汽车自动起动和关闭发动机。因此，在发动机舱内进行作业前，确保将点火开关置于 OFF 位，如图 8-101 所示。

图 8-101　在发动机舱内进行作业前确保将点火开关置于 OFF 位

因为以下情况不再使用传动带，所以不需要进行传动带检查。
① DC/DC 变换器为 12V 系统供电，且不使用交流发电机。
② 使用电动水泵和空调压缩机，如图 8-102 所示。

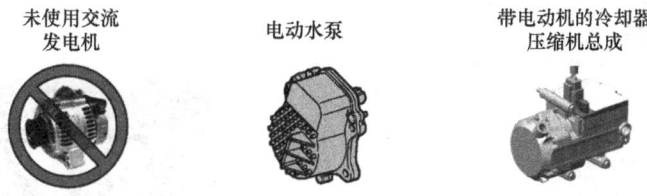

图 8-102　使用电动水泵和空调压缩机

1. 检查冷却液

混合动力冷却系统独立于发动机冷却系统，需要检查两个冷却系统的冷却液液位，如图 8-103 所示。

更换发动机冷却液时，必须将车辆置于检查模式下，并循环冷却液以放气，如图 8-104 所示。
① 加注冷却液至储液罐的 B 刻度线位置。
② 用手挤压散热器进水软管和出水软管数次，然后检查冷却液液位。如果冷却液液位过低，则加注冷却液。

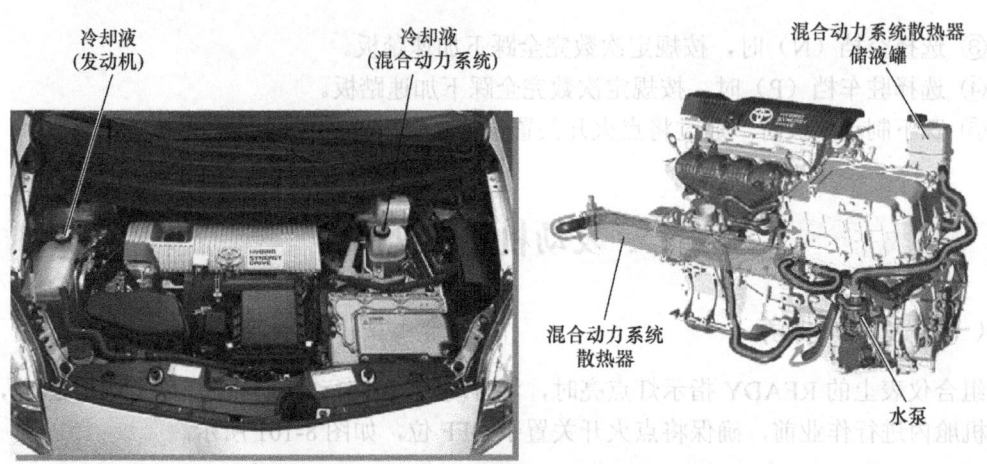

图 8-103 检查两个冷却系统的冷却液液位

③ 将发动机置于检查模式。

④ 安装储液罐盖,并使发动机充分热机。

⑤ 对冷却系统放气。

a. 节温器打开时,使冷却液循环数分钟。

b. 发动机热机后,使其怠速运转 7min 或更长时间。

c. 用手按压散热器进水和出水软管数次以放气。

⑥ 发动机冷却后,检查并确认冷却液液位在"满"刻度线与"低"刻度线之间。更换混合动力系统冷却液时,需要操作带电动机的水泵以放气。

⑦ 缓慢地向储液罐中倒入冷却液,直至达到 F 刻度线,如图 8-105 所示。

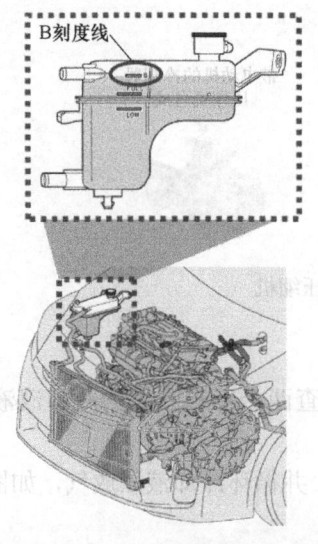

图 8-104 加注冷却液至储液罐的 B 刻度线位置　　图 8-105 向储液罐中倒入冷却液直至达到 F 刻度线

提示:
　　不要重复使用排放的冷却液,因为可能含有异物。

⑧ 使用下列方法，操作带电动机的动力系统水泵。
a. 进行"Activate the Water Pump"主动测试。
b. 将点火开关置于 ON (READY)位。
⑨ 由于放气导致冷却液液位下降，添加冷却液至 F 刻度线。

提示：
　添加冷却液前，务必将点火开关置于 OFF 位。

⑩ 重复步骤②和③，直至放气完成。
正常反应：水泵产生的噪声变小，且储液罐中冷却液的循环状况改善时，逆变器冷却系统放气完成。

2. 节气门初始化 ISC 学习

断开辅助蓄电池负极端子电缆时，将初始化 ISC 学习值（节气门开度学习值）。在这种情况下，需要再次进行 ISC 学习。

提示：
　ISC 学习未完成时，发动机可能不会间歇运转。

数据表项目"ISC Learning"变为"Compl"表示学习已完成，如图 8-106 所示。

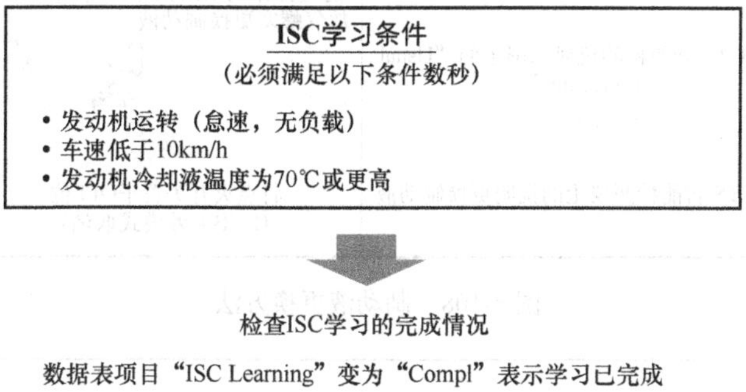

ISC学习条件
（必须满足以下条件数秒）
- 发动机运转（怠速，无负载）
- 车速低于10km/h
- 发动机冷却液温度为70℃或更高

检查ISC学习的完成情况

数据表项目"ISC Learning"变为"Compl"表示学习已完成

图 8-106　节气门初始化 ISC 学习

（二）底盘保养

1. 放油螺塞和注油螺塞检查

除自动变速器油（ATF）放油螺塞和注油螺塞外，混合动力变速驱动桥上还有一个混合动力系统冷却液排放螺塞。用于常规自动变速驱动桥的 ATF WS，也可用于混合动力变速驱动桥，如图 8-107 所示。

提示：
　混合动力变速驱动桥使用 ATF WS。

2. 制动液更换

通过切换至电子控制制动系统（ECB）无效模式，可使用 GTS/智能检测仪或不使用 GTS/智能检测仪更换制动液，如图 8-108 所示。

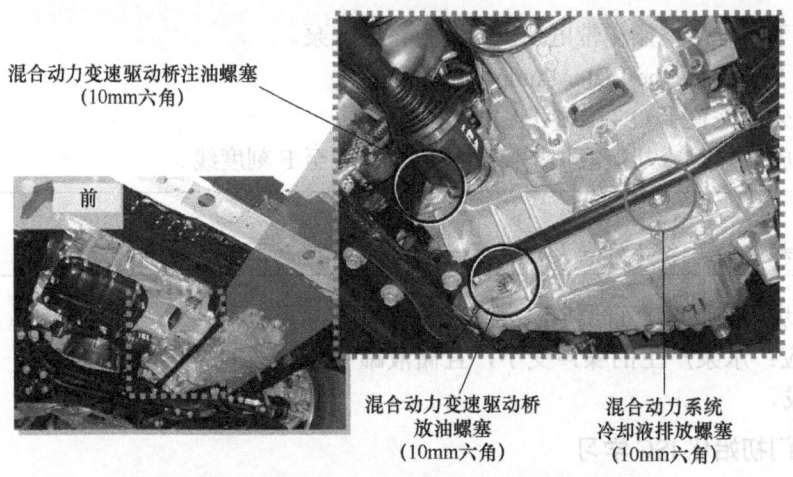

图 8-107 混合动力变速驱动桥放油螺塞和注油螺塞

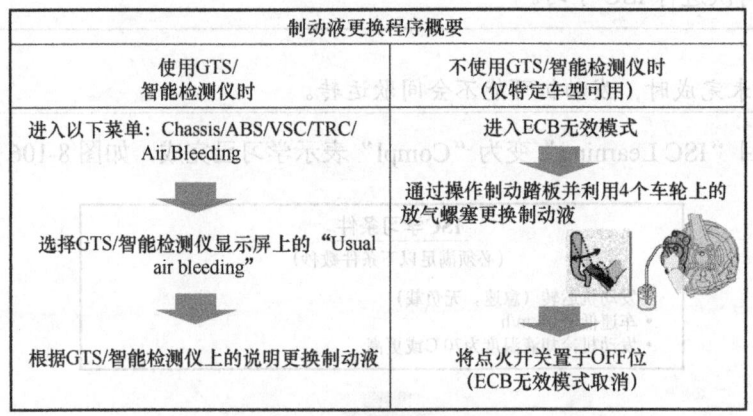

图 8-108 制动液更换方法

提示：

ECB 无效模式在某些车型上不可用，例如普锐斯（NHW11）、普锐斯（NHW20）、凯美瑞 HV（AHV40）、LS600h、GS450h 和 RX400h。

注意：更换制动液时，由于蓄能器的液体释放可能导致制动液溢出，不要将液罐放在储液罐加注口位置。

切换至 ECB 无效模式的程序，如图 8-109 所示。

在 1min 内执行下列程序：

① 选择驻车档（P）并施加驻车制动时，将点火开关置于 ON (IG)位。

② 选择 N 档，然后在 5s 内踩下制动踏板 8 次以上。

③ 按下 P 档位置开关，然后在 5s 内踩下制动踏板 8 次以上。

④ 选择 N 档，然后在 5s 内踩下制动踏板 8 次以上。

⑤ 按下 P 档位置开关。

⑥ 检查并确认制动警告灯（黄色）闪烁。

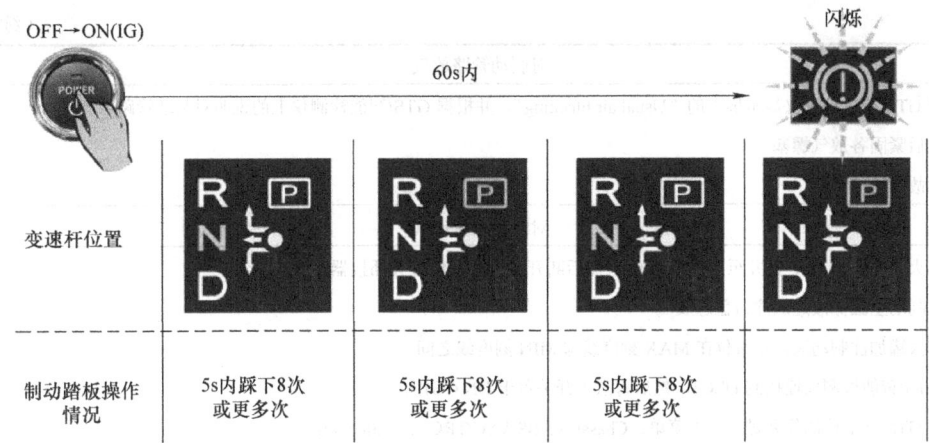

图 8-109　切换 ECB 无效模式程序

满足下列条件之一时，ECB 无效模式取消：
① 变速杆移至 P 档以外的档位。
② 点火开关置于 ON (READY) 位。
③ 点火开关置于 OFF 位。
④ 驻车制动解除。
⑤ 车速不为 0。

注意：更换制动液时，如果 ECB 无效模式取消，则可能存储故障码。因此，制动液更换完成前不要取消 ECB 无效模式。

3．制动系统放气

放气程序因拆下和重新安装或更换的零件而不同，见表 8-6。

表 8-6　更换零件后需要放气的项目

拆下和重新安装/更换项目	程　序
挠性软管（前/后）	对制动管路放气
盘式制动器制动缸总成（前/后）	
制动助力器泵总成	对制动系统放气
带主缸的制动助力器总成	
制动主缸储液罐总成	

使用 GTS/智能检测仪对制动管路或制动系统放气，见表 8-7。

表 8-7　制动管路或制动系统放气方法

对制动管路放气
1. 拆下制动主缸储液罐加注口盖总成
2. 向储液罐加注制动液，使液位在 MAX 刻度线与 MIN 刻度线之间
3. 将 GTS/智能检测仪连接到 DLC3，然后将点火开关置于 ON (IG) 位
4. 打开 GTS/智能检测仪并进入以下菜单：Chassis / ABS/VSC/TRC / Air Bleeding

对制动管路放气
5. 选择 GTS/智能检测仪显示屏上的"Usual air bleeding",并根据 GTS/智能检测仪上的说明对制动管路放气
6. 放气后紧固各放气螺塞
7. 清除故障码
对制动系统放气
1. 将点火开关置于 OFF 位并至少等待 2min,然后断开储液罐液位开关插接器
2. 拆下制动主缸储液罐加注口盖总成
3. 向储液罐加注制动液,使液位在 MAX 刻度线与 MIN 刻度线之间
4. 将 GTS/智能检测仪连接到 DLC3,然后将点火开关置于 ON (IG)位
5. 打开 GTS/智能检测仪并进入以下菜单:Chassis / ABS/VSC/TRC / Air Bleeding
6. 选择 GTS/智能检测仪显示屏上的"ABS actuator has been replaced",并根据 GTS/智能检测仪上的说明对制动系统放气
7. 放气后紧固各放气螺塞
8. 清除故障码

八、空调系统保养

(一)压缩机机油要求

为确保压缩机内部高压部分和压缩机外壳的良好绝缘性,混合动力汽车使用具有高绝缘性能的压缩机机油(ND-OIL11),如图 8-110 所示。

注意:

① 使用其他压缩机机油可能导电,很危险。

② 即使制冷循环中使用(或进入)少量的 ND-OIL11 之外的机油,也可能大幅降低电子绝缘性能。

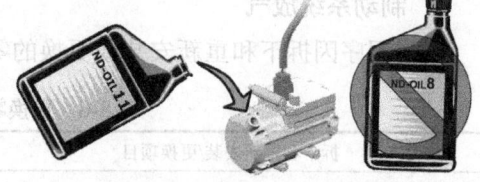

图 8-110 ND-OIL11 压缩机机油

提示:

如果系统检测到短路,则将存储故障码。

注意:

① 如果意外使用另一类型的压缩机机油并存储了故障码,则收集压缩机内的压缩机机油,并用 ND-OIL11 更换,以提高 ND-OIL11 相对非 ND-OIL11 机油的比例。

② 如果系统进入大量的非 ND-OIL11 机油,则更换主要零部件(蒸发器、冷凝器和压缩机)。

(二)遥控空调系统

对于带遥控空调系统的车辆[普锐斯(ZVW30)],进行维修时务必小心操作钥匙,防止意外操作遥控空调系统。

意外操作遥控空调系统时的风险如下：

① 发动机舱内的电动风扇和其他部件可能工作，从而导致各种危险。

② 刮水器开关处于 ON 位时，刮水器可能工作。如果发生此状况，则风窗玻璃或刮水器可能损坏，也可能造成人身伤害。

③ 正在进行电气检查时，如果 IG 指示灯点亮，则可能发生短路。

提示：

确保将钥匙存放在盒子内并使开关侧朝上，将盒子放到可以看到的位置，防止其他人操作遥控空调开关，如图 8-111 所示。

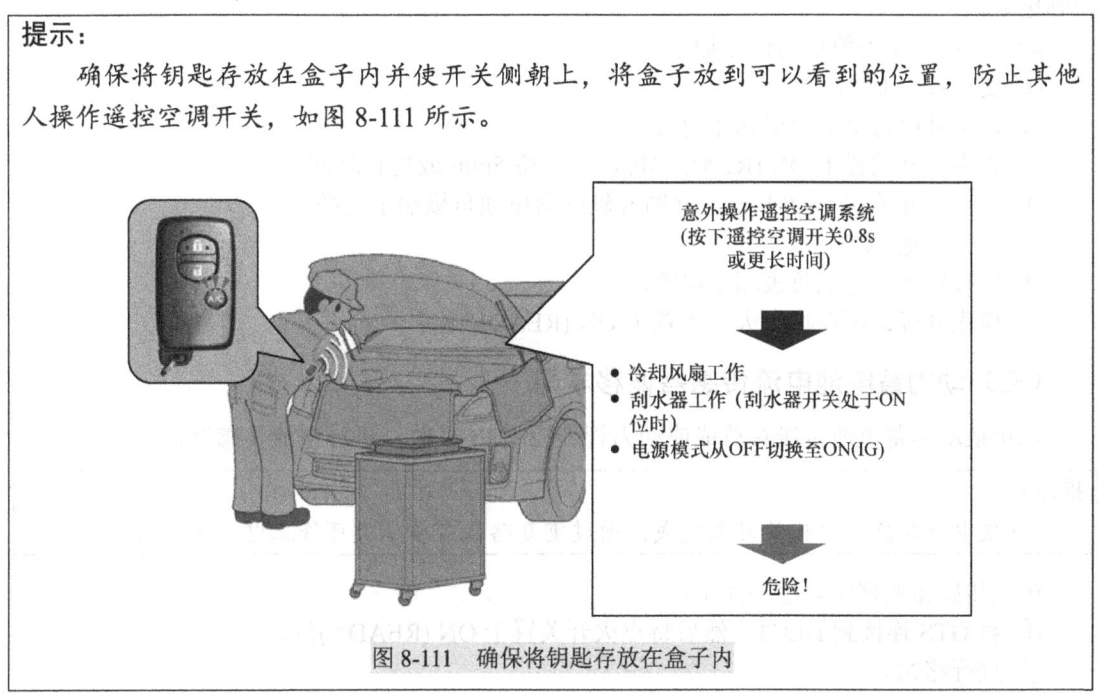

图 8-111　确保将钥匙存放在盒子内

九、更换动力管理控制 ECU

（一）更换动力管理控制 ECU 或 ECM 的注意事项

动力蓄电池学习值数据存储在动力管理控制 ECU 或 ECM 中，以点亮混合动力蓄电池指示灯，如图 8-112 所示。

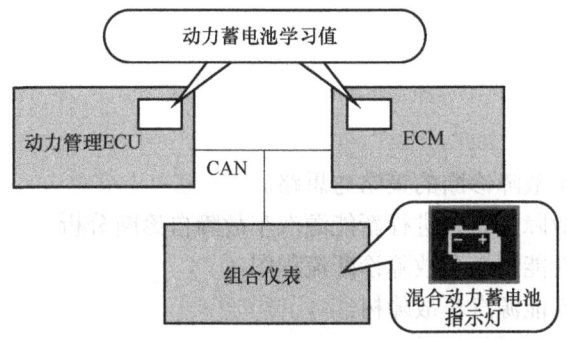

图 8-112　动力蓄电池学习值数据存储在动力管理控制 ECU 或 ECM 中

更换这些 ECU 中的任一个时，新 ECU 从其他 ECU 接收动力蓄电池学习值数据并更新信息。

（二）更换动力管理控制 ECU 或 ECM

不得换用其他车辆上旧的动力管理控制 ECU 或 ECM，否则动力蓄电池学习值数据不能正确更新。

动力蓄电池学习值更新程序如下：
① 更换任一 ECU。
② 连接辅助蓄电池负极端子电缆。
③ 将点火开关置于 ON (READY) 位，并等待 5min 或更长时间。
④ 将点火开关置于 OFF 位，并断开辅助蓄电池负极端子电缆。
⑤ 更换其他 ECU。
⑥ 连接辅助蓄电池负极端子电缆。
⑦ 检查并确认可以将点火开关置于 ON (READY) 位。

（三）动力蓄电池电流传感器偏移学习

已更换动力蓄电池接线盒总成或动力管理控制 ECU 时，进行电流传感器偏移学习。

提示：
　　即使电流传感器偏移学习未完成，通过重复路试最多 7 次可修正电流传感器值。

电流传感器偏移学习程序如下：
① 将 GTS 连接到 DLC3，然后将点火开关置于 ON (READY) 位。
② 进行路试。
注意： 缓慢加速/减速，避免快速加速/减速。
a. 进入以下菜单：Powertrain > Hybrid Control > Data List > Power Resource IB。
b. 以数据表项目"Power Resource IB"中的值（-0.5~0.5A 之间）行驶车辆。
③ 将点火开关置于 OFF 位并静置车辆 30s 或更长时间。
④ 将点火开关置于 ON (IG) 位。
⑤ 点火开关置于 ON (IG) 位时，检查并确认"Power Resource IB"的值在-0.5~0.5A 之间。

学习完成："Power Resource IB"的值在-0.5~0.5A 之间。如果值超出此范围，则再次进行路试。

课后思考题

1. 讨论新能源汽车故障诊断的策略与思路。
2. 讨论如何使用故障诊断仪进行新能源汽车故障自诊断分析。
3. 讨论如何绘制新能源汽车故障诊断流程图。
4. 讨论如何编制新能源汽车故障树。